冶金职业技能培训丛书

球团矿生产技术问答

（下册）

范广权　编著

北　京
冶　金　工　业　出　版　社
2010

内 容 简 介

本书主要包括球团矿生产基础知识、球团矿生产用原燃料及其准备、配料工技能知识、混料工技能知识、造球工技能知识、焙烧工技能知识、竖炉球团生产技能知识、链箅机—回转窑球团矿生产技能知识、带式焙烧机球团矿生产技能知识、成品球团矿处理的技能知识。

本书可供钢铁企业球团生产部门一线的技术工人、工长、技术人员和管理人员阅读，也可作为企业、中等专业学校培训教材。

图书在版编目(CIP)数据

球团矿生产技术问答．下册/范广权编著．—北京：冶金工业出版社，2010.5
(冶金职业技能培训丛书)
ISBN 978-7-5024-5244-5

Ⅰ.①球… Ⅱ.①范… Ⅲ.①球团矿—生产工艺—问答 Ⅳ.①TF046.6-44

中国版本图书馆 CIP 数据核字(2010)第 036683 号

出 版 人 曹胜利
地　　址 北京北河沿大街嵩祝院北巷 39 号，邮编 100009
电　　话 (010) 64027926 电子信箱 postmaster@cnmip.com.cn
责任编辑 李 雪 张 卫 美术编辑 李 新 版式设计 张 青
责任校对 侯 瑂 责任印制 牛晓波
ISBN 978-7-5024-5244-5
北京百善印刷厂印刷；冶金工业出版社发行；各地新华书店经销
2010 年 5 月第 1 版，2010 年 5 月第 1 次印刷
850mm×1168mm 1/32；16.625 印张；445 千字；481 页
42.00 元

冶金工业出版社发行部 电话：(010)64044283 传真：(010)64027893
冶金书店 地址：北京东四西大街 46 号(100711) 电话：(010) 65289081
(本书如有印装质量问题，本社发行部负责退换)

前　言

近二十多年伴随着我国钢铁工业的快速发展，为适应炼铁高炉对球团矿需要量日益增加的形势，我国球团矿生产也得到了迅速发展，不仅早期建设的竖炉球团生产得到了飞速发展，带式焙烧机法球团生产也有所发展，尤其是链算机—回转窑法生产球团矿得到了更大的发展，一批现代化的大型链算机—回转窑球团厂已先后建成投产，一批正在建设中的球团厂不久也将相继建成投产，这将使我国球团矿产量大幅度增加，更加速我国球团生产的发展。据不完全统计，2008 年我国球团矿的年产量已达到 6180 万 t，其中竖炉球团矿产量已达 3300 万 t，带式焙烧机球团矿为 310 万 t，链算机—回转窑法球团矿产量 2570 万 t。

我国球团矿生产的迅速发展，使球团矿生产第一线工人、工程技术人员和管理人员的数量显著增加，尤其是新的从业人员要占大多数。因此急需一本通俗易懂、理论与实践相结合、实用性强的球团矿生产技术图书，以帮助和促进他们提高自身素质、专业知识水平和实际生产操作技能以及管理水平。受冶金工业出版社的委托，作者编写了《球团矿生产技术问答》一书。本书以一问一答的形式，简要而系统地介绍了国内外球团矿生产发展概况、有关球团矿生产的基础知识、球团矿生产用原燃料及其准备的技能知识、配料工技能知识、混料工技能知识、造球和生球干燥的机理及操作技能、球团焙烧固结机理以及三种主要球团矿生产方法的生产技术和生产设备，还介绍了成品球团矿的处理技术和成品球团矿质量检验技术，书中还汇集了近期新发布和修订的球团生产用原燃料和产品质量标准及检验方法标准，以便于读者使用。本书在编写过程中参阅了国内外一些有关球团生产的参考书、教科书和《烧结球团》《球团技术》等刊物发表的论文，并结合自己多年从事烧结球团生产、技术管理经验，力争做到通俗易懂、易记、理论与实践相结合，具有较强的实用性并有一定的新颖性。本书可供球团矿生产一线的工人、工程技术人员、管理人员、企业领导和高等院校、中等专业学校有关专业师生参考，也可作为企业职工技能培训教材使用。

本书在编写过程中曾得到东北大学施月循教授、朱家骥教授、北京石油化工学院博士张宁教授、《球团技术》编辑部主编李兴凯教授级高级工程师、鞍钢烧结总厂李学曾教授级高级工程师、凌源钢铁公司王双立、胥志宏、孙燕、王占元、米贺来、张连成、陈旭东、张海波、张文敏、李子飞、刘志国、燕兆存、范玲、毛彩霞、李桂珠，迁安九江钢铁厂盖洪江、于永喜等同志的支持和帮助。《凌钢科技》编辑部丛日东参加了书稿的审校工作，在此一并表示感谢！对本书编写过程中引用过的参考书和论文作者也深表感谢！由于笔者水平有限，书中不妥之处，敬请广大读者批评指正！

编　者

2009年8月

总　目　录

（上册）

第一章　国内外球团矿生产概述

第二章 球团生产基础知识

第三章 原料工技能知识

第四章 配料工技能知识

（下册）

第六章 造球工技能知识

第九章 带式焙烧机球团法生产

第十章 链箅机—回转窑焙烧球团法生产

第十一章 成品球团矿的处理及质量检验

附 录

第六章　造球工技能知识

第一节　细磨物料造球的基本原理

6-1　什么是细磨物料的造球？

答：造球，又称成球或滚动成型。细磨物料的成球是细磨物料在造球设备中被水润湿并在机械力及毛细力的作用下滚动成圆球的一个连续过程。同时，毛细力、颗粒间摩擦力及分子引力等作用使生球具有一定的强度。各种物料成球性能的好坏不尽相同，主要与物料表面特性，以及与水的亲和能力有关。

6-2　细磨物料能够成球的简要机理是什么？

答：细磨物料所以能够成球是因为经过细磨的干物料表面都具有较大的自由能。粒度越细，比表面积越大，其表面自由能也越大，从而使之处于不稳定状态。因此，细磨物料具有吸引其他物质，使颗粒相结合，减小其自由能，力求达到稳定的倾向。对于造球的物料，特别是精矿粉和添加剂，由于都磨得很细，比表面积很大，常在 $1500 \sim 2000cm^2/g$ 范围内，过剩的表面能也很大。这种表面能量过剩的不平衡状态，使其表面具有非常大的活性，能吸附周围的介质，从而为生球的形成提供了条件。

细磨物料与水作用的能力也是不同的。那些表面与水的作用力很小，不易被水润湿的物质成为疏水性物质；而表面与水具有很大的结合力，易被水润湿的物质称为亲水性物质。物料的这种性质与它本身的化学成分、晶格类型以及表面状态有关。凡具有完全或部分金属键的结晶物质（如全部金属或硫化物）和具有层状结构的物质（如云母、石墨等）都是疏水性的；而具有离子键和共价键的物质是亲水性的。铁矿粉和添加剂就属于这种亲水性物质，它们被细磨后表面带有电荷，易形成静电引力场，具有吸引偶极构造的极性水分子的能力。水分子的构造见图6-1。

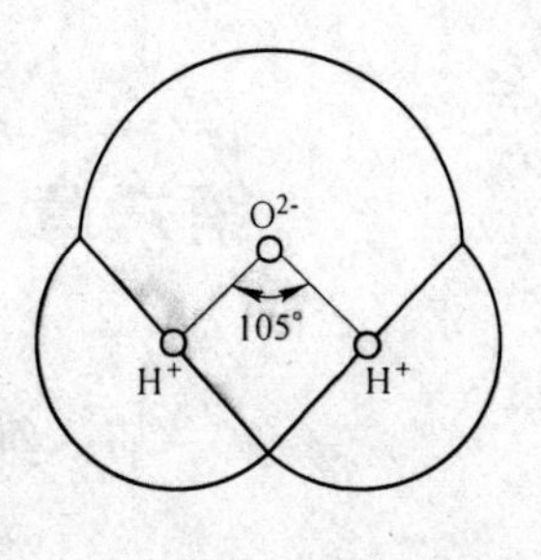

图6-1 水分子的偶极构造

6-3 水分在造球过程中的形态与作用是什么？

答：水分在矿粉成球过程中起着重要的作用。干燥的细磨矿粉是不可能滚动成球的，如果水分过多或不足，同样也会影响造球的效率和生球的质量。保持适宜的水分是矿粉成球的重要条件和必要条件。

干燥的细磨矿粉被水润湿后，按水在矿物表面活动能力的不同有四种存在形态，即吸附水、薄膜水、毛细水和重力水。它们在成球过程中各显示不同的作用。现介绍如下：

(1) 吸附水。造球的细磨物料，具有较大的比表面，干燥颗粒表面具有过剩能量，在自然条件下，会吸收大气中的气态水分子，这种为细磨物料颗粒表面强大电分子力所吸引的水就称为吸附水。颗粒吸附水量与矿物成分、亲水性质、颗粒大小及形状、吸附离子的成分及外界条件有关。粉料中仅存在吸附水时，成球过程不能开始。

(2) 薄膜水。颗粒达到饱和吸附水后，其表面尚存在剩余的电分子力，再进一步润湿粉料，在吸附水周围便形成薄膜水，薄膜水和颗粒表面的结合力比吸附水和颗粒表面的结合力弱得多，其水分子具有较大的活动自由，吸附水和薄膜水合称分子水。分子水与颗粒的结合力称分子力。当物料达到最大分子水时，成球还不能正式开始，但分子水对提高生球的强度有决定性的影响。

（3）毛细水。当细磨物料继续被润湿到超过最大分子结合水分时，粉料中形成毛细水，它是不受矿粒表面电分子引力作用的水分。粉料中彼此相通的空隙形成了毛细管，毛细水的形成是靠表面张力的作用。毛细水的结合强度要视物料的亲水性和毛细管的直径来决定。在成球过程中，毛细水起着主导作用，当润湿物料到毛细水阶段，物料的成球过程才得以正式开始。

（4）重力水。当细磨物料达到最大毛细水容量后，继续润湿还可以出现重力水。重力水是处于矿粒的电分子力和毛细力影响之外的水，它是成片混入矿粉中的水，所以在重力及压力差作用下可以自由移动。

吸附水、薄膜水、毛细水、重力水的总含量称为全水量。重力水对矿粒具有浮动作用，在成球过程中起着有害影响，所以只有当水分处于毛细水含量范围内，成球过程才有实际意义。

6-4　混合料的成球过程分几个阶段？

答： 混合料造球方法的实质就是把润湿到一定程度的细磨铁精矿（或细磨铁矿粉）和黏结剂、添加剂的混合物，在旋转的圆盘造球机或圆筒造球机中滚动成具有一定直径的矿球，它是根据滚雪球的原理发展起来的。

混合料滚动成球即造球过程一般可分为三个阶段,第一阶段形成母球,第二阶段母球长大,第三阶段长大了的母球进一步紧密,三个阶段主要是靠加水润湿和滚动产生的机械作用力来实现的。

（1）形成母球。水滴落到粉料中，被润湿的部分在转动的造球机中受到滚动、搓动，借毛细力的作用，粉料颗粒被拉向水滴中心面形成母球。

（2）母球长大。第一阶段形成的母球在造球机内继续滚动，母球被进一步压紧,引起毛细管形状和尺寸的改变,从而使过剩的毛细水被挤到母球的表面上。过湿的母球表面,在滚动中靠毛细力粘附上一层润湿程度较低的物料颗粒,母球因此而长大。这种长大过程是多次重复的,为了使母球不断长大,后来必须往母球表面喷洒雾状水,使母球表面保持过分润湿,直到母球长大到一定尺寸。

(3) 生球(长大了的母球)密实。长大到符合尺寸的母球即为生球,这阶段停止给水,在滚动和搓动的机械力作用下,生球中挤出多余水分,被未充分润湿的物料层吸收,生球内物料颗粒按最大接触面排列,生球被进一步压紧,使薄膜水层互相接触,最后形成矿粒共用的薄膜水层,生球达到最大的强度范围。

上述成球过程的几阶段是为了分析问题而划分的,实际上述三个阶段通常都在同一造球机中完成。母球的形成和长大都靠毛细力,而生球的强度决定于分子力。

6-5 影响造球的因素有哪些?

答: 影响造球的因素很多,但归纳起来,主要有以下几个方面:(1)造球原料;(2)黏结剂;(3)添加剂;(4)造球设备;(5)造球操作。

(1)原料性质对造球的影响

1)原料的天然性质。对造球过程起作用的主要有原料的亲水性、颗粒形状和孔隙率。亲水性好,成球性就好。根据测定结果,各种铁矿物亲水性按顺序递增:磁铁矿→赤铁矿→菱铁矿→褐铁矿。一般说来,亲水性强的物料,成球性好,所以褐铁矿、菱铁矿和赤铁矿成球性都优于磁铁矿。

物料的成球性好坏,常用成球性指数 K 表示。

2)矿粉颗粒的形状。矿粉颗粒形状的不同将影响其成球性的好坏。矿物晶体颗粒呈针状、片状、表面粗糙者具有较大的比表面积,成球性好;矿物颗粒呈矩形或多边形且表面光滑者,比表面积小,成球性差。褐铁矿颗粒呈片状或针状,亲水性最好。而磁铁矿颗粒呈矩形或多边形,表面光滑,成球性最差。

3)孔隙率。颗粒的孔隙率与物料的吸水有很大的关系,例如多孔的褐铁矿,其湿容量总是比致密的磁铁矿大,生球强度也随孔隙率的减少而提高,见图3-6。

4)矿粉的粒度组成。矿粉粒度愈小并具有合适的粒度组成时，颗粒间排列愈紧密，分子结合力也将愈强，因而成球性好，生球强度高。因此，为了稳定地进行造球和得到强度最高的生球，必须使所用的原料有足够小的粒度和合适的粒度组成。一般磁铁矿与赤铁矿精矿粉的粒度上限不超过0.2mm，其中-0.074mm的粒级应不小于80%~90%。否则就会使生球强度变差。国外球团厂则要求-0.044mm粒级达60%~80%，同时还要求微米级的颗粒占一定比例。

5）矿粉湿度。矿粉湿度对矿粉成球的影响最大。若采用湿度最小的矿粉造球时，由于毛细水不足，母球长大很慢而且结构脆弱、强度极低。矿粉湿度过大时，尽管初始时成球较快，但易造成母球相互黏结变形，生球粒度不均匀；同时过湿的矿粉还容易黏结在造球机上，使其发生操作困难。过湿的生球强度也很差，在运输过程中易变形、黏结破裂；在干燥、焙烧时将导致料层的透气性变坏，破裂温度降低，干燥焙烧时间延长，产量与质量下降。由于造球时要求的最适宜的湿度范围波动很窄(0.5%)，所以每一种精矿的最适宜湿度值应用实验方法加以决定。一般磁铁矿与赤铁矿精矿粉的适宜成球水分是8%~10%，褐铁矿为14%~18%。最佳造球原料的湿度最好略低于适宜值，对不足部分应在造球过程中补加。若精矿湿度过大时，则采取机械干燥法和添加生石灰、焙烧球团返矿等干燥组分来排除或减少多余水分，以保证造球物料的湿度要求。

（2）黏结剂的影响。在造球过程中在原料中加入亲水性好、黏结能力大的物料可以改善物料的成球性。如膨润土KLP、佩利多等无机和有机黏结剂都能起到增强物料黏结力的作用；

（3）添加剂的影响。为了提高球团矿的碱度和改善冶金性能，需要在配料中加入消石灰、石灰石、白云石、蛇纹石、硼泥等添加物，这些添加物的性能和添加数量，对成球过程都有一定的影响。

（4）水分及其添加剂方式。物料在加入造球机前，应把水分控制在适宜造球水分之下1%~2%，在造球过程中再加入少量的补充水。加水的方法应采用滴状水形成母球、喷雾水促使母球长大，不加水区生球滚动密实。造球前原料水分大于或过分小于造球最适宜的水分，都会影响成球速度和生球的质量。

合适的造球水分随原料条件不同而异，磁铁矿生球适宜水分最低，赤铁矿次之，褐铁矿最高。不同矿粉造球的最佳水分应通过试验来确定。但是，无论使用什么原料造球，最佳水分的波动范围一般不应超过 ±0.5%，最好在 ±0.25% 之内。否则，将对生球质量有明显影响。

(5) 加料方式。一般在母球形成区加入小部分物料，在母球长大区加入大部分物料，在生球密实区不加物料（或加入很少一点料以吸收生球表面多余的水）。另外，也有采用从圆盘造球机盘面两边同时加料的，可使母球很快长大。加料应该疏松、散开、不结块，并要有足够宽的给料面。在圆盘的不同区域加水、加料能造出不同粒度的生球。图 6-2 示出不同加料、加水位

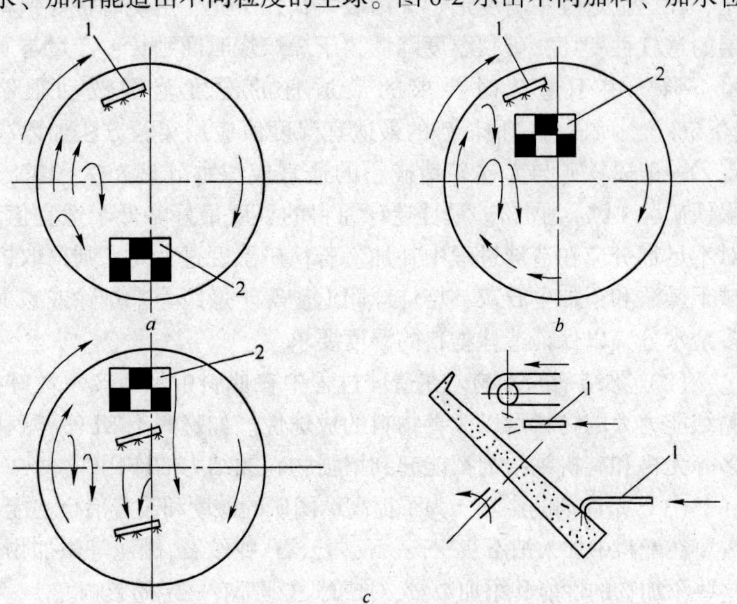

图 6-2 不同加料加水方法的造球效果示意图

a—主要获得大球(10～30mm)；*b*—主要获得中球(5～10mm)；*c*—制粒(1～5mm)

1—加水；2—加料

置的造球作业，第一种方法主要造出 10 ~ 30mm 大球,第二种方法主要是造 5 ~ 10mm 的中球,第三种方法则造出 1 ~ 5mm 的小粒(制粒),调整加料、加水位置,便能造出粒度合乎要求的生球。

(6) 造球机工艺参数的影响。造球机的工艺参数有直径、周速、边高等。适宜的周速才能使物料沿造球机工作面滚动。圆筒造球机适宜的周速随物料性质和生球大小而不同，一般在 0.35 ~ 1.35m/s 之间，圆盘造球机的周速则与倾角和物料性质有关，通常为 1.0 ~ 2.0m/s。周速一定时，倾角最适宜值也就一定。倾角过大时圆盘内的物料带不到母球形成区，倾角过小时盘内的物料全抛到盘边，盘心出现空料不能造球。圆盘造球机倾角一般为 45° ~ 50°。圆盘造球机的边高与倾角和直径有关，倾角小，边高愈大，充填率就愈大，成球的时间就长。边高还与原料性质有关，当物料粒度粗，黏性小，边高应大些，物料粒度细、黏性大时边高可小些。

(7) 造球时间。在造球机工艺参数基本不变的情况下，造球时间与生球大小有关，与生产率有关。生球的粒度越小，成球的时间就越快，产量就越高。生球粒度越大，成球时间就越长，产量就降低，炼铁用球团矿的直径一般为 9 ~ 16mm。

6-6　什么是物料的成球性指数，怎样计算？

答：矿粉的表面亲水性越好，被水润湿的能力越大，毛细力越大，毛细水与薄膜水的含量就越高，毛细水的迁移速度就越快，成球速度也就越快。

成球性指数是利用松散料柱在不运动的情况下，原料自动吸水能力的大小（即最大分子水和最大毛细水含量），来判别成球性的一种方法。

物料的成球性常用成球性指数 K 表示，其公式为：

$$K = \frac{W_f}{W_m - W_f} \tag{6-1}$$

式中　W_f——细磨物料的最大分子水含量,%；

W_m——细磨物料的最大毛细水含量,%。

根据成球性指数的大小可将细磨物料的成球性作如下划分:

$K<0.2$ 无成球性

$K=0.2\sim0.35$ 弱成球性

$K=0.35\sim0.6$ 中等成球性

$K=0.6\sim0.8$ 良好成球性

$K>0.8$ 优等成球性

几种常用造球物料的成球性列于表6-1。

表6-1 几种常用造球物料的成球性参数

序号	原料名称	粒度/mm	W_f/%	W_m/%	K	成球性
1	磁铁矿	0.15~0	5.30	18.60	0.4	中等
2	赤铁矿	0.15~0	7.40	16.50	0.81	优等
3	褐铁矿	0.15~0	21.30	36.80	1.37	优等
4	膨润土	0.2~0	45.10	91.80	0.97	优等
5	消石灰	0.25~0	30.10	66.70	0.82	优等
6	石灰石	0.25~0	15.30	36.10	0.74	良好
7	黏　土	0.25~0	22.90	45.10	1.03	优等
8	98.5%磁铁矿+1.5%膨润土	0.20~0	5.4	16.80	0.47	良好
9	95%磁铁矿+5%消石灰	0.20~0	6.7	21.7	0.45	中等
10	高岭土	0.25~0	22.0	53.0	0.77	良好
11	无烟煤	1~0	8.2	38.7	0.27	弱
12	沙　子	1~0	0.7	22.3	0.03	无
13	硼　泥	0.2~0			0.6	良好

由此可见，铁矿石亲水性由强到弱的顺序是：褐铁矿、赤铁矿、磁铁矿。脉石对铁矿物的亲水性也有很大影响，甚至可以改变其强弱顺序。例如，云母具有天然的疏水性，当铁矿石含有较多的云母时，会使其成球性下降，当铁矿石含有较多的诸如黏土

质或蒙脱石之类的矿物时，由于这些物质具有良好的亲水性常常会起到改善铁矿物成球的作用。

第二节　造球设备的类型和特性

6-7　造球设备有哪几种，对造球设备有哪些要求？

答：造球机是细磨物料的成球设备，也是球团厂的重要设备之一。造球机工作的好坏及产量、质量的高低与生球的焙烧固结和球团厂的技术经济指标有密切关系。对于造球机，一般有以下要求：

（1）结构简单，工作平稳可靠；

（2）重量轻，耗电少；

（3）对原料适应性大，易于操作和维护；

（4）产量高，质量好。

从上述要求出发，多年来国内、外对造球机进行了大量的研究试验工作，目前世界上有 4 种造球机：

（1）圆筒造球机；

（2）圆盘造球机；

（3）圆锥造球机。

（4）挤压立式圆锥造球机。

在以上几种造球机中，圆筒造球机和圆盘造球机使用得最广泛。目前，国外球团厂使用圆筒造球机最多。我国球团厂大多数使用圆盘造球机，圆筒造球机使用得很少。圆锥造球机只在美国少数球团厂应用。挤压立式圆锥造球机目前在工业上尚未获得应用。

6-8　圆筒造球机的结构是怎样的？

答：圆筒造球机是使用得较早的一种造球机，在国外大约有 60% 左右的球团是用这种造球设备生产的。

圆筒造球机的结构基本与圆筒混合机相似。它也有一个内壁光滑稍微倾斜的旋转圆筒；筒体的上方设有洒水管和刮刀；筒体上箍有齿圈和滚圈；滚圈与基座上的托轮接触以支撑筒体；齿圈与传动装置的小齿轮啮合以实现圆筒的旋转；筒体的前后分别设有给料和排球装置。见图6-3。

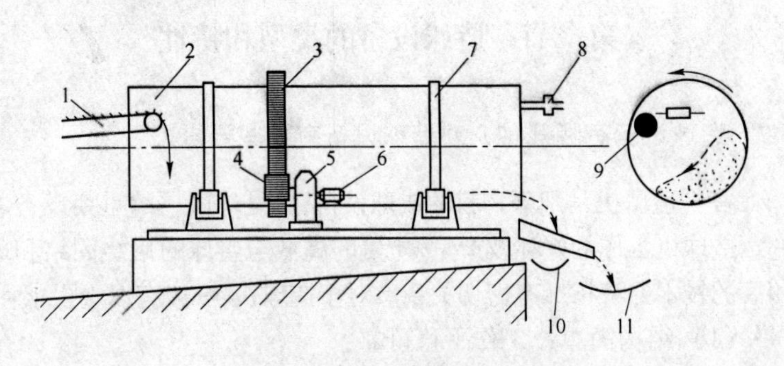

图6-3　圆筒造球机示意图

1—给料皮带；2—筒体；3—大齿圈；4—小齿轮；5—减速机；6—电动机；7—滚圈；8—给水管；9—刮刀；10—筛下粉末输送机；11—合格球团输送机

6-9　圆筒造球机的简要成球原理是什么？

答：在造球物料经给料装置进入圆筒造球机后，随着洒水管的水滴落在物料上而产生聚集，由于受到离心力的作用，物料随圆筒壁向上运动，当被带到一定高度后，就滚落下来，这样就形成了母球。在旋转圆筒不断的带动下，母球不断地得到滚动和搓揉（一面向前运动），使母球中的颗粒逐步密实，并把母球内的水分不断挤向表面，这时母球表面和周围的造球物料产生了一个湿度差，从而使造球物料不断地黏附在母球表面上，而使母球逐渐长大。长大的母球在不断的滚动、搓揉和挤压中受到紧密，其强度得到提高，然后随粉料和球粒同时被排出圆筒外，经过筛分，得到合格的生球。

6-10　圆筒造球机中物料的运动状态是什么？

答：物料在圆筒造球机中的运动状态是很复杂的，大致可分为以下三种状态：

（1）滚动状态。当圆筒造球机的转速处于最佳值时，随着物料不断给入圆筒，物料的重心与圆筒垂线的偏转角大于物料的安息角。这时物料便开始向下塌落，并形成一个滚动层以恢复其自然堆积状态，如图 6-4*a* 所示。

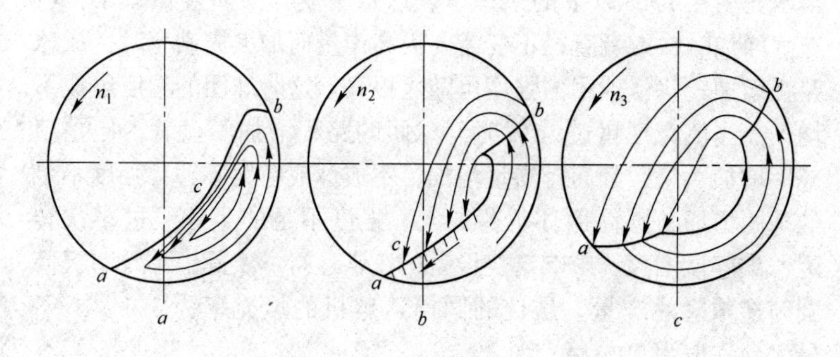

图 6-4　物料的运动状态

a—滚动状态；*b*—瀑布状态；*c*—封闭环形状态

这种运动状态下的特点是运动的物料分成上下两层。靠近圆筒壁的是未成球的或粒度很小的小球，它是一个不动层。它与圆筒壁没有相对运动，随圆筒一起向上运动。当物料达到最高点时，便立即转入滚动状态。处于滚动状态的上层物料在向下运动时，又被下层物料向上带动，这就使物料形成了滚动。物料便在这里长大和滚实。因而，这种运动状态是造球所需要的。在这种状态下的物料体积比不动料层约大 10%

（2）瀑布状态。当圆筒转速比较大时，常出现瀑布运动状态，如图 6-4*b* 所示。它的运动轨迹由 3 段组成；*ab* 段是圆形曲线，*bc* 段为抛物线，*ca* 段为滚动段。当物料从圆形轨迹离开时，便在空气中沿抛物线运动，落在物料上以后，又继续滚动。在这个运动状态下滚动段很少。在物料向下抛落时，冲击较大，不利于造球。

（3）封闭环形状态。当圆筒的转速很快时，每个单元料层的轨迹都成了封闭的曲线。这些曲线互不相交，且没有滚动段，只有圆形线段和抛物线段，构成了一个环形。在这种运动状态下物料似乎围绕一个中心以一个相同的角速度“回转”着，如图6-4c 所示。

圆筒造球机的填充率也是影响物料运动和造球的因素之一，当填充率在 15% 以下的条件下，产量不变，圆筒直径减小，填充率增加时，或者直径不变需要提高产量而加大充满率时，成球路程增加较快，球团的强度也随之提高。这时球团的粒度组成不均匀。当填充率超过 15% 时，球团的路程增加不显著。但是填充率增加太大，圆筒排料量增加，不成球或粒度不够、强度不足的球团增加，圆筒循环负荷加大。强度不足的生球经过多次转运，破碎量增大，影响焙烧设备的正常运行。实际上并没有提高圆筒造球机的产量。最佳的圆筒造球机的填充率为 3% ~5%，最大允许值为 10% ~15%。

6-11 圆筒造球机中物料停留时间和产量怎样计算?

答：圆筒造球机中物料停留时间和产量按以下两个公式计算：

（1）物料在圆筒中的停留时间可用下式计算：

$$T = \frac{0.037(\phi_m + 24)L}{nDS} \tag{6-2}$$

式中 L——圆筒有效长度，m；

ϕ_m——造球物料安息角，(°)；

D——圆筒直径，m；

n——圆筒每分钟转速，r/min；

S——圆筒斜度。

根据物料在圆筒中的停留时间、圆筒转速和圆筒造球机的长径比（2.5 ~3.0），再加上圆筒的最佳填充率便可以计算出圆筒造球机的产量。

（2）圆筒造球机的产量计算公式。假定将圆筒从垂直回转轴方向切开，一层滚动料层长度为 m，厚度为 h_c，1min 内沿圆筒内所经过的距离为 πDn，它在轴向的距离为 $\pi Dn\tan\alpha$。那么通过圆筒横切面单位时间的生产率 $Q(m^3/min)$ 为：

$$Q = \pi Dn\tan\alpha \cdot mh_c \tag{6-3}$$

因为 $m = \frac{D}{2}\lambda \frac{2\pi}{360}$（$\lambda$—用度表示）；$h_c = (a\lambda - b)D$，再将物料的堆密度 ρ_H 一起代入上式可得生产率 $G(t/min)$：

$$G = \frac{\pi^2 \rho_H D^3 (a\lambda - b)\tan\alpha}{360} \tag{6-4}$$

上式中 λ、α 角与圆筒填充率和物料性质有关，而系数 a、b 与物料种类和粒度有关，应由试验来确定。对于粒度 3～5mm 鲕状褐铁矿和相同粒度的破碎石英，$a = 8.7 \times 10^{-4}$，$b = 1.1 \times 10^{-2}$；而对于粒度为 1～2mm 的破碎石英和 0.2～0.5mm 的沙子，$a = 6.3 \times 10^{-4}$，$b = 5.3 \times 10^{-3}$。

从式（6-4）可看出，圆筒造球机的产量与其直径的 3 次方成正比。但是圆筒造球机的产量是很难用公式准确的计算出来的。因为影响它的因素很多，所以确定圆筒造球机的产量时，应对造球物料进行试验室试验，或者根据经验来确定。通常圆筒造球机的利用系数大约每平方米造球面积日产生球 7～12t。

6-12　圆筒造球机的主要工艺参数有哪些？

答：圆筒造球机工艺参数有很多，主要的有以下几项：

（1）圆筒造球机的长度（L）与直径（D）之比，即长径比。

它随着原料特性不同而差别较大，应根据原料的成球性以及对生球粒度与强度的要求来选用，一般圆筒长度与直径之比（L/D）为 2.5～3.5。

（2）圆筒转速。理想的圆筒转速，应该保证造球物料和球粒在圆筒内有最强烈的滚动，并且在物料处于滚动状态下把物料提升到尽可能高的高度。而物料滑动和在最高处向下抛落对造球过程是不利的。但非常明显，由于圆筒内物料颗粒差异甚大，要使圆筒适应所有粒级要求是不可能的，因此在确定圆筒转速时只能取一个中间值，实践证明，该数值大约为临界转速的25% ~45%。

（3）圆筒的倾角。圆筒的倾角是直接与生球质量和产量紧密相连的一个工艺参数，在其他条件不变的情况下，物料（生球）在圆筒内的停留时间由倾角确定，倾角愈小，生球在圆筒内停留的时间愈长，生球滚动的时间愈长，但产量则随倾角减小而降低。假如倾角加大，则上述情况正好相反。圆筒造球机的倾角一般在6°左右。

（4）给料量。圆筒造球机的给料量与倾角的作用相似，给料量越大，物料（生球）在圆筒内的停留时间越短，产量越大。但产量越大，生球强度将会下降。若给料量小，则情况相反。这是因为由于圆筒造球机的填充率小所造成的。一般圆筒造球机的填充率只占圆筒体积的5%左右。

（5）刮刀。为了保持圆筒造球机具有最大的有效容积，须在圆筒内安装刮刀将黏附在筒壁上的混合料刮落。

（8）加水方法。物料在圆筒造球机中的成球过程可分为：母球形成、母球长大和生球紧密三个阶段。因此在圆筒造球机中，为了迅速获得母球，应在其端部喷洒滴状水，喷水管上的小孔直径可采用1.2 ~1.5mm。为了使母球迅速长大，向母球表面喷洒雾状水是实现上述要求的简单而有效的方法。因此，在圆筒造球机的中间通常喷洒雾状水。生球紧密阶段的主要目的是为了提高生球的机械强度，所以在圆筒造球机的后部都不加水。从整个圆筒造球机来说，加水区约占圆筒长度的2/3。而加水方向，应力求使添加的水，均匀喷洒在造球物料和生球表面，尽量避免将水喷洒在筒壁上而导致筒壁大量粘料。

表6-2为几种规格圆筒造球机的技术性能。

表 6-2　圆筒造球机技术性能

项　目	1	2	3
圆筒直径/m	2.74	3.05	3.66
长度/m	9.14(9.50)	9.50(9.75)	10.06
转速/$r \cdot min^{-1}$	12 ~ 14	12 ~ 13	10
电动机/kW	44.8	44.8	74.6
斜度/$m \cdot m^{-1}$	0.125	0.135 ~ 0.194	0.111 ~ 0.125
刮刀(燕翅杆)	往复式	往复式(旋转)	往复式
转速/$r \cdot min^{-1}$	35 ~ 38	34 ~ 35	32 ~ 33
电动机/kW	2.2	2.2(11.2)	2.2
生球筛(长×宽)/m×m	1.52×4.27	1.52×4.27 (2.44×6.1)	2.44×4.88
斜度(弧度)/$m \cdot m^{-1}$	0.26 ~ 0.3 (15° ~ 17°)	0.3(17°)	0.30(17°)
振幅/mm	9.52	9.52	9.52
筛孔/mm	9.52	9.52(12.8)	9.52(11.1)

6-13　圆筒造球机配用的振动筛的技术性能如何？

答：目前国外大部分球团厂均采用圆筒造球机配用振动筛筛分生球，通常振动筛会损坏生球，所以一般采用和改用辊筛代替振动筛。辊筛维修量小，筛分效率高，而且由于生球在辊上继续滚动，使生球表面更加光滑并把水分集中在表面上有利于干燥。

几种常用振动筛及其性能见表 6-3。

表 6-3 常用振动筛性能表

项目		1	2	3	4
筛子尺寸/m	宽	1.87	1.73	2.0	2.0
	长	4.3	4.5	6.0	7.5
框的振幅/mm		3~4.5	3.4~4.8	3~6	3~5
筛子倾角/(°)		15	15~25	15~25	0~10
框的振动频率/次·min^{-1}		820	800~1000	900~1100	970
电动机功率/kW		10	17	17	2×17=34
筛分效率(筛孔10mm×10mm)/%		25~30	50	100	100①
筛分效率(筛孔12mm×12mm)/%		40	60	—	—
筛子质量/t				7.2	12.7

①按给矿机能力可达350t/h计。

6-14 圆筒造球机的转速怎样计算?

答:据一些资料介绍,临界转速 $n_{临}$(r/min)为:

$$n_{临}=\frac{60\sqrt{\gamma g}}{2\pi R} \tag{6-5}$$

则

$$n=(0.25\sim0.35)\eta_{临} \tag{6-6}$$

式中 γ——物料的堆比重,t/m^3;

g——重力加速度,m/s^2;

R——圆筒半径,m。

圆筒造球机转速范围一般为8~16r/min。物料在圆筒内旋转的速度,大约圆筒转一圈,料层转5~9圈,随着填充率的增加,料层旋转的速度降低。

6-15 圆筒造球机圆筒的充填情况怎样,有几种表示方法?

答:圆筒造球机圆筒的充填率一般较低,仅占圆筒面积的5%左右,其表示方法有以下3种:

（1）原料所占的横断面积与圆筒横断面积之比；

（2）圆筒静止时，原料表面形成的弦所对的角（一般在90°～110°之间）；

（3）圆筒静止时的料层厚度。

在圆筒的操作中，应保持以下几个条件：

（1）母球能正常滚动；

（2）停留在圆筒内的料层厚度不变；

（3）保证成球所必需的时间。

这样才使圆筒中所有的料，每通过一次循环，能产生足够的母球进行再循环，同时保证母球的长大率达到要求。

6-16　圆筒造球机的优缺点是什么？

答：圆筒造球机优缺点如下：

（1）优点。圆筒造球机具有结构简单、设备可靠、运转平稳、维护工作量小、单机产量大、劳动效率高等优点。

（2）缺点。圆筒造球机的圆筒利用面积小，只有40%、设备重、电耗高、投资大；因本身无分级作用，排出的生球粒度不够均匀，在连续生产中，必须与生球筛分形成闭路。即圆筒造球机中排出的球，需要经过筛分，筛上为成品生球，筛下的小球和粉末仍要返回造球机，通常筛下物超过成品生球的100%，有个别情况达到400%（一般随着圆筒长度的增加，筛下量减少）。因此，在进入圆筒造球机的原料中，有返回的筛下物和新料。

6-17　圆筒造球机的刮刀有几种形式？

答：常见的刮刀有固定刮刀和活动刮刀两种。固定刮刀用普通钢板和耐磨材料制成（如胶皮或合金刀片），通常是在钢板上开几道直孔（耐磨材料也应开孔），然后将耐磨材料用螺栓固定在钢板上面，使用时只让耐磨材料和筒体接触，这样，当耐磨材料磨损时，调整和更换都较方便。

活动刮刀有往复式和旋转式刮刀,刮刀的速度范围为15～40次/min。这种刮刀的好处是,在圆筒壁与刮刀之间不会积料,所以就不会发生采用固定刮刀时由于积料而引起大块突然崩落的现象。

为了增大圆筒壁与物料的摩擦和保护筒壁，让筒壁黏附一层不太厚的底料是有利的，这样对生球的长大和紧密都有好处。因此刮刀刀口应与筒壁稍留有一定的距离。

6-18 什么是圆盘造球机?

答：圆盘造球机（图6-5）是一个带边板的平底钢质圆盘，工作时绕中心线旋转。它的主要构件是：圆盘、刮刀、给水管、传动装置和支承机构。为了强化物料和生球的运动、分级和顺利排出合格生球，圆盘通常倾斜安装，倾角一般为45°～60°。

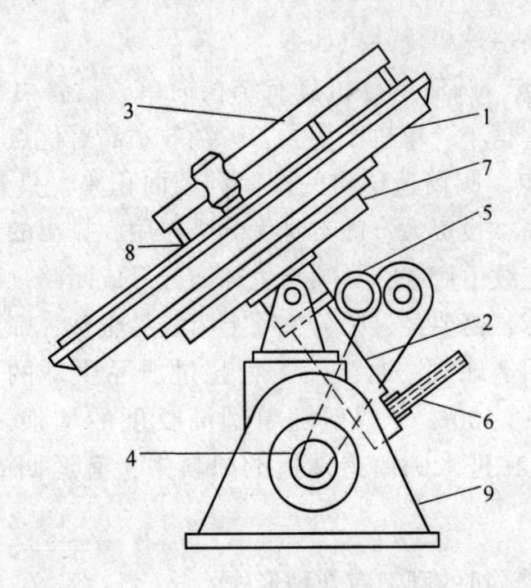

图6-5 伞齿轮传动的圆盘造球机结构示意图

1—圆盘；2—中心轴；3—刮刀架；4—电动机；5—减速器；6—调倾角螺栓杆；7—伞齿轮；8—刮刀；9—机座

造球物料由给料机给入圆盘造球机。物料加入后，随着洒水管不断加水和圆盘使物料产生滚动，造球物料即逐步变成各种粒度的生球。由于粒级本身的差异，在旋转圆盘的作用下，它们将按不同的轨迹进行运动。大颗粒位于表面和圆盘的边缘。因此，当总给料量大于圆盘的填充量时，大颗粒的合格生球即由盘内排出。由于圆盘造球机具有自行分级的特点，所以它的产品粒度比较均匀，小于5mm含量一般不大于3%。

圆盘造球机要获得产量高，质量好的球团，在结构上应满足下述要求：

（1）结构简单，工作平稳能使物料发生强烈的滚动；

（2）倾角、转速易于调整；

（3）给水给料可灵活改变；

（4）刮刀工作可以不破坏圆盘内物料的运动规律等。

6-19 圆盘造球机结构是什么？

答：目前圆盘造球机规格繁多，结构上也是多种多样，但基本构造原理还是一致的。

我国各球团厂应用较多的是结构比较合理的伞齿轮传动的圆盘造球机，另外还有内齿轮圈传动的圆盘造球机。

（1）伞齿轮传动的圆盘造球机主要由：圆盘、刮刀、刮刀座、大伞齿轮、减速机、主轴、调角机构、电动机和底座所组成。

电机启动后，通过连接电机与减速机的三角皮带将减速机带动。减速机出轴端联有圆锥齿轮，此齿轮与大伞齿轮啮合，而大伞齿轮是用螺栓固定在圆盘底部的，因此当圆锥齿轮转动时，造球机的圆盘便随之旋转。

圆盘通过主轴、双列向心球面滚子轴承、主轴承座和横轴面承重于底座。主轴的尾端与调角机构的螺杆连接。由于双列向心球面滚子轴承的作用，通过调角机构的螺杆，可使主轴与盘面在一定范围内转动（刮刀架也一起转动）以满足调节造球盘倾角的需要。

这种结构形式的造球机转速的改变，可通过更换电动机出轴和减速机入轴上的皮带轮直径来做一定范围的调整。刮刀用螺栓固定在刮刀架上，便于磨损后更换。

表6-4是我国球团厂目前使用的圆盘造球机技术参数。

表6-4　我国球团厂目前使用的圆盘造球机技术参数

规格 ϕ /mm	圆盘边高 /mm	转速 /r·min^{-1}	倾角 /(°)	产量 /t·h^{-1}	电动机	
					型号	功率/kW
1000	250	19.5～34.8	35～55	1	JO-51-4	4.5
1600	350	19	45	3	JO-62-8	4.5
2000	350	17	40～50	4	JO-63-4	14
2200	500	14.25	35～55	8		
2500		12	35～55	8～10	JO_2-71-8	13
3000	380	15.2	45	6～8		17
3200	480～640	9.06	35～55	15～20	JO_2-71-4	22
3500	500	10～11	45～57	12～13	JO-82-6	28
4200	450	7～10	40～50	15～20	JO-93-8	40
5000	600	5～9	45	16		60
5500	600	6.5～8.1	47	20～25	JR-92-6	75
6000	600	6.5～9	45～47	40～75		75
6500	600	5.5～6.9	45～55	44.5～66.4		

（2）内齿轮圈传动的圆盘造球机。内齿轮圈传动的圆盘造球机是在伞齿轮传动的圆盘造球机的基础上改进的，改造后的造球机主要结构是：盘体连同带滚动轴承的内齿圈固定在支承架上，电动机、减速机、刮刀架也安装在支承架上，支承架安装在圆盘造球机的机座上，并与调整倾角的螺杆相连，用人工调节螺杆，圆盘连同支承架一起改变角度。这种结构的圆盘造球机的传动部件由电动机、摩擦片接手、三角皮带轮、减速机、内齿圈和小齿轮等所组成。

内齿圈传动的圆盘造球机转速通常有三级（如 ϕ5.5m 造球盘，转速有6.05r/min、6.75r/min、7.75r/min），它是通过改变皮带轮的直径来实现的。这种圆盘造球机的结构特点是：

1）造球机全部为焊接结构，具有质量轻、结构简单的特点；

2）圆盘采用内齿圈传动，整个圆盘用大型压力滚动轴承支托，因而运转平稳；

3）用球面涡轮减速机进行减速传动，配合紧凑；

4）圆盘底板焊有鱼鳞衬网，使底板得到很好保护；

5）设备运转可靠，维修工作量小。

6-20　圆盘造球机的生产率怎样计算？

答：圆盘造球机的生产率除了与圆盘造球机的结构、工艺参数有关以外，还与造球物料的成球特性、粒度组成、物料的湿度、温度、操作水平和生产过程是否正常等诸因素密切相关，所以圆盘造球机的产量很难正确决定。到目前为止，还没有一个包含所有的影响因素，并能适用于各种情况的圆盘造球机生产率的理论计算公式，但经验公式还是比较多的：

（1）E. H 郝道罗夫公式

$$Q = 0.35D^4\gamma \tag{6-9}$$

（2）H 克拉特公式

$$Q = 0.15KD^2 \tag{6-10}$$

（3）南京化工学院提出的公式

$$Q = 0.34D^3\gamma \tag{6-11}$$

（4）北京水泥设计院提出的公式

$$Q = 2.2D^{1.9} \quad 或 \quad Q = 1.9D^2 \tag{6-12}$$

式中　Q——圆盘造球机生产率，t/(h·台)；

D——圆盘直径，m；

γ——物料的堆比重，t/m^3；

K——物料的成球率或成球系数；

$$K_C = \frac{D_C}{\gamma \cdot V_C} \tag{6-13}$$

式中 D_C——生球的紧密度；

γ——生球的重度；

V_C——生球的体积。

关于 K 值可参考表 6-1 数据选取。

在上述计算圆盘造球机生产率的几个经验公式中，很明显地看出它们之间的差别较大，例如公式 $0.35D^4\gamma$ 与 $0.34D^3\gamma$ 计算结果对比，前者是后者的 1.028 倍，而且圆盘的直径越大，其差别也就越大。

现推荐一个比较适用的符合实际的经验公式：

$$Q = 1.5K_C D^{2.3}$$（辽宁朝阳重型机器厂提出）

式中 Q——产量，t/(台·h)。

在使用上述经验公式时，要按不同的原料条件，正确地选取 K_C 值。K_C 可参见表 6-1 的数据。

盘边高度 h 与圆盘直径的关系式：

$$h = 0.07D + 0.217 \quad (6\text{-}14)$$

式中 h——圆盘边高，m。

6-21 圆盘造球机刮刀的构造与作用？

答：刮刀亦称刮板、刮刀板，是圆盘造球机工作时不可缺少的附属设备。

圆盘造球机上一般设有 2 个以上的刮刀，它的作用目前有两种看法：

第一种看法：认为刮刀的功能是清理黏结在盘边和盘底上的积料（简称刮底、刮边）。圆盘每旋转一周，刮刀应将盘底、盘边所有表面清理一遍，以保持其平整，有利于造球（见图 6-6 中 1、2）。

第二种看法：认为除了上述的作用外，刮刀还可以起到“导料”、“分区”和“排球”的作用。因而在圆盘的成球区和排球区也设置刮刀，以期按照人为意志来强行区分圆盘的各区（见图 6-6 中 3、4）。

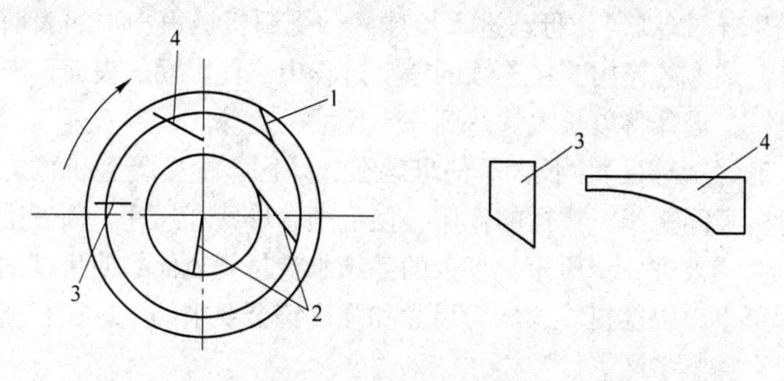

图 6-6　圆盘刮刀布置图

1—清理盘边，盘底刮刀；2—盘底刮刀；3—排球刮刀；4—导料刮刀

其实，在物料的成球性较好、水分适宜、给料、给水位置和造球机的工艺参数合理的情况下，造球物料在圆盘中的成球过程是受重力和离心力的作用会自然进行分级。

根据造球物料在圆盘内的形态和运动状况，可把圆盘分为四个工作区域：即母球区、长球区、成球区、排球区（见图6-7 *a*），在操作过程中要使圆盘工作区域分明。

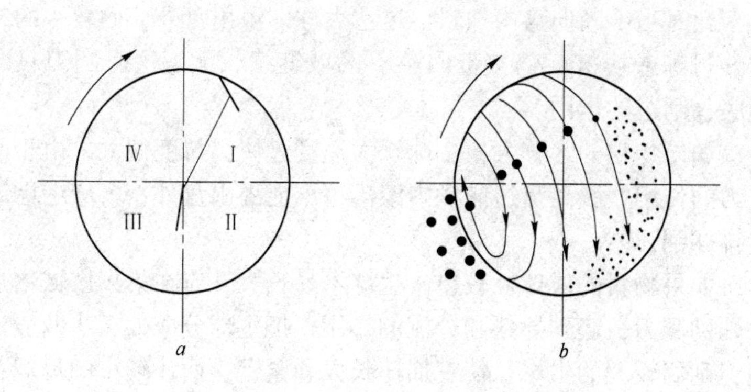

图 6-7　圆盘的工作区域和生球粒度分级示意图

a—圆盘的工作区域；*b*—圆盘内生球粒度的自然分级

Ⅰ—母球区；Ⅱ—长球区；Ⅲ—成球区；Ⅳ—排球区

Ⅰ（母球区）：粉料在此区，受到水的毛细力和机械力作用，产生聚集而形成母球。

Ⅱ（长球区）：母球进入长球区，受到机械力、水的表面张力和毛细力的作用，在连续的滚动过程中，使湿润的表面不断黏附粉料，母球得以长大，达到一定尺寸的生球。

Ⅲ（成球区）：长大了的母球在成球区，主要受到机械力和生球相互间挤压、搓揉的作用，使毛细管形状和尺寸不断发生改变，生球被进一步压密，多余的毛细水被挤到表面，使生球的孔隙率变小，强度提高，成为尺寸和强度符合要求的生球团，所以此区又称紧密区。

Ⅳ（排球区）：质量达到要求的生球，在离心力的作用下，被溢出盘外（脱离角与圆盘垂直中心线成30°左右）。大粒度球团，因本身的重力大于离心力，浮在球层上，始终在成球区来回滚动；粒度未达到规定要求的小球，由于重力作用小于离心力，被带到圆盘，仍返回长球区继续长大（参见图6-7*b*）。

当盘体顺时针旋转时，在一定的转速下，第Ⅱ、Ⅲ区域中较大粒度的生球因其质量大，所受的离心力也大，再加上滚落时的偏析作用，自然会向排球侧的盘边靠拢，被盘边带到一定的高度，此时当不断向盘内加料，这些大球即溢出盘外。而较小的料球（母球或粉料）仍被带回第Ⅰ区域继续长大。这时刮刀只起刮底、刮边的作用。

如果物料的水分大，生球长大速度过快，粒度偏大，由于受重力的作用，脱离盘边向盘内滚落，未能溢出盘外，就应考虑设置排球刮刀。

如果物料的成球性较差，生球不易长大，应在第Ⅳ区域增加一辅助刮刀，起到导料和分流的作用，把生球分成大、小两股流向，刮回较大的生球，使它加速长大和紧密，而让较小的母球在刮刀下继续通过，返回第Ⅰ区域。

6-22　圆盘造球机刮刀的形式有几种？

答：圆盘造球机的刮刀有两种形式：固定刮刀和活动刮刀。

固定刮刀：构造简单、容易制作。但磨损快、寿命短。特别是造球机的圆盘为料衬时，磨损加剧，寿命更短。另外固定刮刀上常常黏结料块，到一定程度后落下，这些料块，经过滚落，也能形成外观如球的团块，但强度很差，其中心和外部含水基本相同，在焙烧过程中大部变成粉末，因此应尽量避免这种黏结料块的形成，于是就产生了活动刮刀。在没有实现活动刮刀之前，可以采用辉绿岩、铸铁、陶瓷、合金钢等耐磨材料，制作固定刮刀，以提高使用寿命。

活动刮刀：按其运动的方式有旋转式、移动式、摆动式等。动力由单独的电动机供给，也可以利用圆盘自身带动。国内、外大多数采用移动刮刀，移动刮刀设有专门的电动机和传动机装置，以保证刮刀沿一定的轨迹均匀移动（平移或圆弧移动），底刮刀的最大行程为圆盘的半径，为了清理盘边，还专门设置了清边移动刮刀。另外由于移动刮刀本身较短小，而且刮刀头一般用高质量的耐磨合金材料制成，所以磨损小、寿命长，消耗量也是很低的。

活动刮刀不仅清理盘底和盘边比较干净，而且不会将物料压成死料层和产生黏结料块，这样便能保持圆盘最理想的工作状态，可提高和保证造球机的产量、质量。活动刮刀和圆盘的摩擦力远比固定刮刀小得多，所以还可以降低造球机的功率消耗。

6-23　圆盘造球机固定形式耐磨刮刀板是怎样研制的，使用效果如何？

答：凌钢为解决球团竖炉 ϕ4200mm 圆盘造球机盘底钢衬板磨损太快的问题，于 1976 年采用料衬获得成功。但使用料衬后带来了刮刀板磨损太快的问题。在过去使用钢衬板时，一般都用旧运输带作刮刀板，改用料衬后，由于料面粗糙，胶带磨损加快。改用铸铁刮刀板后，虽然寿命有所延长（灰口铸铁刮刀板一般使用 7～10 天；白口铸铁可用一个月左右），但问题仍未很好解决。因此给造球作业带来很多问题。例如：

（1）刮刀磨损后，盘底料衬很快升高，使造球盘有效边高减小，充填率降低，成球时间缩短；

(2) 刮刀板底边磨损后成波浪形，使盘底凸凹不平，不利于生球滚动；

(3) 盘底料衬升高到一定程度，有些大块料衬就会脱落，并混杂在生球内，影响造球作业正常进行；

(4) 更换铸铁刮刀板时，劳动强度很大；

(5) 刮刀板的成本较高。

为了解决刮刀板的磨损问题，于 1979 年 1 月在一台造球机上试用了一种耐磨刮刀板，效果良好。并在所有的 8 台造球机上推广使用，受到工人们的欢迎。现将简况介绍如下：

(1) 制造方法。耐磨刮刀板的制造方法是先将原铸铁刮刀板底边（或侧边），在刨床上刨出 10mm×20mm 的矩形条槽，然后把硬质合金刀头整齐地排列在槽内，两块刀头之间相距 2～3mm，再把合金刀头与铸铁用铜焊牢固地焊接在一起（参见图 6-8）。合金刀头是使用凿岩机钻头，牌号 YGH，型号 1H3，最大外形尺寸 18mm×18mm×10mm。

根据刮刀板的形状和作用不同（参见图 6-8），制成三种耐磨刮刀板。刮底刮刀板和刮中心盘底刮刀板都是用来刮平盘底，因此只把合金刀头焊在刮刀板的底边，前者约焊 48～50 块刀头（如图 6-9 所示）；后者约焊 30 块。刮底刮边刮刀板除在底边焊上合金刀头外，还需在侧边焊一排合金刀头，用来刮平圆盘周边的粘料。该刮刀板的底边约焊 38～40 块刀头，侧边约焊 15～16 块（参见图 6-10）。

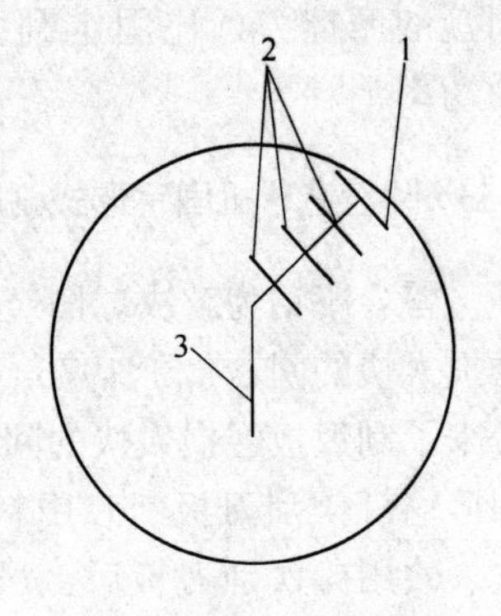

图 6-8 刮刀布置示意图

1—刮底刮边刮刀；2—刮底刮刀；3—刮中心盘底刮刀

(2) 使用效果

一年多来的生产实践表明，这

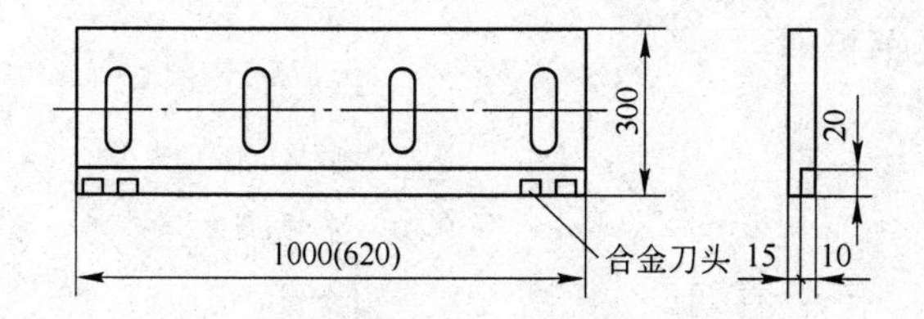

图6-9 耐磨刮刀板（刮底刮刀用）
（注：括号内为刮中心盘底刮刀板的尺寸）

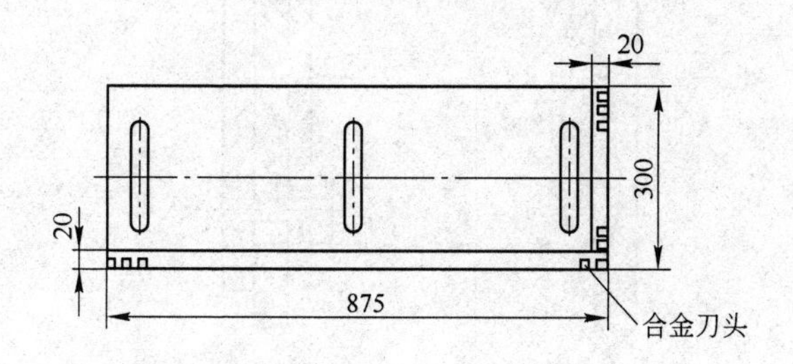

图6-10 刮底刮边刮刀板

种耐磨刮刀板的优点较多，如：

1）由于合金刀头耐磨性好，刮刀板的底边可长期保持平整，这样盘底料衬就平整、光洁，不再快速升高；

2）由于刮刀底边磨损很慢，大大减少更换刮刀板的次数，从而既减轻了工人的体力劳动，又提高了设备作业率；

3）采用灰口铸铁刮刀板，按其最长使用期半个月计算，每年要更换24套（每套价格几百元），而使用这种耐磨刮刀板，寿命可超过一年，按一年计算，每套费用约500元，这样每台造球机一年可节约3700元。

（3）问题及改进措施

耐磨刮刀板使用半年后，发现合金刀头部位很耐磨，再用半年毫无问题，但刮刀板的中下部由于料流冲刷还是磨损较快，四、五个月后便磨成凹面，而影响了刮刀的强度（参见图6-11a），需用火焊熔下合金刀头重新焊制。为了解决这一问题，在刮刀板上加一块保护钢板（如图6-11*b*），当钢板磨损严重时，只要更换钢板即可。

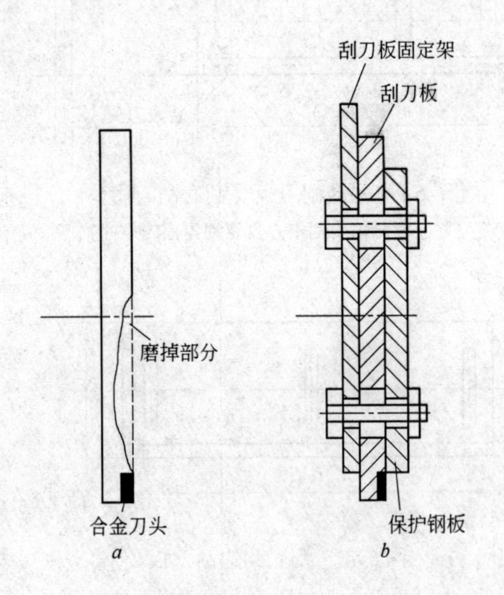

图6-11 刮刀板的磨损和改进示意图
a—刮刀板磨损情况；*b*—安有保护钢板的刮刀

目前国内还有一些ϕ4200mm造球机使用固定刮刀，可参考这一措施提高刮刀板寿命。

6-24 什么是衬板，衬板的作用是什么，衬板有几种形式？

答：圆盘造球机的盘底上，有一层与物料接触的底板，俗称衬板（包括边板衬）。衬板极易磨损，需要经常更换，严重影响造球机的作业率。所以延长衬板的使用期限，是提高造球机作业率的关键。目前使用的衬板有以下几种：

（1）钢板衬板。钢板衬板的表面比较光滑，生球强度较高，衬板粘料和刮刀的磨损都很微弱。但钢板衬板磨损极快，生产实践证明：厚16～22mm钢板制成的衬板，只能使用三个月左右便磨穿。因此，使用钢板衬板的圆盘造球机，钢板消耗大，维修工作量也大，造球机的作业率低。

（2）料衬。为了减小钢板衬板的磨损，在造球机的盘底焊上一层鱼鳞网板或小圆钢（ϕ16～20mm），见图6-12。

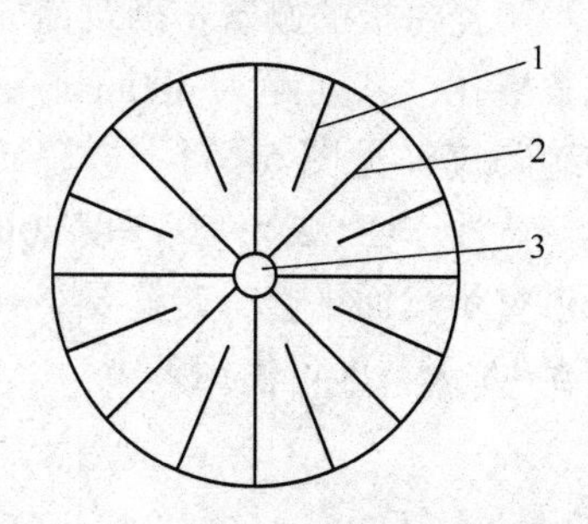

图6-12　用圆钢铺焊的盘底示意图

1—短圆钢；2—长圆钢；3—中轴

焊有鱼鳞网板和小圆钢的盘底，在工作时造球物料填充于孔穴之中，可以保留一层保护敷层（又称底料），保护盘底不被磨损，又无需更换衬板，一层不厚的底料对加速造球过程是有利的，造球机产量可以提高。但是采用这种方法又带来了球盘严重粘料和刮刀的迅速磨损。因为底料在生球不断的滚动作用下，变得越来越紧密，底料表面的湿度也相应提高，因此疏松物料很易黏附在其上面，使底料加厚，全靠刮刀来控制底料的厚度和平整料衬，使刮刀磨损加剧（一般料衬须采用合金刀头来制作刮刀）。另外，由于料衬表面比较粗糙，物料与料衬之间的摩擦力增加，阻碍了生球的滚动和滑动，生球的质量会有所下降。据某厂经验；ϕ4.2m圆盘造球机采用料衬，生球的抗压强度降低15%左右，落下强度降低16%～20%；粒径偏大，大粒级增多、小粒级减少；生球的表面比较粗糙，有毛刺。但基本上还能满足生产的要求。

用鱼鳞网板造料衬保护圆盘造球机盘底国外很早就开始使用，南京钢铁公司进口的ϕ5.5m圆盘造球机就是使用鱼鳞网板作料衬；而用小圆钢造料衬是1976年在凌钢8m^2竖炉球团ϕ4200mm圆盘造球机上实现的。

（3）陶瓷衬板。用陶瓷板砌筑盘底作衬板，这是我国的一项创造。陶瓷板亦称耐酸瓷砖（无釉），其特点是比较光滑，耐磨性好和有一定的抗冲击性能。目前使用的有150mm×150mm×20mm和150mm×75mm×20mm两种规格。

陶瓷衬板的砌筑：砌筑前先在盘面上用$\phi16\sim20$mm圆钢焊成条格孔，其间距为600mm，刚好可放四块瓷砖，两排瓷砖要错缝砌筑（见图6-13）。嵌瓷砖前在盘底上先抹一层砂灰（水泥：黄沙 = 1：2），其厚度20mm左右，以黏结瓷砖。瓷砖砌筑要求整个盘面平整，砖缝要小（1mm以下），砌完后，一般须保养3~5天，即可使用。

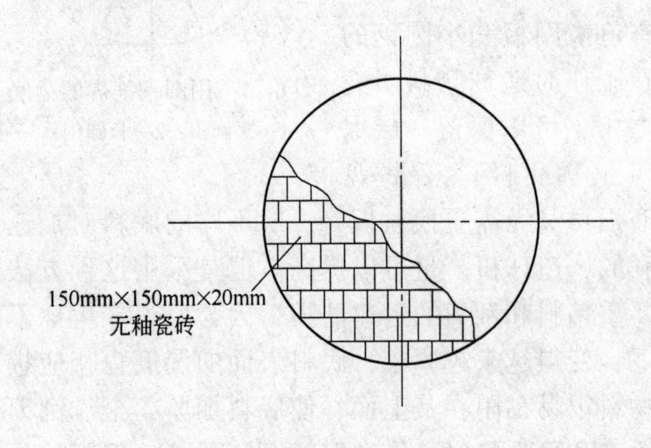

图6-13　造球盘底瓷砖砌筑示意图

陶瓷衬板的使用效果：1）使用寿命长，一般可达三年以上，是钢板衬板的12倍之多；2）瓷砖表面光滑（但有一定的摩擦系数）基本上不粘料，可适当减少刮刀数量（指固定刮刀），盘面的利用率提高，有利于造球，使造球机产量提高30%以上；3）陶瓷衬板质量轻，可减轻造球机负荷，降低电耗；4）瓷砖价格便宜，衬板成本低，可节约资金，节省钢材；5）陶瓷衬板更换容易、施工方便，可大大减少维修工作量。所以在国内获得了广泛使用。

（4）含油尼龙衬板。此外，还曾试验用铸石板（辉绿岩）作衬板。虽然耐磨，但因表面光滑似镜，不能将料球带到圆盘的顶部，不利于料球的滚动，成球困难，而未得到推广使用。

6-25 含油尼龙衬板的构造及使用效果怎样?

答: 近些年来河北张家口市科达有限公司研制的带有凸起和凹槽的含油尼龙衬板在圆盘造球机上应用收到了良好效果。

含油尼龙衬板的凸起部分具有较低的吸水率（0.5% ~ 1.0%），较小的摩擦系数（0.12 ~ 0.45）和较好的耐磨性能，其憎水性、耐磨性等性能与陶瓷衬板近似，具有陶瓷衬板的各项优点。在其凹槽部分，由于凸起圆柱的阻挡作用，物料会积存在预先铸有的规则凹槽之中形成料衬，料衬的形成不但可以阻止物料与含油尼龙衬板的直接摩擦，减少刮板损坏，而且还可以使造球物料得到必要的摩擦力，它集中了圆钢、鱼鳞网衬板及陶瓷衬板的优点，克服了它们的缺陷，使造球过程中料球运动轨迹改变，可以提高圆盘造球机的产量及生球强度。

含油尼龙衬板在济钢和宣钢球团厂、遵化建龙球团车间圆盘造球机上应用均收到了良好效果。综合起来含油尼龙在圆盘造球机上应用可做如下结论：

（1）在圆盘造球机上使用带有凸起和凹槽的含油尼龙衬板，可以兼有料衬及陶瓷衬板的优点，提高造球机产量和生球强度；

（2）在圆盘造球机上应用带有凸起和凹槽的含油尼龙衬板，可以减轻底盘质量，减少底板粘料，减少刮刀数量，降低造球电耗；

（3）含油尼龙衬板耐磨能力强，加之凹槽部分有料衬形成，可以减少衬板磨损，使用寿命较长。

6-26 圆盘造球机易发生的事故有哪些，预防措施有哪些?

答: 圆盘造球机发生事故的原因、征兆、处理及预防措施如下：

（1）圆盘造球机事故。圆盘造球机是一种运转比较可靠的设备，一般不易发生事故。根据生产实践，造球机会发生的故障主要是立轴轴承损坏。立轴也称中轴，是圆盘造球机受力最大的部件。立轴轴承有上、下之分，一般来说，下轴承较上轴承容易损坏。

1）损坏原因：立轴轴承润滑不良及造球机频繁启动而引起。

2）征兆：造球机运转时，圆盘晃动厉害及有严重杂音。

3）处理：不论是上轴承或下轴承损坏，都应及时更换。更换下轴承较上轴承麻烦，时间要求较长，需一周，而单独更换上轴承只需 3 天左右。

（2）预防措施：应加强轴承润滑，设立甘油润滑装置；应尽量避免造球机的频繁启动（因圆盘造球机是带负荷启动）。

（3）圆盘造球机检修后安装及试车要求。

1）造球机试车时，应运转平稳，圆盘不发生严重摇晃和与接球板无碰撞之处；

2）大、小伞齿轮啮合好，运转时无杂声；

3）运转时，立轴轴承无杂音、减速机噪声低；

4）圆盘倾角应先安装成 45°，然后在试运转中调整到最佳角度；

5）调整刮刀位置和给水、加料位置到适宜值；

6）调整电动机位置，使传动三角皮带的松紧度适宜，启动时无打滑现象。

6-27　什么是圆盘形圆锥造球机，其优缺点是什么？

答：圆锥造球机是介于圆筒造球机和圆盘造球机之间的一种造球设备。圆锥造球机有两种形式，一种是圆盘形圆锥造球机；另一种是挤压立式圆锥造球机。

圆盘形圆锥造球机是由一个开式倾斜的短的锥形圆筒支承在一个转动的主轴上，其半径从底部向上逐级增大，在锥体内有一刮刀，其形状与锥形内衬相一致，锥形筒的底部粘料由另外一个刮刀系统来完成，如图 6-14 所示。

锥形圆筒制成有带生球筛分和阶梯形两种。边板刮刀和底盘刮刀都是旋转的，转速在 60 ~ 90r/min 之间、刮刀的长短可以灵

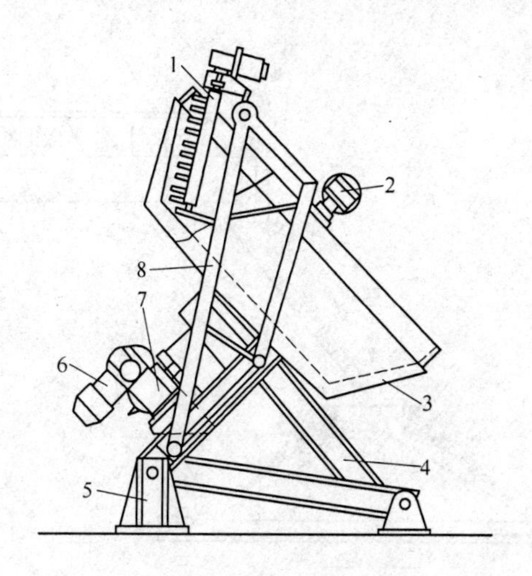

图 6-14　圆盘形圆锥造球机

1—圆锥刮刀；2—盘底刮刀；3—锥形盘体；4—支架；
5—支座；6—电动机；7—减速机；8—刮刀支架

活调整。

圆盘形圆锥造球机的显著优点是：产品质量好，粒度均匀。缺点是：结构比较复杂，设备比较重。所以目前只有美国少数球团厂在使用。

6-28　什么是挤压立式圆锥造球机？

答：挤压立式圆锥造球机是由加拿大 20 世纪 50 年代末期生产的。它由挤压机和立式圆锥造球机两部分组成，如图 6-15 所示。立式圆锥造球机由两个圆锥组成，上圆锥是固定的，下圆锥是可动的，圆锥之间的距离可以调节，圆锥面的斜度可根据使圆柱体滚成球形的原则来计算确定，圆锥间的角度适宜值为 12°。

挤压立式圆锥造球机的主要生产过程为，先将 2/3 的过湿造球物料（含水 15% ~25%）给入挤压机预压，挤压机的压头开有数量众多的圆柱形孔（其直径可随需要而定），过湿物料通过

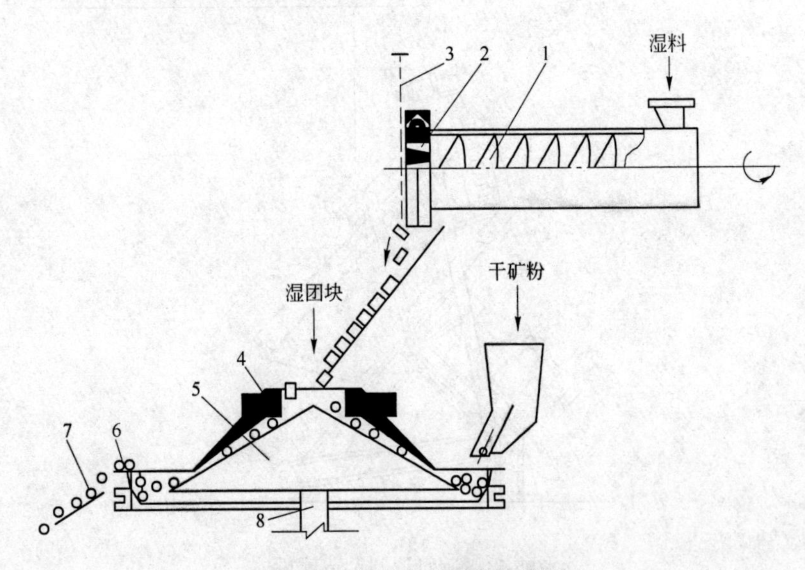

图 6-15　挤压立式圆锥造球机

1—挤压机螺旋叶片；2—模孔；3—旋转切刀；4—固定锥；5—动锥；
6—橡胶板舷槽；7—成品生球；8—主轴

压头被制成圆柱条，压头后有往复切刀，把圆柱条切割成小正圆柱体（切刀速度根据给料速度和圆柱高度而定），然后小圆柱进入圆锥造球机的给料口。

小圆柱通过上、下圆锥时，由于不断地受到搓动而成球形，并排入旋转圆锥的边缘和固定的用软橡皮所构成的环形槽中，生球在槽中快速度进行运动，因此生球的水分将不断向表面迁移，此时占物料总质量 1/3 的干料，由干料槽中经自动给料器，加入并黏附于湿球表面致使生球尺寸进一步增大。

由于在环形槽中不再补加任何水分，所以当过湿造球物料的水分控制好后，合格生球的尺寸也得到了控制，因此对于这种造球方法来说，生球的尺寸几乎与生球在造球机内的停留时间无关，这一特点与上述的造球机的造球特性是完全不同的，这种挤压立式圆锥造球机所得的生球粒度及湿度都是均匀的。

合格生球排出的快慢，可以通过调整舷板的高度来实现，这样就可避免生球在没有达到规定尺寸和必需的残余湿度的情况下而排出。

挤压立式圆锥造球机与一般造球机比较，具有以下优点：

（1）产量高、生球粒度均匀和含水量稳定；

（2）造球过程易于控制；

（3）利用率高，锥体面积能同时全部用于造球；

（4）适用于某些含水高（如浮选褐铁精矿）、而又有一定数量干精矿来源的球团厂。

缺点：这种造球方法，挤压机的磨损严重。此外对这种造球机的研究不多，目前尚未在工业中获得应用。

6-29 圆盘造球机与圆筒造球机比较，有哪些特性？

答：圆盘造球机和圆筒造球机已被普遍采用，对于造球机形式的选择，目前并无明确的规定原则。美国、加拿大等国多采用圆筒造球机；日本、德国和中国多采用圆盘造球机。两种造球机比较见表6-5。

表6-5 圆筒造球机和圆盘造球机比较

项 目	圆筒造球机	圆盘造球机
适应性	调节手段少，适用于单一磁铁精矿或矿种长期不变、易成球的原料，产量变化范围大	调节灵活，适用于各种天然铁矿和混合矿，产量变化范围小仅±10%左右
基建费用	圆筒造球机是圆盘造球机设备质量和体积的2倍，占地面积大，圆筒造球机比圆盘造球机投资高10%	设备轻，占地面积小，投资省10%
生球质量	质量稳定，但粒度不均匀，自身没有分级作用，小球和粉料多，循环负荷高达100%～400%	质量较稳定，粒度均匀易掌握，有自动分级作用，循环负荷小于5%
生产、维修	设备稳定可靠，但利用系数低（0.6～0.75t/(m^2·h)），维修工作量大，费用高，动力消耗少	设备稳定可靠，利用系数高（1.2～1.5t/(m^2·h)），维修工作量小，费用低，动力消耗大

6-30 圆盘造球机旋转刮刀器的构造及运动规律如何？

答：旋转刮刀器是活动式刮刀器的一种。20世纪70年代南京钢铁公司从日本引进的 ϕ5.5m 圆盘造球机就采用了多爪旋转式刮刀器。这种刮刀器比旧式的板式刮刀，更加符合成球过程的工艺要求，同时因为可以形成特有的底料床（又称料衬），所以能够提高生球强度。

这种引进的圆盘造球机的圆盘底板是钢板制造，里边衬胶。圆盘的左侧稍上方安装了两个底刮刀器，用于清理底盘上的物料。每个底刮刀器安装有5把刮刀，沿其周边均匀分布，利用刮刀下端与圆盘料面接触，并连续进行的相对运动，实现其清理和平整底料床的作用。

圆盘直径 ϕ5.5m，盘面可在42°~55°间调整。旋转式底刮器直径1.36m，刮刀是采用 ϕ32mm 圆钢制成的，端部进行了耐磨处理。圆盘和底刮刀转速约为8r/min。

这种圆盘造球机的特点是采用了多爪旋转式刮刀器，用这种刮刀器来清理底盘上的黏结物和平整底料床比旧有的板式刮刀在成球工艺方面更具有合理性。用这种方法清理和平整出的底料床，不仅可以实现正常的成球工艺过程，而且更有提高生球强度的功能。造出一个平整而又合乎工艺操作要求的底料床，一般需要3~4h。图6-16为圆盘造球机的结构图。

图6-17为在造球机底刮刀图上五把刮刀的初始位置分布图。

造底料床的操作是先启动圆盘和刮刀器，使其按一定转速运行，待运行正常后向圆盘内投入含水适量的混合料（根据需要也可补加适量水分），当混合料与旋转刮刀底面接触后，就开始了造底料床的操作程序，同时补加适量的混合料，使底料床逐渐压密、结实，一般经过2~3h或3~4h就将底料床造好。

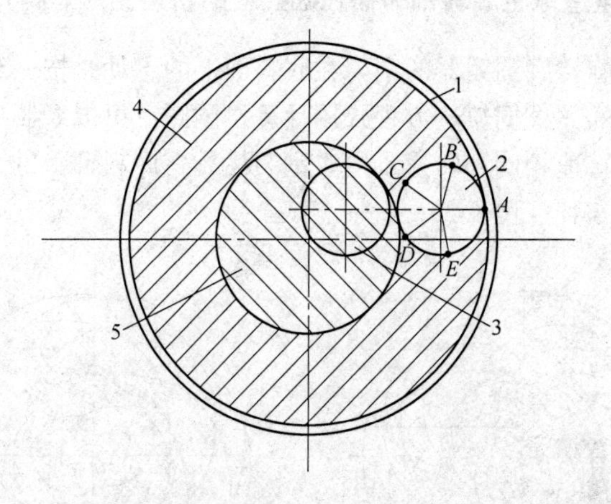

图 6-16　底刮刀器在圆盘上的工作范围

1—造球圆盘；2—底刮刀器Ⅰ；3—底刮刀器Ⅱ；4—底刮刀器Ⅰ的工作范围；5—底刮刀器Ⅱ的工作范围

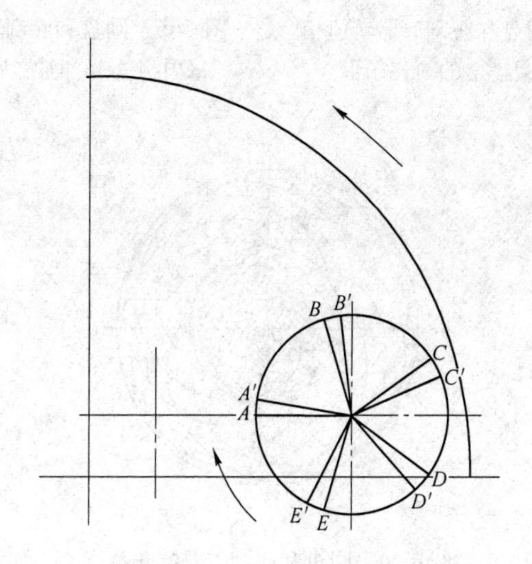

图 6-17　刮刀的位置示意图

6-31　圆盘造球机旋转刮刀器在圆盘上的轨迹图形怎样？

答：旋转底刮刀器的刮刀在底料面上的运动是按一组轨迹方程式运行的。根据轨迹方程式用计算机画图，可以绘制成圆盘与底刮刀器转速相同和转速不同时刮刀运行在底料面上的运行轨迹图。见图 6-18 ~ 图 6-20。

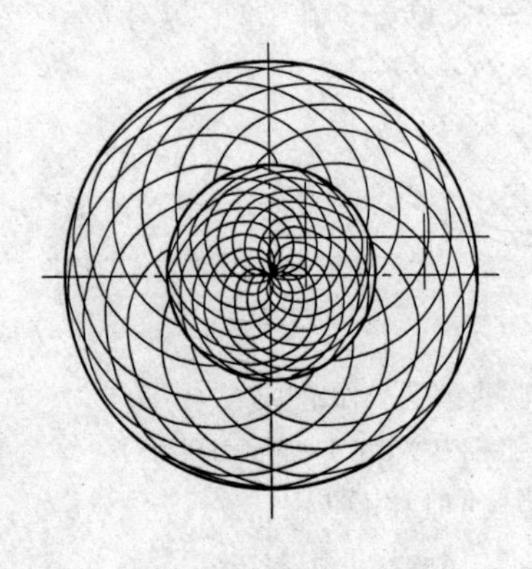

图 6-18　圆盘和底刮刀器转速相同时，圆盘上的轨迹图形

图 6-19　圆盘和底刮刀器旋转每周相差 36°时的轨迹图形

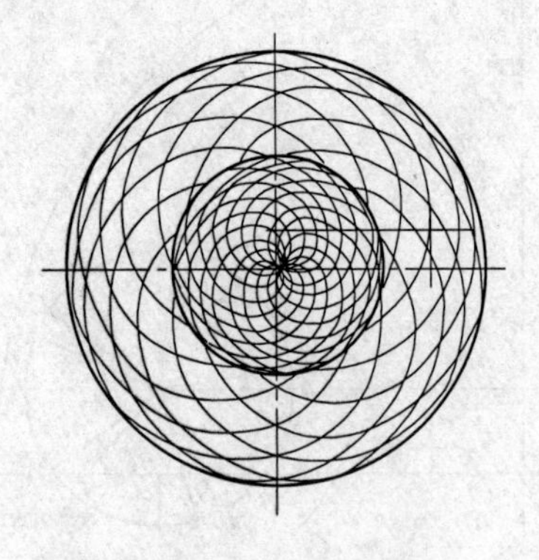

图 6-20　圆盘和底刮刀器旋转每周相差 108°时的轨迹图形

从以上可以看出，要造好一个符合造球工艺要求的底料床，必须合理地选择圆盘和底刮刀器的旋转速度及其匹配，从而使刮刀在底盘面上形成造球良好底料床所必需的一定密集度的轨迹曲线。

6-32　圆盘造球机旋转刮刀的构造和材质有哪几种？

答：旋转刮刀器的刮刀构造材质目前看到的主要有4种：

（1）用普通钢材制成，在接近料面的底部进行耐磨处理；

（2）刮刀上部用普通钢材，在接近料面的底部用合金钢材，两部分焊接而成；

（3）用合金钢材制成；

（4）耐磨陶瓷刮刀，是钢材与陶瓷的联合结构。与合金刮刀相比，具有高强度、高耐磨等特点。使用寿命是合金刮刀的一倍以上，陶瓷刮刀的应用不仅加快了成球速度，同时又降低了生产成木。目前这种陶瓷耐磨刮刀已成功地应用于国内几十家球团厂的大型圆盘造球机上。图6-21为陶瓷耐磨刮刀的图像。

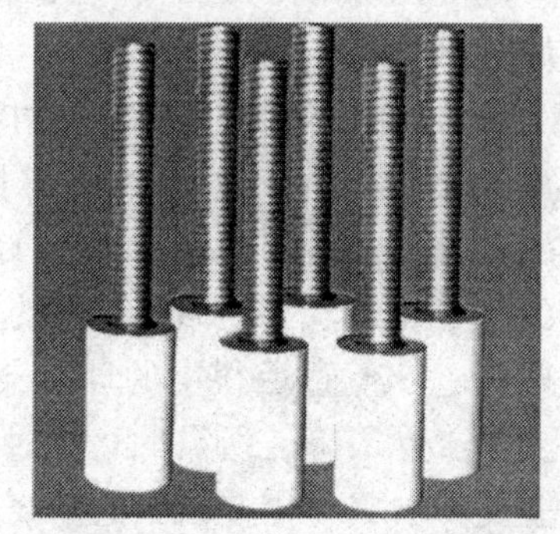

图6-21　陶瓷耐磨刮刀的图像

第三节　造球工艺及操作技术

6-33　对生球的粒度要求有哪些，适宜范围是什么？

答：造球工操作前了解球团生产对生球的粒度要求是十分必要的。对生球的粒度要求，目前尚没有统一的标准或规定。国内与国外的要求有一定的差距，国内各厂对生球的粒度要求也不尽一致。国外要求生球的粒度一般控制在9.5～12.7mm的范围内；国内球团厂一般规定生球粒度为8～16mm，最佳粒度范围为10～12mm。

生球的粒度大小对球团生产有一定的影响，生球的粒度大、干燥时间长，会影响设备生产率，对某些设备如链箅机-回转窑的箅板会造成漏料，影响抽风操作。生球粒度的大小在很大程度上决定了造球机的生产率和生球的强度，粒度小生产率高，粒度大造球时间长，生产率就会低，落下强度也会降低；球团粒度小就会使抗压强度变小。合理的生球粒度应该是既能提高造球机的产量和强度的需要，也有利于提高焙烧设备的生产率和球团矿质量。

生球的粒度组成也是衡量生球质量的一项重要指标，合适的粒度组成，既能降低料层阻力提高焙烧设备的生产能力，也有利于降低球团矿的单位热耗。生球的粒度组成越均匀越好，操作上应尽量减少小球和大球的数量。

为了研究球团粒度的大小对球团生产的影响，在国外，使用计算机模型求出：10mm 直径球团的焙烧时间为最短；12mm 直径的球团所需冷却时间最短；11mm 直径的球团整个焙烧过程所需的时间最短。这是因为球团的氧化和固结时间与球团直径的平方成正比，但直径很小的球团会增加料层的阻力，当压差不变时，气流量下降，所需的焙烧过程将延长。当球团直径较大时，比表面积下降，需要较长的焙烧周期。球团直径对焙烧单位热量的影响：焙烧直径为 8mm 球团需要的单位热耗约为 1758kJ/kg；焙烧直径为 16mm 的球团单位热耗上升到大约 2345kJ/kg。所以从生产能力方面而言，最佳的球团直径为 11mm，而从单位热能消耗方面来看，球团直径应尽可能小。

6-34 圆筒造球机操作上有几个主要因素，怎样调控？

答：生产实践表明：给料量、加水方式、圆筒转速、圆筒倾角和刮刀的安设等因素，对圆筒造球机的产量和质量有显著的影响。以上诸因素中只有给水量、加水方式、给料量、给料方式是可调因素，刮刀也是可调因素，但不是灵活可调因素。

（1）加水操作。通过物料在圆筒造球机和圆盘造球机成球过程的分析不难知道：物料在这一类造球机中的成球过程大致可分为母球生成、母球长大和生球压密三个阶段。因此在操作圆筒造球机时为了迅速获得母球应在其端部喷洒滴状水，喷水管上钻有 ϕ1.2～1.5mm 的小孔形成滴状水。

为了使母球迅速长大，必须使母球表面和其周围物料在湿度上保持一定的差值，这一差值是保证物料黏附在母球上的基本前提。向母球表面喷洒雾状水是实现上述要求的简单而有效的方法。因此，操作时在圆筒造球机的中部通常是洒雾状水。雾状水可用离心喷嘴来形成，如类似农药喷雾器上的喷嘴。

生球压密阶段的主要目的是为了提高生球的机械强度。因此，在圆筒造球机后部不加水。从整个圆筒造球机来说，加水区约占圆筒长度的2/3。而加水方向，应力求使添加的水均匀喷洒在造球物料和生球表面，尽量避免将水喷洒在筒壁上而导致筒壁的大量粘料。

如上所述，往造球物料和母球表面上喷洒水珠和水沫，是造成造球物料和母球产生局部湿度差的一个原因，但不是唯一的原因。因为，含有一定水分的造球物料和母球，在旋转圆筒的带动下，由于不停地进行滚动和搓揉，使得母球上的颗粒在逐步密实的同时，将母球内的水分不断挤向表面。这时，球粒表面和周围造球物料就产生了一个湿度差，从而使造球物料不断地黏附在球粒表面上而使母球逐步长大。因此，正确地选定旋转圆筒的转速不仅关系到生球强度的好坏，也关系到圆筒造球机产量的高低。

（2）圆筒转速。理想的圆筒转速，应该保证造球物料和球粒在圆筒内有最强烈的滚动，并且在物料处于滚动状态下把物料提升到尽可能高的高度。滑动和物料在最高处向下“抛落”，对造球过程是不利的。非常明显，由于圆筒内物料颗粒差异甚大，要使圆筒转速适应所有粒级要求是不可能的。因此，在确定圆筒转速时只能取一个“折中”值。实践表明，该数值大约为临界转速的25%～35%。

圆筒造球机的转数是不可调因素，圆筒造球机的转数可通过公式计算进行选择。

图6-22为不同转速时圆筒物料运动轨迹。

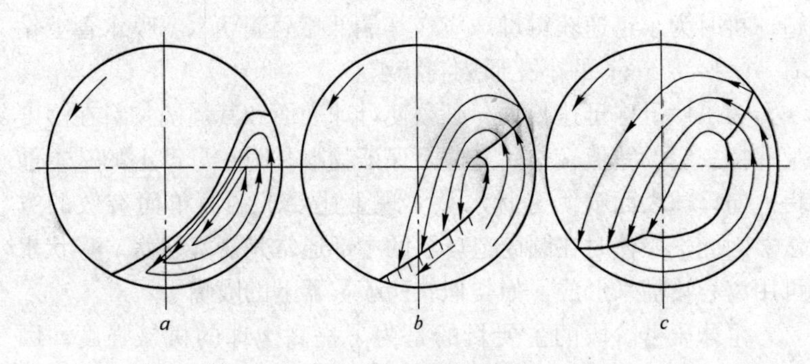

图6-22 不同转速时圆筒物料运动轨迹

（3）圆筒倾角。圆筒倾角是直接与生球质量和圆筒产量紧密相连的一个工艺参数。在其他条件不变的情况下，物料（生球）在圆筒内的停留时间由倾角确定，倾角愈小生球在圆筒内停留时间愈长，生球滚动时间愈长，因而生球强度愈大，但产量则随倾角减小而降低。假如倾角加大，即上述情况刚好相反。但圆筒倾角是不可调的因素。

（4）给料量的控制。圆筒造球机的给料量与倾角有相似的作用，给料量愈大，物料（生球）在圆筒内的停留时间愈短，产量愈大，但生球强度将会下降。若给料量小则情况相反。

因此，在操作圆筒造球机时，可通过调整给料量来控制产量。

6-35 圆筒造球机的造球工艺概况如何？

答：圆筒造球机是国外球团厂广泛使用的造球设备。造球操作时将准备好的混合料给入圆筒造球机端部的给料口处，并往混合料流和规定区域上喷水，以达到最佳造球状态。混合料沿着平滑的螺旋线向排料口滚动。根据圆筒长度、倾角、转速和填充率的不同，圆筒造球机制出一定粒度组成的生球，其造球能力依矿石种类而变化，成球性能是：褐铁矿比赤铁矿好，赤铁矿比磁铁矿好。按照这种方式造球，圆筒造球机在实际的造球过程中不能产生分级作用。因此，圆筒造球机的排料需经过筛分，将所需粒度的生球分离出来。全部筛上大块均经过破碎之后再同筛下碎粉和新料汇合后一起返回圆筒造球机。根据操作条件的不同，循环负荷量可以为新料的 100% ~200%。随着循环负荷的加入，造球混合料要反复通过圆筒造球机，直至制成合格生球排出时为止。为了分出合格粒级生球，保持生球的质量，生球筛必须具有足够的能力，以弥补混合料较大的波动。

从生产实践看出，圆筒造球机产品粒度是很不均匀的，所以圆筒造球机之后需设置检查筛分设备。另外，圆筒造球机的造球主要是发生在前半部，而后半部则主要是使生球紧实使其强度进一步得到提高。

生球筛主要有振动筛和辊筛两种形式，振动筛正逐渐被辊筛所取代。在相同的条件下，辊筛的筛分效率比振动筛高约 25%，且辊筛操作运转比较平稳，振动较轻。采用辊筛会得到表面质量更好的生球。图 6-23 为圆筒造球机造球工艺流程示意图。

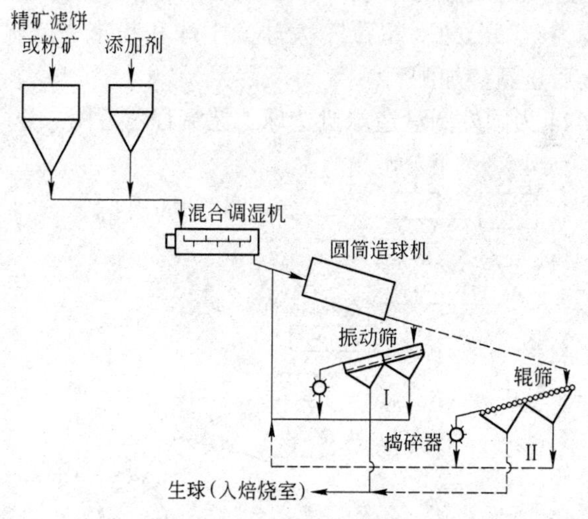

图 6-23　圆筒造球机工艺流程示意图

Ⅰ—振动筛方案；Ⅱ—辊筛方案

6-36 圆盘造球机造球的工艺流程概况如何？

答：圆盘造球机是目前国内外广泛使用的造球设备。我国球团厂大多数使用圆盘造球机。造球操作前启动圆盘给料机或皮带给料机将准备好的混合料给入圆盘造球机的造球盘内，受到圆盘粗糙底面的提升力和物料的摩擦力作用，在圆盘内转动时，细颗粒物料被提升到最高点，从这点小料球被刮料板阻挡强迫地向下滚动，小料球下落时，黏附矿粉而长大，小球不断长大后，逐渐离开盘底，它被圆盘提升的高度不断降低，当粒度达到一定大小时，生球越过圆盘边而滚出圆盘。在圆盘的成球过程中产生了分级效应，在正常生产情况下排出的都是合格粒度的生球，生球粒度均匀，不需要过筛，没有循环负荷。

但当使用的铁矿粉粒度较粗，或水分过大（或水分变化较大）以及造球操作不当时，也会有粒度大的生球（或称“超粒”）产生，或有小球和粉末随同粒度合格的生球一起甩出球盘外，所以应设置筛分机筛出小球和粉末，有的还设有生球分级筛，将超过规定尺寸的大球、小球和粉末都筛除，使生球粒度组成更加均匀，筛出的“超粒”大球、小球和粉末一起输送到粉碎室粉碎后重新参加配料。

图6-24为国外圆盘造球机造球工艺流程示意图。

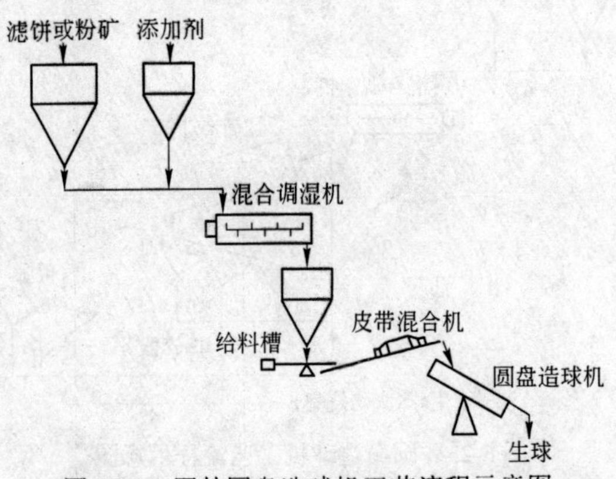

图6-24 国外圆盘造球机工艺流程示意图

我国球团厂使用圆盘造球机的球团厂均设有辊式筛分机对生球进行筛分。图 6-25 为国内球团厂圆盘造球机的工艺流程示意图。

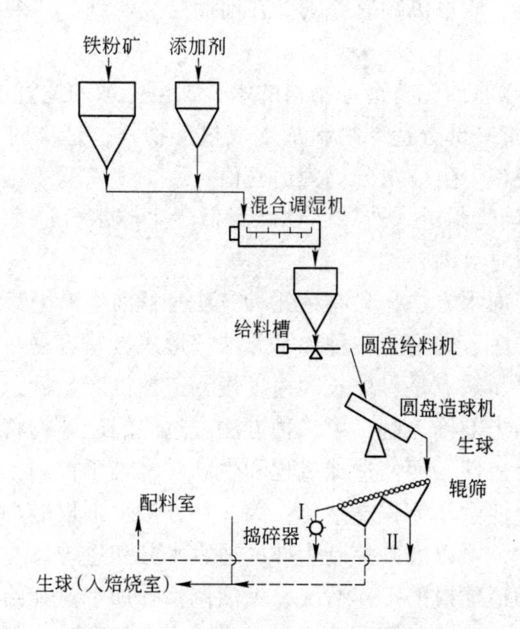

图 6-25　国内圆盘造球机工艺流程示意图

6-37　圆盘造球机怎样进行加水加料操作，效果如何？

答：向圆盘造球内加水加料是一项重要和复杂的操作。生产过程中水和混合料是分别加入圆盘中的，但两者关系十分密切，加水与加料配合良好、适宜，才能造出水分适宜、尺寸合乎规定、粒度组成均匀的生球，并能连续不断地排出盘外。一旦失配就会出现满盘皆是大球，不能连续不间断地排出盘外，而是断续地排出，甚至不能排出；也会出现满盘皆是小球不易长大；还会出现料面与球一起排出盘外等不正常状况，处理十分困难，甚至无法正常生产，严重时要停机进行处理。所以造球操作必须掌握好加水加料操作技术，保证生产正常进行。

(1) 加水方法。任何一种物料，都有一个最适宜的造球水分和生球水分，当造球物料的水分和生球水分达到适宜值时，造球机的产量、质量就比较理想。但当所添加水分的方式不同时，生球的产量、质量仍颇有差别。在前面已经谈到，一般通常有三种加水方法：

1）造球前预先将造球物料的水分加至生球的适宜值；

2）先将一部分造球物料加水成过湿物料，造球时再添加部分干料，使整个生球水分仍为适宜值；

3）造球物料进入造球前含水量低于生球水分适宜值，不足之数在造球时盘内补加。

这三种加水方法，只有第三种方法是目前生产上最常用的和比较好的方法。因为第一种加水方法：形成母球容易，生球粒度小而均匀，而缺点是母球长大速度慢，造球机产量低，另外在生产工艺上难于准确控制；第二种方法：过湿的造球物料，会失去它应有的松散性，而使造球过程和生球质量难于控制，另外准备两种原料会使生产流程复杂化；第三种方法：不仅能加速母球的形成和长大，可以准确控制生球的适宜水分和生球尺寸，还可以根据来料和造球机的工作情况，灵活调整补加水量和给水点以强化造球过程。所以对圆盘造球机来说，适宜的造球物料水分应比适宜的生球水分低 0 ~ 0.5%。圆盘球机所加的水，通常可分滴状水和雾状水两种。滴状水加在新给入的物料上，雾状水应喷洒在长大的母球表面。试验表明：在圆盘造球机中借助不同的加水和加料位置，可以得到不同粒度的生球，参见图 6-2。

有经验的造球操作工，可以通过调控加水量、加水位置和加水形式（雾状水还是滴状水）及加料量，使球盘内料流成球情况迅速发生变化，瞬间可使正常料流情况变为满盘皆是母球，经过调整，瞬间又可变为满盘皆是大球，很有些神奇，本书第 6-39 问 ~ 第 6 ~ 50 问简单介绍一些有关操作方法，供参考。

加入的水量与生球质量有较大的关系：加水量适宜时，可获得最佳的造球效果和生球质量。低于适宜值，成球速度减慢，生球粒度偏小，出球率减少。高于适宜值，成球速度加快，造球机产量提高，但生球强度下降。所以调节给水量，可以控制造球机产量和生球的强度及粒度。

（2）加料方法。可以从圆盘造球机两边同时给入或者以“面布料”方式加入，这种加料方式，母球长大最快。总之，加入圆盘造球机的物料，应保证物料疏松，有足够的给料面，在母球形成区和母球长大区都有适宜的料量加入。给料量的控制也有一个适宜值，给料量过多时，出球量就增多，生球粒度变小，强度降低。给料量减少，出球量就减少，产量降低，生球粒度就会偏大，强度提高。所以调节给料量，也可以控制生球的产量、质量。

在实际生产操作中，往往同时调节给水量和给料量，来达到满意的造球机产量和生球质量。

6-38　造球过程中加水方法有几种，其作用是什么？

答：造球过程中加水方法有两种：一种是滴状水，主要滴于料流上形成母球，一种是雾状水，要喷到母球和中球表面上，使其迅速长大。

滴状水是在圆筒造球机的钢管上钻 ϕ1.2～1.5mm 小孔形成的，滴状水要加在圆筒造球机的入口端的料流上，以利形成母球。滴状水在圆盘造球机是用在倒“T”字形加水器的横管上钻上 ϕ1.2～1.5mm 圆孔形成的，加在圆盘上下料点区域，用来形成母球。倒“T”形加水管的垂直竖管与加水胶管连接，悬挂在支架上，必要时可摘下用手持向某些部位加水。滴状水加水管示意图见图 6-26。

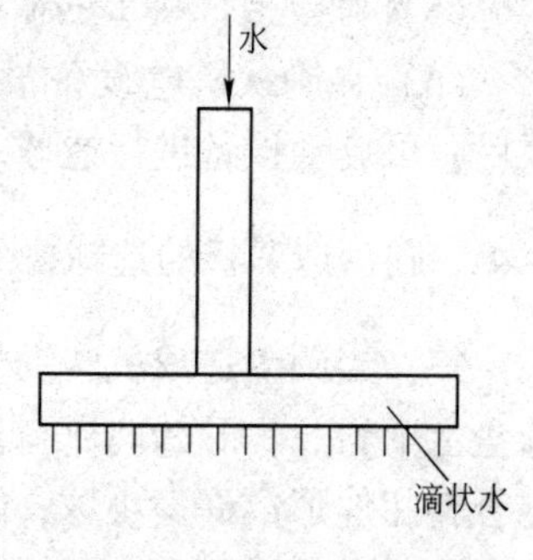

图 6-26　滴状水加水管示意图

雾状水用螺旋式离心喷嘴形成，可以用一个、两个或数个喷嘴形成水雾。

在造球操作中首先要控制圆盘给料机的下料均匀、稳定，发现卡、堵现象时应立即清除，保持下料量正常。下料量减少就可能造成生球粒度偏大，应相应减少补加水量；其次是检查原料水分是否正常，根据水分大小调整盘内补加水量。当生球粒度趋向长大过快时应减少补加雾状水，直至停止加水；如果生球不易长大，应增加补加的雾状水，必要时可以短时间的急加水，使母球和中球迅速长大，并应及时通知原料工及时调整原料水分；其三，如果此种状况较长时间存在时，可考虑调整圆盘倾角或转速，以缩短或延长生球在圆盘内的停留时间，以控制生球粒度；其四，当采用以上各种措施效果不明显时，应通过改变膨润土配比或膨润土质量来控制生球粒度，生球不易长大应适当增加膨润土配比；最后，应检查铁精矿粉粒度是否变粗，如因铁矿粉粒度变粗使成球困难时，应改用粒度适宜的铁精矿粉进行生产。

6-39　圆盘造球机造球前的准备工作有哪些?

答：掌握了滚动成球的理论和造球设备性能后，就可以开始进行造球操作。开始造球前应做好以下的准备工作：

（1）检查机械、电气设备是否有问题，润滑是否良好；

（2）检查机械设备运转部分有无人或其他影响运转的障碍物；

（3）检查水管是否有水，喷头是否好使；

（4）检查刮刀是否齐全，位置是否正确；

（5）圆盘造球机上的矿槽贮料量是否已达到规定量；

（6）在确认机电设备没有问题，水路畅通及消除不安全因素后，可启动设备进行造球。

6-40　圆盘造球机的造球操作是怎样进行的?

答：当圆盘造球机转动后，可随着立即启动圆盘给料机向造球盘上下料，也开始向原料流上加入滴状水润湿混合料。水滴与混合料相遇形成许多小球，随着球盘的转动与不断加水加料，在球盘中逐渐形成更多小球，就是所说的“母球”。当球盘充填到一定数量的混合料后，可先停止加水加料，让球盘继续转动，使加入的混合料全部形成母球，这个阶段称为造母球，一般10min左右即可完成。然后再开始继续以一定数量向球盘中加入混合料，并不断向料流中补加水，随着加水加料，则母球继续逐渐长大成为中球，以后又逐渐长大为成球和进一步压实。当球盘中原料充填率达到一定数值后，就开始不断地有成球自动的由球盘内跳出，至此就完成了造球的全部操作过程，转入正常造球工艺操作。

6-41　造球工怎样观察圆盘造球机成球工艺过程是否正常？

答：在生产过程中各种条件发生变化，球盘内的造球情况就要发生变动。因此，造球工就应经常注意观察、判断球盘内滚动成球情况及变化趋势、发现苗头及时处理。否则就会造成不良后果，甚至要停机处理。造球工应经常注意观察的几个方面有：

（1）球在球盘内的分布情况；

（2）大球上升与下降情况；

（3）排球情况，即成球从球盘内的自动跳出情况。

6-42　圆盘造球机盘内情况正常时的特征是什么？

答：盘内情况正常时造球操作中有如下几个征兆：

（1）盘内情况正常时盘内应明显看到：

1）从圆盘侧面看，在成球区应明显地看到存在三个区域，上部应是大球，中层为中球，下部分为小球（母球），如图6-27所示。

2）从球盘正面正视，在球盘内也应该明显的分三个区，即成球区、中球区和母球区。并且成品球在球盘内滚动形成滚动区，无向下滑落现象，见图6-28。

（2）成品球从球盘跳出后落下强度和耐压强度合乎规定标准的要求。

（3）盘内料流稳定，在上升至最高点时，均匀地向下滚动，分成大、中、小球三部分，无大堆料球不分的下滑现象。

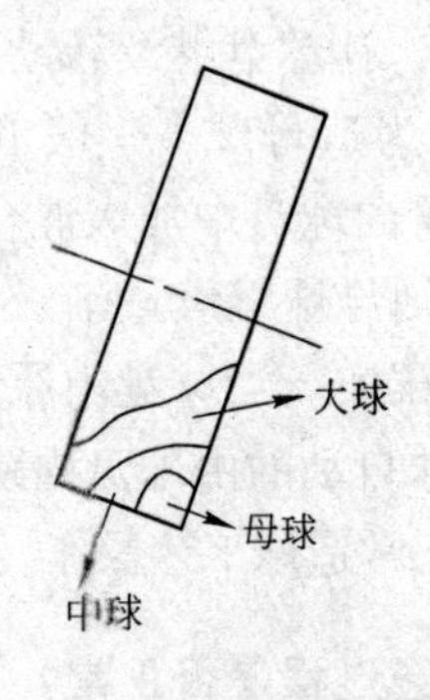

图 6-27 球盘内球的分布情况侧视示意图

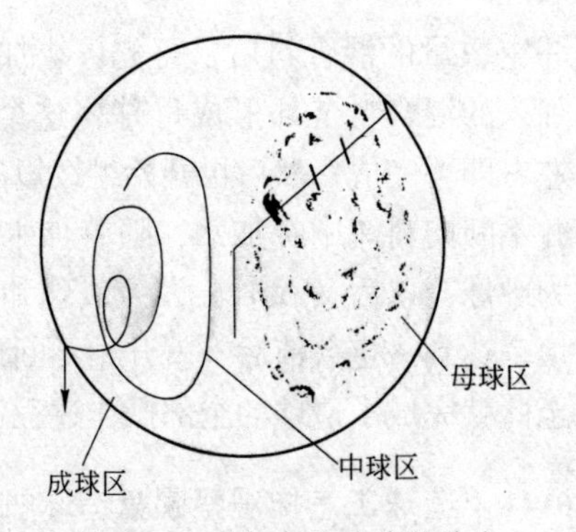

图 6-28 球盘内几种球的分布情况正视示意图

(4) 盘内的大、中球和母球数量保持稳定，无大的变化，并连续不断地自动排出盘外，无间断性地一盘一盘的排出现象。

(5) 排出的成品生球粒度均匀，尺寸合乎规定要求，夹带出的小球或粉末很少。

(6) 排出的成品生球水分适当，不超过规定的适宜水分。

6-43 生产情况发生变化造球工怎样判断和处理?

答: 在设备条件和原料物理化学性能一定及配料比确定之后，造球工主要是通过掌握给水与给料的数量和方式来进行操作，不断地观察、判断盘内变化情况，并及时进行调剂，以使球盘能正常进行生产。尤其判断水分是否合适和调剂给水量、给水地点、给水方式更为重要。

在生产过程中由于原料性质(水分、粒度、黏结剂等)发生变化，设备问题或操作不当等都会使圆盘内料流运行情况和生球质量等迅速发生变化。造球操作工必须进行观察判断找出发生原因，立即采取相应措施进行处理，使盘内工作情况迅速恢复正常。

6-44 圆盘内料流水分是否适宜怎样判断?

答: 造球工的操作，主要是根据混合料的加入量和其水分多少，补加适量的水分，以保证造球作业顺利进行。盘内水分情况一般可分为四种情况：

（1）水分适宜时的征兆。当盘内料流水分适宜时，盘内的成品球区一边大球在图6-29上。*A*、*B*两点之间向下滚动，形成滚动区，母球过渡到盘中心的另一侧经过刮刀分成几股料流后滑下，中球在母球与成品球中间滑下，合格的成品球从盘的*B*点至*C*点之间不间断地连续自动地向盘外排出。

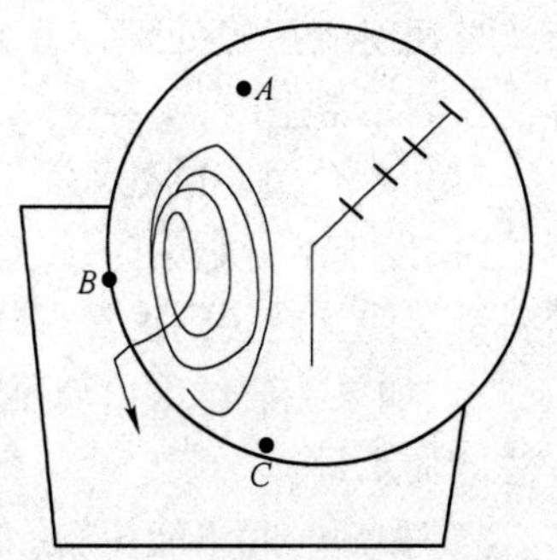

图6-29　盘内水分适宜时的排球情况

（2）水分过小时的征兆。当盘内料流水分过小时，成品球在图6-29的滚动区上升到*B*点，就不再继续上升，而向下滚动，同时母球不易形成，球不易长大，严重时有料面出现，成品球质量变差，尺寸变小，以至有较多的料面带出球盘。

（3）水分稍大时的征兆。当盘内水分稍大时，成品球多数滚动到图6-29上的*A*点时还继续上升、不向下滚动，或只有少数向下滚动，进入另一侧的大、中球与母球发生黏结现象，表面光亮，向盘外排球量减少。

（4）水分过大时的征兆。当盘内料流水分过大时，成品球上升到图6-29上的*A*点处还不向下落，而是继续上升并超过球盘的中心线进入另一侧的母球区。大、中球与母球黏结混杂在一起不能分开，表面有水分过多的光亮，成品球迅速长大，超过规定的尺寸，形状不规正，出现扁球、超大球，成品球不再向外排出。生产不能正常进行。

6-45　圆盘内料流水分不正常时怎样进行调剂处理？

答：造球工要细心操作，精心观察，准确地判断，并及时采取有效措施进行调剂处理，才能保证造球生产正常进行。对出现的不正常的征兆，应在萌芽期及时发现，并迅速、沉着地采取有力的措施进行处理，纠正不正常现象，使其迅速转入正常。如不能及时发现或正确处理，就会使情况迅速恶化，给处理造成困难，影响正常生产。

（1）水分过小的处理

1）发现水分过小时，应及时增加给水量或适当地暂时减少给料量，使盘内达到正常水分时，再恢复正常操作；

2）如果在成球区出现干料面时，应迅速采取间断急加水的方法增加水量；

3）如短时间不能扭转，应暂时停止给料；

4）较长时间的水分过小，应检查混合料水分是否合适，如低于最适宜水分，应在混料机内适当加水。

（2）水分稍大的处理。当盘内混合料流水分稍大时，应及时发现并积极采取有效措施进行处理，以避免造成水分过大。其处理方法如下：

1）操作中发现料流水分稍大时，应及时减少给水量或暂时停止给水；

2）适当加大给料量，使湿料迅速排出到盘外；

3）利用出球刮刀或铁铲强迫成品球大量排出盘外，或用铁铲将大球打碎；

4）然后加入新混合料，来中和盘内料流水分，待水分正常后再恢复正常操作。

（3）水分过大时的处理。当盘内混合料水分稍大没有及时发现，或虽已发现，但没有积极采取有效措施进行处理时，往往就会造成料流水分过大，此时的处理就比较困难了，严重时无法再进行生产，甚至由于盘内积球的不能排出，负荷过重而造成刮刀板的损坏和设备事故，应注意尽量避免水分过大现象发生。一旦发生时，要及时进行处理。其处理方法如下：

1）发现料流水分过大时，应立即停止给水，增大给料量，强迫出球，并用铁铲将大球破碎，使其迅速排出到盘外；

2）采取上述措施无效，大球仍不能排出时，就应迅速用出球刮刀强迫大球从球盘内排出，或用铁锹（铁铲）将大球全部铲出，或者再铲出一部分大中小球黏结在一起的湿料，然后再加新料、加水进行操作，使盘内料流水分达到正常；

3）采用上述措施后效果仍不显著时，就应采取用干料吸水，使盘内水分达到正常。其方法大致有如下几种：

a　加入准备好的预先干燥的铁精矿；

b　加入准备好的细磨干返矿，或经细筛后的细返矿；

c　加入准备好的干生石灰粉或细磨的石灰石粉；

d　加入适量硼泥粉；

e　加入适量的膨润土。

其加入方法可用铁锹或用小桶将上述原料撒入盘内，让其吸附一部分水分，使盘内料流水分逐渐达到正常。加入数量可根据盘内水分情况而决定。上述几种物料，以加入膨润土的效果最为明显，加入量也不用太多，约用盘内料量的1%～2%即可有明显的效果。

4）如采取前两项措施处理后仍无效，又无准备好的干料可加入时，则只有停盘、将盘内的湿料铲出去1/3～1/2，然后再启动球盘加料进行处理，使其恢复正常水分后再进行造球操作；

5）如因混合时加水过大，应通知混合机岗位减少加水量或停止加入；

6）如因铁精矿粉原料水分过大造成的，应在使用前进行烘干脱水；

7）有烘干机工序的，应加强烘干脱水操作，保证混合料水分适宜。

6-46　盘内母球过多不易长大的原因有哪些，处理方法有哪些？

答：在生产过程中往往由于操作不当，会出现母球过多、中球不易长大、成品球粒度过小的现象。其具体原因及处理方法如下：

（1）盘内料中水分过小，母球与中球得不到足够的水分、不能长大，而新加入的混合料不断地形成小球，结果形成盘内母球过多不易长成为中球，中球不易长大为成品球的现象。

处理方法：如因料中水分过少，母球与中球得不到足够的水分不能长大为成品球时，在情况不严重时，可采用间断急加水的方法，使母球和中球得到足够的水分而长大。当情况严重时，必须采取停止加料，慢慢地向料流加水，使母球长大为中球、中球长大为成品球，直到恢复正常后再继续正常的加料加水。采用这种方法，会因停止加料使生球产量减少。

（2）由于加入原料水分过大，混合料进入球盘后就很快的大量生成母球，而缺少使母球长大的原料，使母球不易长大。

处理方法：遇到这种情况时，如工艺流程中有烘干设备时应立即通知烘干机工对原料水分进行控制，达到造球所需要水分的适宜值。如工艺流程中没有烘干设备时，应立即通知原料工段供应水分适宜的原料。

（3）加水位置不正确，母球区加水太多，而中球与成品球区得到的水分太少，致使因水分不足不能长大。

处理方法：遇到这种情况时，应适当调整加水位置，使其达到合理。

（4）加水方式不合理，滴状水太多，雾状水太少。

处理方法：遇到这种情况，应适当调整加水方式，适量增加雾状水以利球的长大，减少滴状水以减少母球的生成。

6-47 成品球与料面一起甩出盘外怎样处理？

答：在生产过程中由于原料条件变化或操作不当，可能出现成品球与母球、料面不分一起甩出到盘外的现象。其产生的原因及处理方法为：

（1）盘内水分过小，与造球需要的适宜水分相差太多，料与母球得不到足够的水分，因此不能形成母球或长大，当继续加料时，成球、母球与料面就一起甩出盘外。

处理方法：迅速采用急加水的方法增加给水量，并注意调整给水位置及方式。

（2）加料量过大、超过球盘最适宜的充填量，加料数量大于排球数量，迫使不能成球的料面随成品球一起排出盘外。

处理方法：减少给料量，使给料量与排球量相适应。

（3）加水位置不合适，不能正常的形成母球。当继续加料达到盘内一定充填量时，料面就与成品球一起甩出盘外，严重时可能造成满盘全是料面，无成品球。

处理方法：往料面上加滴状水，促其形成母球，使母球量达到正常数量值。必要时，要停止加料进行处理。

6-48　盘内球料不滚动，而是在成球区大堆地向下滑动的原因是什么?

答：产生这种现象的原因有：

（1）盘内水分过大，摩擦力减少，造成大堆料球向下滑动，而不是滚动。

处理方法：应该减少给水量，使水量达到适宜的需要量。

（2）原料粒度变粗，黏结剂数量减少或质量变差，成球性变差，不能成球滚动。

处理方法：如果已查明水分适当，就应迅速查明其他原因，采取相应措施处理。如果是原料粒度变粗、成球性变坏，就应改变原料的粒度组成，或者寻找与粒度组成相适应的工艺操作方法，改善造球状况；如因黏结剂配比减少，应及时改变，增加配入量；如因黏结剂质量变差时，应及时改善黏结剂的质量。

（3）球盘倾角过大。当球盘倾角过大时，料流向下的重力大于球盘转动的离心力时，料流就向下滑动，而不滚动。

处理方法：调整球盘的倾角，使其达到适宜值。

（4）球盘转速太低，线速度过小、球盘离心力小于料球向下滑动的重力，因而使料流和球大堆地向下滑动，此时，应改变球盘转数，如凌钢 ϕ4200mm 圆盘造球机的球盘转数由 7.0r/min

提高到9.4r/min时就解决了这个问题。

发生料堆下滑现象可能是由一种原因造成的，也可能是几种原因综合造成的。处理时应多方面的观察、试验、进行综合分析，寻找出确切原因，以便进行处理。不能只单独强调哪一种原因或哪个条件造成的，以免影响及时处理。

6-49 成品球不能从球盘中连续排出的原因和怎样处理?

答：在生产过程中也常会出现球盘中成品球逐渐增多，中球和母球逐渐减少，严重时会出现球盘内大部分为成品球，而中球和母球很少，其结果是大球排出后，就不能再有大球排出。需等待中球和母球逐渐长大后才能再排球。形成一种间断的排球的状况，即一盘一盘的排球的生产状况，影响焙烧工序生产正常进行。或要增开造球机来适应焙烧工序的需要。

原因及处理方法：

（1）给水点不正确，大量的补加水加到了成球区，而很少或没有加入到母球形成区和中球区。混合料进入球盘中后，因没有足够的水分不能形成母球，而进入成品球区，黏结在大球上，使大球迅速长大，而中球和母球逐渐减少，大球排出后，就没有大球排出，需等待一段时间后待中球长大后再排出，造成间断性的排球。

处理方法：调整给水点，使给水量适当地调整到母球区和中球区，以增加母球和中球量，使三种球的数量适量，以保证大球连续排出。

（2）给水方式不合适。补加水大部分以雾状水加入，有利于成球长大，而缺少形成母球的滴状水，不利于形成母球和中球。

处理方法：调整雾状水与滴状水的加入量，增加滴状水加入量，使加入比例适当，做到既利于母球的形成，又利于母球的长大，使三种球的分布比例适宜，即可做到连续排出大球。

6-50 圆盘造球机造球操作中的注意事项有哪些?

答：采用圆盘造球机造球是一项较为复杂的技术操作，特别是球盘内的情况变化迅速，如稍一疏忽大意，1~2min之内就会使全盘发生显著地变化，甚至导致难以纠正处理的局面。因此，要想造出质量好，数量多的生球，在操作上必须注意以下各点：

（1）集中精力，注意观察和分析盘内料流滚动成球的情况，一旦出现异常现象，就要及时做出正确的判断，迅速进行调整处理，使盘内状况尽快恢复正常。千万不要等待盘内发生大变化后才处理纠正，这样不但处理纠正困难，而且要减产，给整个生产造成困难，影响球团矿的产量和质量。

（2）盘内发现大块要及时打碎，以免越长越大，影响盘内料流正常分布。

（3）经常观察原料水分及配比情况，发现不正常现象时应及时与配料和烘干、混料岗位联系，以便他们及时调整。

（4）经常观察刮刀板位置，不正常时要及时调整，及时清除上面的黏结物；刮刀上的衬板磨损后要及时调整与球盘衬板的间隙，磨损严重时要及时更换刮刀的衬板。

（5）经常与布料工、看火工联系，了解生球的质量存在的问题，以利改进操作，提高生球质量。

（6）经常与工艺检验工联系，了解生球质量检验的结果，以利改进操作，提高生球质量。对一些可以在岗位自检的项目，如生球的落下强度可自行测定，对生球尺寸大小，粒度组成和含水分多少可用目力进行判断，并与工艺检验工检测结果相对照，以不断提高自己目力判断的水平。

6-51　圆盘造球工和造球皮带工安全操作要点有哪些？

答：圆盘造球机造球工和造球皮带工在操作上应注意以下安全问题：

（1）设备开动前必须确认机旁无人、无障碍物时方可启动；

（2）圆盘造球机运转时，人员不准在球盘下行走。如需打扫地面卫生时，应防止盘底钩挂，碰击伤人，要使用长柄工具；

（3）机电设备运转时，严禁在转动部位加油或擦洗；

(4) 皮带机地面或头尾轮下部打扫积料时，作业人员必须距离机架0.5m以上，使用长柄工具；

(5) 做好行走确认工作，上下扶梯应防止滑跌或碰伤头部；

(6) 禁止跨越皮带，应走跨越桥（俗称过桥）；

(7) 设备检修时应可靠的切断电源，挂上“禁止合闸”牌，确认无误后方可进行检修；

(8) 不准用湿手操作电气开关，不准将装水容器放置在电气操作盘或操作箱上；

(9) 皮带机开机前，应确认皮带旁无人无障碍物后方可打铃启动开机。

第四节　生球的筛分

6-52　生球筛分的目的和意义是什么？

答：从圆筒造球机和圆盘造球机中排出的物料不仅有粒度合格的生球，还有很多大球、小球和粉料跟着一起排出。

为了剔除在造球机排出的生球中的不合格小球、超粒级生球和粉料，必须设置生球筛分装置。这样可以避免把大量的粉末和超粒级生球带入焙烧设备，使生球粒度均匀，以改善料层或料柱透气性，提高焙烧机和成品球团矿的产量、质量。

生产实践表明，辊式筛分机除有筛分和分级功能外，对生球还有“再造”作用，可使生球进一步加工压实，去除毛刺、表面光滑、强度提高，有利生球干燥和焙烧固结操作顺利进行。

6-53　常用的生球筛分设备有几种？

答：目前常用的生球筛分设备有辊式筛和振动筛两种，国外一般用振动筛与圆筒造球机配套，国内为辊式筛与圆盘造球机配套。

辊式筛也称圆辊筛、辊筛，辊式筛能把生球中的混合料、粒度不合格的生球以及生球在转运过程中产生的粉末筛除并将生球进一步滚实。

辊式筛既有只筛出粉末一种间隙的单功能筛；又有既可筛出粉末、粒度合格的成品生球，又可筛出尺寸过大的“超粒”生球的多功能筛，这种辊式筛的辊筒间隙有两种。图 6-30 为这种辊式筛的示意图。图 6-31 为系统示意图。

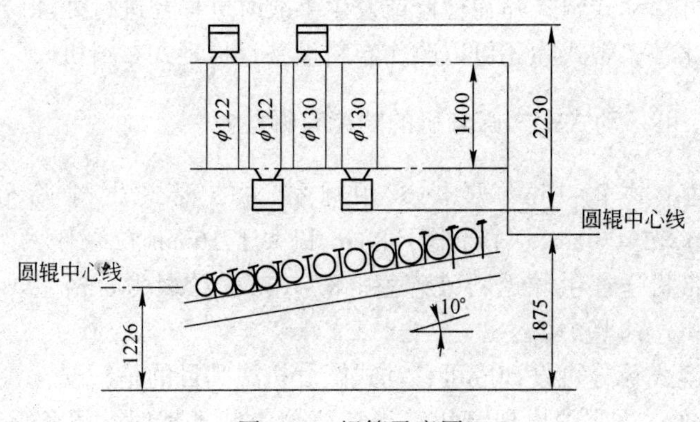

图 6-30　辊筛示意图

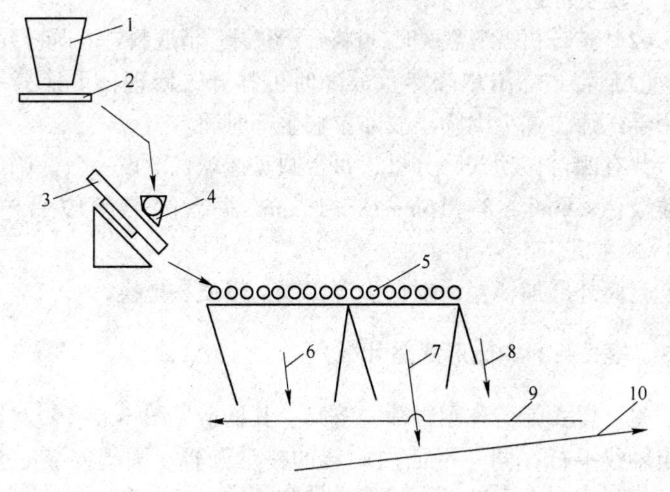

图 6-31　带圆辊筛的圆盘造球机系统

1—混合料槽；2—圆盘给料机；3—圆盘造球机；4—松料器；5—辊式筛；6—细粒品；7—合格品生球；8—超粒品；9—集料皮带；10—生球皮带

从图6-31可以看出辊式筛筛出的粒度为8～16mm的合格品生球,用集料皮带机送往竖炉。筛出的小于8mm和大于16mm的粒级作为返料,用集料皮带机送往生球返料破碎室进行破碎后重新配料。

辊式筛按安装形式可分固定式安装和可移动式安装两种。固定式安装的辊式筛一般不可移动，换辊或检修均需在原机架上进行。可移动式辊式筛在检修或发生事故时可移开进行处理。

此外，辊式筛还可以改作布料设备，称辊式布料机。

6-54　可移动式辊式筛分机的功能有哪些?

答: 本钢 $16m^2$ 竖炉采用可移动的辊式生球筛分机，B(宽)=1400mm，筛出小于8mm和大于16mm粒级作为返料。由胶带机送往生球返料破碎室。8～16mm粒级为合格生球，由胶带机送往竖炉。

辊式筛分机设计成可移动式筛分机，其目的是:

(1) 当竖炉出现事故，不宜往炉内装生球时，可将筛分机移开。使生球进入返料系统。

(2) 造球机需清盘底时,可将筛子移开。清底料进入返料系统。

(3) 辊式筛出现较严重故障时可移开去修理，更换另一台备用辊式筛，减少因筛子故障影响生产时间。

共有四台移动式筛分机，每台圆盘造球机下设一台。筛出三个粒级：<8mm；8～16mm；>16mm。每台筛子有19台电机，19台减速机。

辊筒外层加搪瓷，根据生产实践，辊皮易更换。

6-55　辊式筛的构造形式是什么?

答: 辊式筛俗称圆辊筛、辊筛，其构造见图6-32，辊式筛为一组轴线平行在同一平面内旋转的柱形圆辊。圆辊安装在机架上，机架固定在支架上。圆辊两端装有挡料板，防止生球进入圆辊端部。辊式筛的安装倾角通常为7°～15°，圆辊转速为120～150r/min，圆辊轴间距与辊径的差值，构成间隙。例如：圆辊轴间距 108mm，辊径 102mm，间隙 108 - 102 = 6mm。当前使用的辊式筛有两种：一种只筛除小球和粉料，筛上物均为合格品，间隙为 6 ~ 8mm，所得到的生球粒度范围较宽；另一种除上述作用外，还剔除超粒级生球，这样间隙就有 6 ~ 8mm 和 12 ~ 16mm 两种，得到的生球粒度比较均匀。在每根圆辊的同侧轴上装有固定和活动的齿轮各一个（活动齿轮也可以装在同侧机架上），而且相邻两圆辊的固定齿轮与活动齿轮是互相交错啮合安装的。

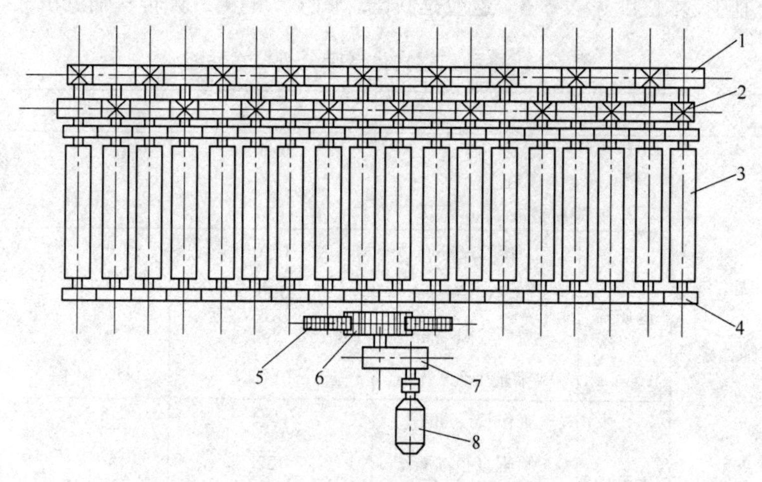

图 6-32　辊式筛构造示意图

1—传动齿轮；2—导向齿轮；3—圆辊；4—轴承座；5—从动齿轮；6—主动齿轮；7—减速机；8—电动机

辊式筛目前在我国还是一种非标准设备，它的尺寸大小，可根据生产工艺的要求进行选定（增加或减少圆辊的数量和长度）。

我国 20 世纪 60 年代以来建设的 $8m^2$ 球团竖炉初始使用的辊式筛大多数为原鞍山矿山设计院 1966 年设计的，其主要技术参数为：

有效宽度	1000mm
有效长度	1800mm
辊子直径	100mm
辊子数量	18 个

辊子间隙　　　8mm

安装倾角　　　0°~15°

电动机型号　　J051-4

功　率　　　　4.5kW

以后各球团厂在使用时都做了一些改造，使它更适合于各厂的实际情况。这是我国球团生产的第一代辊式筛分机。

1987年9月本钢16m² 球团竖炉投产时使用的可移式辊式筛分机的技术性能见表6-6。这应是我国球团生产的第二代辊式筛分机。

表6-6　移动式辊式生球筛分机技术性能

<table>
<tr><th colspan="4">项　目</th><th>数　值</th><th>备　注</th></tr>
<tr><td rowspan="11">筛体部分</td><td colspan="3">工作宽度/mm</td><td>1400</td><td></td></tr>
<tr><td colspan="3">筛体倾角/(°)</td><td>10</td><td></td></tr>
<tr><td colspan="3">筛辊转数/r·min⁻¹</td><td>127</td><td></td></tr>
<tr><td rowspan="4">返矿筛</td><td colspan="2">工作长度/mm</td><td>1380</td><td></td></tr>
<tr><td colspan="2">筛辊直径/mm</td><td>130</td><td></td></tr>
<tr><td colspan="2">筛　　隙/mm</td><td>8</td><td></td></tr>
<tr><td colspan="2">筛辊个数/个</td><td>11</td><td></td></tr>
<tr><td rowspan="4">走粒筛</td><td colspan="2">工作长度/mm</td><td>1104</td><td></td></tr>
<tr><td colspan="2">筛辊直径/mm</td><td>122</td><td></td></tr>
<tr><td colspan="2">筛　　隙/mm</td><td>16</td><td></td></tr>
<tr><td colspan="2">筛辊个数/个</td><td>8</td><td></td></tr>
<tr><td colspan="2" rowspan="5">行星摆线减速机</td><td rowspan="3">电动机</td><td>型　号</td><td>AO_2-6314</td><td>天津微电机厂</td></tr>
<tr><td>额定功率/W</td><td>120</td><td></td></tr>
<tr><td>转速/r·min⁻¹</td><td>1400</td><td></td></tr>
<tr><td rowspan="2">减速机</td><td>型　号</td><td>XLD 0.12-0-1/11</td><td>天津减速机厂</td></tr>
<tr><td>传动比</td><td>11</td><td></td></tr>
<tr><td colspan="4">产量/t·(台·h)⁻¹</td><td>40</td><td></td></tr>
<tr><td colspan="4">生球粒度/mm</td><td>8~16</td><td></td></tr>
<tr><td colspan="4">外形尺寸/mm×mm×mm</td><td>3680×2230×200</td><td>长×宽×高</td></tr>
<tr><td colspan="4">总重/kg</td><td>2915</td><td></td></tr>
</table>

6-56　辊式筛分机的传动原理是什么？

答：圆辊的传动原理是：

辊式筛经电动机、减速机和开式齿轮带动主动辊1转动，这时主动辊轴上的传动齿轮带动与之啮合的相邻圆辊2轴上的导向齿轮，导向齿轮又带动第3圆辊轴上的传动齿轮转动，且方向与第1圆辊上的固定齿轮相同。如此传动下去，便带动了一组圆辊中的1、3、5…单号圆辊以同速同方向运转。同理，开式齿轮带动的另一主动辊（此主动辊或由另一电动机、减速机直接带动），从而使双号圆辊2、4、6…也与单号圆辊一样地同速同方向转动，使全部圆辊旋转（见图6-33）。传动之主动圆辊可由电动机从中间带动，也可在首尾两端带动。

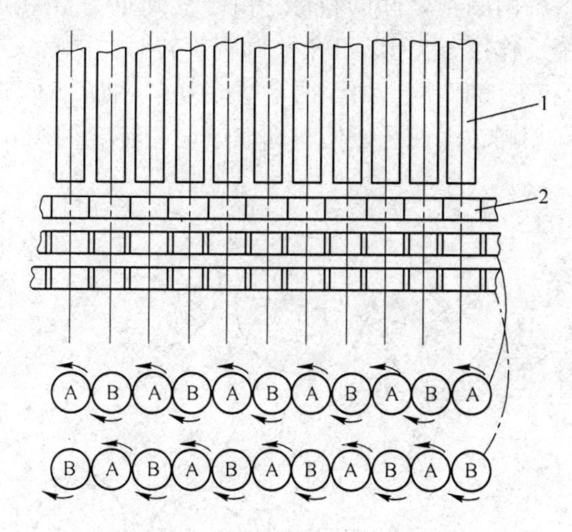

图6-33　圆辊传动原理示意图

1—圆辊；2—轴承座；A—传动齿轮；B—导向齿轮

经过生产实践表明，由于这种圆辊筛除减速机外都是开式齿轮传动，啮合中心距很难准确，润滑条件不佳，运转时噪声很大。再加上齿轮材质及热处理不好，齿轮磨损很快。为了解决这个问题，对圆辊筛的结构进行改革，设计了新结构的圆辊筛，取消了原开式齿轮而代之以润滑的封闭式齿轮箱，齿轮箱与圆辊之间采用十字滑块联轴器连接。用带微电机的行星摆线减速机直接带动圆辊，取消了原电动机减速机。本钢 16m^2 球团竖炉就使用了这种圆辊筛，见表 6-6。

6-57 辊式筛的简要筛分原理是什么？

答：辊式筛的筛分原理是当辊式筛的圆辊向生球运行方向旋转时，生球给入辊式筛上便迅速散开，平铺一层，然后随着圆辊的作用，有秩序地向前滚动。在滚动过程中，生球表面被进一步压实，变得光滑，小于或等于合格品段间隙尺寸的颗粒或粉末和大于超粒级段间隙的生球被筛除，落入返矿料斗，经过破碎处理，仍返回造球系统。合格品被送往焙烧机。

在辊式筛两圆辊之间的料球，由于受到重力 G 和重力 G 所引起的两个反作用分力 R_1 和 R_2，圆辊旋转时，同时又受到两个摩擦力 F_1 和 F_2 的作用。由于两个摩擦力 F_1 和 F_2 对于料球构成的转矩方向相同，因此只能使料球在原地旋转（见图 6-34）。只

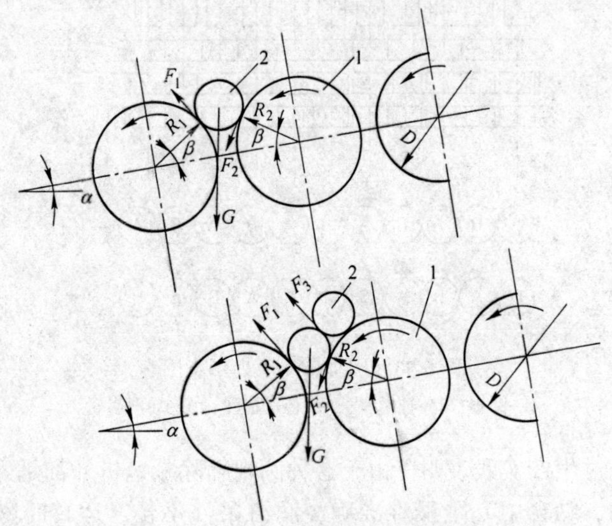

图 6-34 生球在圆辊上的受力情况

1—圆辊；2—生球

有当下一个料球与之接触，由于两个料球在接触点处的圆周速度方向相反，因而阻碍了该料球的旋转，并且在圆辊施与的摩擦力 F_1 和下一个料球施与的摩擦力 F_3 的共同作用下，移往下一辊间。

因此，在辊式筛上的料球一面被筛分，一面向前滚动。只有在圆辊上的料球不间断地给入情况下，筛分作用才能不停地进行。一旦给料停止，残留在圆辊间的料球，不能越辊前进，以致往往被滚成圆柱形，直到给料重新开始，方能被置换排出。偶尔有非球形的杂物进入辊间，因其不能滚动，极难排出，有时将辊面磨成沟槽。

辊式筛上球料的通过能力正比于其安装倾角，而筛分效率却与料层厚度成反比。圆辊上的生球为一层时，筛分效率最高；二至三层时稍差；超过四层时筛分效果已不明显。

对辊式筛的安装要求：

主要是选择合适的安装倾角。如果倾角过小，会降低筛分能力，不能满足生产要求。如果倾角过大，筛分能力提高了，但会降低筛分效率。所以安装角度一般以10°左右为宜。

6-58　辊式筛的易损件有哪些？易损原因是什么？

答：多年的生产实践表明，第一代辊式筛具有构造简单、运转可靠、维修更换容易、所需功率较小、传动平稳等优点。但存在着开式齿轮和辊筒易磨损的问题。

(1) 开式齿轮。目前使用的辊式筛，普遍采用开式齿轮传动。由于齿轮的啮合中心距很难准确保证，润滑条件又不佳，运转时噪声较大。另外，齿轮虽进行了热处理，但仍磨损较快。改进的方法：

1) 取消开式齿轮，用以油池润滑的封闭式齿轮箱替代，齿轮箱与圆辊之间采用十字滑块联轴器连接。

2) 用带微电机的行星摆线减速机直接带动圆辊。取消原电动机，减速机和开式齿轮。

(2) 辊筒。辊式筛圆辊的辊筒也称辊皮，也是极易磨损的零件。主要原因：

第一是铁精矿粉是一种啄磨性较强的物料,圆辊在工作时,受到生球和矿粉对辊皮的冲刷和摩擦,产量越高,磨损也越强烈;

第二是精矿粉添加黏结剂后，粉末极易黏结在辊皮上，使局部增厚，圆辊运转时，造成辊皮与黏结物研磨;

第三是辊筒材质不合适,一般辊筒皮采用20号无缝钢管制造,硬度低、耐磨性差、寿命短。所以只能使用20~30天(见图6-35)。

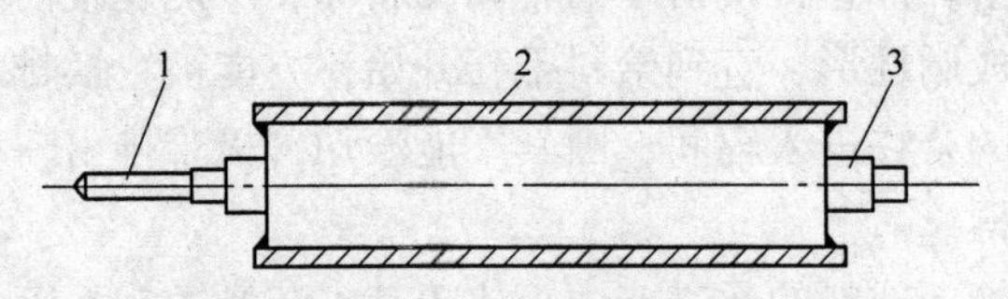

图6-35 钢管圆辊示意图

1—齿轮轴；2—无缝钢管；3—短轴

6-59 怎样提高辊式筛辊筒使用寿命?

答：为解决辊式筛辊筒皮易损坏、寿命短、更换操作麻烦、更换时间长影响生产，以及维修费用高的问题，一些球团厂和有关单位做了很多试验研究并取得一定进展，但仍需进一步研究找到更好的办法进一步提高使用寿命。

如何延长辊筒寿命，曾经有以下几项措施：

(1) 用45号钢管代替20号钢管，表面进行淬火热处理或在20号钢管表面喷涂耐磨合金，可以提高寿命2~4倍，但加工工艺复杂。

(2) 采用不锈钢管制作辊皮，使用寿命较长。但成本高，加工困难。

(3) 用陶瓷材料制作辊皮（见图6-36），寿命长，比钢管辊筒寿命增长40倍以上；表面光滑不粘料，提高筛分效率；成本低，投资省；节省钢材；减少维修工作量。值得推广应用。

(4) 采用耐磨橡胶做辊皮，提高辊筒耐磨性。

(5) 采用稀土含油尼龙做辊皮，提高辊筒的使用寿命。

(6) 采用搪瓷做辊皮。

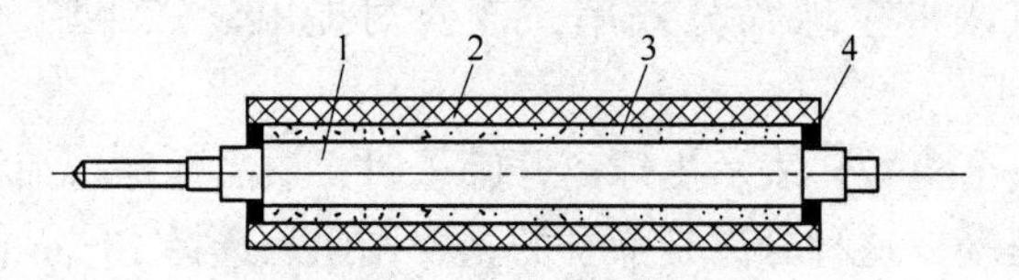

图 6-36 陶瓷圆辊示意图

1—钢轴；2—陶瓷；3—胶泥；4—封口树脂

（7）采用钢管表面铸以聚氨酯。

6-60 国外球团厂使用振动筛筛分生球的概况如何？

答：国外许多球团厂生球筛分都使用振动筛，与圆筒造球机配套。如瑞典的斯瓦帕瓦拉链箅机—回转窑球团厂，年产量 180 万 t，共有 5 个造球系列，每一个造球系列有一台 ϕ3. 0m ×9. 7m 圆筒造球机和一台 $B \times L$ 为 1. 8m ×4. 3m 振动筛，筛子能力为 11t/(m^2 · h)，圆筒造球机生产能力被筛子限制，每小时为 85t。

振动筛的筛分效率较辊式筛低，而且振动和噪声较大，劳动条件差，故我国均未采用。

国外有些球团厂已用辊式筛替代了振动筛。

6-61 辊式筛与振动筛筛分效率比较结果怎样？

答：生球筛分选择辊式筛还是振动筛，瑞典的 LK 公司斯瓦帕瓦拉球团厂，对辊式筛和振动筛进行了试验比较。

该厂将 5 个造球系列中两台 1. 8m ×4. 3m 振动筛做了改动。其中一台换成 2. 1m ×4. 3m 双传动振动筛，另一台换成宽 2. 5m 装有 49 个 ϕ102mm 圆辊用链传动的辊式筛。

（1）振动筛试验概况。每种筛子的试验测定包括生球筛析，干、湿球抗压强度，落下强度，含水量，循环负荷量以及有时出现的超粒级品量。

评价筛子的工作情况，其主要试验参数是对筛分后的生球进行筛析。筛析是按 16. 0mm、12. 5mm、10. 0mm、8. 0mm、6. 3mm 筛孔测定的。

为了评价生球筛分效率，该公司提出了三个筛分效率参数，即

第一个参数，表示生球离开筛子时，成品生球与细粒和粉料的分离程度，这种分离是筛子的主要作用。选择10mm作为筛析下限。

$$\eta_1 = 1 - (<10\text{mm 的质量})\%$$

第二个参数，表示成品生球与超粒级生球的分离程度，选择16mm作为筛析的上限

$$\eta_2 = 1 - (>16\text{mm 的质量})\%$$

第三个参数，表示合格生球的含量，就是说生球筛分的作用应避免将超过预定粒度范围的生球送去焙烧。从原则上讲，造球作业（包括造球和筛分），应尽可能高的生产出接近筛算缝隙或圆辊间隙的生球。为此筛析的下限和上限分别选为10mm和12.5mm。

$$\eta_3 = (10 \sim 12.5\text{mm 的质量})\%$$

这个η_3越大，说明造球系统中所产生的10~12.5mm的生球量就越多。

上述三个参数之积为生球筛分的总效率：

$$\eta_{总} = \eta_1 \cdot \eta_2 \cdot \eta_3$$

若筛子的总效率$\eta_{总}=1$，就是生产中的生球粒度全在10~12.5mm范围内。

以上的筛析界限对于LK公司业已证明是适用的，当然也可以制定其他的筛析界限。

试验结果表明，当其产量每小时110~120t/h时，所生产的生球质量是满意的。

试验中所采用的筛孔为9.7mm，当把筛孔减小到9mm时，虽可以大大提高筛子的生产能力，但筛分效率η_1和$\eta_{总}$却降到不能令人满意的程度。当采用9.7mm筛孔时，筛子的生产能力

为 90~120t/h 时，其筛分效率为：

$$\eta_1=0.93\sim0.95$$

$$\eta_2=0.94\sim0.98$$

$$\eta_3=0.41\sim0.51$$

$$\eta_{总}=0.36\sim0.47$$

（2）辊式筛试验概况

试验进行了两种筛子宽度，两种圆辊转数的生球筛分试验，试验结果见表 6-7。

表 6-7　辊式筛筛分效率试验结果

辊式筛参数	圆辊数量/个	49			
	圆辊间隙/mm	10			
	筛子倾角/(°)	10			
	筛子产量/$t\cdot h^{-1}$	100			
	筛子宽度/m	2.0		2.35	
	圆辊转速/$r\cdot min^{-1}$	120	150	120	150
筛分效率	η_1	0.90	0.95	0.92	0.94
	η_2	0.99	0.99	1.00	0.99
	η_3	0.71	0.66	0.75	0.66
	$\eta_{总}$	0.63	0.62	0.69	0.61

从表 6-7 中看出：辊式筛的宽度由 2.0m 增至 2.35m，筛分总效率可提高 6%（圆辊转速 120r/min 时）。加大圆辊速度虽可提高效率 η_1，但总效率却略有降低。

通过试验对比可以得出：振动筛的总效率为：$\eta_{总}=0.36\sim0.47$，辊式筛的总效率为 $\eta_{总}=0.61\sim0.69$，所以辊式筛的筛分效率比振动筛高 22%~25%。

根据上述试验结果，LK 公司已决定在扩建斯瓦帕瓦拉球团厂时，全部采用辊式筛，以期获得一定效益。如：可提高圆筒造球机系统的产量；减少建筑结构的振动，而最重要的是改善生球和成品球团矿的质量。

6-62　新型圆辊筛的研发情况怎样？

答：我国竖炉球团生产始于20世纪60年代，当时各球团厂生球筛分均使用的是原鞍山矿山设计院设计的生球不能分级的单功能筛，这是我国第一代圆辊筛，对推动我国竖炉生产发展做出了很大贡献。但在生产实践中，这种第一代圆辊筛也暴露出一些问题，如圆辊是钢质的不耐磨，圆辊间隙不可调，使用一段时间后，圆辊之间的间距逐渐变大，合格的生球大量漏下，使辊筛筛分效率降低，生球产量减少。又由于圆辊筛的结构问题更换圆辊拆卸和安装困难，见图6-32，以及生球不能分级，“超粒”大球不能筛除等问题，对球团生产有一定的不利影响。为了解决上述问题，一些球团厂和设计部门对圆辊筛结构进行了改进并取得了一些进展。1987年本钢16m^{2}竖炉使用的圆辊筛在设计上就有了很大改进，如生球筛分可以分级，圆辊采用搪瓷外皮，圆辊筛改为可移动式安装，见图6-30及本书问答6-53，这可以称为第二代圆辊筛。

20世纪90年代开始随着我国钢铁生产的迅速发展，球团生产规模也相应得到扩大，为了适应和满足球团生产生球筛分的需要，我国有很多企业进行开发研制，至今已有一批新型圆辊筛投入市场并得到生产应用。现从中选出几种简介如下：

(1) TGS间隙可调式辊筛或布料器（ZL03200388-9）（ZL03218229）

TGS间隙可调式辊筛或布料器是秦皇岛新特科技有限公司开发的用于冶金烧结球团生产的专利产品，见图6-37。其性能较传统的设备有了较大的提高。

1) 各辊间隙可任意调整。传统的辊筛由于受结构所限，各辊之间不能调整，采用了齿轮传动，当筛辊使用了一段时间后，筛辊之间的间距变大，合格的生球大量地漏下，造成了筛分效率

图 6-37　TGS 间隙可调式辊筛图像

低。国内各球团厂（烧结厂）往往采用换部分辊径稍大的辊加以调整，这样又加大了成本，同时也增大了修理的工作量。TGS 间隙可调式辊筛或布料器采用了单辊传动有效地解决了此问题，可任意调整各辊间隙，而且不受辊数多造成的累积调整量大的影响，可最大限度地利用筛辊。

2）可进行物料多级筛分。该装置根据生产不同需要可进行不同的粒级筛分，既可以筛出大球，也可以筛出小球，保证筛出物的粒度均匀合格。

3）调整简便。各单辊采用了单传动，传动和筛辊支撑同步调整，采用了组合螺母的方式锁紧，使调整更为方便。

4）可根据烧结偏析布料要求随意调整偏析程度。

5）不同的筛辊转速强化了对生球表面的抛光及再密实功能，减小了辊筛下料速度大造成的减粒。

（2）北京艾瑞机械厂生产的两种圆辊筛分机

1）集中传动多辊筛分机（专利号 200520011634. 3）

该设备用于球团竖炉或链箅机—回转窑的筛分系统，由电机、联轴器、齿轮箱、筛辊和轴承箱组成，1 部电机带动 9 个辊子，结构简单紧凑，传动平稳可靠，运行费用低，维修量少，辊子更换方便，故障率低。

2）安全型单传动多辊筛分机（专利号200520011695.X）

该设备用于球团竖炉或链箅机—回转窑的筛分系统，由电机、限载联轴器、轴承座、筛辊组成，1部电机带动1个辊子，筛辊间隙可调，结构简单，一次性投资低。另外，限载联轴器可以防止电机被烧。

（3）北京金都冶金机械厂生产的两种圆辊筛

1）单电机对单辊传动球团辊式筛分机

该设备主要由减速电机、联轴器、筛分辊、机架、辊缝调整垫片、导料板等部分组成。该机具有便于处理设备事故、缩短更换故障机件时间、提高机械作业率、辊缝间隙可根据需要进行调节等特点。筛辊采用不锈钢或采用在钢管表面浇铸聚氨酯制作，能有效地防止粘料。

2）齿轮箱传动组合式辊式筛分机(专利号200420000175.4)

该设备由3～10组3～9辊齿轮箱集中传动辊式筛分机组成。

筛辊采用不锈钢管材制作，或采用在钢管表面浇铸聚氨酯制作，能有效地防止粘料。

设备维修简便，大大缩短故障处理时间。

（4）唐山胜利工业陶瓷有限公司研发了多种陶瓷圆辊筛：

1）单传动双层辊式筛分机。辊缝间隙可调，并带破碎；

2）混合传动双层辊式筛；

3）箱式齿轮传动双层辊式筛分机；

4）单传机辊式筛分机；

5）箱式齿轮传动带破碎辊式筛分机；

6）开式齿轮传动辊式筛分机。

该公司又可生产多种辊式筛分机筛辊，主要有：耐磨陶瓷筛辊、复合陶瓷聚氨酯筛辊、不锈钢筛辊（1Cr18Ni9Ti）等与各种辊式筛分机配套使用。见图6-38。

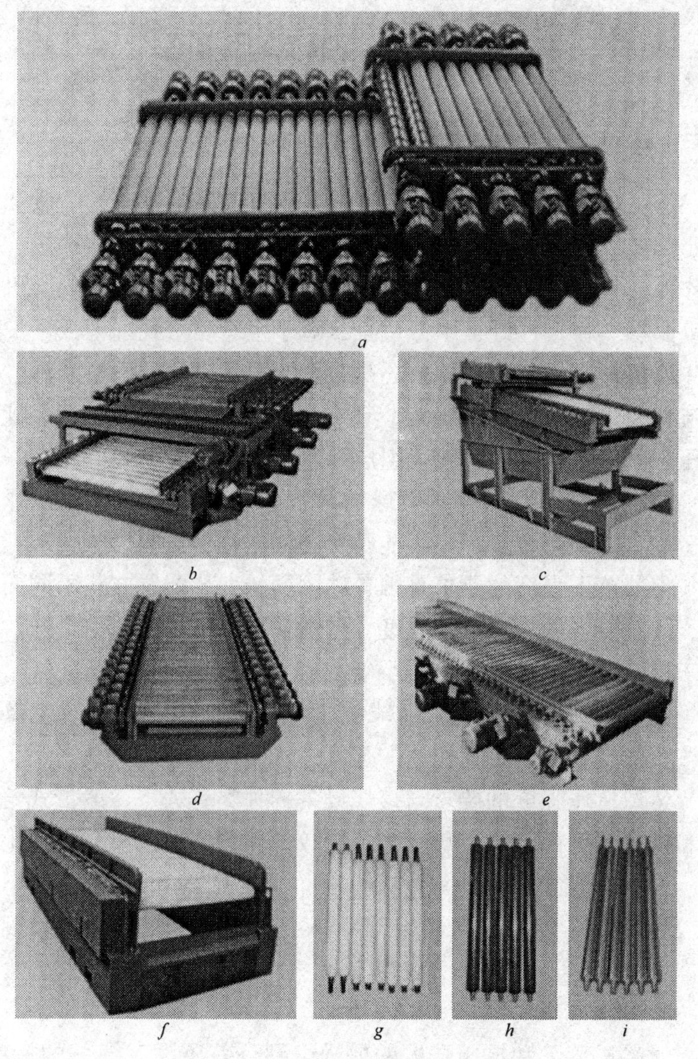

图 6-38　常见圆辊筛分机及筛辊

a—单传动双层辊式筛分机(间隙可调带破碎);*b*—混合传动双层辊式筛分机;
c—箱式齿轮传动双层辊式筛分机;*d*—单传动辊式筛分机;*e*—箱式齿轮传动（带破碎）筛分机;*f*—开式齿轮传动辊式筛分机;*g*—耐磨陶瓷筛辊;
h—复合陶瓷聚氨酯筛辊;*i*—不锈钢筛辊（1Cr18Ni9Ti）

第五节 生球质量及检验操作

6-63 球团生产对生球质量要求有哪些?

答：生球的质量在很大程度上决定着成品球团矿的质量和产量。因此，在球团生产中的第二作业，即生球的干燥、预热、焙烧作业过程提出了严格要求，它要求生球应该是粒度均匀、机械强度高、热稳定性好、水分适宜。对于生球质量我国至今还没有统一指标标准或技术条件，还是各企业根据自己的原料条件、工艺流程及设备状况自行制定。现在主要的质量指标有落下强度、抗压强度、热稳定性、粒度组成和水分等五个方面。

(1) 生球落下强度。生球的落下强度是指：生球由造球系统运输到焙烧系统过程中所能经受的强度。

生球落下强度的要求是因各球团厂的工艺配置方式不同而异的。一般要求的生球落下强度，湿球：不小于3～5次/个球，不大于10次/个球；干球：不小于1～2次/个球。

(2) 生球抗压强度。生球抗压强度是指：生球在焙烧设备上，所能经受料层负荷作用的强度。

生球抗压强度的要求与焙烧设备的种类有关。一般带式焙烧机和链箅机—回转窑，焙烧时料层较薄（料层高 <0.5m），生球抗压强度，湿球：不小于8.82N/个球；干球：前者，不小于35.28N/个球，后者，不小于44.1N/个球。竖炉焙烧料层较高，湿球抗压强度要求大于9.8N/个球，干球抗压强度应大于49.0N/个球。

对生球落下和抗压强度的要求，到目前还没有统一的标准。国内、外的球团厂都均根据自身的工艺过程、焙烧设备、原料条件制定各自的标准要求。

(3) 生球的热稳定性。生球的热稳定性，一般称之为"生球爆裂温度"，是指：生球在焙烧设备上干燥受热时，抵抗因所含水分（物理水与结晶水）急剧蒸发排出而造成破裂和粉碎的能力，或称热冲击强度。

对生球的爆裂温度，虽无统一要求标准，一般总是要求越高越好。但对不同的焙烧设备，生球爆裂温度要求是不一样的，其中竖炉要求最高，详见表6-8。

表6-8　不同焙烧机对生球爆裂温度的要求　（℃）

焙烧设备	竖　炉	带式焙烧机	链箅机—回转窑
爆裂温度（$v=1.6m/s$）	>550℃	>400℃	>350℃

（4）生球粒度组成。生球的粒度组成也是衡量生球质量的一项重要指标，合适的生球粒度会提高焙烧设备的生产能力、降低单位热耗。

国外利用计算机模型求出球团粒度大小对球团生产的影响，具体情况请参阅本书问答6-33。

（5）生球水分。生球水分主要对干燥和焙烧产生影响。生球水分过大，往往表面形成过湿层，容易引起生球之间的黏结，降低料柱的透气性，延缓生球的干燥和焙烧时间；过湿的生球在运输过程中还会黏结在胶带上。以上情况对于黏性较大的生球更为严重。

如果生球的水分偏低，会降低生球的强度，特别是落下强度。所以应有适宜的生球水分。适宜的生球水分与矿石的种类和造球料特性有关，对磁铁矿球团的生球水分，一般在8%～10%为宜。

综上所述，一般生产中对生球性能指标的要求示于表6-9中。

表6-9　生球主要性能指标

项　目	生球水分/%	生球粒度组成（8～16mm）/%	生球抗压强度/N·个$^{-1}$	落下强度/次·(0.5m)$^{-1}$
指　标	8～10	≥95	≥10	≥4

6-64 生球落下强度怎样测定，测定结果怎样计算？

答：生球落下强度的测定从以下几方面进行：

（1）测定目的是测定生球抗转运跌落的能力。

（2）测定用仪器和工具。10mm 厚钢板一块，规格：300mm×300mm；高度 500mm 站立式尺一个，可以自制；搪瓷盛料盘 2～3 个。

（3）取样方法。根据测定目的可从以下两个地点取样：

1）测定出圆盘生球落下强度，要在圆盘造球机圆盘下溜板处接取生球若干个；

2）测定筛分后生球强度时，在辊筛下溜板处接取生球若干个。

（4）选样。从接取的生球中选取尺寸相同（近似）的生球 10 个，生球直径为 10～16mm。作试验研究时可取 20 个或按需要数量选取。正常生产时每班作 1 次，试验研究时可根据需要决定测定次数。

（5）测定。用手轻轻拿起一个生球，然后从站立尺顶端 0.5m 的高度让其自由落下至钢板上。如此重复操作跌落至生球破裂为止，此时的落下次数即为每个球的破裂次数(次/0.5m)，做好记录，10 个生球全部作完后，取 10 个生球的算术平均值作为生球的落下强度，其计算公式如下：

$$n = \frac{n_1 + n_2 + n_3 + \cdots + n_{10}}{10} \tag{6-15}$$

式中 n——生球的落下强度，次/0.5m；

n_1，n_2，…，n_{10}——每个生球的落下次数，次/0.5m。

测定干球强度时也按上述方法进行。

国外有的规定生球落下强度的检验方法是：选择 10 个直径为 12.5mm 生球，自 457.2mm 高处自由落在钢板上（有的则落在皮带上），反复数次，直至生球出现裂纹或破裂为止。记录每个生球的落下次数并求出其算术平均值，作为落下强度指标。此指标的要求与转运次数有关。当转运次数少于3次时，落下强度最小应定为3次，超过3次者最少应定为4次。

6-65 生球抗压强度怎样进行测定，测定结果怎样计算？

答：生球抗压强度的测定按以下步骤进行：

（1）测定目的：是测定生球抗挤压的能力。

（2）测定仪器。量程5kg的带有指示盘的弹簧台秤一台，小钢板（6mm×6mm）。

（3）取样方法。根据测定目的可从以下两个地点取样：

1）测定每个圆盘造球机生球质量时可在圆盘造球机出球溜板下接取生球若干个，然后从中选取同一尺寸（选取尺寸近似相同的即可）生球作检验用；

2）测定入炉（焙烧设备）前生球质量可在辊式筛溜板下选取测定试样。

（4）测定次数。每班测定一次或两次。

（5）选样。从接取的生球选取10个尺寸相同（近似相同）的生球。

（6）检测方法。把生球逐个放在台秤上，用手拿小钢板压住生球后徐徐压下直到感觉出生球破裂时，台秤指针的指示值即为每个生球的抗压强度。最后取10个球的算术平均值作为生球的抗压强度，其计算公式如下：

$$p = \frac{p_1 + p_2 + p_3 + \cdots + p_{10}}{10} \quad \text{N/个球} \qquad (6\text{-}16)$$

式中 p——生球的抗压强度，N/个球；

p_1，p_2，…，p_{10}——每个生球的抗压强度，N/个球。

如果台秤的指针读数为公斤力时，应换算为牛顿，计算时取 1kgf = 9.8N 即可。

生球抗压强度的检验装置，现有很多单位已采用在以杠杆原理制成的压力机上加压。一般选取 10 个粒度均匀的生球（通常直径为 12.5mm）在压力机加压，直到破裂时为止。生球破裂时的压力自动记录下来，然后求出 10 个球破裂时的平均压力值作为生球的平均抗压强度。

德国的 Luje 公司研究所除检验生球平均强度外，还检验生球的残余抗压强度。其方法是：选取 10 个粒度均匀的生球，在事先选择好的高度上（生球自此高度落下既不破裂也不变形）自由落下 3 次，然后做抗压试验，破裂时的压力作为残余抗压强度。

美国 Hanna 公司球团厂虽不做残余抗压强度检验，但做生球荷重变形试验，即选择直径为 12.5mm 的生球，施加 4.45N 的压力测定其变形率。

生球的抗压强度随焙烧方法不同而异。目前尚没有统一标准，一般带式焙烧机要求单球抗压强度 9.8 ~ 29.4N；链箅机—回转窑为单球抗压强度 9.8N。Luje 公司规定生球落下 3 次后的残余抗压强度应大于原有强度的 60%，Hanna 公司规定在 4.4N 负荷下的变形率应小于 5% ~ 6%。

6-66 测定生球爆裂温度的目的是什么，测定方法有几种？

答： 生球爆裂温度又称生球破裂温度或生球热稳定性。测定生球爆裂温度的目的是为了了解生球耐热气流冲击的能力，给焙烧工操作时作参考或依据，以利控制和调剂焙烧操作；另可供给选择球团生产用原材料时参考。

生球爆裂温度的测定方法，国内使用过的方法有以下两种：静态法和动态法。

6-67 静态法测定生球爆裂温度怎样进行？

答： 该法是在反应器中不通热风，只改变温度测得的，所以得到的结果与生产实际相差较大，目前一般已不用，但由于静态法设备比较简单容易得到，试验方法也易操作，因此对没有动态法试验装置的单位，采用静态法做试验，仍有一定的实际意义。

静态法使用主要设备有水平管式电炉一台或马弗炉一台。

主要工具为磁舟若干个。试验的取样、选择与测定生球抗压程度法相同。

测定次数，一般在生产过程中可每周测定一次，在所用原料品种或配比有较大变化时应提前进行测定。

测定方法简介如下：

（1）在水平管式炉中的测定方法。先将管式炉升到一定温度（200～300℃），炉温稳定后将盛有4～5个生球的磁舟放到炉内的高温区并保持5min后取出，然后依次将炉子的温度升高20℃进行同样的试验，直到生球开始破裂为止，生球开始破裂时的温度即为生球的破裂温度。

（2）在马弗炉内进行测定的方法。先将炉子升高到一定温度（700～800℃），炉温稳定后迅速打开炉门，将装有10个生球的磁舟放入炉内。然后依次将炉子温度降低20℃进行同样的试验，直至生球不破裂为止。生球不破裂时上一次的试验温度，即为生球的破裂温度。

试验中检查磁舟中有一个生球破裂即为破裂。

6-68　动态法测定生球爆裂温度怎样进行？

答：动态法测定生球爆裂温度，是在反应器中（反应管中）通入不同温度的热风，所以在反应管中不仅有温度变化，而且有一定的气流通过。目前通过的气流速度有1.2 m/s、1.6 m/s、1.8m/s、2.0m/s等几种（试验时应固定某一种流速）。

动态介质法测定生球破裂温度的测定具体方法是将生球（大约20个）装在图6-39所示的容器里，然后以一定的速度

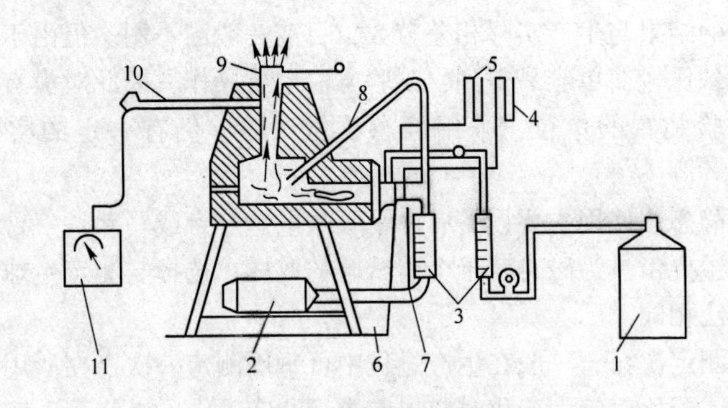

图 6-39 生球破裂温度试验装置

1—丙烷；2—通风机；3—流量计；4—空气压力计；5—丙烷压力计；6—烧嘴；7——次空气烧嘴；8—二次空气烧嘴；9—试样；10—高温计；11—温度测量仪

(工业条件时的气流速度）向容器内球团层吹热风5min。试验一般从250℃开始做起，根据试验中生球的情况，可以用增高或降低介质温度（±25℃）的方法进行试验。干燥气体温度可用向热气体中掺进冷空气的方法进行调节。爆裂温度用试验球团有10%出现裂纹时的温度来表示。此种方法要求对每个温度条件都必须重复做几次，然后确定出爆裂温度值。一般认为，具有良好焙烧性能的球团的爆裂温度不低于375℃。

此外，另一种方法是把生球装入一个完全仪表化的烧结锅内(移动式烧结锅)，其球层高度随焙烧设备不同而异，带式焙烧机为300~500mm，链箅机—回转窑为150~200mm。接着模拟实际工艺条件进行试验。最后观察确定在何种温度和风流下球团开始出现碎裂或剥落。

6-69 测定生球粒度组成的目的是什么，怎样进行测定？

答：测定生球粒度组成的目的是了解生球中各种粒级的百分比，判定造球机的工作效果或入炉生球的质量情况。生球粒度组成测定方法如下：

（1）测量用仪器和工具。台秤一台，量程 50kg；取样盘若干个；筛子若干个。

我国规定 5mm 以上粗粒级的筛分测定采用方孔筛，规格有：5mm × 5mm；6.3mm × 6.3mm；10mm × 10mm；16mm × 16mm；25mm × 25mm；80mm × 80mm，对球团来说，6.3mm、10mm、16mm、25mm 为必用筛。

筛底的有效面积有 400mm × 600mm 和 500mm × 800mm 两种。

筛分方法和设备，可用人工筛分和机械筛分，但机械筛分应保证精确度与严格手筛的结果相差不大于手筛结果的百分之一。

（2）取样：

1）测定造球机的生球粒度组成时，要在被测造球机的球盘下接取生球，每 5min 接取一次，每次接取 2kg，接取 5 次，共接取 10kg 以上。

2）测定入炉生球粒度组成时，在辊筛下或进入布料车前的皮带机头轮处接取，每次接取 2kg，接取 5 次，共接取 10kg 以上。

（3）测定次数。每个造球机的生球粒度组成每周测定一次；入炉生球粒度组成每班测定一次，或根据有关领导指示随时进行测定。

（4）测定方法。先在台秤上量取 10kg 生球，然后通过筛孔为 25mm、16mm、10mm 和 6.3mm 筛子进行筛分，然后再称量各粒级生球的质量，计算出百分数，即为生球的粒度组成。并可确定生球的合格率以及最佳粒级。计算方法如下：

1）各粒级百分率的计算。生球各粒级的百分数按下式计算：

$$e = \frac{M'}{M} \times 100\% \tag{6-17}$$

式中　e——各粒级生球的百分数，%；

M'——各粒级生球的质量，kg；

M——试样质量，kg。

2）生球合格率的计算。生球合格率可按下式进行计算：

$$\eta = \frac{p}{M} \times 100\% \qquad (6\text{-}18)$$

式中　η——生球粒度合格率，%；

p——粒度合格生球的质量，kg；

M——试样质量，kg。

6-70　生球水分测定的目的是什么，生球水分怎样测定？

答：测定生球水分的目的是为了测定生球含水量，为造球操作和焙烧操作提供操作参数。

（1）测定用仪器和工具。主要有天平、试样盘、试样勺、玻璃棒、干燥箱（有普通烘箱、鼓风干燥箱或红外线干燥箱等）、密封试样筒。

（2）取样。在每个造球机下溜板处接取生球，每个球盘下每5min接取一次，每次接取5次，共接取2～3kg试样，接取后立即放入密封的试样筒内，防止水分蒸发。

（3）测定次数。每个球盘，每班测定一次。

（4）测定方法。在密封试样筒内用玻璃棒把生球捣碎混合均匀，然后称取100g作试样，并将其放入干燥箱内烘烤。在认为已干燥时把试样取出放在天平上称其质量，称完后再放入干燥箱内烘烤3～5min，然后再取出试样称其质量，如与前一次质量一样，即恒重时，则可进行计算。若与前一次质量不一样，则要再放在烘干箱内烘烤，直至与前一次称量质量一样，即恒重时为止，然后进行计算。干燥时间、普通烘箱2h，鼓风干燥箱1.5h，红外线烘干箱30min左右，干燥温度105℃。干燥后立即称其全部质量。水分值计算公式如下：

$$e = \frac{W - W_1}{W} \times 100\% \qquad (6\text{-}19)$$

式中　e——试样的含水率,%;

W——干燥前试样质量，g;

W_1——干燥后试样质量，g。

6-71　怎样选择和确定最佳的生球粒度?

答：从试验研究和生产实践可知，对球团矿的还原性，在达到相同的还原度的情况下，大粒球团所需的一定强度的生球，必须保持物料在造球机内的停留时间与原料的特性和粒度相适应。还原时间比小球要多得多。也就是说小球团的还原性比大球团好。这意味着在高炉炉身上部可比的停留时间内，较小的球团比较大的球团更早地达到一定的金属化率。由于较高的金属化率意味着有较高的熔化温度,所以由此而产生一种有利于在高炉中形成良好软熔带的重要条件。根据已有的试验结果,最佳球团直径约为10mm左右。鉴于球团厂现有的机械设备、操作条件,不可能得到统一的生球粒度,一般应按照下列原则选择和确定生球粒度:

10~16mm的粒级含量最低不少于85%;

-6.3mm的粒级含量最高不超过5%;

+16mm的粒级含量最高不超过5%;

在10~16mm的粒级含量中，10~12mm粒级含量应占45%以上。球团粒度的平均直径不应超过12.5mm。

6-72　提高生球质量的措施有哪些?

答：提高生球质量是保证球团生产过程顺利进行，获得优质成品球团矿的关键之一，因此在生产过程中要采取措施提高生球质量。主要措施有如下几个方面:

（1）提高生球强度的措施。影响生球落下和抗压强度的主要因素有：原料粒度和物料在造球机内的停留时间两个方面。一般来说，原料粒度越细，则生球落下和抗压强度都有增高趋势。但是如果造球时间短，尤其是原料黏性较大时，则原料粒度越细，不仅得不到较好效果，强度反而会有所下降。这是因为原料粒度越细，越趋于均匀，且又无大颗粒做骨架。造球时间短，越容易发生粒料充填的不均匀性。所以随着原料粒度的细化，必须加长造球时间。

采用磁化水造球。试验室研究与工业生产应用表明，磁化水造球是改善混合料成球性能，提高生球抗压强度和落下强度，以及改善球团矿冶金性能的经济而有效的方法。

另外，生球强度与其本身的孔隙率也有明显的关系，生球孔隙率越小，则落下和抗压强度便增大。

（2）提高生球爆裂温度的途径。前面提到不同的焙烧设备，对生球的爆裂温度的要求不一致，但总原则是希望生球的爆裂温度越高越好，爆裂温度越高，生球热稳定性越好。

生球的热稳定性差，在干燥过程中易引起爆裂，则会使料层透气性恶化，导致焙烧机生产率降低和成品球团质量下降，返矿增加。因为生球受到热稳定性的限制，不能用通常的提高干燥温度和干燥介质流速的方法来强化干燥过程。

因此，提高生球的爆裂温度，可强化或简化干燥过程，是提高焙烧机生产率和成品球团矿质量的关键。到目前为止，在提高生球爆裂温度方面，尚未获得最完善的方法，然而在生产实践和科学试验过程中发现有以下四个比较可行的途径：

1）加入亲水性强的添加物，如膨润土等，可以提高生球的爆裂温度。

试验表明：加入能使成球性指数 K 提高到 0.7 左右的添加物，就能获得最高的生球爆裂温度，因为当 $K\approx0.7$ 时，生球爆裂温度最高，而 $K>0.7$ 或 $K<0.7$ 都会降低生球的热稳定性（见图 6-40）。

2）预热生球或混合料，可以减少生球的内外温差和“闭塞”的气孔，提高生球的热稳定性。

3）采用逐步升温干燥，提高生球爆裂温度。因为随着干燥温度的提高，生球含水量就不断减少，生球的爆裂温度就相应的增高（见表 6-10）。

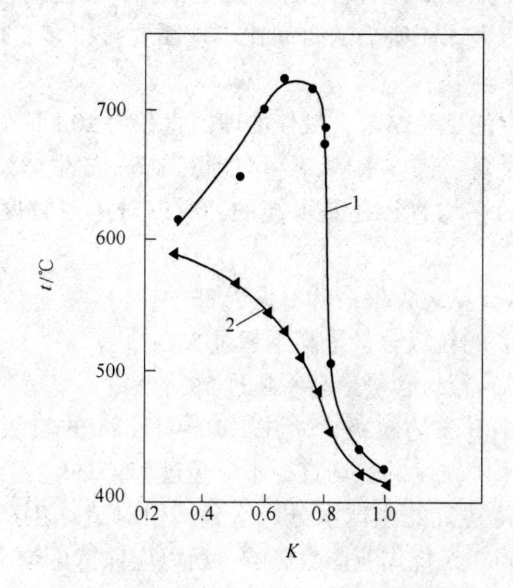

图 6-40　成球性指数 K 与生球爆裂温度的关系

1—生球爆裂开始的温度；2—生球产生裂纹开始的温度

表 6-10　生球含水量与爆裂温度的关系

生球水分/%	爆裂温度/℃	生球水分/%	爆裂温度/℃
7.7	425～450	1.63	750～800
6.2	475～500	0	>1300

4）国外有用辐射加热（如红外线）对生球进行预干燥，提高其热稳定性。因为与通常的对流加热比较，辐射加热有较大的加热深度，从而降低了生球的温度梯度和湿度梯度，提高了生球的爆裂温度。

（3）改善生球粒度组成。生产实践表明，改善生球粒度组成也是提高生球质量的一个方面。适宜的生球粒度应同时对满足高炉冶炼需要、造球设备和焙烧设备的条件来确定，如圆盘造球机和竖炉生产生球粒度可稍大一些。

从生产实践可知，对于球团矿的还原性，在达到相同的还原度的情况下，大球团所需的时间比小球团要多得多，也就是说，小球团的还原性好。

根据现有的试验结果，最佳的球团直径为10mm左右。但鉴于球团厂的设备、操作条件，不可能得到统一的生球粒度，但减少球团粒度的平均直径还是可能的，所以对生球粒度公认的要求为：

10～16mm粒级含量最低不少于85%；

－6.3mm的粒级含量最高不超过5%；

＋16mm的粒级含量最高不超过5%；

在10～16mm的粒级含量中，10～12mm的粒级含量应占45%以上。球团粒度的平均直径不应超过12.5mm。

(4) 保持适宜的生球水分。水分不但对造球生产有很大影响，且对干燥和焙烧作业产生影响，所以应保持生球水分适宜。

(5) 提高造球操作技术水平。物料在造球设备中的运行状态瞬息万变，稍一疏忽就可造成生球质量和产量的很大变化。操作工人必须努力提高操作技术水平，做好判断和调剂，使生球产量和质量稳定。

6-73 生球质量对成品球团矿质量有哪些影响？

答： 生球质量对成品球团矿质量的影响很大，只有高质量的生球，才能生产出优质的成品球团矿，才能保证高产和优质低耗。

(1) 生球强度的影响。生球强度，一方面对成品球强度有影响，也就是说，生球强度高，成品球的强度也高。这是因为：一般来说，强度高的生球都比较致密，气孔率较低，故焙烧后成品球也较致密，成品球强度也高。但是生球的强度太高，会使成品球的气孔率大为减小，而使成品球的还原性降低。所以美国汉纳公司规定，直径12.5mm的生球落下强度，从457mm落下时，次数不小于6～8次，不大于10次。

另一方面，如果生球强度低劣，在转运、干燥和焙烧过程中会产生碎裂，粉末增多，阻碍料柱（或料层）的透气性，使焙烧不透不匀，结果造成成品球强度低而不均，焙烧机产量下降。

（2）生球爆裂温度。生球爆裂温度对成品球的影响是在生球的干燥和焙烧阶段。生球爆裂温度低，在干燥过程中，极易引起破损，料柱阻力增加，风量减少，生球干燥速度降低，导致焙烧机的生产率和成品球的质量下降。

（3）生球粒度。生球粒度与成品球强度的关系密切，特别是对赤铁矿球团，因为生球焙烧的全部热量都需要由外部供给。由于生球的导热性小，如果生球粒度太大，会使焙烧和固结发生困难，使成品球强度降低。

而对磁铁矿球团，主要是影响 Fe_3O_4 的氧化速度，生球粒度越大，氧气越难进入球团内部，致使球团的氧化和固结进行得越慢，越不完全，在焙烧时，极易产生外层为 Fe_2O_3 晶体，内核是 Fe_3O_4 再结晶的层状结构。这样的成品球团，将会降低抗压强度20%～90%。

此外，生球粒度对成品球的还原速度也有影响，生球粒度大，还原度就低，因为球团的还原时间与球团直径的平方成正比。

所以，生球粒度达到小而均匀，无论对造球，还是成品球的质量都是有利的。

（4）生球水分的影响。生球水分对干燥、焙烧作业和球团矿质量有重要影响。

当生球水分偏低时，会降低生球强度，尤其是落下强度，生球易破裂，恶化料层透气性，影响烘干和焙烧作业，球团矿质量下降。

当生球水分偏高或过大时，往往在生球表面形成过湿层，极易引起生球之间黏结在一起，甚至由于水分过大的湿球有较高的塑性，易被挤压成扁形，或失去球形变成大片，恶化了料层透气性，降低了球团质量和焙烧设备的产量。黏结在一起的生球，当黏结程度轻，焙烧温度较适宜时，也要生成一些球黏结块，FeO

含量升高；黏结严重焙烧温度过高就会引起竖炉结大块，链箅机—回转窑结圈。

所以一定要把生球水分控制在适宜范围内。适宜的生球水分与矿石种类、造球物料的特性有关，应通过试验确定。一般磁铁精矿球团，控制在8%～10%。

6-74　什么是磁化水，它对生球强度有哪些影响？

答：普通水经过磁化器磁化后就是磁化水。水、油等液体磁化后的特点是结构单元变小，活性增强、表面张力降低、渗透性增强、润湿性增强。因此，用磁化水造球可将矿粉成球性及生球强度显著改善。

磁化器由磁性材料制成。目前市场上销售的磁化器的种类和规格型号很多，如HCM型、CS型、AS型等，可根据需要购来安装使用，比较方便。

根据一些单位的试验研究与工业应用结果看出，用磁化水造球有如下效果：

(1) 用磁化水造球是改善混合料成球性能，提高生球抗压强度和落下强度的经济而有效的方法，如某厂用磁化水造球，生球最大抗压强度可达10.78(1.1×9.8)N/个，比普通水造球提高24.5%；落下强度最大值为4.2次，比普通水造球提高16.67%。

(2) 磁化水造球效果与水的磁化流速、磁化器结构密切相关，合理的磁化器结构为具有较高中心磁场强度的三次反向磁化器，水的最高磁化流速应在15～30cm/s范围内。

(3) 磁化水造球是改善球团矿冶金性能的经济而有效的方法。例如用磁化水对包钢粒度较粗的全无氟精矿造球，球团矿抗压强度、还原度及还原膨胀率的最佳值分别可达到2626.4(268×9.8)N/个、30.2%和9.1%。

(4) 用磁化水造球，将混合料水分控制在8%以下，而造球过程中加入较多的磁化水，可获得较高的生球抗压强度。

第七章　生球干燥与焙烧技术

第一节　生球干燥

7-1　生球为什么要进行干燥?

答：通常，制出的生球含有8%～10%的水分，需将其加热脱除。同时，生球的机械强度很低，抗压强度一般在20～30N以下，落下强度只有几次，破裂温度不高而热敏感性却较高。含有大量水分的生球，有时在低速干燥下也可能产生裂纹。生球的机械强度和热稳定性均不符合冶炼的要求。所以，生球必须固结提高强度才能用于冶炼。在焙烧固结法中，生球干燥是必不可少的过程。

依靠蒸发而使物料脱水的过程称为干燥。如果向物体供热，使物体表面的水蒸气分压大于其周围介质中的水蒸气分压，干燥过程就得以进行。同理，将生球中的水分加热脱除的过程就叫做生球干燥。生球干燥的目的是，要使生球安全地承受预热阶段的温度应力，避免生球进入预热阶段时产生裂纹或爆裂。

那么，为什么生球预热、焙烧之前非要先有干燥阶段呢？原因大致有以下三点：

（1）生球含水量较高（一般在7.5%～10%之间），常常具有较大塑性，不经预先干燥容易产生塑性变形（特别是在有过湿现象存在时），这样既影响球层透气性，影响产率的提高，又影响球团矿的最终焙烧强度（当形变产生裂纹时）。

（2）湿生球不经充分的预先干燥就直接进入预热，生球往往要产生裂纹甚至“爆裂”，这是因为生球的“破裂温度”一般多在400～500℃之间，而预热温度则一般在900℃以上。

（3）生球进行干燥时，随着生球水分的减少，生球的“破裂温度”会提高，干球的热稳定性比任何含水生球的热稳定性都好，所以生球的干燥过程也就成了提高其热稳定性的过程。

7-2　什么是干燥介质，干燥介质状态对干燥过程的影响规律是什么？

答：干燥介质是指与被干燥物质接触的热气流或烟气，球团生产的干燥介质是热气流。

干燥介质的状态指的是介质的温度、流速和湿含量。

干燥介质的温度高，流速大，湿度小，则干燥速度快。但它们均具有一定限度，若干燥速度过快，则表面汽化亦快，当生球导湿性差时，内部扩散速度较表面汽化速度低，造成生球内部尚含有大量水分时，表面已形成干燥外壳，轻者使球产生裂纹，重者使球爆裂。

7-3　生球干燥由哪几个过程组成？

答：当含有大量水分的生球与热气体（干燥介质）相接触时，热气体通过生球表面的边界层把热传递给生球。当生球表面的水蒸气压大于热气体中的水蒸气压时，水分便在生球表面蒸发，通过生球表面的气体边界层，转移到热气流中去。此外，由于球表面的水分汽化形成了球内部与表面层的湿度差，球内部的水分借扩散作用向球表面迁移，而后在表面汽化。热气体不断把热量传给生球，又不断把生球产生的水蒸气带走，如此就使得含有水分的生球逐渐变干燥。

干燥过程包含有表面汽化和内部扩散两部分，这两部分是同时进行的，但是它们的速度往往不相等。有些物料表面汽化速度大于内部扩散速度，而另外一些物料内部扩散速度又大于表面汽化速度。对于同一物料，干燥过程的各阶段的速度也有差异，在干燥的前一阶段可能内部扩散速度大于表面汽化速度，后一阶段可能表面汽化速度大于内部扩散速度。干燥速度是受较慢的速度环节所控制，因此干燥过程可分为表面汽化控制和内部扩散控制。

7-4　球团干燥方式有几种，实际生产中多采用哪种干燥方式，为什么？

答：球团干燥方式可分为抽风干燥、鼓风干燥和交换流向的鼓风—抽风干燥方式。实际生产中多采用鼓风—抽风干燥方式，因为采用这种方式时，先鼓风干燥，使下层的球蒸发一部分水分，另外下层的球已经被加热到超过露点，然后再向下抽风，就可以避免水分的冷凝，使下部各层球团表现出较大的抗压强度，从而提高球的热稳定性。

7-5　什么是生球的破裂温度，怎样提高生球的破裂温度？

答："破裂温度"又称"爆裂温度"，是指生球的结构遭到破坏的温度。

根据生球结构破坏程度又可分为两类：

(1) 产生裂纹。当生球在某比较低的（但已超过允许）温度下干燥时，生球表面产生裂纹但球团外形仍然保持不变。

(2) 产生"爆裂"。当生球在高于某温度下干燥时，球团产生爆裂，破碎，称"爆裂"。此时球团外形已不完整，生球结构严重破坏。

很明显，干燥时如产生的生球"爆裂"将会使球层透气性严重恶化，给进一步干燥、预热、焙烧等整个焙烧过程都会带来不利，从而导致生产率降低，成品球质量下降，返矿率增加，消耗高，成本上升，经济效益变差。干燥时，球团表面产生裂纹也会程度不同地影响焙烧过程及成品质量，也是不可取的。因此选择合适的干燥制度，对整个球团生产过程是很重要的。

生产实践中常采用下列措施强化干燥过程，提高生球破裂温度：

1) 逐步提高干燥介质的温度和气流速度。生球先在低于破裂温度以下进行干燥，随着水分不断减少，生球的破裂温度相应提高，因而，就有可能在干燥过程中逐步提高干燥介质的温度与流速，以加速干燥过程。

2）采用鼓风和抽风相结合进行干燥。在带式焙烧机或链箅机上抽风干燥时，下层球往往由于水汽的冷凝产生过湿层，使球破裂，甚至球层塌陷。因此，可采用鼓风和抽风相结合的方法，先鼓风干燥，使下层的球蒸发一部分水分，另外下层的球已经被加热到超过露点，然后再向下抽风，就可以避免水分的冷凝，从而提高球的热稳定性。

3）薄层干燥。目的是减少蒸汽在球层下部冷凝的程度，使最下层的球在水汽冷凝时，球的强度能承受上层球的压力和介质穿过球层的压力，获得良好的干燥效果。

4）在造球原料中加入添加剂以提高生球的破裂温度。在造球原料中适量加入添加剂如膨润土，可使爆裂温度得到提高，炉内粉末量减少，料柱透气性变好，气流分布均匀，球团的产量、质量得到较大提高。膨润土能提高生球破裂温度，主要与它的结构特点有关。

7-6　球团爆裂多发生在哪个阶段？

答：过程由表面汽化控制转为内部扩散控制后，水分蒸发面向球内推进，此时生球的干燥是由于水分在球内汽化后，蒸汽通过生球干燥外层的毛细管扩散到表面，然后进入干燥介质中。如果供热过多，球内产生的蒸汽就会多，蒸汽若不能及时扩散到生球表面，就会使球内蒸汽压增加，此时，当蒸汽压力超过干燥层的径向和切向抗压强度时，球就产生爆裂。

球团一般的爆裂温度范围是：400～500℃。爆裂温度根据尚未使球团结构遭到破坏的允许干燥气流温度确定。

7-7　什么叫湿球温度，什么叫导湿现象？

生球干燥为表面汽化控制时，在物体表面水分蒸发的同时，内部的水能迅速地扩散到物体表面，使其保持潮湿，如纸、皮革等。因此，水分的除去取决于物体表面上水分的汽化速度。在这种情况下，蒸发表面水分所需要的热能，必须由干燥介质透过物体表面上的气体边界层而到达物体表面，被蒸发的水分也将扩散透过此边界层而达到干燥介质主体，只要物体表面保持足够的潮湿，物体表面的温度就可取为热气体中的湿球温度。

生球与干燥介质（热气体）接触，生球表面受热产生蒸汽，当生球表面的水蒸气压大于干燥介质的蒸汽分压时，球表面的水蒸气就会通过边界层转移到干燥介质中。由于生球表面的水分汽化而形成球内部和表面的湿度差，于是球内部的水分借助扩散作用向表面迁移，又在表面汽化。干燥介质连续不断地将水蒸气带走，使生球达到干燥目的。这就是所谓的“导湿现象”。

7-8　什么是生球干燥的表面汽化控制和内部扩散控制？

答：在生球干燥时分表面汽化控制和内部扩散控制两部分：

（1）表面汽化控制。所谓表面汽化控制，是指干燥中在物体表面水分蒸发的同时，内部的水分能迅速地扩散到表面，使表面保持潮湿，因此水分的除去，决定于物体表面上水分的汽化速度。在这种情况下，蒸发表面水分所需要的热能，须由干燥介质透过物体表面上的气体边界层而达到物体表面，被蒸发的水分也将透过此边界层扩散而达到干燥介质的主体，只要物体的表面保持足够的潮湿，物体表面的温度就可取为热气体的湿球温度。因此，干燥介质与物体表面间温度差为一定值，其蒸发速度可按一般水面汽化计算。故此类干燥作用的进行，完全由干燥介质的状态决定，与物料的性质无关。

属于这种情况的物料很多，一般毛细多孔物料均如此，如纸、皮革、砂土质黏土等。

（2）内部扩散控制。所谓内部扩散控制，是指干燥时，物料内部扩散速度较表面汽化速度小，当表面水分蒸发后，因受扩散速度的限制，水分不能及时扩散到表面，因此，表面出现干壳，蒸发面向内部移动，干燥的进行较表面汽化控制时更为复杂，欲改进干燥的状况，需改进影响内部扩散的因素。此时，干燥介质已不是干燥过程的决定因素。当生球的干燥过程为内部扩散控制时，必须设法增加内部的扩散速度，或降低表面的汽化速度，否则，将导致生球表面干燥而内部潮湿，最终使表面干燥收缩并产生裂纹。

7-9　生球干燥过程一般表现为几个阶段？

答：在几种球团生产过程范围内，生球的干燥皆属对流干燥。生球在干燥过程中生球的干燥速度，生球的水分及生球的表面温度随时间的变化情况可以用图 7-1 来大致描述。

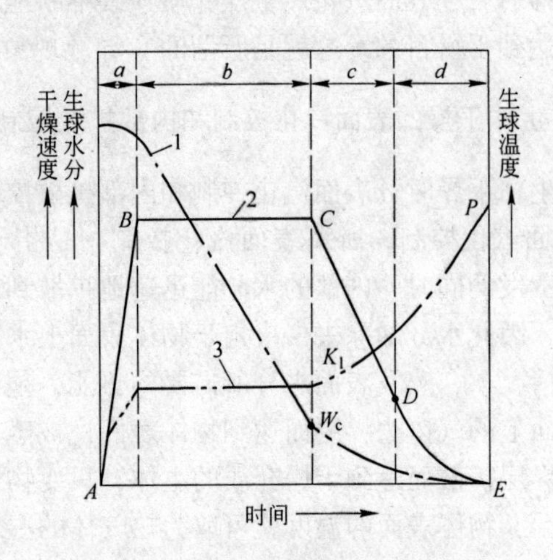

图 7-1　生球干燥过程示意图

a—预热阶段；*b*—等速干燥阶段；*c*—降速干燥阶段 VO_1；*d*—降速干燥阶段 VO_2；
1—生球水分变化曲线；2—干燥速度变化曲线；3—生球表面温度变化曲线

从图 7-1 可以看出，生球的干燥过程可分为“预热”阶段(也称加热阶段)、等速干燥阶段、降速干燥阶段 VO_1、降速干燥阶段 VO_2 等几个阶段。

(1) 加热阶段。在加热阶段，当生球与干燥介质接触时，干燥过程开始进行，此阶段生球被置于逐渐升温的空间并被加热，介质将热量传给生球，生球表面温度由室温升高到一定值时，水分便开始蒸发。本阶段结束时，物料接受的热量与用于蒸发水分热量相等，表面温度恒定，干燥速度很快达到最大值（图 7-1 上的 *B* 点），此后即进入等速干燥阶段。

（2）等速干燥阶段。我们知道，由造球机制出来的生球是具有毛细结构的多孔实体，其表面及其内部都是相当潮湿的，也就是说其表面有一层连续的水膜。随表面水分蒸发的同时，生球内出现了水分的浓度差（又称湿度梯度），生球内部的水分则在水分浓度差的作用下，通过毛细管顺利地迁移（扩散）到生球表面（这就是所谓的“湿传导”作用），使生球表面保持其连续的水膜。因此生球在此阶段的蒸发（干燥）过程与自由液面蒸发实质上是一样的，也就是说干燥以恒定的速度进行。

在此阶段，由于生球表面始终保持连续的水膜，所以生球所吸收的热量全部用于水分的蒸发，因此生球表面温度保持不变，等于热介质的湿球温度。

（3）降速干燥阶段。降速干燥阶段的特征是随着物料湿度的下降，物料的干燥速度不断降低（曲线 2 上的 *CD*、*DE*）。这是由于生球湿度逐渐减小而使其表面水蒸气分压下降，水分的外扩散速度也减小（随水分蒸发，毛细管收缩，水在毛细管内迁移阻力增加）的缘故。这一阶段是干燥过程由表面汽化控制逐步变为内部扩散控制的阶段。因此用于蒸发水的热量消耗减少，使物料的温度不断上升（曲线 3 的 K_1P），干燥介质与生球的温差缩小。生球表面达到平衡湿度 $\omega_{平}$（即干燥速度为零时的湿度）时，此阶段结束，干燥速度降低至零（曲线上的点 *E*），生球停止脱水。

如果将生球的温度提高到 100℃以上，则水分全部逸出，物料变为绝对干燥状态。

7-10　影响生球干燥的因素有哪些？

答：生球的干燥必须在生球不发生破裂的条件下进行，其干燥速度和干燥所需要的时间决定于干燥介质状态、生球的物理化学性质和料层高度等。

（1）干燥介质状态的影响。所谓干燥介质状态是指介质的温度、流速和湿度。因为单位时间内传给生球的热量与干燥介质的温度成正比,所以干燥介质的温度越高,干燥速度就越快,干燥的时间就越短(图7-2),但是介质的温度必须低于生球的破裂温度。

在生球干燥过程中，介质影响干燥的另一个重要参数是流速。流速大，能将生球表面汽化的水蒸气很快带走，保证生球表面的水蒸气压与介质中的水蒸气压有较大的压差，促使生球表面蒸发速度加快，干燥所需时间缩短（图7-3）。

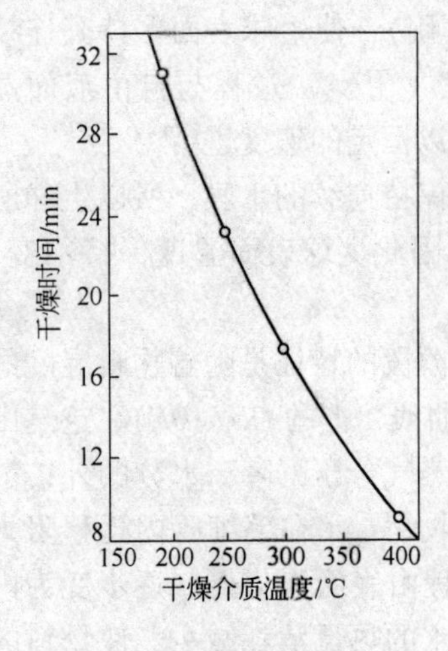

图7-2 干燥介质温度与干燥时间的关系

$h=200\text{mm}$；$v_{气}=0.5\text{m/s}$

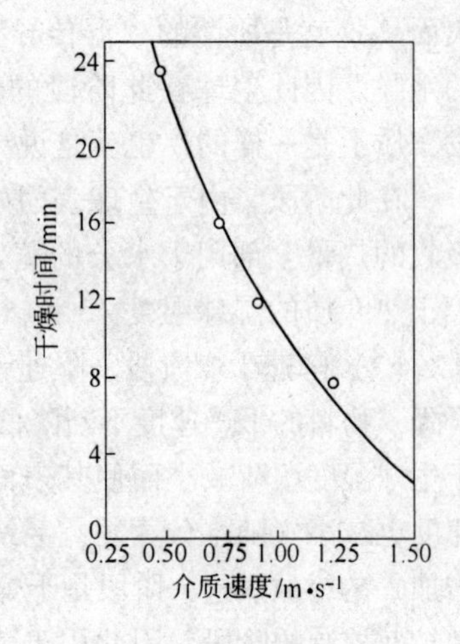

图7-3 介质速度与干燥时间的关系

$h=200\text{mm}$；$t_{气}=250℃$

但是，生球破裂温度也与介质流速有关，若介质流速过大，干燥速度则过快，虽然介质温度保持不变，生球也会发生破裂。因此提高介质流速时，应适当地降低介质温度。在生产过程中，对于热稳定性差的生球往往采用大风低温的干燥制度。

（2）生球物化性质的影响。生球物化性质包括有生球湿度、生球粒度。

1）生球湿度。生球湿度对于干燥过程的影响是很明显的，生球的初始湿度越大，干燥时间越长。这是因为生球的初始湿度越高，生球的“破裂温度”越低，“破裂温度”的降低，就限制了介质温度和流速的提高，也就降低了生球的平均干燥速度，延长了干燥时间。

实践证明，生球一旦产生裂纹，其对焙烧产品质量（强度）的影响，在焙烧过程将是无法补救的。如图7-4所示。

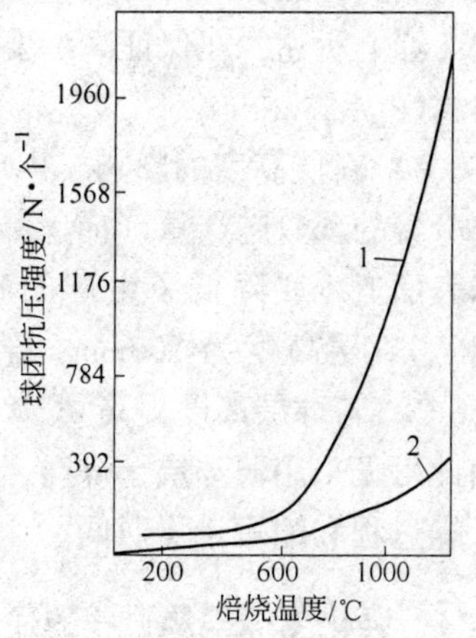

图7-4　不同结构生球对焙烧球强度的影响

1—未开裂球团；2—开裂球团

2）生球粒度的影响。生球粒度越大，干燥时间越长，平均干燥速度越慢。

生球粒度对干燥速度的影响，原因是：

a　生球粒度大，单位质量生球的比表面积就小，比表面积小，与热介质进行热交换的面积就小，蒸发（干燥）面积也就小，所以干燥速度就慢。

b　生球粒度大，水分（或蒸汽）从内部向外部迁移的路程就长，路程越长，迁移过程所受到的阻力越大，同时，生球导热性也差，因此球径越大，热导湿现象就更严重，所以球径越大，生球干燥速度越低。

实践证明，生球的干燥时间与球径的平方成反比，即：

$$t_{干} = 1/D^2 \tag{7-1}$$

式中　$t_{干}$——干燥总时间；

D——生球直径。

c　生球越大，干燥时开裂、爆裂的可能性越大。

生球粒度越大，当蒸发面移至球内部，内部蒸汽往外迁移时由于路程长，阻力大，单位时间迁移量少，因而更容易产生蒸汽压过剩，也就更容易引起球团的爆裂。

d 生球粒度越大，干燥时热介质的热利用率就越低。

如前面所述，生球粒度大，比表面积小，与热介质进行热交换面小，因而热利用率就低，这既浪费了热风的热能，又加大风机的负荷，这在经济上是很不合算的。

综上所述，在保证高炉要求的前提下，生球的粒度应该是越小越好。

3）料层高度的影响。生球层越高，干燥时水蒸气在球层下部冷凝的现象越严重（向上鼓风时，则在球层上部）。水分在生球表面上冷凝降低了生球的破裂温度。例如介质的流速为1.8 m/s，料层高度为100mm，某厂球团生球的破裂温度为600～650℃。若球层高度提高到300mm时，破裂温度会降低到500℃。由此可见采用薄球层干燥时，可以靠提高介质温度和流速以加速干燥过程和缩短干燥时间。

7-11 强化生球干燥过程的途径有哪些？

答：由于生球干燥所需时间约占整个焙烧时间的1/4，如果能够通过提高介质温度和流速来提高干燥速度，缩短干燥时间，而生球又不致破裂，那么，焙烧装置的生产率就可以提高，这对实际生产有重要意义。

强化干燥过程可行的途径：

(1) 加入添加剂。在造球过程中使用某些能够提高生球破裂温度的添加剂，这一措施对于竖炉球团矿工艺效果特别明显。如杭钢加1.5%平山膨润土后，生球破裂温度由加5%消石灰的670℃提高到860℃。提高生球破裂温度的主要原因是膨润土能够提高生球的热稳定性。

(2) 逐步升温增速干燥。逐步提高干燥介质的温度和流速可以加快干燥过程。这是由于生球先在低温下干燥，随着水分减少，生球的破裂温度相应增高，因而就有可能在干燥过程中逐步提高干燥介质的温度与流速。

(3) 采用鼓、抽风结合工艺。在带式焙烧机和链箅机上抽风干燥时，下层球往往由于水汽的冷凝产生过湿，使球破裂。因此可采用鼓风干燥和抽风干燥相结合的办法，先鼓风干燥，使下层生球蒸发掉一部分水分，并被加热到超过露点，然后再向下抽风，就可以避免水分的冷凝，提高下层球的热稳定性。

（4）采用薄层干燥。薄层干燥目的是减少水蒸气在球层下部冷凝的程度，使下层球的强度能承受上层球的压力和介质穿过球层的压力，保持球层有良好的透气性，达到良好的干燥效果。

7-12　决定干球最终强度的因素有哪些？

答： 决定干球最终强度的因素有构成生球的物质组成和颗粒粒度。

对于含有胶体颗粒的细磨精矿所制成的球，由于胶体颗粒的分散度大，填充在细粒之间，形成直径小而分布均匀的毛细管，所以水分干燥后，球体积收缩，颗粒间接触紧密，内摩擦力增加，使球结构坚固。但对于未加任何黏结剂的铁精矿，特别是粒度粗的矿物，干燥后由于失去毛细黏结力，球的强度几乎丧失。

7-13　如何选择和调整干燥制度？

答： 球团开始生产前要选择生球干燥制度，生产过程中要根据生产情况不断地对干燥制度进行调整，以保证生产正常进行。

（1）干燥制度的选择。选择生球干燥制度总的原则是既要尽量加快干燥速度，又必须不产生破裂。由于各种原料适宜的干燥有一定的差异，有时甚至差异很大，因此，选择干燥制度，必须委托高等院校、科研院所，根据原料条件进行选择干燥制度的实验室试验，并将试验报告提供给设计单位做设计依据。此项工作应在设计开始之前完成。

（2）干燥制度的控制与调整操作

1）最重要的是要严格地按设计所选择的干燥制度进行控制，这是实际操作的基础。当然我们也不排斥按生产的实际情况作必要的调整。恰恰相反，在实际生产中这往往是常有的、必须的。其原因是：

a 生产的原料，操作条件等与设计时存在差异。

b 试验数据用于大型生产时不可能一切都完全吻合，很难避免相关误差。生产过程可根据出现的问题，对原干燥制度进行适当地调整，使它更适合生产实际情况。

2）生产过程中可以根据以下原则来调整干燥操作：

根据成品球质量，或返矿的粒度特性。如果成品球中发现爆裂或返矿中碎块很多时，说明干燥温度太高；如果成品球团中出现有龟状裂纹时，这是干燥速度过快，应适当降低介质流速，尤其应当严格控制降速干燥的速度。这里应该注意的是所选择的成品球粒度要适中，特别是不应以超粒度球为依据。

上面所说的是事后调节，这个反馈过程太长，对生产影响大。最好是事先调节，这时可掌握以下几个原则：

a 生球水分偏高或生球粒度偏大时，干燥温度要适当降低，干燥时间适当延长。

b 精矿（原料）粒度变小，比表面积增大（变化较大时），干燥速度要适当降低些。

c 添加剂（黏结剂）配比变小时干燥温度要适当降低些，配比增大时则可适当提高些。一般情况下添加1%的膨润土可提高生球爆裂温度50～180℃。

第二节　球团的焙烧

7-14　生球为什么要焙烧？

答：在焙烧球团法中，生球经过干燥，还要经历预热、焙烧、均热及冷却等阶段。这五个阶段统称为焙烧过程。人们将干燥后生球经加热焙烧而固结的过程称为焙烧固结。生球要焙烧的原因是球团焙烧固结过程决定着成品球团矿的质量，显然，它在球团生产过程中十分重要。它要将矿石粒子经加热而烧结，并由各种连接形态使生球固结起来，以便使成品球团矿具有良好的冶炼性能（如强度、还原性、膨胀指数和软化特性等)。焙烧后成品球团矿的强度应保证在以后的运输、装卸、在露天料场长期贮存和在炼铁过程中不致碎裂或异常膨胀粉化。焙烧球团矿的软化特性应具有较高的软熔温度和较窄的软熔温度区间。此外，焙烧球团矿的低温还原粉化指数要低，还原性要好，品位要高（减少冶炼时渣量)，以满足冶炼的要求。

焙烧球团法主要有竖炉法、带式焙烧机法和链箅机—回转窑法三种有代表性的方法。在竖炉球团法情况下，焙烧固结是在炉身上部喷火口喷入高温热烟气进行的。在带式焙烧机法的情况下，焙烧固结是在带式焙烧机烟罩内高温段进行的。而在链箅机—回转窑法的情况下，焙烧固结主要是在回转窑内进行的。各种焙烧方法具有各自的特点，要根据所处理的矿石种类、成品球团矿质量要求以及生产规模来进行适当选择。

7-15　生球在焙烧过程有哪些物理化学变化？

答：球团的焙烧过程表面上看是一个温度变化过程，实质上是一个物理化学变化过程。球团在焙烧过程中其变化是极其复杂的，有些变化至今也很难说是研究清楚了，而且不同的原料成分其反应也不尽相同，这里只将最普遍的物理化学反应介绍如下：

(1) 结晶水的脱除，如褐铁矿类矿物；

(2) 燃料燃烧；

(3) 碳酸盐分解、含硫化合物分解及脱硫；

(4) 低价铁氧化物的氧化；

(5) 铁氧化物的结晶固结；

(6) 固相间的反应；

(7) 易溶化合物的形成。

7-16　简要介绍一下球团焙烧固结有哪几个阶段？

答：球团矿是按一定的工艺制度进行焙烧的，就整个生产过程来说，它包括干燥、预热、焙烧、均热和冷却五个阶段；球团矿固结是在预热、焙烧和均热三个阶段中实现的。球团焙烧过程温度变化见图 7-5。

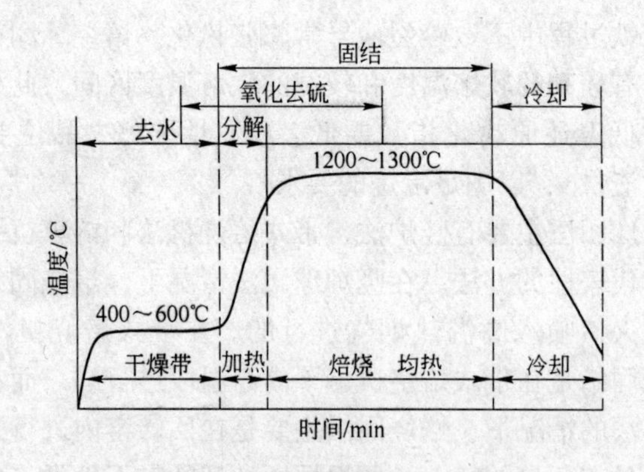

图 7-5　球团焙烧各阶段情况

7-17　生球在预热阶段有哪几种反应？

答：生球在干燥后尚含有少量残余水分，随着温度的升高，在进入焙烧带之前便进入一个过渡阶段，即预热阶段。预热的温度范围为 300～1000℃。在预热阶段发生了几种不同的反应：如磁铁矿转变为赤铁矿、结晶水蒸发、水合物和碳酸盐的分解及硫化物的煅烧等，这些反应是平行进行或者是依次连续进行的。这类反应对成品球的质量和产量都有重要的影响。因此，在预热阶段内，预热速度应同化合物的分解和氧化协调一致。

7-18　磁铁矿球团矿氧化有哪些反应过程，其产物是什么？

答：磁铁矿球团矿氧化反应过程分为两个阶段进行。

第一阶段：

$$4Fe_3O_4 + O_2 \xrightarrow{>200℃} 6\gamma\text{-}Fe_2O_3\text{（磁赤铁矿）}$$

在这一阶段，化学过程占优势，不发生晶型转变，只是 Fe_3O_4 生成了 γ-Fe_2O_3，即生成有磁性的赤铁矿。但是，γ-Fe_2O_3

不是稳定相。

第二阶段：

$$\gamma\text{-}Fe_2O_3 \xrightarrow{>400℃} \alpha\text{-}Fe_2O_3$$

由于 γ-Fe_2O_3 不是稳定相，晶体会重新排列，而且氧离子可能穿过表层直接扩散，进行氧化的第二阶段。这个阶段晶型转变占优势，从立方晶转变为斜方晶系，γ-Fe_2O_3 氧化成 α-Fe_2O_3，磁性也随之消失。但是此阶段的温度范围和第一阶段的产物，随磁铁矿的类型不同而异。

7-19　磁铁矿氧化过程在分两个阶段外还有哪些特点？

答：磁铁矿氧化过程除上述分两个阶段外，还有以下几个特点：

（1）晶格常数变小，Fe_3O_4 的晶格常数为 0.838nm，而 Fe_2O_3（α-Fe_2O_3）晶格常数为 0.542nm，因此 Fe_3O_4 氧化成 Fe_2O_3 后，矿物颗粒由原来（磁铁矿）的致密结构变为多孔的疏松结构。

（2）磁铁矿氧化过程为放热过程。磁铁矿含低价铁氧化物（Fe_3O_4），在氧化焙烧条件下要发生氧化反应并放出热量。其放出的热量约相当于氧化焙烧时所需总热量的 30% ~40%。这就是磁铁矿球团氧化焙烧时热量消耗低的主要原因，其反应如下：

$$4Fe_3O_4 + O_2 = 6Fe_2O_3 + 465.9kJ/kg$$

（3）磁铁矿氧化过程又是一个增重过程。由于磁铁矿得到氧而成为 Fe_2O_3：$4Fe_3O_4 + O_2 = 6Fe_2O_3$，所以此过程为增重过程，这对非自熔性球团矿表现尤为明显，自熔性球团矿由于碳酸盐分解释放 CO_2 要失重而抵消其增重效果。在日常化验磁铁矿石烧损时，出现正值不是负值的情况，就是这个原因。

7-20　什么是球团矿的氧化度，如何计算？

答：氧化度是球团矿磁铁矿被氧化的程度。是评价焙烧后球团矿还原性的一种方法。氧化度越高，球团矿的还原性越好，也表明焙烧得越好。根据焙烧后球团矿的化学组成中全铁和亚铁的含量计算出它的氧化度，氧化度的计算公式如下：

$$氧化度 = \left(1 - \frac{Fe^{2+}}{3Fe_{全}}\right) \times 100\% \tag{7-2}$$

式中 Fe^{2+}——亚铁的质量分数,%；

$Fe_{全}$——全铁的质量分数,%。

例题：某竖炉生产的酸性球团矿的化学组成：

样 品	TFe	FeO
1号	64.0	0.55
2号	64.0	0.86

解：将两个试样的全铁和亚铁值代入公式（7-4）中，则得出：

$$1号球团矿氧化度 = \left(1 - \frac{0.55}{3 \times 64}\right) \times 100\%$$

$$= (1 - 0.0029) \times 100\%$$

$$= 0.9971 \times 100\% = 99.71\%$$

$$2号球团矿氧化度 = \left(1 - \frac{0.86}{3 \times 64}\right) \times 100\%$$

$$= (1 - 0.0045) \times 100\%$$

$$= 0.9955 \times 100\% = 99.55\%$$

从以上计算结果看出，1号球团矿的还原性优于2号球团矿。

7-21 球团焙烧固结的基本原理是什么？

答：生球经加热焙烧而固结称焙烧固结。所谓球团焙烧固结的机理，也叫球团焙烧固结的基本原理是指球团经过焙烧后强度得到提高的原因，也就是什么物质使本来松散的物料互相紧密的连成一整体。

高温焙烧是球团固结的重要阶段，在这个阶段中球团发生一系列的、复杂的物理化学变化，导致球团内部的牢固连结，使产品球团矿具有足够高的强度。

7-22　球团固结的类型有哪几种？

答：焙烧固结是矿石粒子经加热而烧结成一体，由各种连结形式固结起来。连结形式可归纳为两种：固相连结和液相连结。

根据焙烧过程中有无液相产生将球团固结形式分为三种类型：即固相固结、液相固结和固-液相固结，如图 7-6 中 *b*、*c*、*d* 所示。

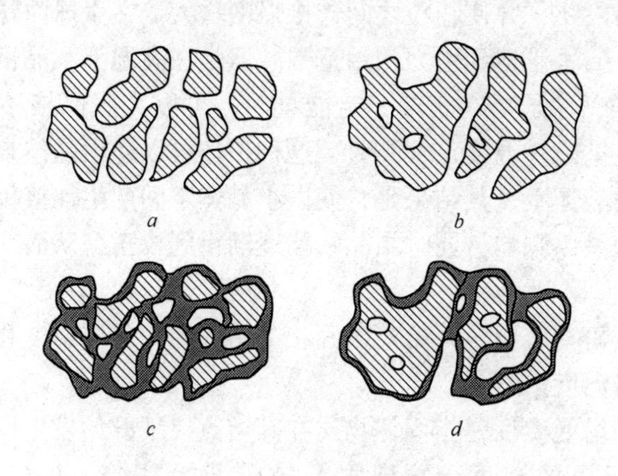

图 7-6　球团矿固结类型

a—未固结；*b*—固相固结；*c*—液相固结；*d*—固-液相固结

固相黏结相当于同类物质颗粒的结合；液相黏结则类似于烧结块的结合，即生成的一部分液相在冷却时形成新的玻璃相或结晶相。

当球团铁品位极高接近纯铁氧化物时，以固相黏结为主；相反，当球团铁品位低，“渣相”脉石成分很高时，则以液相黏结为主，当然在实际生产的球团矿中这两种形式单独存在的典型球团矿是很少的，而两种形式共存的固-液相黏结则是很普遍的。

就球团矿内各组分而言，以固相黏结为主的有铁氧化物

（Fe_2O_3、Fe_3O_4）再结晶黏结，固相反应生成的固溶体或化合物微粒的固相扩散黏结，如 $CaO + Fe_2O_3 \rightarrow CaO \cdot Fe_2O_3$，$SiO_2 + 2CaO \rightarrow 2CaO \cdot SiO_2$，$SiO_2 + Fe_2O_3 \rightarrow Fe_2O_3$ 溶在 SiO_2 中的固溶体，这些生成物的扩散黏结以液相黏结为主，主要发生在熔剂性球团矿，如 $CaO—Fe_2O_3$ 之间的 $CaO—FeO$、$CaO—2Fe_2O_3$、$CaO \cdot Fe_2O_3—CaO \cdot 2Fe_2O_3$ 及 $CaO \cdot SiO_2—2CaO \cdot Fe_2O_3$ 之间的黏结。

7-23 球团固相固结的实质是什么？

答：固相固结的实质是在球团内的矿粒在低于其熔点的温度下的互相黏结，并使颗粒之间连接强度增大。在生球内颗粒之间的接触点上很难达到引力作用范围。但是在高温下，晶格内的质点（离子、原子）在获得一定能量时，可以克服晶格中质点的引力发生扩散。温度足够高时，这种扩散可以超出晶体自身，达到相邻的晶体上。其结果是，使微小晶体之间产生连接桥，聚集成较大的晶体颗粒，同时结晶缺陷逐渐得到校正，从而变成稳定的晶体。

根据研究表明，开始产生固相黏结和固相反应温度相同，通常用塔曼温度来表示。

所谓塔曼温度是指固体物质在其熔点以下开始发生固相黏结和固相反应的温度。发现固态物质开始黏结（反应）温度（$T_{黏结}$）与其熔点（$T_{熔融}$）之间存在着以下规律（$T_{熔融}$、$T_{黏结}$皆为绝对温度）：

对一般盐类和氧化物

$$T_{黏结} = 0.57T_{熔融} \tag{7-3}$$

对硅酸盐和有机物

$$T_{黏结} = 0.8 \sim 0.9T_{熔融} \tag{7-4}$$

例：纯 Fe_2O_3

$$T_{黏结} = 0.57 \times (1567 + 273) = 1049\text{K}$$

即 $1049 - 273 = 776℃$

纯 Fe_3O_4

$$T_{黏结} = 0.57 \times (1527 + 273) = 1026K$$

即　　$1026 - 273 = 753℃$

7-24　球团矿固相黏结有几种类型？

答：当固体物料达到一定温度（在液相尚未出现的条件下）物料内的质点扩散激发到一定程度后，相邻固体颗粒就会发生黏结现象，按这种黏结（物）的化学和结晶性质大致可以分为两类：

一类是一元系固体黏结，这种黏结（物）的化学组成结晶状态与原结晶相同，不产生化学变化（反应），只发生黏结作用。

一类是多元系固体黏结，这种黏结（物）的化学组成，结晶状态与原晶体完全不同彼此间产生固体相（化学）反应，同时产生黏结作用。

（1）一元系固相黏结。这种黏结形式最常见的有铁氧化物 Fe_2O_3-Fe_2O_3 和 Fe_3O_4-Fe_3O_4。理论和实践证明，铁精矿品位越高，脉石含量越少，这种黏结越易发展，在球团矿固结当中，这种一元系固相黏结是其强度提高的关键。

图 7-7 所示为两颗铁氧化物（Fe_2O_3 或 Fe_3O_4）固体颗粒黏

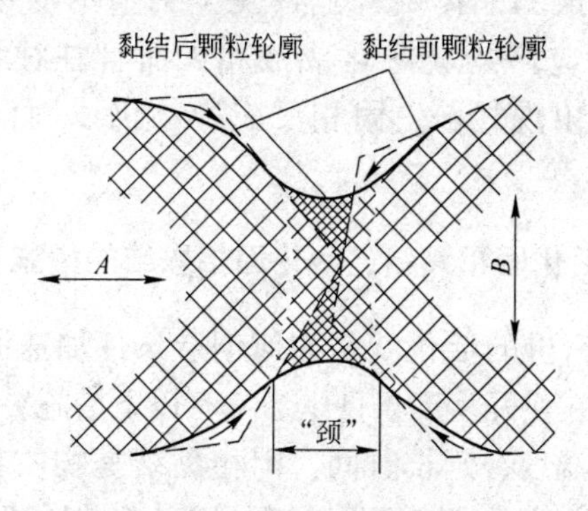

图 7-7　两固体颗粒黏结示意图

结示意图：设两颗紧密接触（晶轴方向不一致）的固体颗粒，在得到足够的温度加热处理后，晶体内的质点由于扩散流向“颈部”，形成所谓的黏结“晶桥”。随着质点扩散，晶桥颈的长大，固体颗粒的形状也发生改变，这就是我们常说的铁氧化（Fe_2O_3 或 Fe_3O_4）再结晶的实质。

这种黏结晶桥（颈）的化学成分及矿物学结构与两个黏结在一起的固体颗粒相同，但由于两个固体颗粒晶轴方向（往往）不同，因此颈部的矿物晶体结构是不完全的。实践证明，当温度超过其再结晶温度后，这种不完全晶体结构容易受到破坏使黏结弱化，从而导致其强度的降低。

（2）多元系固相黏结。多元系的固相黏结其实质是多元素的固相反应。在球团中常见的多元系固相黏结有二元系固相黏结、三元系固相黏结，现举例如下：

1）二元系固相黏结。在二元系固结中有 $CaO\text{-}Fe_2O_3$ 二元系，$CaO\text{-}SiO_2$ 二元系，$FeO\text{-}SiO_2$ 二元系固结等多种。

2）三元系固相黏结。在造块（烧结、球团）中，目前研究的三元系主要有 $CaO\text{-}SiO_2\text{-}FeO$、$CaO\text{-}SiO_2\text{-}Fe_2O_3$、$CaO\text{-}SiO_2\text{-}Al_2O_3$ 等。

二元系以上的固相黏结（反应）是在两种不同质的相邻物质颗粒间进行，反应的产物（黏结物）与参加反应的原来物质在化学组成和晶体结构上皆发生了根本变化。一旦温度提高，固相反应产物就融化成液相，而且往往使反应加快。但是，在液相出现之前，固相反应产物仍以固体状态使相邻颗粒黏结起来。

7-25　什么是活化固相黏结，活化固相黏结的措施有哪些？

答：这里所讲的活化就是如何创造条件加速固相黏结（反应）的进行，在实际生产条件下通常有以下措施：

（1）提高温度、延长时间。固相黏结是物质在固态下进行黏结反应，决定其反应速度的关键是质点扩散迁移速度，而决定扩散迁移速度的因素主要是温度，温度越高扩散迁移速度越快。

由前面的分析我们知道，不论哪种固相黏结，首先都必须有质点扩散迁移，而质点的迁移速度、迁移质点的数量主要决定温度的高低。温度越高，质点获得能量越多，振动越激烈，就越能克服周围质点的引力而进行位置交换，且质点迁移的数量也越多，进行固相黏结（反应）的时间可以越短，固相反应产物就越均匀越彻底，固相黏结过程越完善。相对延长时间也是保证反应完成的重要手段。

一般固相反应（黏结）开始发生温度皆在1000℃以下，即相当于预热温度范围。

（2）降低固体物料粒度。降低固体物料粒度加速固相黏结（反应）速度的原因是：一方面固体物料经细碎后分散度增大，表面能增加；另一方面经细碎后的物料颗粒会使晶格缺陷增多，活化能增加，因此经细碎后的物料就显示出强烈地降低能量向稳定态发展的特征。一旦外部温度提高施加能量后，这种特征就越明显。研究表明，固相反应（黏结）速度与颗粒粒径的平方成反比、球团原料要求一定的比表面积也有这方面的原因。

（3）改善物料接触状态。既然固相黏结(反应)凭借的是质点在固体颗粒之间扩散迁移,欲使颗粒间质点扩散迁移得到实现,除了要有足够能量(温度)外,还必须使颗粒紧密接触。研究表明,如果两颗粒相距0.01mm即使提高温度也不能黏结(反应)。

显然降低原料粒度有助于物料颗粒的接触，增加接触点，增大接触面积。不难理解提高生球质量（强度）可以改善物料颗粒的接触状态。

（4）提高晶格活化能。提高晶格的活化能，即提高质点迁移（化学）反应能力。除了上面所提到的降低原料粒度增加晶格缺陷外，凡物料在焙烧过程中发生结晶水脱除、碳酸盐分解、磁铁矿氧化等能产生新的活性强的物质的反应都能增加质点迁移即活化晶格能。

（5）生成少量的液相。固体颗粒间有少量液相存在时可以加快质点迁移。因为质点在液相中扩散比在固相中扩散容易，而且，由于有少量的液相总是分布或充填在固体颗粒间隙，这样液相的表面张力将使相邻颗粒拉近，缩小颗粒间距离，从而使质点的扩散迁移更易于实现。

这里值得指出的是，必须是少量的液相才是有效的。如果液相量太多甚至把固体颗粒整个包裹起来，那么就会适得其反，使固相黏结反而不能很好地发挥，最终导致球团强度降低。

7-26　液相黏结现象的实质是什么？

答：为了使球团的固结达到足够高的强度，实际生产中焙烧温度总不是控制在固相反应（黏结）的开始温度，而是控制在所谓最佳焙烧温度。后者总是比前者更高。在最佳焙烧温度下，固相固结的主要型式铁的氧化物（Fe_2O_3）达到最佳再结晶程度；同时球团中的脉石成分也产生固相反应。由于此类反应产物多为低熔或共熔化合物，因此在最佳焙烧温度下要融化而出现液相。出现液相的温度通常在1000℃以上。

球团焙烧过程中出现的液相，按其黏结本质来说大致不外乎两种情况：

（1）是整个黏结（焙烧）期都存在的液相（固相在其中溶解度很小），在随后的冷却期凝固时将相邻固体颗粒黏结；

（2）是黏结（焙烧）后消失的液相，这时固相在液相中溶解度大，且常发生复分解反应，如：

$$CaO \cdot Fe_2O_{3(液)} + SiO_2 \longrightarrow CaO \cdot SiO_2 + Fe_2O_{3(固)}$$

其实质是加速固相黏结反应。

由此可见，球团矿在固结过程中，出现一定数量的液相是不可避免的，也是有益的和必需的。

需要强调的是，液相数量不能太多，通常只需5%～7%。球团矿应以固相固结为主，液相起补充黏结作用，这样强度最好。

液相较多时，固相粒子被隔开，氧化铁粒子之间的再结晶连结无法产生，甚至使已经聚集再结晶的粒子分开，结果使球团矿强度降低。液相太多，还会使焙烧着的球团矿呈现半熔融状态，出现变形和黏结，严重时使生产无法进行。

7-27　在球团固结中液相黏结有几种类型？

答：液相对固相的黏结形式视液相量的多少可以分为以下三种（如图 7-8）：

（1）点黏结（如图 7-8*a*）：当液相量很少时，液相在固相颗粒间的黏结是间断的点接触式。这种黏结形式对以铁氧化物再结晶为主的晶键强度的发挥最为有利，但对还原强度则不利（详见后还原膨胀一节）。

（2）面黏结（如图 7-8*b*）：此种黏结形式其液相量比点黏结时略多，液相能部分覆盖在固相颗粒接触面上。它既可以保证铁氧化物再结晶得到足够的发展，又能使球团矿有一定的还原强度。

（3）全包裹黏结（如图 7-8*c*）：当液相量较多时，能把所有的固相颗粒表面包裹起来，严重时甚至使固相颗粒间的再结晶无法产生或使已经产生的再结晶颗粒被液相分隔开来，从而降低球团矿的冷强度和还原率，但球团矿的还原强度较高。

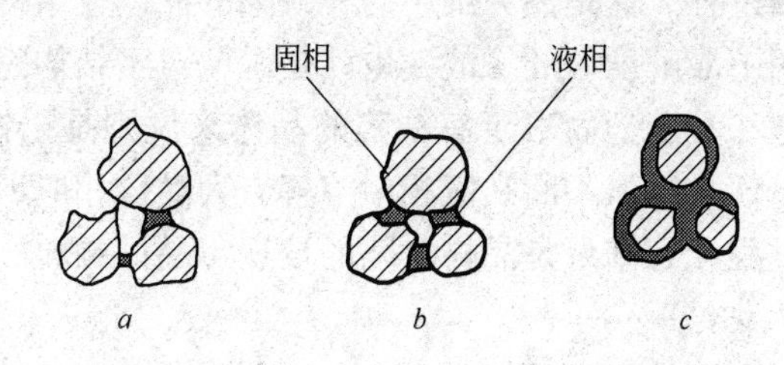

图 7-8　液相黏结形式

a—点接触；*b*—面接触；*c*—包裹

事实上球团的液相黏结量是由球团矿的品位、脉石的含量及其种类所决定的，当然与焙烧温度也有一定的关系。然而由于球团矿的固结强度主要来自固相黏结，因此焙烧温度的设定首先考虑的是必须使球团的固相黏结，尤其是铁氧化物的再结晶得到充分发展，而不是考虑到液相量的多少，也就是说球团液相量的多少归根到底决定因素还是脉石的种类及数量。对一般酸性球团和自熔性球团来说液相量一般在5%～10%范围，与烧结矿所要求的液相量（25%以上）相比少得多，这是两者不同的黏结机理所决定的。

7-28 液相黏结在球团固结过程中的作用有哪些？

答：液相黏结在球团固结过程中的作用很多，主要有以下几个方面：

（1）由于液相的存在，因液相对（不溶或难溶）固相表面的润湿及表面张力的作用，使固相颗粒拉近，达到更紧密的排列。同时液相也起了充填孔隙的作用。这就使球团矿孔隙率减少，提高球团矿致密化程度。

（2）促使固相溶解和重结晶：

再结晶是指单个晶体长大和聚集，主要发生在固相黏结中。而这里所指的重结晶是从液相（黏结）内的结晶现象，或者说重结晶是固体首先溶解在液相中，然后又从液相中结晶沉积在固体颗粒上的过程。这是因为细小的有缺陷的晶体较结构完整的大晶体在液相中溶解度大的缘故，也就是说，对于结构完整的大晶体来说是饱和溶液，而对于有缺陷的晶体来说则是未饱和溶液，这样就会出现小晶体不断在液相中溶解，大晶体相应地不断长大的重结晶过程，其结果是晶格缺陷的校正、晶体颗粒的长大，使球团获得“黏结”。

对于球团固结而言重结晶还有另一种形式：就是球团在冷却开始时直接从液相中析出的某种晶体。

（3）促使晶粒长大（聚集再结晶），促使固相“黏结”的发展。

当液相存在时，由于固相颗粒的移动、重排列和熔解、重结晶等的结果，改善了固相黏结（反应）的条件，从而促使固相“黏结”（反应）聚集再结晶的进行。

7-29　磁铁矿球团矿的固结形式有哪几类？

答： 磁铁矿富矿粉或精矿粉用来生产球团矿比其他矿种要早，用量占球团矿原料的 50% 以上，磁铁矿球团矿在焙烧过程的变化及理论研究也比其他矿种球团矿开展得早一些，所研究的内容也深刻一些。

磁铁矿球团焙烧时随温度和气氛不同，其主要固结（黏结）形式可归纳为以下四种，见图 7-9。

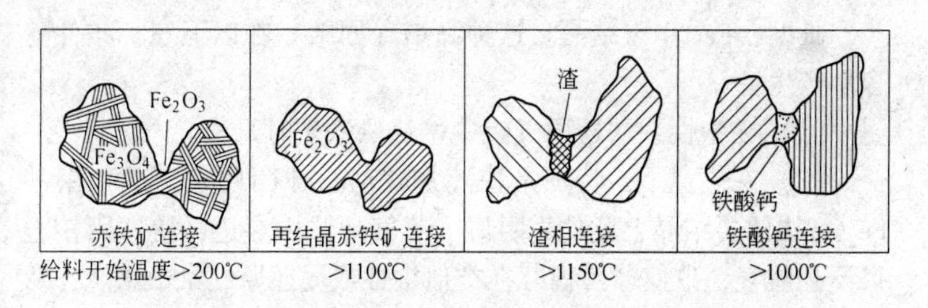

图 7-9　焙烧球团的固结类型示意图

各固相（黏结）形式的概况如下：

Ⅰ型：Fe_2O_3 微晶键。当温度不高和氧化时间不长时，磁铁矿颗粒仅表面氧化成 Fe_2O_3 微晶，而核心仍为原先的 Fe_3O_4。这种氧化首先发生在颗粒的尖角处，而后遍及颗粒的整个表面。由于新生成的 Fe_2O_3 微晶中，其原子具有高度的迁移能力，促使微晶的长大。处于各磁铁矿颗粒接触点（尖角处）Fe_2O_3 微晶的长大，则形成“连接桥”——微晶键。但是在低温（1000℃以下）焙烧（预热）阶段 Fe_2O_3 微晶的长大非常有限。所以这时的球团矿的强度提高不大，其抗压强度多在 50kg(490N) 以下，另外新生成的 Fe_2O_3 具有多孔性，因而有利于氧通过向颗粒核心渗透，使核心进一步氧化。显然，这时氧化成的赤铁矿颗粒呈疏松状态。

Ⅱ型：Fe_2O_3 再结晶键。磁铁矿球团在预热阶段经氧化生成 Fe_2O_3 微晶键后，当温度超过1000℃时，由于质点迁移的加速氧化成的微晶能再结晶，使互相隔开的微晶长大成相互紧密连成一片的赤铁矿晶体（见图7-9）。显然这是前一阶段氧化（微）结晶的继续和发展。这一阶段球团的氧化度和强度得到最大的提高，其强度多在200kg(1960N)以上。若温度不适当地继续提高到1380℃以上时，Fe_2O_3 就要产生热分解：

$$Fe_2O_3 \xrightarrow[\triangle]{1350℃} Fe_3O_4 + \frac{1}{2}O_2$$

使球团强度下降。

Ⅲ型：Fe_3O_4 再结晶。这种黏结（固结）在以下三种条件下容易产生：

（1）在中性或弱还原气氛中焙烧磁铁矿时。

（2）在高温下，特别是快速加热时，球团外表形成致密的 Fe_2O_3 块体再结晶，此外壳阻碍了氧气向球内渗透，使球团核心得不到氧气，致使球团核心在类似中性或弱还原气氛中焙烧，从而形成原生的 Fe_3O_4 再结晶。

（3）虽然球团已形成以 Fe_2O_3 为主的再结晶，但由于在过高的温度（>1380℃）下因热分解成次生的 Fe_3O_4，次生的 Fe_3O_4 形成再结晶。

上述 Fe_3O_4 再结晶的出现，在氧化球团矿中是不希望的。它一方面使球团矿中的FeO含量增加，降低其还原性，另一方面还降低球团矿的强度。因为 Fe_3O_4 再结晶球团强度比 Fe_2O_3 再结晶球团强度小得多，甚至形成同心裂纹，那更会引起球团强度极大的下降。

Ⅳ型：渣键。所谓渣键实质上是液相黏结，是固相反应在高温下熔化的产物。其矿物结构（成分）决定于球团矿的碱度（高低）及熔剂的性质。酸性球团矿渣键主要为硅酸盐类（如 $CaO \cdot SiO_2$），碱性球团矿渣键主要为铁酸盐类（如 CaO ·

Fe_2O_3)，含镁球团渣键则有 $MgO \cdot SiO_2$ 和 $Mg \cdot Fe_2O_3$ 等。

7-30　磁铁矿球团焙烧特性有哪些?

答：由于磁铁矿含低价铁氧化物（Fe_3O_4），在氧化焙烧条件下低价铁要发生氧化并放热：

$$2Fe_3O_4 + \frac{1}{2}O_2 \longrightarrow 3Fe_2O_3 + Q$$

从而决定了磁铁矿球团氧化焙烧时具有赤铁矿球团所没有的一系列特性：

（1）磁铁矿氧化焙烧时发生氧化并放热；

（2）球团矿焙烧时表层与核心存在着温度差；

（3）磁铁矿球团氧化层呈层状向核心发展；

（4）磁铁矿球团开始再结晶和形成液相温度低；

（5）磁铁矿球团经预氧化后高温焙烧其强度大大提高；

（6）磁铁矿焙烧时其体积收缩率较赤铁矿小；

（7）磁铁矿球团固结发展方向不同。

7-31　磁铁矿球团焙烧时表面与核心存在温度差的情况怎样?

答：球团焙烧时表层与核心存在温度差，图 7-10 所示是磁铁矿球团在氧化焙烧时表层与核心的温度变化。由图可知，在一定的时间内球团表层与核心存在有温度逆差，即核心温度高于表层温度，原因就在于磁铁矿氧化放热。正因为这个原因，我们也就不难理解这个差值随焙烧气氛中氧含量的增高而增高。但消除温差时间却相应缩短，例如在空气中焙烧时温度差为 20 ~ 30℃，消除温度差时间需 20 ~ 24min，而在氧气中焙烧温度差达 100 ~ 180℃，但消除时间仅 10min 左右。为了确保球团矿的最终强度，希望温度差在小的范围（如 20 ~ 30℃）内，同时要求在高温焙烧前磁铁矿颗粒得到完全氧化。

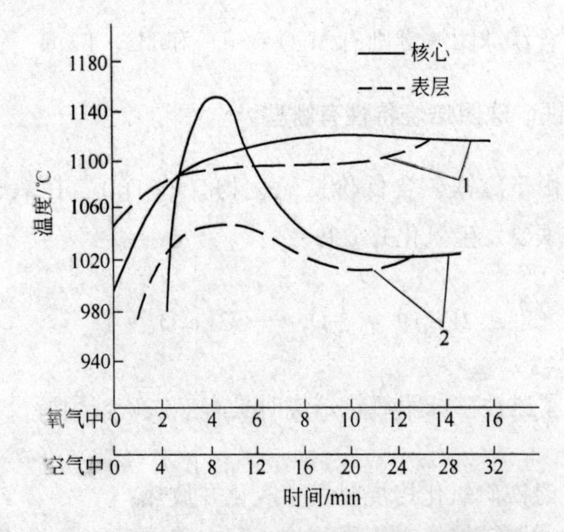

图 7-10 磁铁矿球团在氧化焙烧时的温度变化

1—在空气中焙烧时；2—在氧气中焙烧时

7-32 磁铁矿球团的氧化层向核心发展状况和原因是什么?

答：磁铁矿（Fe_3O_4）球团的氧化总是以层状的同心（球）环向核心（点）发展。正常氧化时，同心（球）环可以迁移至核心，核心球（点）消失，球团整个断面由磁铁矿氧化为新生的赤铁矿，图 7-11 为磁铁矿球团氧化过程的示意图。

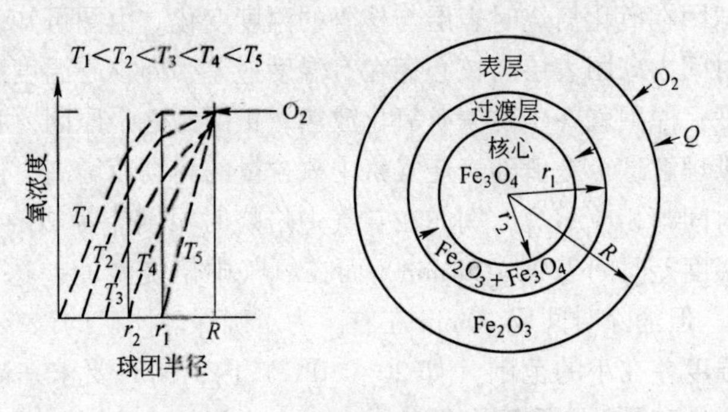

图 7-11 球团氧化过程示意图

产生层状氧化的主要原因是热的迁移速度大于氧的迁移速度。氧的迁移速度慢还因为氧在迁移过程中的不断消耗。

磁铁矿的氧化速度随温度（<1350℃）升高而加快。但对于整个球团来说氧化能否完全彻底则还取决于所选择的氧化温度是否恰当。实践表明，球团矿的最佳氧化温度为1000±20℃。为了讨论的方便，我们取氧化进行中的一个球的断面（如图7-11所示）。我们可以将其分为氧化、过渡及核心三个带。当球团在1000℃左右及以下氧化时，因其氧化带呈疏松状，氧能渗透到核心，只是在穿透各带（层）后氧的浓度因逐渐与 Fe_3O_4 结合而降低就是了，但只要时间充分就能达到氧化完全（如图 7-11T_1 所示）。当球团超过1000℃温度下氧化时，因为此时 Fe_2O_3 的再结晶已经明显加速，球团表层氧化生成的 Fe_3O_4 很快再结晶形成致密的壳体，加剧了使氧向球团渗透的困难，如是球团核心只能在中性气氛条件下以原生的 Fe_3O_4 再结晶（如图 7-11 中 T_4、T_5 所示），从而导致核心与氧化层形成同心裂纹。

7-33　磁铁矿球团开始再结晶和形成液相温度低的原因是什么？

答：磁铁矿球团开始再结晶和形成液相温度低是磁铁矿球团焙烧特性之一。

磁铁矿球团氧化焙烧时，Fe_2O_3 开始再结晶温度一般为900℃左右，而赤铁矿球团焙烧时，开始再结晶的温度为1100℃以上，这是两者再结晶本质不同所致，这也是磁铁矿球团焙烧热耗低的原因之一。

由于磁铁矿内含有 FeO（$Fe_3O_4 = Fe_2O_3 \cdot FeO$），对于酸性或自然碱度球团，当在中性或弱还原性气氛条件下焙烧时，在温度1000℃左右即与 SiO_2 结合成低熔点液相及一系列低熔点化合物。

$$2FeO + SiO_2 = 2FeO \cdot SiO_2 \text{（或 } Fe_2SiO_4\text{）}$$

$$2Fe_3O_4 + 3SiO_2 + 2CO = 3Fe_2SiO_4 + 2CO_2 \text{（} Fe_2SiO_4 \text{ 熔点为1205℃）}$$

$$2FeO \cdot SiO_2 — Fe_3O_4 \quad \text{（熔点为1142℃）}$$

$$2FeO \cdot SiO_2—FeO \quad (熔点为1177℃)$$

$$2FeO \cdot SiO_2—SiO_2 \quad (熔点为1178℃)$$

这些低熔点液相可以在未氧化的 Fe_3O_4 核心带，也可以在 Fe_2O_3 与 Fe_3O_4 共存的过渡带产生，还可能在因高温（1350℃以上）Fe_2O_3 热分解的次生 Fe_3O_4 带发生。但在1350℃以下与 SiO_2 基本上不发生反应，而只能组成有限的固溶体。对于氧化新生成的 Fe_2O_3，在碱性（自熔性）磁铁矿球团内，在中性或弱还原气氛下焙烧时固相反应生成的高熔点的 $CaO \cdot SiO_2$（熔点1540℃）、$2CaO \cdot SiO_2$（熔点2130℃）等化合物和部分低熔点的 $2FeO \cdot SiO_2$ 发生共熔，而且一旦液相出现，当有足够的CaO时，则易发生下面的复分解反应：

$$FeO \cdot SiO_2 + CaO = CaO \cdot SiO_2 + FeO$$

及生成一系列的CaO—FeO—SiO_2 化合物，如 $2CaO \cdot FeO \cdot SiO_2$、$CaO \cdot FeO \cdot SiO_2$、$CaO \cdot FeO \cdot 2SiO_2$ 等。在氧化气氛中焙烧时则主要生成铁酸钙液相，如 $CaO \cdot Fe_2O_3$（熔点1216℃）、$CaO \cdot 2Fe_2O_3$（熔点1226℃），及 $CaO \cdot Fe_2O_3—CaO \cdot 2Fe_2O_3$ 共熔混合物（熔点1205℃）。

7-34 磁铁矿球团经预氧化后其强度大大提高的情况和原因是什么？

答：磁铁矿球团经预氧化后高温焙烧其强度大大提高是磁铁矿球团焙烧的一个特性，见图7-12。

图7-12为磁铁矿经预氧化和不经预氧化（如先在中性气氛中预热）高温焙烧所获得的强度变化曲线。从曲线可以看出前者所达到的最高强度比后者高得多（而且后者出现波动）。原因就在于未经预先氧化的磁铁矿球团在氧化气氛中焙烧时产生同心裂纹，从而降低了强度。至于前者在1300℃以后强度下降则是由于 Fe_2O_3 热分解和生成大量液相的结果。由此可见，要使磁铁矿球团达到好的强度必须使其预先氧化彻底。

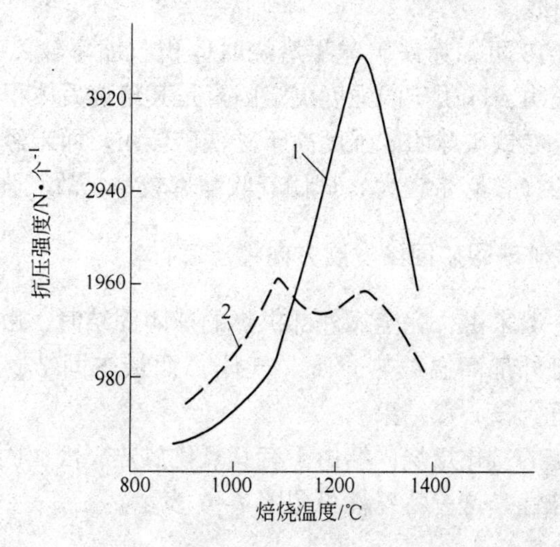

图 7-12　预先氧化(1)和未预先氧化(2)磁铁矿球团强度与焙烧温度的关系

7-35　磁铁矿球团焙烧时其体积收缩率较赤铁矿小的情况怎样？

答： 磁铁矿球团焙烧时其体积收缩率较赤铁矿小也是磁铁矿球团焙烧的特性之一。图 7-13 是磁铁矿和赤铁矿球团焙烧时体

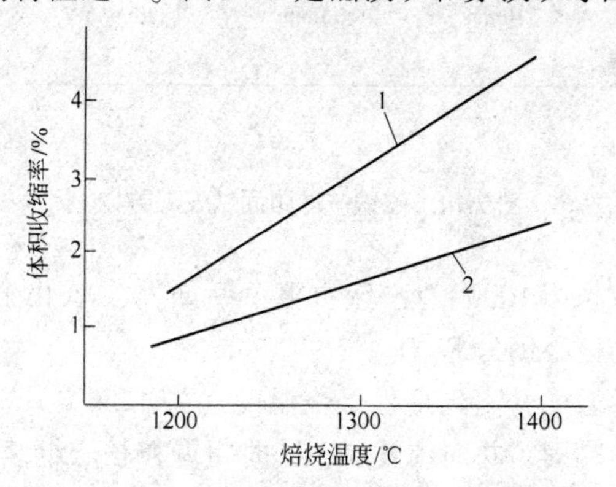

图 7-13　不同原料球团矿收缩率

1—赤铁矿球团；2—磁铁矿球团

积收缩率曲线。

从图7-13可知赤铁矿球团焙烧时体积收缩率较磁铁矿大得多。研究证明，球团矿的强度决定因素是其焙烧后体积的收缩情况，因此，赤铁矿球团矿强度高于磁铁矿球团。而未经氧化或氧化不充分的（核心带较大）球团其收缩率较小，故其强度降低。

7-36 磁铁矿球团矿固结发展方向情况怎样？

答： 一般来讲，完全靠外部供热的球团固结时，由于球团外层首先接触外部高温载热介质（气体）而最先固结，继而向内部发展，直到核心点结束。

磁铁矿的氧化焙烧固结由于有其氧化放热，因而固结发展方向有其特殊性。这一特殊性可用图7-14表示。

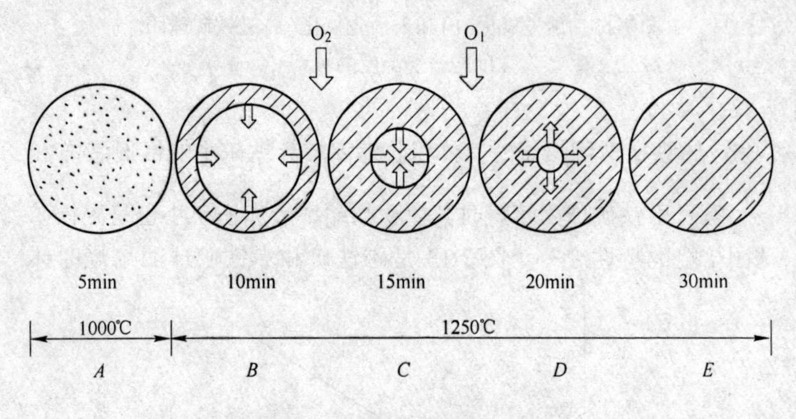

图7-14 磁铁矿球团固结发展方向

在*A*阶段（1000℃）：球团整个断面发生氧化生成Fe_2O_3，但粗颗粒的核心仍为Fe_3O_4。

在随后温度升高到最佳焙烧温度（如1250℃）时，球团表层发生再结晶固结并向内发展，同时粗颗粒核心继续发生氧化。由于热扩散速度大于O_2扩散速度，当球团核心温度超过1000℃还未完全氧化时，则发生磁铁矿再结晶和组成低熔点化合物，即核心便开始固结，且向外部发展，直到与向内发展的 Fe_2O_3 再结晶固结接触即结束。这就是磁铁矿层状固结现象（如图 7-14*B*、*C*）。如果时间来得及氧能继续渗透到核心，则核心将继续氧化形成 Fe_2O_3 再结晶或借助液相媒介作用产生 Fe_2O_3 的重结晶，这时所得到的球团矿就不会有明显的层状结构（如图 7-14*D*），当然球团的强度也就高。

7-37　非熔剂性磁铁矿球团矿的固结形式是什么？

答：非熔剂性磁铁矿球团矿是指磁铁矿富矿粉或精矿粉只添加黏结剂膨润土焙烧而成的球团矿，也叫酸性球团矿。

在氧化气氛中焙烧时，磁铁矿晶粒表面被氧化，新生成的 Fe_2O_3 其原子具有高度的迁移能力，促使了微晶的成长，在矿粒之间形成连接桥，又称微晶连接，使生球中各个粒子连接起来。不过，在 900℃以下焙烧，这种连接的强度不大，而继续加热到 1100～1300℃，由磁铁矿氧化生成的 Fe_2O_3 微晶，发生再结晶长大和聚集再结晶，使原来互相独立的微晶形成紧密连成一片的赤铁矿晶体。对于高品位磁铁矿球团矿，如果在 1000℃以前氧化完全，则球团矿以 Fe_2O_3 晶体固相固结。

如果 Fe_2O_3 氧化不完全（由于气体供氧量不足，氧化受到阻碍、生球内配入煤粉等原因造成），以至于 900℃时仍有磁铁矿存在，或者焙烧球内部由于氧化放热，温度超过 1300℃时 Fe_2O_3 分解，就可能存在 Fe_3O_4。因此在球团矿内部有 Fe_3O_4 连结桥，以及少量 $2FeO \cdot SiO_2$（铁橄榄石）液相黏结。如果焙烧是在中性或还原性气氛中进行，温度超过 900℃时，则开始形成 Fe_2O_3 连结桥，继续升高温度，Fe_3O_4 则再结晶和聚集再结晶，并互相连成一片，同时可能有少量 $2FeO \cdot SiO_2$（铁橄榄石）液相黏结。

当原料中含 SiO_2 较高，焙烧温度在 1000～1200℃时，Fe_3O_4 还未完全氧化，就可能产生硅酸盐渣相，渣相中 $2FeO \cdot SiO_2$（铁橄榄石）很容易与 Fe_2O_3、FeO 及 SiO_2 形成熔化温度更低的熔体，液相将矿粒包围，冷却时液相凝固，使球团固结，称渣相固结。但由于 $2FeO \cdot SiO_2$（铁橄榄石）不易结晶，常成玻璃相，性脆，使球团矿强度降低，而且 $2FeO \cdot SiO_2$（铁橄榄石）在冶炼时极难还原，这种形式的固结是不希望的，因此，用高硅磁铁精矿生产球团矿时，总是力求在900℃以前使 Fe_3O_4 完全氧化。

7-38 熔剂性磁铁矿球团矿的固结形式是什么？

答： 熔剂性磁铁矿球团，是指在球团配料中加入一定数量的CaO，主要目的是提高球团矿的二元碱度。

加有CaO的球团矿，固结形式就比较复杂。通常，球团矿主要矿物是赤铁矿，但液相明显增多，液相冷凝时将赤铁矿连接起来。主要液相是铁酸钙和硅酸盐，二者数量随碱度和焙烧温度不同而异。碱度高，则铁酸钙多；温度高，硅酸盐则多。球团矿焙烧时，Fe_3O_4 氧化成 Fe_2O_3，与CaO反应生成铁酸钙系的化合物，该体系化合物熔点较低，熔融后与 SiO_2 发生复分解反应，以及加入的CaO与 SiO_2 接触而发生反应，都生成硅酸钙体系化合物。这个系统化合物的熔点较高，但它们可以与铁酸钙体系化合物形成熔点很低的熔体。例如：

$2CaO \cdot SiO_2$—$CaO \cdot Fe_2O_3$—$CaO \cdot 2Fe_2O_3$ 熔化温度 1192℃

$2CaO \cdot SiO_2$—$CaO \cdot 2Fe_2O_3$—Fe_2O_3 熔化温度 约1210℃

此外，焙烧时，若 Fe_3O_4 氧化不充分，FeO能同具有CaO和 SiO_2 的渣相反应，可以形成低熔点的钙铁硅酸盐（$CaO \cdot FeO \cdot SiO_2$），最低的熔点仅有1170℃。实验证明，只有在较低焙烧温度下铁酸钙才能稳定存在，超过1250℃，球团矿熔体中已很难发现铁酸钙，出现了玻璃质硅酸盐。

上述 $2CaO \cdot SiO_2$—$CaO \cdot Fe_2O_3$—$CaO \cdot 2Fe_2O_3$ 为硅酸二钙—铁酸一钙—二铁酸钙固溶体。

$2CaO \cdot SiO_2$—$CaO \cdot 2Fe_2O_3$—Fe_2O_3 为硅酸二钙—二铁酸钙—三氧化二铁固溶体。

当生产白云石球团矿，即添加MgO物质时，首先发生CaO

和 Fe_2O_3 之间以及 MgO 和 Fe_2O_3 之间的固相反应，因此，最初的液相是铁酸钙系的（而铁酸镁在焙烧温度下不形成液相），铁酸钙对于 MgO 的熔解性较小，只有在钙铁硅酸盐形成之后，MgO 才进入渣相。因此，在固结时，MgO 可能进入渣相，也可能进入氧化铁，也可能被残留下来。MgO 存在于球团矿里（可以固溶进去）可以提高球团焙烧温度，提高成品矿的软化点，同时还可以改善高温还原性。

7-39 赤铁矿球团的固结形式有几种？

答：赤铁矿用于球团，在数量上比磁铁矿少，在时间上也比磁铁矿晚，理论上的研究和生产上的实践皆不如磁铁矿球团，但从总的情况来看，赤铁矿在焙烧固结中的变化则较磁铁矿球团简单。

与磁铁矿一样，赤铁矿球团的固结类型也与焙烧温度、气氛和熔剂性质及数量有关。其主要固结形式有三种：

（1）Fe_2O_3 再结晶固结键。关于赤铁矿球团焙烧固结时 Fe_2O_3，再结晶方式有两种观点：一种认为是原生赤铁矿在高温下简单再结晶；另一种认为是再生赤铁矿再结晶。持后一种观点者认为：赤铁矿加热到 1300℃ 以后赤铁矿发生热分解成 Fe_3O_4，然后 Fe_3O_4 再结晶和长大，而在（氧化气氛条件下）冷却时 Fe_3O_4 重新氧化成再生赤铁矿，即再生赤铁矿再结晶。一般研究工作者多倾向于前一种观点，且在实验和生产实践中予以证实。

（2）Fe_3O_4 再结晶固结键。这种固结方式是在下述两种条件下产生：

1）在还原气氛下焙烧赤铁矿还原成磁铁矿；

2）焙烧温度超过 1300℃ 时赤铁矿分解成磁铁矿。

这种固结方式是氧化球团生产中所不希望有的。

（3）渣相固结键（渣键）。与磁铁矿球团一样，数量不多（正常焙烧制度下），其成分、矿物结构视球团的碱度（熔剂性质）不同而异。

7-40 赤铁矿球团焙烧固结特征有哪些?

答: 赤铁矿球团焙烧固结特征有以下几个:

(1) 赤铁矿球团焙烧时没有氧化放热，全部热量靠外部供给。这也是赤铁矿球团焙烧耗热高的主要原因。

(2) 赤铁矿球团焙烧时再结晶温度高，最佳焙烧温度也高，实践证明赤铁矿球团中原生赤铁矿再结晶开始温度高达1100℃(磁铁矿球团新生赤铁矿再结晶开始温度为900℃)，最佳焙烧温度为1320℃ ±10℃ (磁铁矿球团为1250℃ ±10℃)。这也是竖炉生产赤铁矿球团和褐铁矿球团焙烧操作困难的主要原因。

(3) 赤铁矿球团焙烧时体积收缩大，致密程度提高较显著，最终强度高，这是由于赤铁矿具有多孔性的缘故。

(4) 赤铁矿球团焙烧时不产生层状结构。这是由于没有像磁铁矿那样的氧化放热，全部热量由外部供给，固结始终从外向内发展的缘故。

7-41 赤铁矿球团氧化焙烧时的物理化学变化有哪些?

答: 同磁铁矿球团一样，赤铁矿球团氧化焙烧时的物理化学变化也主要受焙烧温度、焙烧气氛和碱度的影响，但显得简单些。

当在1000℃以前及1000℃时，因赤铁矿球团无氧化反应，其目的主要是为了预热以满足下步提高到焙烧温度时避免产生热应力。在此阶段物理化学变化主要是物理水、结晶水的排除，碳酸盐的分解和硫化物的氧化及一些固相反应。固相反应产物多为硅酸盐类矿物(自然碱度球团)或铁酸盐类矿物(自熔性球团)，原生赤铁矿颗粒多保持原有形状。

当温度提高到1100~1200℃时，原生赤铁矿产生再结晶，固相反应产物开始形成液相。液相的出现使赤铁矿颗粒在液相表面张力作用下被拉近重新排列，球团开始致密化。

当温度继续上升到最佳焙烧温度(如1300~1350℃)时，

液相大量发展，赤铁矿大部分再结晶并形成致密块体，从液相中经复分解反应（$CaO \cdot Fe_2O_{3(液)} + SiO_{2(固)} = CaO \cdot SiO_{2(液)} + Fe_2O_{3(固)}$）出现的重结晶增多，此时球团强度达到极大值。

由上可见，在正常的焙烧温度下赤铁矿球团矿内的主要矿物为赤铁矿再结晶，渣相为硅酸盐（自然碱度球团）或铁酸盐（熔剂性球团）。若焙烧温度超过1350℃，因赤铁矿热分解球团矿内则会出现次生的磁铁矿。这是实际生产中应尽量避免的。

若赤铁矿球团在还原气氛下焙烧，则赤铁矿易被还原成磁铁矿和 FeO。在这种条件下当温度达到 900℃以上时即可开始 Fe_3O_4 再结晶而使球团固结。当球团内有一定数量的 SiO_2 存在时，在焙烧温度达到 1000℃以上时将会出现 $FeO \cdot SiO_2$ 等硅酸盐液相。这种焙烧制度下所获得的球团矿还原性差，强度低，因此是极不希望的。

7-42　球团矿冷却的目的是什么，对焙烧有什么影响？

答：球团矿冷却的目的一般有两个：

（1）满足炼铁上料设施的要求，延长设备寿命，减少运输和储存的困难，以及改善劳动条件；

（2）充分回收球团矿显热，再用于生球的干燥和焙烧。

球团矿冷却时，其中 Fe_3O_4 被通过的冷却空气所氧化，使球团矿的氧化度增加。冷却是焙烧球团矿过程中的一个环节，它虽然不直接作用于焙烧固结过程，却极大地影响固结的结果，过快的冷却速度，造成沿球团半径收缩不均匀，产生应力，使球团矿强度降低。

在工业生产中，为了获得高强度的球团矿，冷却速度不应超过 100℃/min。使球团矿温度降低至运输胶带可以承受的要求即可。球团矿用喷水激冷会严重破坏球团矿的结构，降低球团矿强度。

7-43　球团矿冷却质量与哪些因素有关，怎样控制？

答：试验研究表明，球团矿冷却质量与以下几个因素有关：

（1）球团矿的冷却速度与其直径的1.4次方成反比，因此，直径越小冷却越快，冷却时间越短，在球团生产上应尽量缩小球团的粒度，以加快冷却速度。

（2）冷却制度是决定球团强度的重要因素。必须予以重视。

1）冷却速度的影响。快速冷却会增加破坏球团的温度应力，降低球团的强度，如图7-15*a*所示。冷却速度过快引起球团黏结键的破坏，可从球团冷却速度对孔隙率的影响得到证实，实验研究表明，当冷却速度为70～80℃/min时球团矿强度最高。实际生产冷却速度不应超过100℃/min，把球团矿温度降低到运输皮带可以承受的要求。

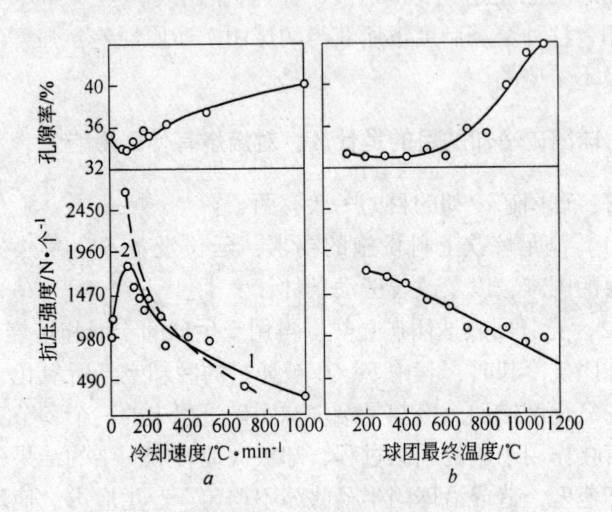

图7-15　冷却速度（*a*）和球团最终温度（*b*）对焙烧球团强度的影响

1—实验室数据；2—工业生产数据

2）冷却料层最终冷却温度的影响。试验研究结果表明，冷却过程中球团最终冷却温度对焙烧强度也有明显的影响，图7-15*b*是用空气以100℃/min的速度冷却时，球团最终温度与球团强度的关系。

3）冷却方法的影响。试验研究与生产实践都表明，冷却方法对球团强度影响极大。常用的冷却方法有用空气冷却和用水（或蒸汽）冷却两种，而用水（或蒸汽）冷却都是极其有害的。图 7-16 是用空气和用水冷却对球团强度影响的比较。

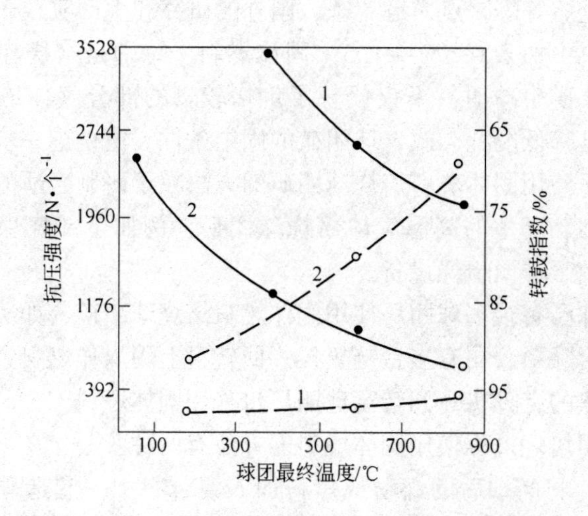

图 7-16　冷却方法及球团最终温度对球团强度的影响

1—用空气冷却；2—用水冷却；

——抗压强度；- - - 转鼓指数

在球团生产过程要获得良好强度的球团矿，不仅应以适宜的速度进行冷却，而且还必须冷却到尽可能低的温度，而后再在自然条件下用空气进行冷却，严禁用水或蒸汽进行冷却。

7-44　燃料种类和特性对球团焙烧有哪些影响？

答：目前，球团焙烧实践中，采用煤气、重油或煤粉，甚至焦粉作为燃料。选择燃料是调节加热速度、控制焙烧温度和保证氧化气氛的重要手段。

使用液体或气体燃料时，由于加热速度、焙烧温度、废气流速和废气的氧浓度容易调节，焙烧容易控制在氧化气氛中进行。因此，与固体燃料比较，能得到最好的焙烧结果。固体燃料具有价廉易得的优点。使用固体燃料焙烧球团矿多见于我国中小型钢铁厂的圆形竖炉或平地堆烧。固体燃料加入配料，不可避免地存在生球加热不均匀、阻碍磁铁矿的氧化、易生成较多$2FeO \cdot SiO_2$渣相而过熔等等缺点。近年来，国外的研究和生产实践表明，向球团配料中加入0.5%～1.5%固体燃料，特别是焙烧赤铁矿生球和褐铁矿生球时，不仅代替了价格较贵的部分气体或液体燃料，而且降低能耗，改善球团矿的固结条件，值得进一步研究。

全部使用固体燃料焙烧球团矿的方法在于研制合适的燃烧装置，用燃烧产生的高温气体焙烧球团矿，例如全部烧煤的链箅机—回转窑球团焙烧设备。

国外已有很多球团厂使用固体燃料焙烧球团矿，如美国的爱里斯—恰默斯公司有多台链箅机—回转窑上用煤作燃料，国内近几年新建的链箅机—回转窑球团厂也采用固体燃料。

球团焙烧过程使用固体燃料的方法有两种：

(1) 将磨细后的煤粉或焦粉加入混合料中一起造球或滚在生球表面，燃烧时用气体或液体燃料点火；

(2) 将煤粉（或焦粉）用专门的喷烧装置喷入焙烧炉或燃烧室燃烧，用此燃烧废气去焙烧球团。对于此法只要焙烧装置设计合理，则固体燃料能完全燃烧，就可以达到与气体或液体燃料同样效果，对球团的焙烧固结无有害影响。

但对于第一种方法，它将随球团矿的化学成分不同而有不同影响。一般而言，对于磁铁矿球团和熔剂性球团矿影响更大。这是由于煤粉（或焦粉）在球团矿内（或表面）燃烧，不论宏观上过剩空气系数大小如何都很难避免在球团的局部产生还原性气氛，而不利于Fe_3O_4的氧化、Fe_2O_3再结晶及铁酸钙$CaO \cdot Fe_2O_3$液相生成。另一方面，由于球团内与表面煤或焦粉的燃烧又往往造成球团升温不均和升温过快，升温不均易使球团产生裂纹，升温过快则易出现局部高温，过早的产生液相，引起表面熔化，严重时甚至出现烧结矿式的球团矿。因此，对加有固体燃料的球团矿焙烧时，焙烧制度上要求更严。国外根据经验，预热带尽量低压 980 ~ 1960Pa（100 ~ 200mm H_2O 柱）小风量操作，即严格控制固体燃料的燃烧速度，同时使 850 ~ 1000℃之间有足够的时间。据介绍，采取这些措施之后，不但总的燃料消耗、动力消耗可以降低，对球团的质量也不至于产生太大的影响，对赤铁矿球团甚至还可以提高生产率。图 7-17 为国外某公司的试验结果：当加入量磁铁矿球团矿为 0.5%、赤铁矿球团矿为 1.5%，细磨至 -200目以下的煤粉时，可以获得较好的技术经济效果。

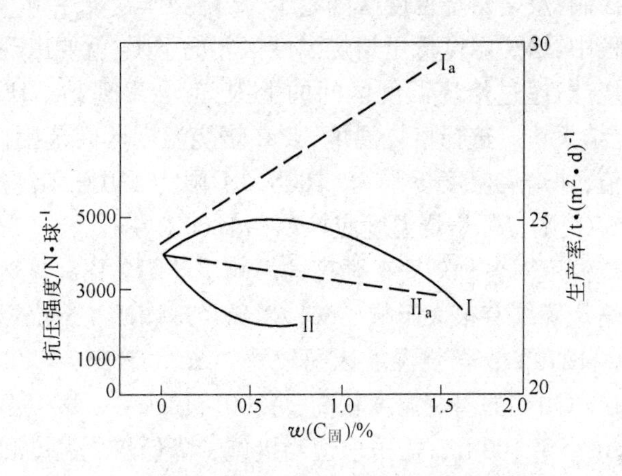

图 7-17　煤粉配加量对球团抗压及生产率的影响

Ⅰ—赤铁矿球团抗压强度；Ⅰa—赤铁矿球团生产率；

Ⅱ—磁铁矿球团抗压强度；Ⅱa—磁铁矿球团生产率

7-45　影响球团矿焙烧的因素有哪些？

答：影响球团焙烧过程的因素很多，诸如加热速度、焙烧温度及焙烧温度区间、高温持续时间、焙烧气氛、燃料种类和特性、冷却和冷却速度、生球尺寸、含硫量、孔隙率、原料种类和粒度、添加物的种类和数量等，都对球团焙烧过程有显著影响。

7-46 什么是焙烧温度和焙烧温度区间，它们对焙烧有哪些影响？

答：焙烧温度和焙烧温度区间是球团焙烧的两个重要指标：

（1）焙烧温度。焙烧温度是指规定的最高温度，是焙烧设备炉膛中球团料层能达到的实际温度，也称焙烧带温度。

（2）焙烧温度区间。焙烧温度区间是球团矿达到抗压强度目标值(如2000N/个)时的焙烧温度和球团矿即将发生黏结或熔化时的焙烧温度之间的温度范围,也可以叫焙烧温度的上下限值。它是通过实验室测定确定,球团矿的焙烧温度区间越宽,焙烧操作越容易控制;反之焙烧温度区间越窄,焙烧操作越难控制。在球团生产过程中,焙烧温度低于焙烧温度区间的下限,就要出现强度不足的欠烧球;超过焙烧温度区间的上限,就会出现黏结块或过熔块,甚至结大块。选择焙烧温度,要在焙烧温度区间范围内,最好取中间值,如焙烧温度下限为1100℃,上限为130℃,焙烧温度区间为200℃,则实际焙烧温度应控制在1300℃左右。

焙烧温度对各种球团矿强度的影响示于图7-18。显然，温度水平对焙烧固结有很大影响。酸性磁铁矿球团矿，焙烧温度通常在1150～1270℃；焙烧温度区间较宽，Δt 大于150～200℃。酸性赤铁矿球团矿的焙烧温度较高，1300～1320℃，焙烧温度区间较窄，Δt 小于100℃，需采取适当措施，降低焙烧温度和扩大焙烧温度区间。焙烧温度区间太窄（$\Delta t < 150$℃）的原料，不适宜用竖炉生产球团矿。

由图7-18可知，在低温下，球团矿的强度增加很慢，在950℃以上时，强度才开始迅速增加。提高焙烧温度，焙烧时间可以缩短，设备生产率增加，然而，提高焙烧温度是有限制的，超过适宜的水平，抗压强度迅速降低，严重时球团矿熔化黏结。所以，允许的焙烧温度要视生球的熔化温度而定，无论如何不能超出球的熔点。

值得注意的是，采用较高的焙烧温度而使球团强度有所提高，但往往使得还原性有所降低。因此，选择适宜温度时，应兼

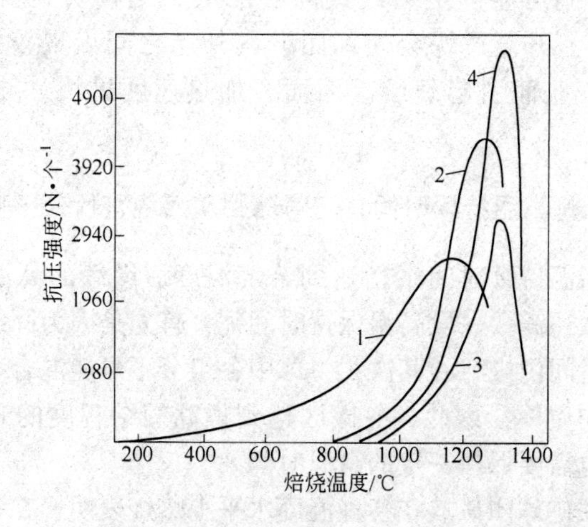

图7-18　焙烧温度对球团矿抗压强度的影响
1—磁铁矿；2—含少量FeO赤铁矿；
3—低品位赤铁矿；4—高品位镜赤铁矿

顾强度和还原性两项指标。

应该指出，由于磁铁矿氧化放热，对焙烧温度有明显影响。根据测定，不含碳的磁铁矿生球，在空气中氧化焙烧，900～1000℃的温度区内经过10min，即达到完全氧化。1kg Fe_3O_4 氧化可放出466.3kJ的热量，约为焙烧所需全部热量的40%。

7-47　什么是加热速度，它对球团焙烧有哪些影响？

答： 加热速度是指从干燥后达到高温焙烧温度所需的时间去除所加热的温度范围（即预热段升温速度）。

球团焙烧时的加热速度可以从120℃/min到50～60℃/min的范围内变化。要注意的是，加热速度对球团焙烧过程有很大影响，要比高温（1200～1300℃）保持时间的影响更大。

升温过快会使氧化反应不完全；由于氧化是放热过程，升温过快会影响可能获得的焙烧温度；升温过快会使球团矿表层与内部结构不均匀，在未氧化的磁铁矿层与再结晶的

Fe_2O_3 层之间可能产生裂纹或同心的层状结构（在含硫量影响中介绍）；升温过快会使球团矿内外层之间出现较大温差，产生差异膨胀而引起裂纹。因而，加热速度过快，球团矿强度变差。

7-48　什么是高温持续时间，它对球团矿焙烧有什么影响？

答：高温持续时间系指达到焙烧温度后继续的高温保持时间。为什么还需要一段高温保持时间呢？首先是因为固结过程需要在一段时间内进行；其次，生球中各组分不可能混合得绝对均匀，不是均质体，因此，各微区达到最高固结程度的时间不一致，所以也需要保持一定的高温时间。

把赤铁矿球团矿放在各种温度水平上焙烧表明，在一定的温度下，随着焙烧时间的延长，抗压强度升高。超过一定时间，强度则保持一定值（图 7-19）。也就是说，有一个使抗压强度开始保持一定的临界时间。通常，在允许的焙烧温度范围内，焙烧温度越高，临界时间越短，并且抗压强度也越大。然而，若焙烧温度太低，达不到适宜焙烧温度范围，即使长时间加热，也达不到

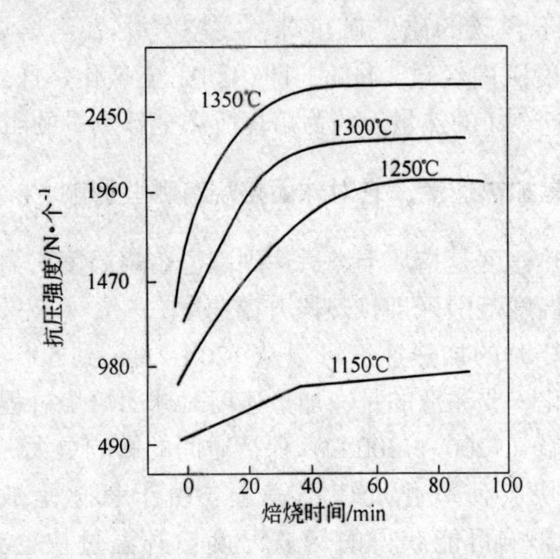

图 7-19　焙烧时间对赤铁矿球团矿抗压强度的影响

所需抗压强度。所以，生球的高温焙烧固结，既需要一定的温度水平，又需要一定的时间。

7-49　什么是焙烧气氛，它对球团固结有什么影响？

答：焙烧气氛又称气相介质的氧位，系指气相介质的含氧量，它极大地影响着生球的氧化、脱硫和固结。通常，气相介质的特性按其含氧量决定：

含氧量/%	气相特性
>8	强氧化
4~8	正常氧化
1.5~4	弱氧化
1~1.5	中　性
<1	还原性

对于磁铁矿生球，为了生产氧化球团矿，要严格控制焙烧气氛为氧化气氛。否则，球团易形成双重结构，降低球团矿的强度。

随着气氛中氧浓度增高，气孔率有增大的倾向。

7-50　生球尺寸对球团焙烧有哪些影响？

答：球团矿焙烧时，生球的氧化和固结速度与生球尺寸有关。生球尺寸不宜过大。生球尺寸大，部分焙烧热量将随抽过的烟气带走而损失掉，赤铁矿生球焙烧的全部热量均需要外部供应，由于生球的导热性差，生球尺寸不宜过大。生球尺寸过大，氧难于扩散进入球团矿内部，致使球团矿氧化和固结进行缓慢而不充分。试验研究表明，球团矿的氧化和还原时间与球团直径的平方成正比。减少生球尺寸，无论对造球和焙烧固结都是有利的。尤其是在带式焙烧机上焙烧时，生球的尺寸显得更为重要。

生球尺寸的上限由球团过程产量、质量决定，下限决定于冶炼要求。球团矿的尺寸通常在 9 ~ 16mm，目前有降到 9 ~ 12mm 的趋势。

7-51　孔隙率的大小及其分布特性与球团矿强度有什么关系？

答：孔隙率的大小及其分布特性与球团矿强度有密切的关系。随着精矿颗粒的缩小和孔隙率的减小，球团矿强度提高。焙烧温度和石灰量对球团矿的孔隙率影响很大，随温度的升高和石灰量的增加（0 ~ 4% 之间），孔隙率线性下降，球团矿强度提高。

但是，孔隙率不能无限地减小，因为孔隙率与冶金性能有很大关系。在适当范围内增大孔隙率对球团矿的还原性有积极的影响，对球团矿的膨胀也有缓冲作用。

孔隙率是一个关键参数，在生产中应小心控制它。

7-52　铁矿粉中的含硫量对球团焙烧固结有什么影响？

答：用于球团生产的富铁矿粉和铁精矿粉中硫含量对球团矿的氧化度、强度和固结速度均有很大的影响。铁矿粉中含硫量高时会妨碍磁铁矿的氧化，这是因为氧对硫的亲和力比氧对铁的亲和力大，所以硫首先氧化，同时，所形成的含硫气体又力图向外逸出，这就会阻断氧向球核扩散，妨碍了矿粒很好的固结，最终导致出现层状结构，断面非均质，即其外壳为氧化成了的赤铁矿，内核却是大量硅酸铁黏结的磁铁矿。这些磁铁矿的软化温度较赤铁矿低，故在焙烧的高温下，内核软化了而收缩，而外壳未软化不随内核一起收缩，结果内核与外壳的边界上出现空隙，显著降低了球团矿的强度。根据测定，铁矿粉中含硫量越高，孔隙尺寸就越大，这些孔隙在内核与外壳的边界上形成 0.5 ~ 1.0mm 密集的空腔。这种球团矿在 1000N/个的压力下，其外壳就裂开，而内核仍然完好，并且有 3000N/个的抗压强度。铁矿粉中含硫量对球团矿强度（R）、氧化度（φ）、脱硫率（η）的影响见图 7-20。

铁矿粉中的含硫量不仅影响到球团矿的强度，而且影响到球

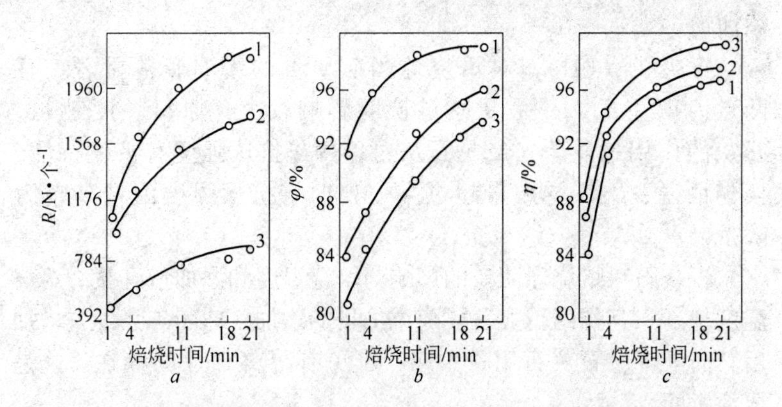

图 7-20　精矿含硫量对球团矿强度、氧化度、脱硫率的影响

a—球团矿强度；*b*—球团矿氧化度；c—球团矿脱硫率

1、2、3—精矿中含硫量分别为 0.30%、0.52%、0.98%

团矿的固结速度。因而，当生产熔剂性球团矿时，对铁矿粉质量的要求，应比生产非熔剂性球团矿更为严格。竖炉生产球团矿，因是强氧化性气氛，脱硫率高，故对铁矿粉含硫量的要求可适当放宽一些。

7-53　添加物的种类和数量对球团焙烧的影响是什么？

答：添加物对球团矿质量的影响，在很大程度上取决于其种类、质量和数量。

（1）膨润土。膨润土能提高生球的强度和破裂温度，能改善焙烧球团矿的耐磨性能，但对焙烧球团矿强度影响的报道则不一，有的认为影响不大，有的反映促使强度大幅度提高，这可能是研究条件不同的结果。

膨润土的添加增加了酸性脉石成分，显然，其添加量应严格控制。

（2）含 CaO 添加物。这类添加物既能改善球团矿的机械性能，又对其冶金性能有一定的良好作用。常用的含 CaO 的添加物有石灰、石灰石、白云石等。白云石同时又是一种含 MgO 的添加物。

石灰[$Ca(OH)_2$]对焙烧球团矿质量的影响非常显著。有两点值得注意：一是受原料粒度影响较大，原料粒度越粗，石灰的作用越显著；二是石灰对球团矿抗压强度有极值特性，换句话说，石灰的用量超过某一值时，抗压强度由升高转为降低。

石灰石对焙烧球团矿的影响与焙烧温度和添加量有关。焙烧温度越高，其作用越显著；随添加量的增加，球团矿强度先增加后转而下降。石灰石用量太多，难免有游离 CaO 的存在，这是要注意的。

(3) 含 MgO 添加物。加入含 MgO 添加物，可以普遍地改善球团矿的冶金性质，有效地降低还原膨胀率和低温粉化率，显著地改善高温还原性和软熔性。最常用的 MgO 添加物是白云石和橄榄石，还有蛇纹石和菱镁石。当用白云石和菱镁石作 MgO 源时，焙烧时因其热分解而使球团矿的孔隙率增加，对球团矿中温还原性的改善也属有利。

但是，加入 MgO 添加剂后，普遍遇到球团矿常温强度降低的问题。加入白云石时，由于带入 CaO，使球团矿焙烧时液相增多，导致强度降低。加入菱镁石的磁铁矿生球，在氧化焙烧过程中，因 MgO 稳定磁铁矿的作用，使氧化再结晶的发展受到影响，故球团矿强度降低。橄榄石和蛇纹石的成分为硅酸盐，其熔点很高，当球团矿加入这种添加剂，MgO 主要进入渣相，因此对球团矿强度的影响比白云石和菱镁石要小。

(4) 含 B_2O_3 添加物。加入含 B_2O_3 添加物可以提高球团矿的常温强度和改善球团矿部分高温冶金性能，又能改善生产工艺。常用的含硼添加物有硼泥、含硼铁矿粉和硼酸等。

7-54 球团矿的高温特性有哪些？

答：球团矿的高温特性也称冶金性能，包括还原性粉化率、膨胀性和软熔性。

7-55　什么是球团矿的低温还原粉化，怎样改善？

答：所谓低温粉化就是在还原开始时（约500℃）球团矿产生碎裂的一种现象。碎裂产生的粉末将引起炼铁的还原床层透气性变坏，甚至给冶炼带来事故。

低温粉化的主要原因是由于赤铁矿向磁铁矿的晶格转变（即从六方晶系菱形晶格的赤铁矿晶体转变为立方晶系尖晶石型晶格的磁铁矿晶体）。由于晶变使其各向异性变化，导致某些界面产生剧烈应力，从而使脆性基质碎裂。

由于焙烧球团矿中的氧化铁主要是赤铁矿，所以内应力的产生就不可避免。低温粉化的补救方法是增加稳定的黏结相，并使其分布均匀。

能增加稳定性的黏结相有：

（1）铁酸二钙（$2CaO \cdot Fe_2O_3$），它具有良好的化学稳定性和热稳定性；

（2）铁酸钙（$CaO \cdot Fe_2O_3$），它有较好的化学稳定性和热稳定性；

（3）经 MgO 稳定的磁铁矿[（Fe、Mg）$O \cdot Fe_2O_3$]，生球焙烧时 MgO 有稳定磁铁矿的作用，故球团矿内赤铁矿减小，粉化受到抑制，因而加入含 MgO 添加物有利于改善低温粉化性能；

（4）正硅酸铁（$2FeO \cdot SiO_2$），难还原，具有极好的化学稳定性，在其熔点（1205℃）之前，没有相变，由于熔点低并有高湿润能力，因而具有良好的黏结特性，从改善低温粉化出发是比较理想的，不过从还原性来看是很不理想的黏结相。

此外，应该注意有两种黏结相是不利的。一是正硅酸钙（$2CaO \cdot SiO_2$），虽然具有极好的化学稳定性，然而在675℃以下，它因晶型转变（$\beta\text{-}2CaO \cdot SiO_2 \rightarrow \gamma\text{-}2CaO \cdot SiO_2$）而出现体积膨胀，故热稳定性差。二是铁酸半钙（$CaO \cdot 2Fe_2O_3$），化学稳定性很不好，在1155℃以下发生分解，非但不能减少低温粉化，甚至还可能促进。

球团矿配料中加入含有 B_2O_3 的物料，如硼泥可大大减轻球团矿的低温还原粉化。

7-56 什么是球团矿还原膨胀性能，还原膨胀有几种？

答：实验室试验结果表明，球团矿加热还原时，或多或少都有体积增大，即所谓膨胀现象，因为球团膨胀是在还原时发生的，也叫还原膨胀。还原膨胀导致球团矿强度下降，当超过一定范围时，球团产生碎裂，严重时粉化，破坏炼铁过程顺利进行，甚至引起事故。例如，使直接还原炼铁的炉料床层透气性变坏，引起竖炉悬料、崩料，回转窑结圈等等；使高炉料柱透性恶化，导致炉况失常和吹出量增加等等。

根据球团矿膨胀率大小对高炉冶炼影响的结果，球团矿分为正常膨胀、异常膨胀和恶性膨胀三种。

7-57 什么是球团矿的正常膨胀，其膨胀率为多少，对高炉的影响如何，原因是什么？

答：球团矿在高炉还原时的体积膨胀率小于 20% 属正常膨胀。此时高炉可以正常进行生产。

关于正常膨胀的原因，几乎一致认为是 Fe_2O_3 还原成 Fe_3O_4 的晶型转变所引起的。

7-58 什么是球团矿异常膨胀？

答：球团矿在高炉中还原时的体积膨胀率在 20% ~40% 之间为异常膨胀，此时高炉炉况将发生恶化，如炉内透气性变坏，炉尘明显增多。

引起异常膨胀的原因，则认为主要是由于 CaO 或碱金属氧化物在富氏体内的不均匀分布，还原过程中促使纤维状金属铁（铁晶须）增长的结果。但是，研究还发现，在没有纤维铁明显发展情况下，有的也出现异常膨胀。

异常膨胀往往发生在品位高，脉石量少的球团矿上。

7-59　什么是球团矿的恶性膨胀？

答：球团矿在高炉中还原时的体积膨胀率大于40%属于恶性膨胀，有的又称灾难性膨胀。此时除炉内透气性变坏与炉尘明显增多外，甚至出现悬料、崩料，导致高炉生产进程失常，生产率下降，焦比升高等。

7-60　引起球团矿还原时异常膨胀的原因有哪些？

答：引起球团矿异常还原膨胀的主要原因有以下几点：

（1）球团内气体压力增大引起异常膨胀。当球团内部CO_2、H_2O气体生成速度大于其通过气孔向外扩散的速度时，由于局部气体压力的增大，引起球团异常膨胀破裂；

（2）烟碳沉积膨胀。当CO作为还原剂时，在低温还原条件下发生如下反应：$2CO \rightarrow CO_2 + C$（固体碳），即部分形成的固体碳（烟碳）。固体碳在球团的细微孔隙和晶体裂缝内产生沉积，使球团体积膨胀引起碎裂和分化；

（3）纤维状金属铁（铁晶须）引起球团矿异常膨胀。在还原形成富氏体（如$CaO\text{-}Fe_xO$）时，其内部的金属铁离子，以表面扩散方式迅速迁移至某些特定的核心点上，尤其是边角棱上，形成铁晶须，铁晶须破坏球团矿结构产生体积膨胀；

（4）有K、Na等碱金属离子存在，造成球团内晶格畸变，引起球团异常膨胀或恶性膨胀；

（5）还原导向性引起晶格破裂造成异常膨胀：

1）Fe_2O_3（六方晶系）还原为Fe_2O_3（三方晶系）时，由于晶格转变引起异常膨胀；

2）还原速度各向异性导致生成不同厚度的磁铁矿层，造成球团结构破裂；

3）相邻的赤铁矿晶体还原速度的各向异性造成球团结构破裂。

（6）工艺操作不当引起异常膨胀。球团矿还原异常膨胀虽然主要是由某些原料所特有的性质所引起，但制作工艺不完善，操作制度上的不完善、不合理也可能促使异常膨胀的发展，主要有以下几个方面：

1）由于生球质量不好，球团结构疏松，当 $Fe_2O_3 \rightarrow Fe_3O_4$ 相变时就容易导致球团的结构崩溃，使强度急剧下降；

2）由于配料混合不好，使球团成分（如 CaO）不均匀而引起球团异常膨胀；

3）由于焙烧制度（如加热速度、焙烧温度水平及持续时间、冷却速度、冷却方法等）不合适，球团矿固结不充分，球团矿还原时的异常膨胀或强度也会过分下降；

4）由于球团矿的化学成分不合理或焙烧温度不够，使球团矿连接键选择不合理或数量不足（如脉石含量太少，渣相键太少）而出现异常膨胀。

7-61 抑制球团矿异常还原膨胀的途径有哪些？

答： 抑制球团矿还原膨胀的途径有很多，其中主要有：

(1) 尽量降低原料中有害杂质 K、Na 含量。K_2O、Na_2O 对球团矿还原异常膨胀的影响已广为人知并被接受。图 7-21 为某研究者的数据，有的甚至当球团 $w(Na_2O) > 0.05\%$ 时，就足以引起球团矿还原的异常膨胀和粉化。所以应尽量降低球团用原料

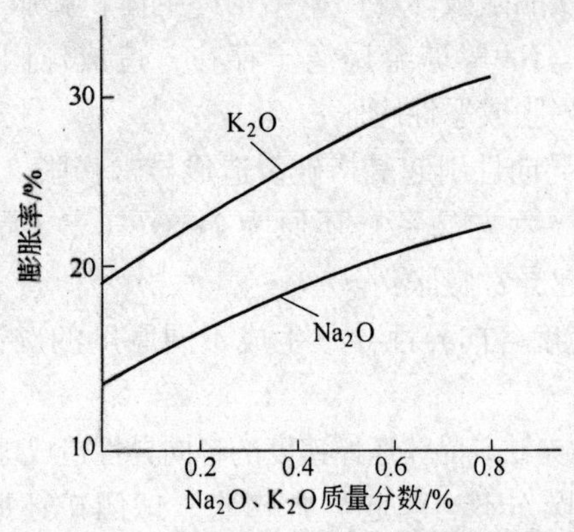

图 7-21 Na_2O、K_2O 质量分数对球团膨胀率的影响

中 K、Na 的含量。国外一般要求 $Na_2O + K_2O < 0.2\%$。

（2）在球团矿配料中加入含 MgO 物料，生成 $MgO \cdot Fe_2O_3$，减少 Fe_2O_3 到 Fe_3O_4 的晶型转变，抑制膨胀。这是因为 Mg^{2+} 的活性大，在氧化物内溶解度大，容易达到均匀分布；而且 Mg^{2+} 离子半径（0.07nm）比 Ca^{2+}（0.106nm）、Fe^{2+}（0.083nm）都小，Mg^{2+} 的固溶使磁铁矿晶格常数降低。同时，MgO 含量提高会使球团矿软化温度也提高，这样就可以提高球团的焙烧温度（30～50℃），可以提高球团质量的均匀性，这都会起到抑制膨胀的作用。

（3）加入 CaO，生成 $CaO \cdot Fe_2O_3$（铁酸钙）液相，或其他液相的生成（改善球团键的类型和数量），因而也有利于抑制异常膨胀的产生。

（4）添加返矿。试验与生产实践证明，在球团配料中加入一定的细磨返矿，可使还原膨胀率减小，如图 7-22 所示。添加 40% 的返矿可使还原膨胀率下降 50%，其原因是返矿是焙烧过了的"熟料"。返矿的加入就等于给球团带进晶核，焙烧时就易于生成更多更细的连接链，使球团矿的抗压强度提高。这种球团具有更多的微观孔隙，开始还原时体积膨胀，再进一步还原时由

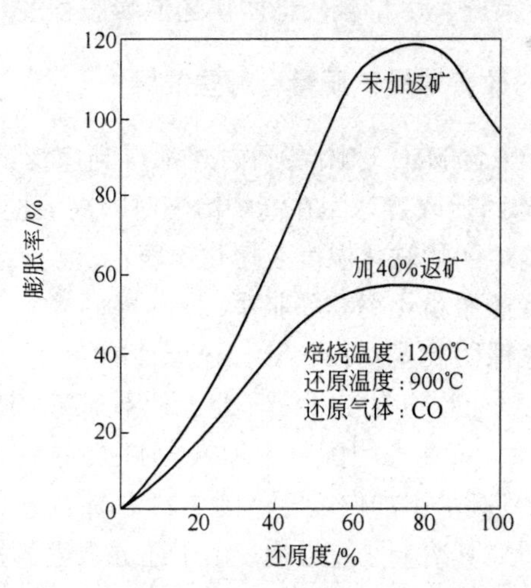

图 7-22　返矿对赤铁矿球团膨胀率的影响

于微观孔隙减少（兼并）而使体积膨胀相应减少。

(5) 在球团配料中加入含 B_2O_3 物料，如硼泥与含硼镁铁精矿粉，由于其中 B_2O_3 和 MgO 的作用，提高球团矿强度和改善冶金性能，可减少球团还原时的体积膨胀。

(6) 调整球团的碱度以及脉石含量，改变球团矿中的 CaO、MgO、SiO_2 及 Al_2O_3 比例，来调整球团焙烧固结中连接链的类型和数量是抑制球团异常膨胀和粉化的有效措施。

(7) 降低铁精矿粉粒度。试验研究表明，降低铁精矿粉的粒度可以降低球团的还原膨胀率。有人用磁铁矿粉制造球团矿，当比表面积由 $1470cm^2/g$ 提高到 $1920cm^2/g$ 时，其膨胀率由 32% 降低到 22%，继而降低到 12%。原因可能是较细粒度的铁精矿粉制成的球团焙烧时易生成均匀的结构，铁氧化物呈均匀分布、连接键牢固，强度高，还原时这种均匀分布的铁氧化物颗粒产生相变时出现的应力呈均匀分散状态，且受牢固连接键的限制，因而使膨胀率减少。

(8) 加强生产技术管理，改进操作。在生产过程中要不断改进技术管理，针对管理不善和操作不当引起的异常膨胀的原因，采取相应措施，尽量减轻球团矿还原膨胀程度。

7-62 MgO 对改善球团矿质量有哪些效果？

答：近年来含 MgO 球团在国内外都得到广泛的重视，这是因为含 MgO 球团能改善球团在高炉冶炼时的高温性能，主要有：

(1) 提高球团的软化温度及熔化温度；

(2) 降低还原粉化率和膨胀率；

(3) 改善球团高温（1250℃）还原性能。

在高炉炼铁原料中 MgO 含量不足，达不到高炉渣中 MgO 含量 8% 左右要求时，可在球团配料中加入含 MgO 原料，以满足高炉造渣需要，做到高炉不加白云石。图 7-23 ~ 图 7-26 为不同产地球团矿 MgO 含量对其冶金性能影响。由于还原强度的提高，使高炉料柱透气性得以改善，从而有助于提高还原速度，强化冶炼过程。

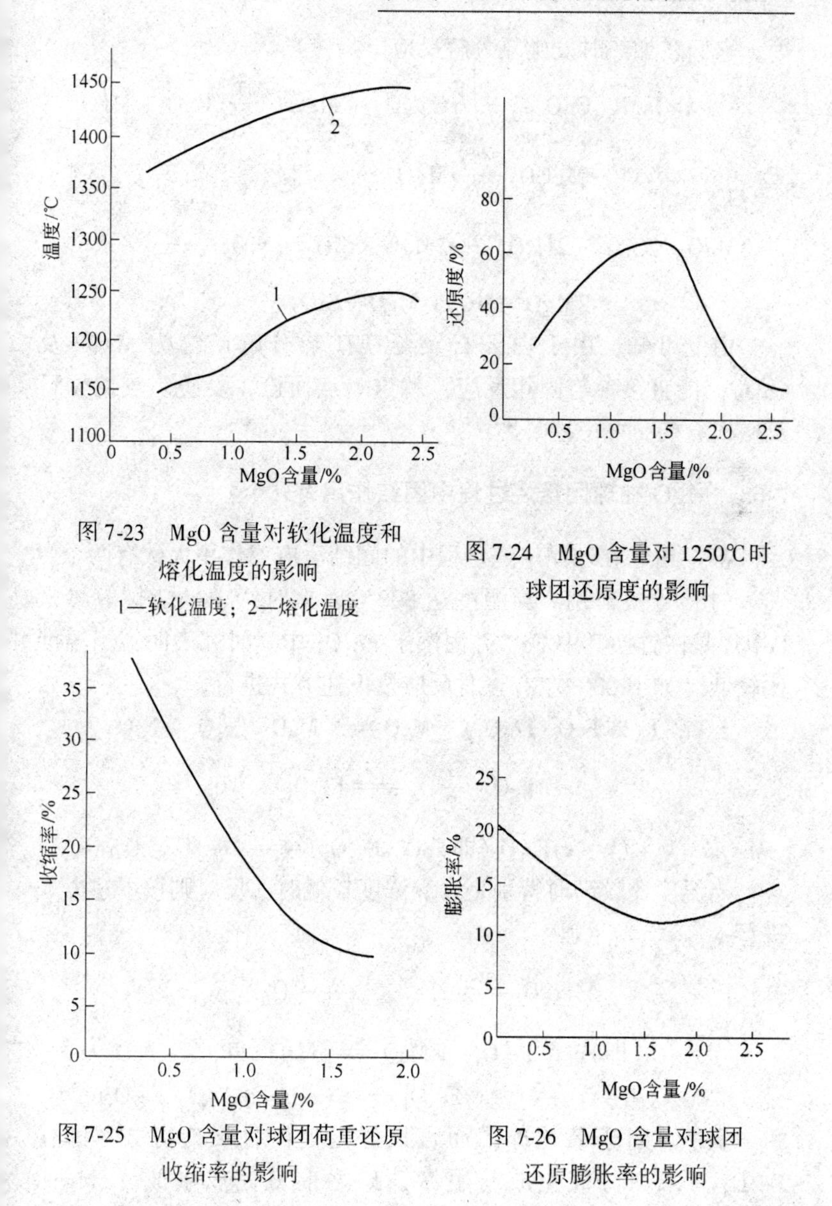

图 7-23　MgO 含量对软化温度和熔化温度的影响
1—软化温度；2—熔化温度

图 7-24　MgO 含量对 1250℃时球团还原度的影响

图 7-25　MgO 含量对球团荷重还原收缩率的影响

图 7-26　MgO 含量对球团还原膨胀率的影响

含 MgO 原料主要有白云石（$Ca \cdot Mg[CO_3]_2$）、蛇纹石（$3MgO \cdot 2SiO_2 \cdot 2H_2O$）、镁菱矿（$MgCO_3$）、橄榄石（$[Mg \cdot Fe]_2SiO_4$）

等。它们在加热时发生复分解反应。

$$CaMg(CaO_3)_2 \xrightarrow[\Delta]{770℃} CaCO_3 + MgO \xrightarrow[\Delta]{950℃} CaO + MgO$$

$$MgCO_3 \xrightarrow[\Delta]{545℃} MgO$$

$$3MgO \cdot 2SiO_2 \cdot 2H_2O \xrightarrow[\Delta]{710℃} 2MgO \cdot SiO_2 + SiO_2 \xrightarrow[\Delta]{810℃}$$

$$2MgO \cdot SiO_2 + MgO \cdot SiO_2$$

由上可知，由于白云石及菱镁矿热分解产物为 MgO（及 CaO），能直接参与固相反应，就这一点而论，菱镁矿较蛇纹石及橄榄石要更好一些。

7-63 MgO 在球团焙烧过程中固结作用有几个？

答： MgO 在球团焙烧过程中的固结反应或作用大致有两个：

（1）置换作用。当温度达 800℃ 以上时，Mg^{2+} 能扩散渗入 Fe_3O_4 晶格置换其中 Fe^{2+} 并固溶于 Fe_3O_4 中。研究表明，当温度比较低（如 1000℃ 左右）时反应按下述方式进行。

$$Fe_3O_4(即 FeO \cdot Fe_2O_3) + MgO = MgO \cdot Fe_2O_3 + FeO$$

$$FeO + \frac{1}{2}O_2 = Fe_2O_3$$

$$xMgOFe_2O_3 + (1-x)Fe_3O_4(即 FeO \cdot Fe_2O_3) = Mg_x \cdot Fe_{1-x}O \cdot Fe_2O_3$$

当温度比较高时特别是含氧浓度较低时，反应则按下述方式进行。

$$3Fe_2O_3 = 2Fe_3O_{4(固)} + \frac{1}{2}O_{2(气)}$$

$$Fe_3O_4(即 FeO \cdot Fe_2O_3) + MgO = MgO \cdot Fe_2O_3 + FeO$$

$$xMgO \cdot Fe_2O_3 + (1-x)Fe_3O_4 \longrightarrow (xMg \cdot Fe_{1-x})O \cdot Fe_2O_3$$

显然，对于氧化球团而言最好是前一种反应方式，即在 Fe_3O_4 尚未充分氧化成新生赤铁矿之前就完成生成（$xMg \cdot Fe_{1-x}$）$O \cdot Fe_3O_4$ 固溶体过程。有效的办法是快速加热，这样一方面可以创造前一种反应条件，另一方面可生成一定数量的液相，加快反应的速度。

Mg^{2+} 置换 Fe_3O_4 中的 Fe^{2+} 还有一个很重要的特征，当 Mg^{2+} 置换 Fe_3O_4 中的 Fe^{2+} 时就进入原来 Fe^{2+} 的晶格结点（位置）上。若 Fe_3O_4 进一步氧化成新生赤铁矿时，Mg^{2+} 从原来 Fe^{2+} 的晶格结点（位置）出来，而进入晶格间隙，当它再被还原成 Fe_3O_4 时，Mg^{2+} 又重新回到晶格结点上，生成稳定的原 Fe_3O_4 晶体结构，并保持到还原成浮氏体（FeO），这就是含 MgO 球团能提高还原强度的原因。

（2）造渣作用。MgO 与 CaO 一样能与脉石成分及 Fe_3O_4 发生固相反应：产生固相黏结。如：

$$2MgO + SiO_2 \xlongequal{680℃} 2MgO \cdot SiO_2$$

$$MgO + Fe_2O_3 \xlongequal{600℃} MgO \cdot Fe_2O_3$$

$$MgO + Al_2O_3 \xlongequal{920℃} MgO \cdot Al_2O_3$$

一般而言，含 MgO（此处仅指外加 MgO）高的球团其冷强度略有降低的趋势，其原因有两个：

1）MgO 含量增加后球团的孔隙度增加（特别是以 $MgCO_3$ 及 $CaMg(CO_3)_2$ 为熔剂时）。

2）使 Fe_3O_4 稳定不利于它的氧化再结晶。含 MgO 高的球团往往 FeO 含量也较高就是证明。为了保证含 MgO 球团的冷强度，其最终焙烧温度要比一般球团的最佳焙烧温度略高 30～50℃左右。同时由于含 MgO 原料其熔解反应多为吸热反应，因此焙烧时的热能消耗也略高一些。

7-64　B_2O_3 对改善球团矿质量和生产工艺有哪些效果？

答：球团添加含 B_2O_3 物料的试验研究与生产应用，始于 20 世纪 70 年代末，最初的目的是为了解决球团矿焙烧温度高，强度低的问题，经高等院校、科研院所和企业多年的试验研究和生产应用结果表明：在球团配料中配加 1.5%～3.0% 含 B_2O_3 的物料——硼泥，可以降低球团矿焙烧温度，提高球团矿的冷强度，使球团矿冶金性能得到不同程度的改善；高炉冶炼含 B_2O_3 球团矿，炉况顺行、产量提高、焦比降低、生铁质量改善，经济效益显著。

硼泥是化工厂生产硼砂和硼酸的副产物，其中含铁氧化物、CaO、MgO、MnO_2、B_2O_3 等对炼铁有用矿物之和 60% 以上，含 SiO_2 15% ~ 25%。一般硼泥中含 B_2O_3 2% ~ 4%、MgO 30% ~ 40%，是烧结球团的硼源，也是镁源。硼泥的粒度很细，比表面积为 3500 ~ 3900cm^2/g，可塑性、黏结性和成球性良好。硼泥还具有较高的化学活性。但硼泥含水很高，露天堆存风干成大小不等的硼泥块，需经细化处理成硼泥细粉后做烧结球团添加剂。

配加硼泥改善球团矿质量和生产工艺的效果如下：

（1）配加硼泥改善球团矿质量的效果：

1）显著提高球团矿的冷强度，转鼓指数、抗压强度均有提高，抗磨指数和筛分指数均有所改善。图 7-27 为自然碱度球团矿配加硼泥对球团矿抗压强度的影响，图 7-28 为配加 1.5% 硼泥后焙烧温度与抗压强度的关系（以上两图为北京科技大学 1992

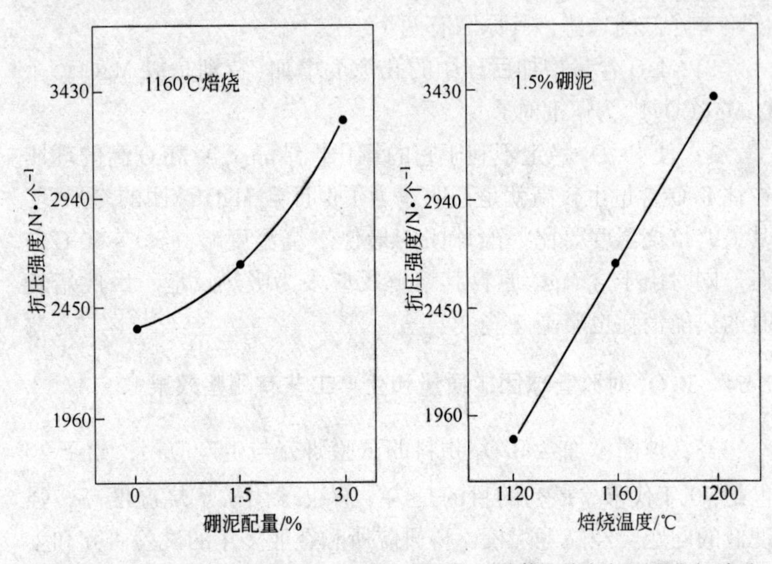

图 7-27　硼泥配量与抗压强度的关系　　图 7-28　焙烧温度与抗压强度的关系

年8月提出)。

从图7-28看出，配加1.5%硼泥，在1160℃焙烧已使球团矿抗压强度达到2639.14N/个，已满足高炉生产要求。配加1.5%硼泥在1200℃焙烧后抗压强度已达到3390N/个，已超过生产要求。因此，可以认为，在试验的原料中每增加1%的硼泥，平均可提高抗压强度32kg/个(313.6N/个)，相当于16℃焙烧温度的效果。配加1.5%硼泥，抗压强度已满足生产要求。在保持球团矿强度一定的条件下，加硼泥可以降低焙烧温度，从而节能。

图7-29为含MgO 2.5%、三元碱度$\frac{CaO+MgO}{SiO_2}$为1.55倍的石灰石球团矿在1225℃焙烧时，硼泥配加量对球团矿强度的影响（图形由原鞍山钢铁学院提出)。

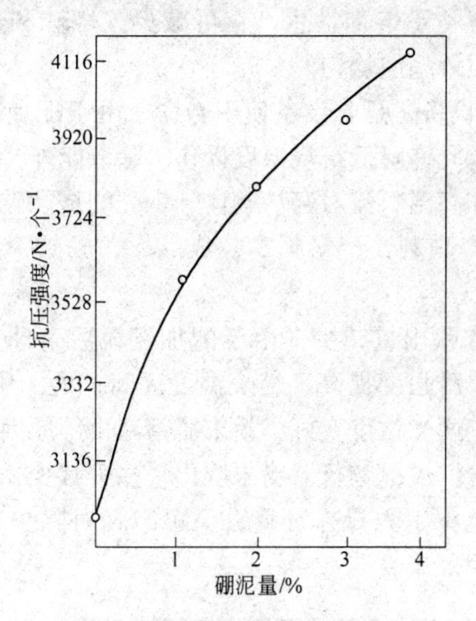

图7-29　硼泥量对抗压强度的影响

2）改善球团矿的化学成分，球团矿的二元碱度、三元碱度、四元碱度和扣钙镁后Fe均有所提高，MgO含量增加更为显著。

3）球团矿冶金性能有不同程度的改善，软化开始温度升高；软化温度区间缩短；软熔性改善；还原性改善；低温还原粉化率降低；还原膨胀减轻。

4）球团矿固结改善，表面光洁程度变好，抗风化性耐储存性显著变好，有利于落地后长途转运和越冬储备，越冬后粉末量显著减少。

（2）对球团生产工艺的改善：

1）降低焙烧温度，降低值一般可大于50℃，多者达70～100℃，可使熔剂性球团矿和镁质酸性球团生产易于实现；可减少焙烧球团矿的热耗，既可节能，且对于燃料供应不足或供热能力不足的竖炉，可因此增加球团矿产量，内配固体燃料的球团生产可降低固体燃料消耗量。

2）扩大球团的焙烧温度区间，一般为20～50℃，可使焙烧操作变易，有利于熔剂性生产；可减少欠烧球和过熔黏结块产生，球团矿质量趋向均匀。

3）保护设备，延长设备使用寿命。由于配加硼泥可降低球团焙烧温度，允许降低焙烧温度操作，除节能外，还可以减轻高温燃烧废气和高温料流对窑炉砌体、钢壳的烧蚀破坏作用。

（4）生产顺利，产量提高，成品率、成矿率均可提高，返矿量减少。

（5）粉末吹出量减少，由于配加硼泥后生球质量提高，焙烧温度降低，冷强度提高，焙烧温度区间扩大，质量均匀改善，固结改善，表面光洁度变好，粉末脱落减少等原因，可使竖炉料柱透气性改善，炉况顺行，粉末吹出量显著减少，既可减少铁精矿粉损失和改善工人操作环境，又可减轻对除尘系统设备的磨损，延长使用寿命。

7-65　B_2O_3 在改善球团矿固结的简要机理是什么？

答： 硼泥是化工厂生产硼砂、硼酸的副产物，其中含 B_2O_3 2%～4%，含 MgO 35%～40%，是球团矿的硼源，也是镁源。球团配料加入硼泥后简要的作用机理为：

(1) B_2O_3 熔点很低,可与多数氧化物生成低熔点的化合物或固溶体,使黏结相的熔点和黏度降低,促使在相同的焙烧温度下液相较早的生成,生成量增加,增强了黏结作用,提高了球团矿强度。

(2) 由于 B_2O_3 的加入生成了熔点低、流动性好的液相，促进了铁酸钙的生成和赤铁矿晶粒的长大聚合，发育良好，使球团矿强度提高。

(3) 少量 B_2O_3 可与铁氧化物形成有限固溶体，使氧化铁晶格发生畸变，促进再结晶的发展，而氧化铁晶格畸变后的还原性必然会得到改善。

(4) 硼泥中含有很高的 MgO，MgO 可促使生成高熔点的矿物，同时抑制低熔点硅酸铁的形成，使球团矿熔点升高。此外，在加热还原过程中，MgO 可与 Fe_xO 无限固溶，形成高熔点含镁富氏体。因此，球团矿加 MgO 后，软化开始温度和熔融滴落温度；软熔性改善。

硼泥中含有少量 B_2O_3 和较高的 MgO，两者作用的结果使球团矿冷强度提高，冶金性能改善。

加入少量硼泥有如此显著作用的原因为：

B_2O_3 熔点很低，可与多数氧化物生成低熔点的复杂化合物或固溶体，虽然配加硼泥后球团矿中 B_2O_3 含量很低，但由于 B_2O_3 的分散性和溶解性很好，分散面积很大（可扩大 30 ~ 60 倍），高温下能迅速分散在铁矿晶粒和渣相中，在某些微区达到较高的浓度产生液相核心，并起到如下作用：

1）促使铁矿晶粒重新排列，以达到较高的紧密度；

2）作为物质传递的通道，加速反应，其作用的示意图如图 7-30 所示。含 B_2O_3 的低熔点液相在颗粒之间产生并形成图示的凹面，颗粒在毛细力的作用下被拉向一起，由于颗粒尺寸很小，产

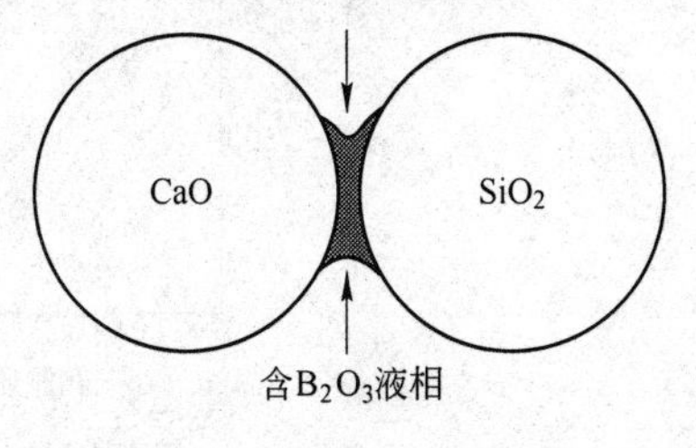

图 7-30　液相作用示意图

生的拉力是很大的，从而使颗粒的接触区承受相当大的压应力引起该区固相化学位的提高，使活度增大，并可用下式来表达：

$$u - u_0 = RT\ln\frac{a}{a_0} = \Delta pV$$

式中　Δp——接触区压力；

u，u_0——接触区的化学位；

V——摩尔体积；

R——气体常数；

T——绝对温度；

a，a_0——接触区与外接触区物质的活度。

根据质量作用定律，活度的提高可有效地加快反应速度和传质速率，因而在接触区就形成了化学反应和物质传递的通道。

3）硼离子的溶入可降低焙烧活化能。由于硼离子的半径很小（0.01nm），很容易溶入其他晶体的晶格。根据结晶学理论，一种物质溶入另一种物质的晶格，会使其发生畸变，能量升高，使晶格活化，使反应的活化能降低，原鞍山钢铁学院以未加硼泥试验为基准对四种配加含硼物质焙烧活化能的变化进行粗略计算，绘制结果见图7-31。

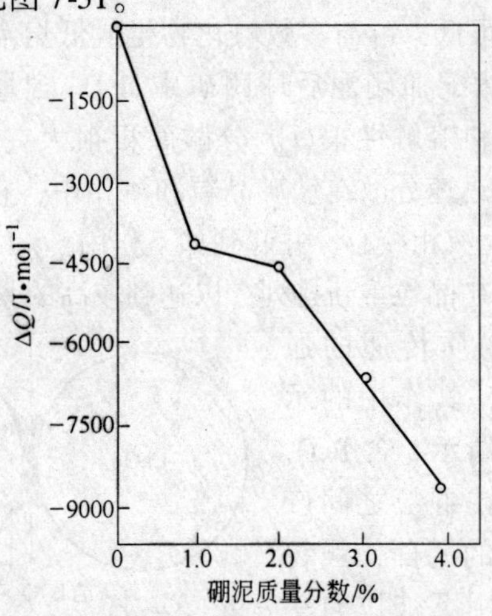

图7-31　硼泥对焙烧活化能的影响

第八章　竖炉球团焙烧操作技能

第一节　竖炉球团生产工艺

8-1　竖炉球团法的炉型发展概况如何？

答：竖炉球团焙烧法是目前三种球团焙烧法中最早出现的一种，以竖炉的横截面形状划分，可分为圆形竖炉和矩形竖炉两类。最早期的竖炉炉型断面为圆形，但随着生产的发展，要求单个竖炉的生产能力相应增加，就得扩大竖炉断面积。生产实践证明，大直径圆形竖炉存在着不易解决的生球布料困难，以及竖炉断面温度和气流分布不均匀，中心不易吹透等问题。因此后来就出现了矩形断面的竖炉，因为比圆形竖炉存在着一些优点，矩形竖炉得到了广泛的应用，并一直沿用至今。

20 世纪末，我国出现了一种由唐山市磁石矿冶科贸有限公司设计的圆形竖炉——多膛圆环形 TCS 竖炉。这种圆形竖炉在炉顶采用钟形点式布料，圆形烘干床及环形炉膛焙烧技术，初步解决和克服了早期圆形竖炉的难点，并具有一些特点，几年来得到了应用和发展，如河北省松汀铁厂、承钢、河北省东山冶金工业有限公司都先后采用了这种 TCS 型竖炉，并取得了较好的效果。

8-2　国外矩形竖炉按炉身结构可分几类？

答：国外矩形断面竖炉按炉身结构可分三类：

（1）高炉身，竖炉外部无冷却器（见图 8-1）。

这种竖炉的炉身高，不带外部冷却器，排矿温度可在 100℃以下，热利用率比较高，但结构比较复杂，单位产量投资和动力

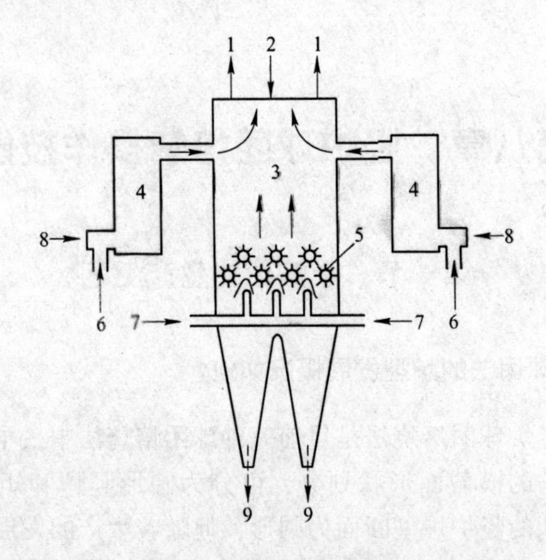

图 8-1 高炉身竖炉示意图

1—废气；2—生球；3—炉身；4—燃烧室；5—齿辊；
6—助燃风机；7—冷却风；8—燃气；9—成品球团矿

消耗比较高。

（2）矮炉身，竖炉外部设有冷却器（见图 8-2）。

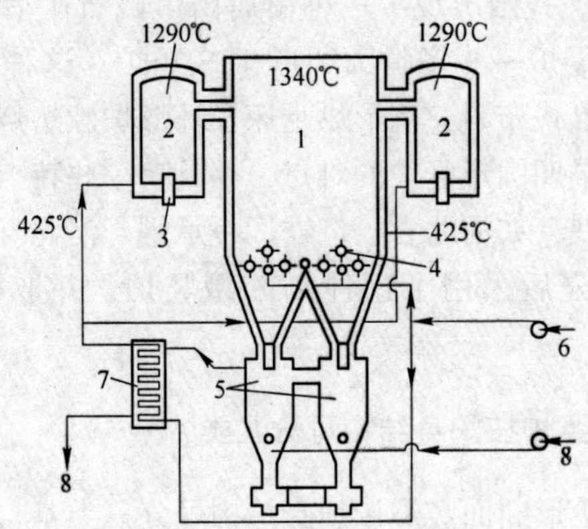

图 8-2 矮炉身竖炉示意图

1—炉身；2—燃烧室；3—燃气烧嘴；4—齿辊；5—双冷器；
6—一次冷却风；7—热交换助燃风；8—二次冷却风

这种竖炉的炉身比较矮，外部带有单独的冷却器，并附设有热交换器，冷却器排出的热废气进入预热器，预热助燃风。因此尽量回收了球团矿的显热。

（3）中等炉身，设有两个单体冷却器，如图8-3所示。

新型竖炉的主要结构由烟罩、炉体钢结构、燃烧室、炉体砌砖，导风墙和干燥床，齿辊破碎、卸料排矿系统、一次和二次炉内冷却器，送风和燃气管道等组成。

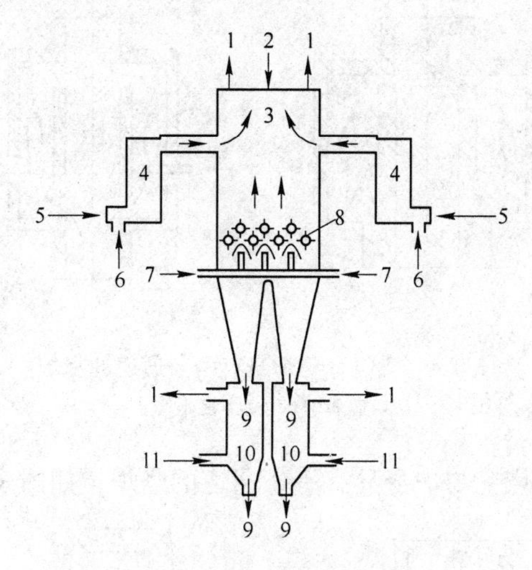

图8-3　中等炉身竖炉示意图

1—废气；2—生球；3—炉身；4—燃烧室；5—燃气；6—助燃风；7—一次冷却风；8—齿辊；9—成品球团矿；10—双冷器；11—二次冷却风

这种竖炉的球团矿尽可能在炉内冷却，然后再将冷却到一定程度的球团矿引入到单独的小型冷却器内，完成冷却过程。冷却器的高度相当于炉身缩短的高度（与高炉身比较）。由于炉身缩短，料柱阻力减小，竖炉内气流分布趋向均匀。

8-3　按燃烧室与炉身连接方式不同，矩形竖炉可划分为几种？

答：矩形竖炉按燃烧室与炉身连接方式不同可分为两种：

（1）燃烧室与炉身有两条通道的竖炉，如图8-4所示。这种竖炉无单独的助燃风供给系统，助燃风由冷却风经炉体上行后部分进入燃烧室供给。这样可减小冷却空气对炉内气流分布的干扰，使气体沿炉体横截面较均匀分布。但冷却空气所带入的灰尘往往使燃烧室操作产生困难，尤其在焙烧自熔性球团矿时，燃烧室边壁很容易结渣。

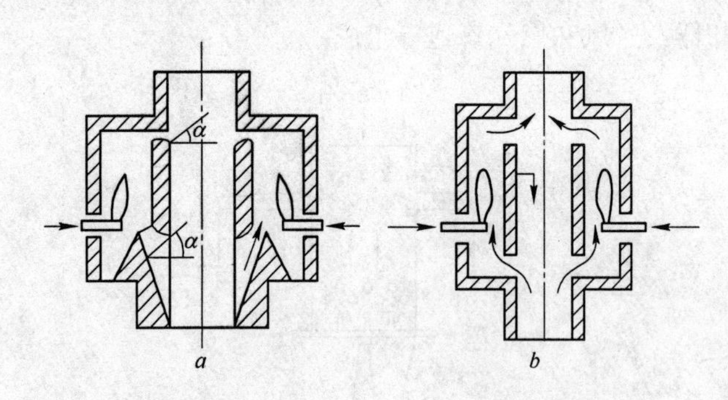

图8-4 燃烧室与炉身有两条通道的竖炉

a—瑞典竖炉；*b*—日本竖炉

（2）燃烧室与炉身只有一条通道的竖炉，如图8-5所示。

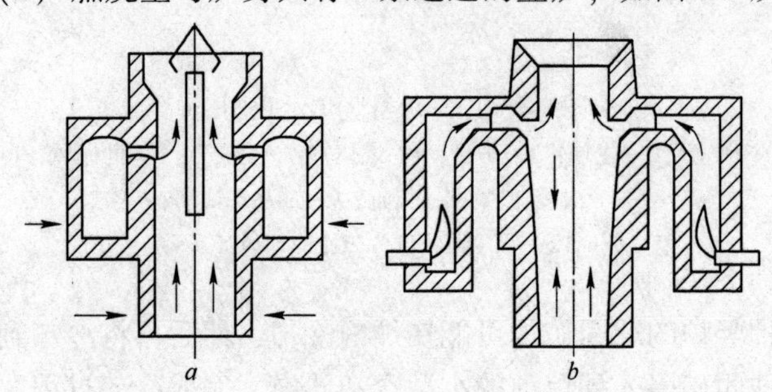

图8-5 燃烧室与炉身只有一条通道的竖炉

a—中国竖炉；*b*—美国竖炉

这种竖炉的助燃风由专门的助燃风机提供，保证了助燃风的清洁与高含氧量及足够的风量，净化了燃烧室环境。

8-4　我国球团竖炉炉型发展概况如何？

答：我国的第一座球团工业竖炉于1966年在济钢投产。当时的炉型同国外竖炉相差无几，炉口也采用“面布料”（见图8-6）。

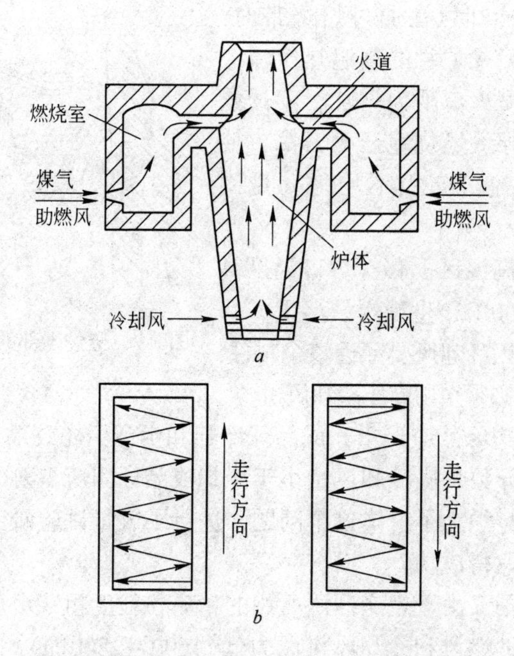

图8-6　我国早期竖炉炉型及布料线路图

a—我国早期竖炉炉型；*b*—面布料线路图

这种竖炉存在的问题是：从生产工艺上要求，竖炉底部的风量（冷却风）加上助燃风量（包括煤气量），应该等于竖炉内部所需要的总风量（竖炉上部的干燥风量），即：冷却风量+助燃风量+煤气量=干燥风量。而炉内的总风量则与原料特性和生球在干燥、预热、焙烧、冷却等各过程的具体要求密切相关，不能随意变动。对某一种原料和一定的竖炉加工过程来说，其适宜值在一定的范围内。

在实际生产过程中，既要保证获得高产、优质、低消耗的生产指标，使竖炉的热量得到充分的利用，又要使成品球团能最终冷却下来，因此必须加大下部的冷却风量，这样竖炉底部的风量常常超过竖炉上部所需的风量，而冷却风又必须通过炉身各带才能到达炉顶排放，于是就产生了下列情况：

(1) 冷却风在通过焙烧带时，对燃烧室喷入炉身的高温热气流产生干扰，喷火口阻力增加，穿透能力降低，导致燃烧室压力升高，使温度和气流分布极不均匀（见图8-7）。

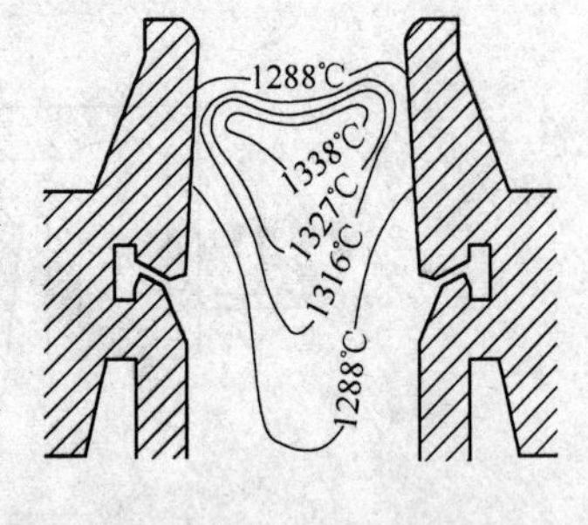

图 8-7 竖炉上部的温度分布

(2) 高温区上移，炉口温度高达 800 ~ 900℃，生球爆裂严重。

(3) 因冷却风要穿透整个料柱，阻力增加，必须采用高压冷却风机。

(4) 边缘效应严重，成品球冷却和生球干燥效果差。

结果导致炉底冷却风量小于冷却成品球团所需要的风量。

国外竖炉为了解决这个问题，进行了大量试验研究和技术改造工作才取得成功。

在我国又由于生产球团所用的精矿粉粒度粗、水分大，生球质量差；助燃风和冷却风机压力低(1600 ~ 2800Pa)。因此，我国早期的竖炉产量低，成品球质量差，排矿温度高。有的球团厂还在竖炉中心造成湿球堆积(俗称死料柱，参见图 8-8)，处于低温状态，水分过剩，球团相互黏结，炉身经常结块，连正常生产都往往难于维持。

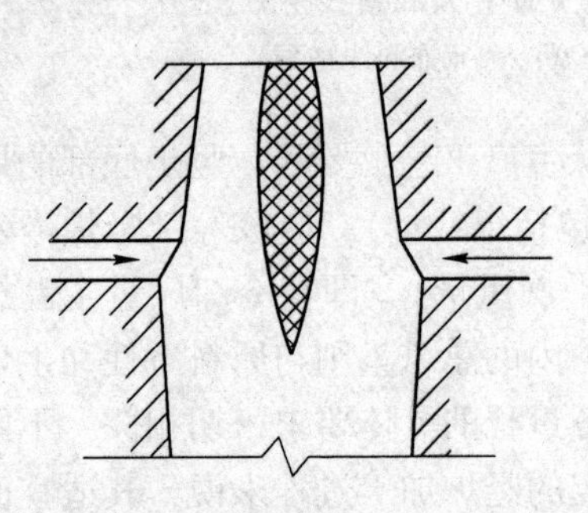
图 8-8 竖炉内湿球堆积示意图

为了改变这种状况，结合我国的具体情况，立足现有的鼓风设备，必须减小竖炉内气流阻力，改善料柱透气性，使气流能达到穿透料层的目的，先后采取了以下几个措施。

1）炉内放“腰风”；

2）冷却风“炉外短路”；

3）冷却风“炉内短路”。

“炉内短路”措施，实际上就是将“炉外短路”的导风管放入炉内，改成上、下直通的耐火砌砖体，俗称导风墙。接着又将导风墙上口的风帽扩大成箅条式烘干床（见图 8-9）。这样就创造了具有我国特点的，在竖炉内设置导风墙和烘干床的新型竖炉炉型。

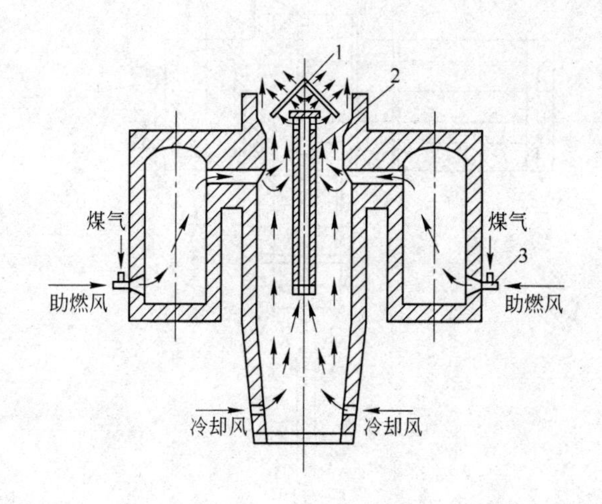

图 8-9　设有“导风墙和烘干床”的新型竖炉及工作原理示意图

1—烘干床；2—导风墙；3—烧嘴

这一措施在竖炉上使用后，收到良好效果：既增加了冷却风量，改善了球团矿的冷却；又消除了竖炉上部的死料柱和炉内的结块现象；不仅降低了炉口温度，减少了生球的爆裂，还由于废气量的增加而加快了生球的干燥速度；使竖炉的产量提高 60%

以上。目前这种新型竖炉已在我国得到广泛使用。

8-5　中国式新型竖炉构造特点是什么？

答：由于在竖炉内设置了导风墙和烘干床，形成了具有中国特色的、新型的“中国式球团竖炉”，中国新型竖炉的构造如图8-10所示，部分竖炉炉体的主要技术规格见表8-1。

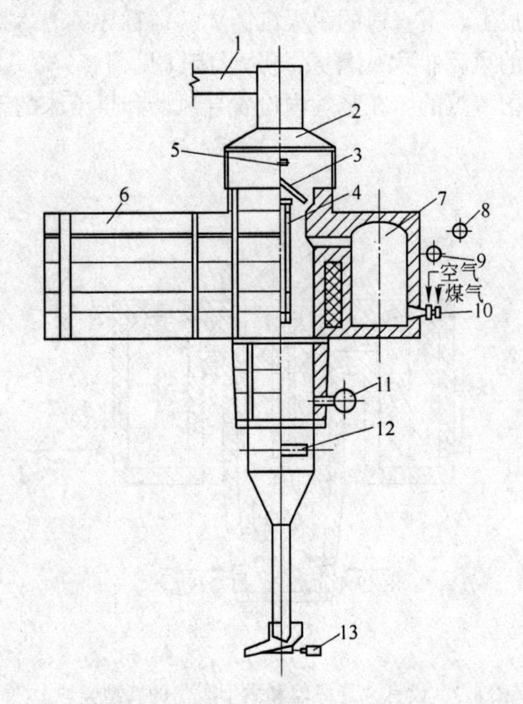

图 8-10　中国新型竖炉的构造

1—烟气除尘管；2—烟罩；3—烘床炉箅；4—导风墙；5—布料机；6—炉体金属结构；7—燃烧室；8—煤气；9—助燃风管；10—烧嘴；11—冷却风管；12—卸料齿辊；13—排矿电振机

我国工业性球团竖炉始建于20世纪60年代，第一座工业性竖炉于1968年在济钢投入生产。随后又有一批竖炉投入生产。这些早期竖炉炉体的主要技术参数见表 8-1。

表 8-1　我国早期部分竖炉体的主要技术规格

厂　名	焙烧面积 /m²	烘床面积 /m²	导风墙通风面积 /m²	喷火口总断面积 /m²	燃烧室		烘床下缘至喷火口距离 /m	喷火口至导风墙下口距离 /m	导风墙下口至冷风口距离 /m	冷风口至排矿口距离 /m
					容积 /m³·个⁻¹	数量 /个				
济南钢铁厂	8	12	0.68	1.5	26.5	2	1.7	1.8	3.6	5.1
杭州钢铁厂	8	12.25	0.96	1.62	23.07	2	1.62	2.66	3.3	8.27
安钢水冶分厂	8	15	0.52	1.54	26	2	1.2	3.06	2.41	6.33
凌源钢铁厂	8	13	1.1	1.7	13.7	4①	1.7	2.47	2.19	7.05
承德钢铁厂	8	10.6	0.36	1.22	26	2	1.5	1.65	2.24	3.15
萍乡钢铁厂	5.5	14.2	1.12	1.3	17.2	2	1.9	3.1	1	5.43

①每侧两个燃烧室。

8-6　中国新型球团竖炉由哪几部分组成？

答：我国新型竖炉的主要构造有：烟罩、炉体钢结构、炉体砌砖、导风墙和干燥床、卸料排矿系统、供风和煤气管路等。

最近几年建设的球团竖炉又增加机械冷却系统如带冷机，高效率的除尘系统如电除尘、汽化冷却系统等。

8-7　中国式竖炉的直线布料法的优缺点是什么？

答：国外竖炉布料设备通常是由两条垂直相交的胶带运输机组成，其中装在小车上的一条沿炉口横向往复运动，由于小车是装在大车上的，故小车上运输机在做横向运动的同时，又同大车一起沿炉口纵向做往复运动。在大车上的一条胶带运输机把来自造球间的生球给入小车上的胶带运输机上。这样，布入竖炉内的生球轨迹便呈“之”字形。这种布料称“面布料”（见图8-11）。布料的特点是胶带机速度和运送的生球量固定不变，只靠调节布料车的速度来控制进入炉内各点的生球量。布料机头部有两个电子探测器：一个自动测量料面各点高低，用来控制布料机运行速度，布料机在料面凹处缓行，在料面凸起处加速通过；另一个电子探测器是在料面过

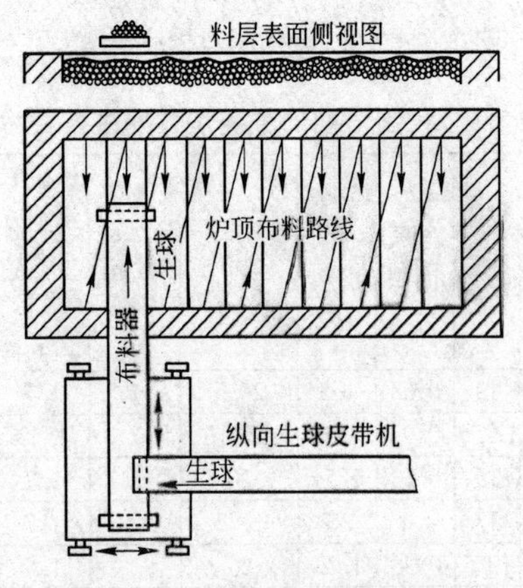

图 8-11　“之”字布料示意图

高或过低时发出警报信号，及时通知操作人员调整给料量，并且使布料机与卸料装置连锁起来，以保持炉内物料均衡。

我国早期的竖炉也曾采用“面布料”形式。

1972 年由于炉口烘床的出现和推广，布料也由“面布料”简化为“直线布料”。直线布料简称“线布料”或“梭式布料”(见图8-12)。优点是布料机行走路线与布料路线平行，可大大简化布料设备，缩短布料时间，提高设备的作业率。这种布料机(车)，实际上就是一台位于炉口纵向中心线上方，可做往复移动的胶带运输机。缺点是工作环境较差，布料不均匀，胶带易烧损。

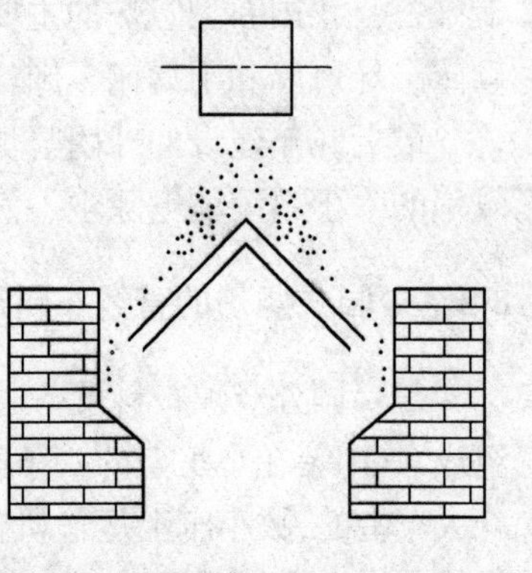

图 8-12　球团竖炉直线布料示意图

8-8　什么是烘干床，其结构和作用是什么？

答：烘干床有的又叫干燥床。炉内增设导风墙后，将导风墙上口风帽扩大成为装有炉箅条式的“烘床”称为烘干床，或叫干燥床，如图 8-13 所示。烘干床的结构由“人”字形盖板、“人”字形支架、炉箅条和水冷钢管横梁组成。

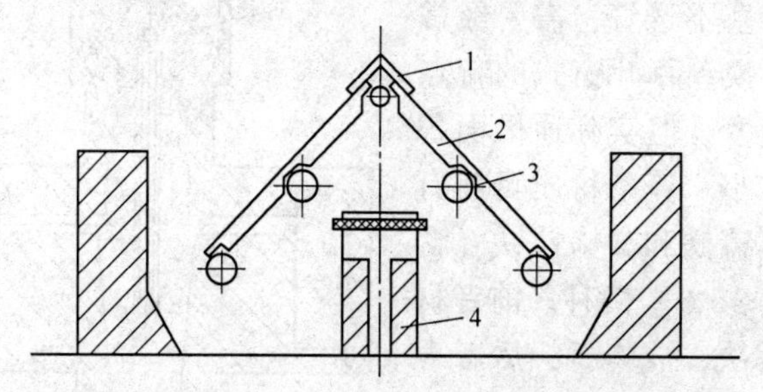

图 8-13　炉口单层干燥床构造示意图

1—烘床盖板；2—烘床箅条；3—水冷钢管；4—导风墙

处理磁铁矿球团干燥床一般为单层，主要由干燥床水梁和干燥箅组成，如图 8-13 所示。

竖炉内增设烘干床和导风墙后，为生球创造了大风量、薄料层的干燥条件，生球爆裂的现象大为减少，同时扩大了生球的干燥面积，加快了生球的干燥速度，消除了湿球相互黏结而造成的结块现象，彻底消除了死料柱，保证了竖炉的正常作业，有效地利用了炉内热能，降低了球团的焙烧热耗，大大提高了竖炉的球团矿产量。

干燥箅普遍采用箅条式，有的为百叶窗式（见图 8-14），安

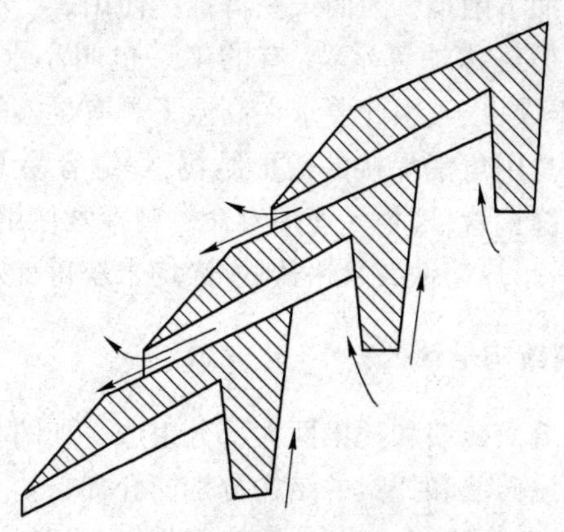

图 8-14　组合百叶窗炉箅示意图

装角度为38°～45°。箅条式具有拆卸更换方便，但箅子的缝隙易于堵塞不透气，需要经常清理和更换。百叶窗式的特点虽不易堵塞，但实际通风面积比箅条式小。箅条材质目前有高硅耐热铸铁和高铬铸铁（含铬32%～36%）两种。前者材料容易解决，成本低，后者寿命高，价格也高。

在处理褐铁矿和赤铁矿球团时，曾用一种3层干燥箅的干燥床（见图8-15），3层干燥箅的干燥床面积大为增加，可以降低生球干燥温度和干燥介质的风速，对于防止生球爆裂是有利的，但也有不利强化干燥过程的一面。这种3层干燥箅的结构复杂，在安装、维护、检修上增加了困难，因而未获得推广使用。

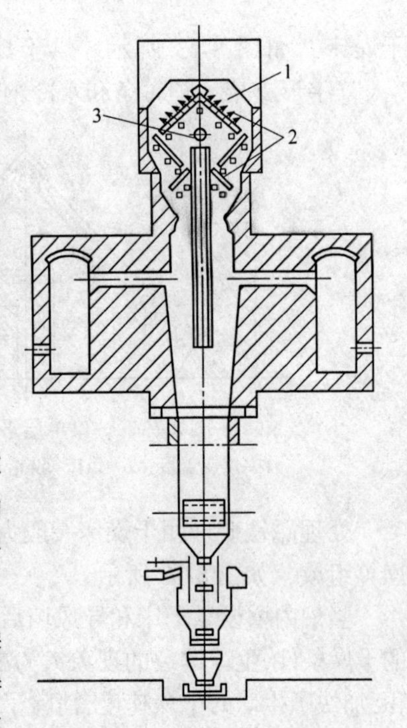

图8-15　竖炉3层干燥床构造示意图
1—烟罩；2—烘床；3—混风管

干燥床水梁俗称炉箅水梁，有的工厂也叫小水梁，一般有5根，用于支撑干燥箅子，因此要求在高温下具有足够的强度。早期的干燥床水梁是用角钢焊接的矩形结构，焊缝容易开裂漏水。现已改为厚壁无缝钢管，延长了使用寿命。曾探索使用无水冷结构，如耐火混凝土，耐热铸铁及含铬铸铁等，均未获得良好的效果。

8-9　导风墙的结构是什么？

答：导风墙由砖墙和托梁两大部分组成，如图8-16所示。现对导风墙砖墙和托梁的结构分别简介如下：

（1）导风墙的砖墙。导风墙的砌墙一般都是用高铝砖和

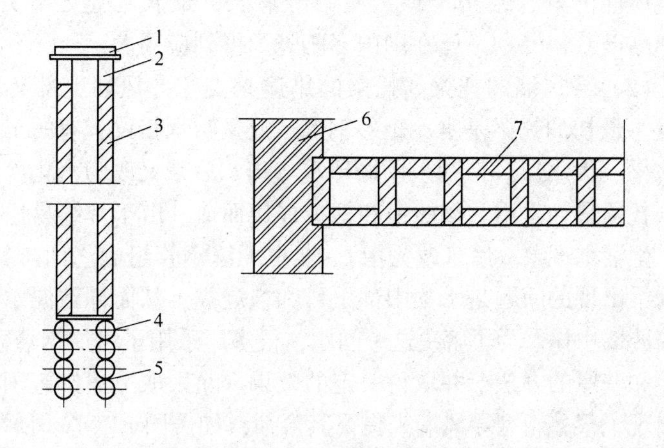

图 8-16 竖炉导风墙结构示意图

1—盖板；2—导风出口；3—导风墙；4—水冷托梁；
5—导风进口；6—炉体砖墙；7—风道

“701”耐火泥浆砌筑而成。最初阶段各厂均采用普形高铝砖与用切砖机切割出的异形砖块组合砌筑成空心方孔的导风墙砖墙。通风孔面积，可根据所用冷却风流量和导风墙内气体流速来确定。因导风墙内通过的高温气流中，带有大量的尘埃，造成对砖墙的冲刷和磨损，寿命较短，一般只能使用 6 ~ 8 个月。有的导风墙砌砖被磨漏形成通洞，气流短路，严重时砌砖体坍塌。

为了提高导风墙的使用寿命，一些球团厂和设计部门设计了异形导风墙砖，专门用于砌筑导风墙，并都取得了一定效果，不同程度地提高了导风墙的使用寿命。

为了进一步提高导风墙砖体的使用寿命，很多单位采取了措施，从耐火砖材质、砖形、砌砖体结构、砌筑用耐火胶泥材质、砌筑工艺方法等多方面进行了改进，如洛阳耐火研究院巩义市联营耐火材料厂（现为巩义市建业耐材有限公司）研制开发的球团竖炉用导风墙大砖，采用特殊工艺，在铝硅系材料的基础上，加入含锆添加剂，使其在高温下形成稳定的锆莫来石相，从而起到了很好的耐高温和抗剥落作用。其特点是：砖型设计合理，砌砖整体性能好，结构严谨，使用寿命长，最长已达 3 年之久。该产品已获得专利，已在国内多座竖炉得到应用。

（2）导风墙的托梁。托梁的用途是支撑导风墙上部砖墙的质量。最初的托梁是水冷矩形钢梁，故又叫水箱梁，有的工厂又叫水梁、大水梁。最初采用循环水冷却，后来又改为汽化冷却。

托梁最初是用大型槽钢和钢板焊接而成。由于焊缝易出现裂纹产生漏水现象。后来改为由 6～8 根无缝钢管组成（两排），这种水梁出现的问题是水梁中部下弯和被磨损，从而导致漏水和导风墙砖墙坍塌。为了解决这个问题，很多厂采用了增加钢管数量、直径和壁厚的办法，并取得一定的效果。除采取上述措施国内外又出现了很多新型导风墙来提高其寿命，如美国 LTV 公司球团采用矩形无缝钢管水梁、高合金耐热耐磨材料整体铸造成型导风墙水梁、耐火预制块组合式导风墙大梁、带有支承栓的导风墙等。

8-10 竖炉内导风墙的作用是什么？

答：竖炉增设导风墙后，从下部鼓入的一次冷却风，首先经过冷却带的一段料柱，然后绝大部分换热风（约 70%～80%）不经过均热带、焙烧带、预热带、而直接由导风墙引出，被送到干燥床下。直接穿透干燥床的生球层，起到了干燥脱水的作用。同时大大地减小了换热风的阻力，使入炉的一次冷却风量大为增加，提高了冷却效果，降低了排矿温度。

8-11 竖炉导风墙用矩形无缝管作托梁的进展情况怎样？

答：最初的导风墙托梁是用大型槽钢对接和钢板焊接而成，最初用水冷，后改为汽化冷却。由于焊缝易出现裂纹产生漏水现象。后来改为由 6～8 根的无缝钢管组成（两排）。这种用无缝钢管制作的水梁，经常出现的问题是水梁中部下弯（俗称“塌腰”）和被磨损，从而导致漏水和导风墙砖墙坍塌。为了提高水梁的刚性和强度，竖炉设计者采用增加钢管数量、直径和壁厚的办法，到目前已到钢管 12 根（每侧 6 根），钢管直径 219mm，壁厚 20mm。

1987 年导风墙—烘干床技术输出到美国，在中方提出的图纸中，水梁由 6 根无缝钢管（每侧 3 根）构成。美方经过计算，将圆形钢管改为矩形钢管，并在表面涂了一层耐火材料。由于当时我国尚不能生产大尺寸的异形无缝钢管以及当时圆形无缝钢管组成的水梁寿命已经显著延长，所以对美国人的改进未考虑。

现在上海已能生产各种异形（包括矩形）无缝钢管，为水梁改进奠定了基础。最近北京科技大学提出了矩形水梁的设计方案，并介绍了美国人的设计方案，见图 8-17。

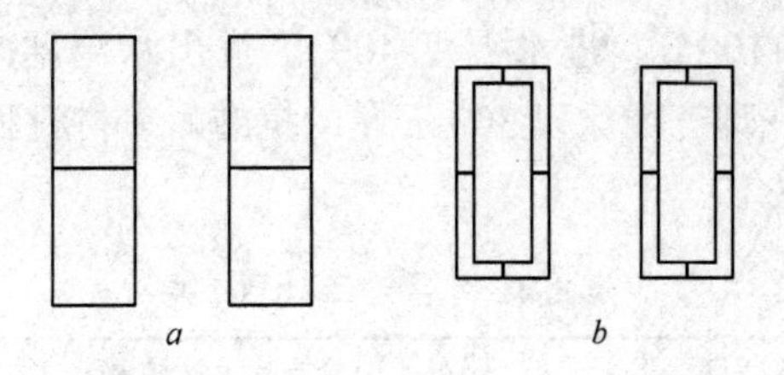

图 8-17　矩形水梁的断面设计方案示意图

a—美国人的设计方案；*b*—北科大的设计方案

美国人设计的水梁是用 4 根矩形无缝钢管组成（见图 8-17*a*）；北京科技大学设计的水梁是 4 根矩形无缝钢管，但是两两套起（见图 8-17*b*），表 8-2 列出了矩形水梁和圆管水梁的几何尺寸，表 8-3 列出了根据材料力学计算水梁的抗变形能力。

表 8-2　水梁的几何尺寸

水梁类别	长度/m	高度/cm	宽度/cm	壁厚/cm
矩形外梁	7.20	40	20	1.2
矩形内梁	7.20	35	15	0.8
圆管水梁	7.20	OD16.8	ID12.8	2.0

注：OD 为外径，ID 为内径。

表 8-3 水梁的抗变形能力

水梁类别	跨度/m	载荷/t	挠度/cm	变形率/%
矩形外梁	6.0	40.65	0.39	0.06
矩形内梁	6.0	40.65	0.92	0.15
圆管水梁	6.0	40.65	4.35	0.72

由表 8-3 可见，矩形水梁的力学性质远优于圆形水梁，通常要求水梁的变形率不超过 0.3%，两种矩形水梁均能达到标准，而圆形水梁则不能满足要求。

该矩形水梁采用软水闭路循环冷却技术，效果良好。经计算在环境温度 1100℃、进水温度 40℃，进出水温度 8℃，在水梁的内、外和底部三面涂以 30mm 厚的抗磨耐火材料和光面水梁的结果见表 8-4。

表 8-4 水梁热工计算结果

项　目	外表面涂有耐火材料水梁	光面水梁
水梁单位长度热流量/MJ·$(m \cdot h)^{-1}$	579.20	1051.28
水梁总热流量/MJ·h^{-1}	3475.20	6307.66
冷却水流量/t·h^{-1}	138	138
冷却水通道面积/cm^2	137	137
冷却水流速/m·s^{-1}	2.8	2.8
冷却水压力损失/N·cm^{-2}	10.976	11.172
水梁外管的外表面温度/℃	82	119
水梁内管的外表面温度/℃	53	65

从表 8-4 可以看出，水梁裸露的表面涂上抗磨的耐火材料，可以使热流量降低，水梁的内、外表面温度下降。在生产过程中，即使表面耐火材料脱落，水梁外表面温度也只有 119℃。

矩形水梁采用软水闭路循环冷却，图 8-18 为技术工作原理图。

根据理论计算，矩形水梁的力学性能优于当前使用的圆形无

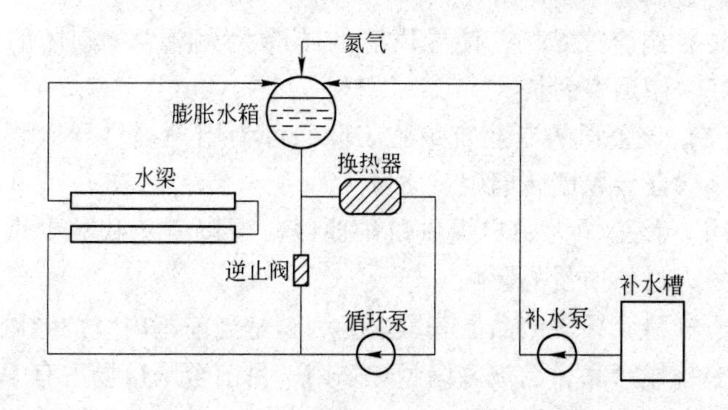

图 8-18 软水闭路循环冷却技术工作原理

缝钢管水梁。当采用软水闭路循环冷却技术与矩形水梁配合，可能大大延长导风墙的寿命，使其与竖炉的寿命同步。

矩形水梁的工业应用试验正在筹划中。

8-12 导风墙耐火材料托梁的研发情况怎样？

答：导风墙和烘干床的出现，推动了我国竖炉球团的发展。但导风墙的使用寿命低是多年来一直困扰竖炉球团生产的发展问题。导风墙寿命低的原因：一是导风墙砖体易破损倒塌，二是导风墙的水冷托梁易变形下弯（或称“塌腰”）和被磨损，从而导致漏水和砖墙坍塌。

为了提高导风墙的使用寿命，从 1994 年开始，河南省巩义市建业耐材有限公司（原冶金部洛耐院巩义市联营耐火材料厂）与洛阳耐火材料研究院新材料研究所共同研制开发出球团竖炉导风墙用新型耐火材料，1995 年首次投放市场，南京钢铁公司球团厂球团竖炉使用后收到了良好效果。

竖炉用导风墙耐火材料，按材质分为两个品种即铝锆质和硅线石莫来石质，使用寿命分别为 1 年和 3 年以上。其主要特点为：

（1）在铝硅系材料的基础上，加入适量的复合添加剂，使其在高温下形成稳定的锆莫来石相或硅线石相，从而起到了很好的耐高温和抗冲刷作用。

（2）组合式结构，使导风墙的砖缝大大减少，砌体的整体性能好，使用寿命长。

（3）该公司的专业筑炉施工队，可为用户提供导风墙砌筑服务，保证导风墙砖墙砌筑质量。

（4）该公司为用户提供烘炉曲线，可以避免和减少烘炉操作对耐火材料质量的影响。

据资料介绍该产品已获国家专利，是当前国内竖炉导风墙砖的首选替代产品，已被多座竖炉采用，目前全国市场占有率达到80%以上。

图 8-19 为组合式导风墙砌砖布置示意图。图 8-20 为组合式导风墙砌砖图像。

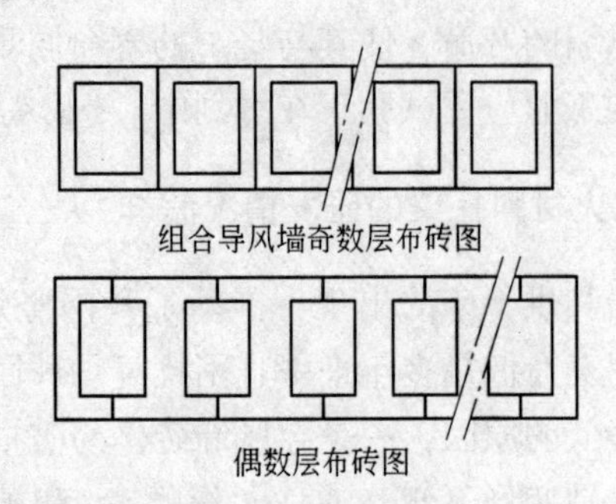

图 8-19　组合式导风墙砌砖示意图

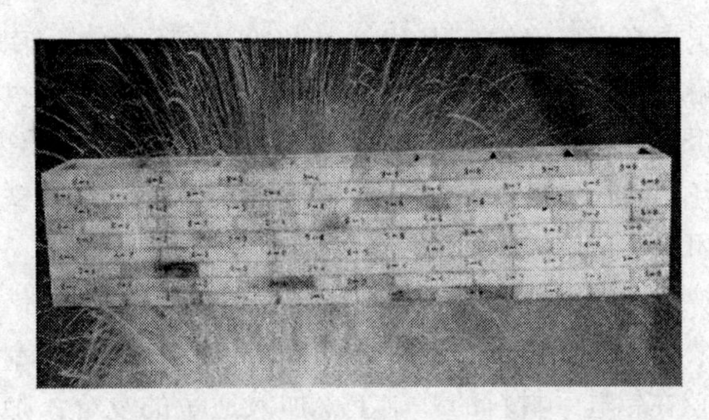

图 8-20　组合式导风墙砌砖图像

随着竖炉组合导风墙寿命的提高，其底部钢结构水冷托梁的使用寿命已不能与之同步。为此该公司又与邯郸一球团厂合作，共同开发了拱形高强度耐火预制块组合式大梁，目前已投入使用。采用这项措施可以省略原来的整套软化水系统，使企业的综合效益明显提升。

图 8-21 为耐火预制块组合式导风墙大梁结构示意图。图 8-22为高强度耐火预制块组合式导风墙砌砖图像。

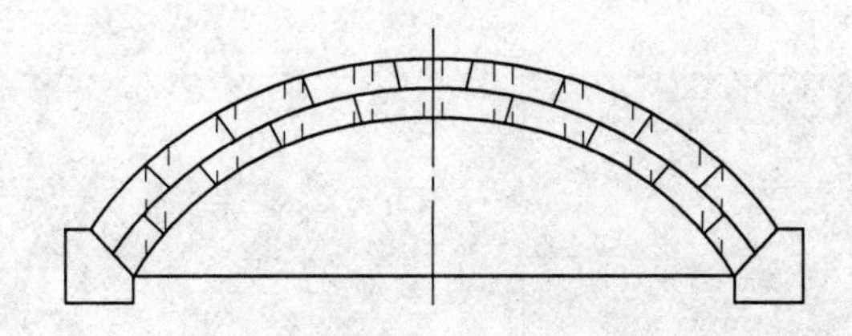

图 8-21　耐火预制块组合式导风墙大梁示意图

图 8-22　高强度预制块组合式拱形导风墙大梁图像

8-13　高合金耐热耐磨材料铸造导风墙水梁概况如何?

答：竖炉导风墙自创造发明后，经过多年的改造完善，使用寿命已有了明显的延长，但仍需进一步提高。

为了进一步提高竖炉导风墙的使用寿命，江苏省靖江市华洋电力机械制造公司的技术人员对竖炉导风墙寿命低的原因进行分析研究后，针对竖炉导风墙工作条件十分恶劣，既有 1000℃以上的高温环境，又承载导风墙砖体的质量，而且导风墙的外侧受向下运行的球团矿摩擦，内侧受上升气流携带粉尘冲刷的情况，采用高合金耐热耐磨材料整体铸造成型工艺生产出导风墙水梁。这种导风墙结构合理，造型美观。具有耐高温（工作温度达1200℃）、无渗漏、不变形、不开裂、抗冲击、耐磨损等优点。几年来经用户使用，寿命达2年以上。

图8-23为采用高合金耐热耐磨材料整体铸造成型工艺生产的导风墙水梁图像。

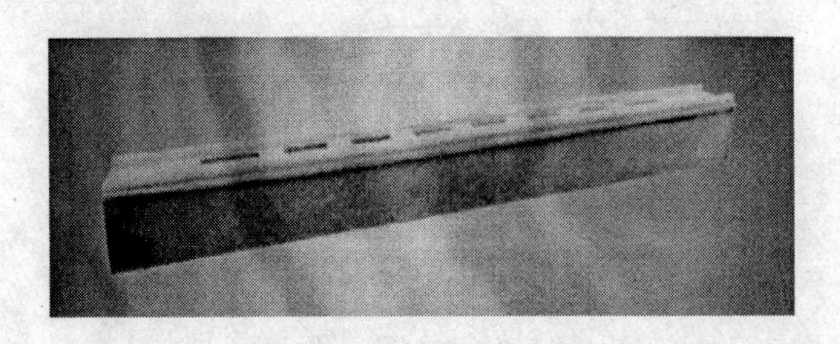

图8-23　高合金耐热耐磨材料整体铸造成型的导风墙水梁图像

8-14　我国球团竖炉燃烧室的形状有几种？

答：我国球团竖炉燃烧室设置在炉身长度方向的两侧。燃烧室外壳一般用6～8mm或10～12mm钢板制成。

我国竖炉燃烧室有矩形和圆形两种：

（1）矩形燃烧室。我国早期建设的球团竖炉燃烧室都是矩形燃烧室。矩形燃烧室的顶部一般都砌成60°拱，如图8-24所示。

矩形燃烧室由于受到拱顶水平推力、气体的侧压力、耐火砌体的热胀冷缩以及砌砖质量等原因的影响，存在着一个最大问题，就是极易烧穿、漏气冒火，严重时烧坏外壳钢板，我国早期建成投产竖炉的矩形燃烧室都不同程度的存在漏气冒火问题，后经设计部门的努力改进，这一问题得到大大的缓解。

（2）圆形燃烧室。由于矩形燃烧室存在极易烧穿、漏气冒火的问题，国内有的球团竖炉把矩形燃烧室改成圆形燃烧室。

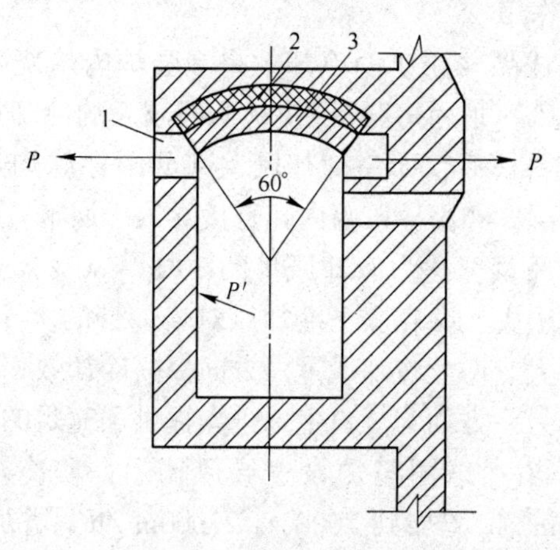

图 8-24　矩形燃烧室剖面图

1—拱脚砖（T—52）；2—硅藻土砖；3—楔形砖（T—38）

圆形燃烧室不仅受力均匀，又不存在拱脚的水平推力，而且容易密封，寿命长。经过使用，效果很好，并得到推广应用。

现在圆形燃烧室有竖式和卧式两种，如图 8-25 所示。

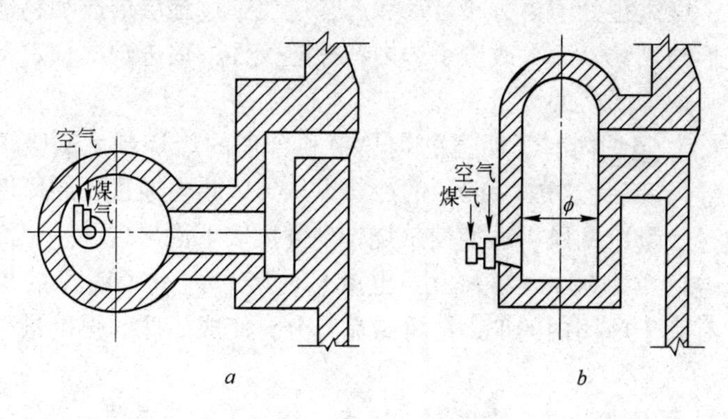

图 8-25　圆形燃烧室示意图

a—卧式剖面；*b*—立式剖面

8-15　导风墙和烘干床在竖炉球团生产工艺上的作用有哪些？

答：通过生产实践证明，导风墙和烘干床在竖炉球团生产中有以下几方面作用：

（1）提高成品球团矿的冷却效果。竖炉内焙烧带设置导风墙，实现冷却风“炉内短路”，使从下部鼓入的冷却风，首先穿过冷却带一段料柱后，而使冷却风大部分不穿越均热带、焙烧带、预热带球层，经由导风墙内孔直接导入干燥带。经实验测定和计算这部分风量，约为冷却风量的70%～80%。这样既减小高温料柱阻力损失，又克服了冷却风对焙烧带的“干扰”，从而使冷却风量增大。增大冷却风量一方面提高冷却效率，降低成品球排料温度，另一方面为炉口生球干燥提供了充足的热气流。

例如某厂 $8m^2$ 球团竖炉设置导风墙后，使冷却风流量从 $13000\sim14000m^3/h$ 增加到 $20000\sim22000m^3/h$，增加了40%～57%。排矿温度在球团500t/d的情况下，从600℃降低到300℃左右。

（2）改善了生球的干燥条件。竖炉炉口增设导风墙和烘干床后，冷却风大量经过导风墙上升到炉口，为生球创造了大风量、薄料层的干燥条件，生球克服了“骤然加热”的弊病，湿球在干燥过程处于再分布运动状态，避免了过湿层形成和料球塑性变形与黏结，大大改善了炉内料柱透气性，促进炉况稳定，提高了竖炉球团矿的产量。

（3）竖炉内有了明显的均热带和合理的焙烧制度。竖炉内设置导风墙后，70%～80%的冷却风从导风墙内通过，导风墙外只通过少量冷却风。从而使焙烧带到导风墙下沿出现了一个高温的恒温区（1100～1250℃），也就是使竖炉内有了明显的均热带，有利于球团内的 Fe_2O_3 再结晶充分，使成品球的强度进一步提高。

烘干床的出现，使竖炉内又有一个合理的干燥带，而在烘干床下与竖炉导风墙以下，又自然分别形成预热带和冷却带，这样就使竖炉球团焙烧过程的干燥、预热、焙烧、均热、冷却等各带分明、稳定，便于操作控制，有利于球团矿产量和质量的提高。

（4）降低了燃烧室压力，出现了低压焙烧竖炉。竖炉内设置导风墙和烘干床。改善了料层对气流的阻力，燃烧室燃烧废气穿透阻力减少，穿透能力增加，燃烧室压力降低。风机风压在30kPa以下就能满足生产要求，而国外竖炉风机风压为50～60kPa，于是产生了具有中国特色的“低压焙烧”球团竖炉。这种竖炉可比国外同类球团竖炉降低电耗50%以上。

（5）竖炉能使用低发热值煤气焙烧球团。由于设置导风墙后大大减轻了冷却风对焙烧带的干扰，使焙烧带的温度分布均匀改善，竖炉水平断面温度差缩小，同样情况下焙烧带温度较无导风墙时有所提高，所以我国球团竖炉能使用低发热值的高炉煤气或高炉—焦炉混合煤气，生产出强度高、质量好的球团矿。

（6）简化了布料设备，布料操作容易。由于炉口烘干床措施的实现，使竖炉由“平面布料”简化为“直线布料”。不仅使布料设备简化，而且也简化了布料工的布料操作。

第二节　竖炉球团生产设备

8-16　我国竖炉球团生产有哪些主要设备？

答：我国竖炉球团生产的主要设备有两类：

（1）非标准工艺设备。这类设备主要有布料车、煤气烧嘴、辊式卸料器、液压系统设备、排矿设备、冷却设备以及汽化冷却设备等。

（2）标准设备。这类设备主要有风机、水泵、煤气加压机、除尘设备等。

8-17　布料车的用途是什么？

答：由铁精矿粉和添加剂而制成又未经焙烧的生球，强度低，比较脆弱。为了使生球能够均匀、连续地布入炉内烘床而又不致破碎，须一专用的设备即布料车。有的叫布料机，还有的叫炉顶布料车。

8-18 我国早期竖炉使用的布料机结构与国外有哪些差别?

答: 我国早期竖炉的布料机与国外竖炉的布料设备一样,是一台可在纵横两个方向移动,呈“L”形的两条胶带运输机。其中装在小车上的一条胶带沿炉口横向做往复运动,因小车是安装在大车上的,故小车上的胶带随大车做横向运动的同时,又与大车一起沿炉口的纵向做往返运动,而大车上的胶带把来自造球的生球,不断给入小车上的胶带,这样布入竖炉内的生球轨迹便呈斜的“N”形,这种布料被称为“平面布料”(简称面布料)详见图 8-26。

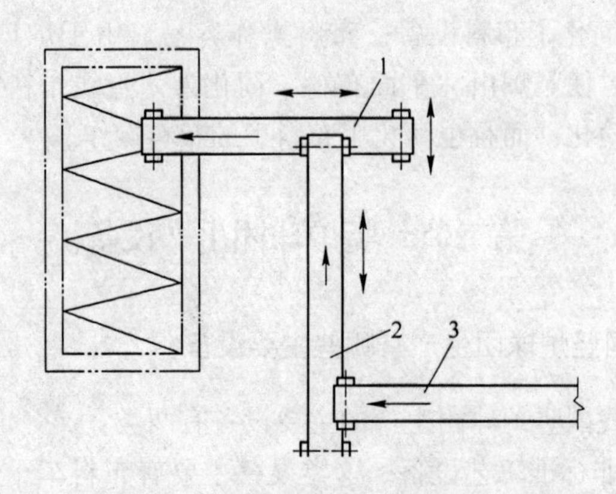

图 8-26 我国早期竖炉布料机面布料示意图

1—布料机小车;2—布料机大车;3—生球上料胶带

我国早期竖炉采用“面布料”的布料机,存在着结构复杂、操作困难、布料不匀等三大缺点。到 20 世纪 70 年代,我国创立了新型竖炉炉型后,普遍采用了炉口烘床新工艺,不仅改善了生球干燥条件,而且在布料操作和布料设备上也得到了简化,由“平面布料”简化为“直线布料”(简称线布料)。这时的布料机已简化成为一台位于炉口中心线上方,可做往复移动的胶带运输机(亦称梭式布料机)。

8-19　目前我国竖炉所用布料车的构造有几种？

答：目前，我国竖炉所用的布料机，实际上是一台装设在小车上的胶带运输机。为使生球自头轮卸下时不致跌碎，胶带速度需限制在0.8m/s以内（一般胶带速度为0.6m/s）。小车的走行速度一般在0.2~0.3m/s。

由于这种布料机（车）在投产使用初期存在一些问题，一些新建球团厂对布料机（车）作了一些改进，看起来有多种多样，但根据小车的传动形式，可以分为钢绳传动和齿轮传动两种。

（1）钢绳传动布料机。钢绳传动的布料机（见图8-27）其传动装置位于地上，由电动机经减速机（或液压油缸）驱动卷筒缠绕钢丝绳，拖动在轨道上的小车往复运行。

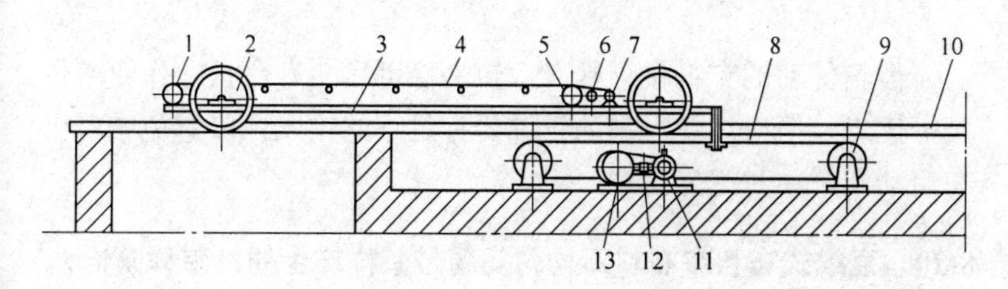

图8-27　简支式钢绳传动布料机示意图

1—头轮；2—行走轮；3—车架；4—胶带；5—传动轮；6—减速机；7—布料胶带传动电机；8—钢绳；9—绳轮；10—轻轨；11—行走电机；12—减速器；13—钢绳卷筒

钢绳传动布料优点：

1）车体走行部分的质量轻、惯性小；

2）传动为全封闭式；

3）所有的车轮都是从动轮，车轮与轨道不存在打滑问题；

4）传动电机装置位于地面，无需活动电缆。

缺点：钢绳寿命较低，大约 3 ~ 4 周需更换一次，所以作业率较低。

（2）齿轮传动布料机。齿轮传动的布料机其传动装置安在小车上，由电动机经减速机、开式齿轮驱动小车主动轮轴，带动小车在地面轨道上往返运行，如图 8-28 所示。

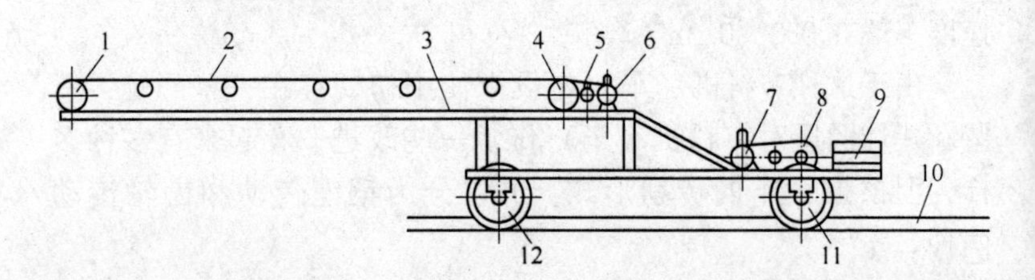

图 8-28　悬臂式齿轮传动布料机示意图

1—头轮；2—胶带；3—车架；4—传动轮；5—减速机；6—布料胶带传动电机；7—行走电机；8—减速器；9—配重；10—轻轨；11—主动轮；12—从动轮

齿轮传动的布料机，具有运转平稳可靠、寿命长、作业率较高等优点。但应注意：主动轮轴要有足够的轮压，以避免布料机在启动和制动时产生打滑。

8-20　直线式布料车布料不均匀问题是怎样产生的，怎样防治？

答：我国球团竖炉采用的直线式布料车是采用电气控制自动做往复运动，有时辅以手动。但由于布料胶带速度是固定的，不能做自动调节，因此就易出现布料料层厚薄不均匀问题。

从目前直线式布料车的布料情况看，其原因是：

来自造球的生球上料胶带运输机的速度 v_0(m/s)和单位长度上的生球量 q_0(kg/m)基本为恒定不变的。但给到布料机胶带上后，在布料机胶带的单位长度上的生球量，却随车体前进或后退而发生变化。

若车体运行速度为 $v_{车}$(m/s)，胶带的运行速度 $v_{车带}$(m/s)。

当车体前进时，则布料机胶带上的生球量 $q_{进}=\dfrac{q_0 v_0}{v_{车带}+v_{车}}$；当车体后退时，$q_{退}=\dfrac{q_0 v_0}{v_{车带}-v_{车}}$。则布料的不均匀系数 $\varepsilon=\dfrac{q_{退}}{q_{进}}=\dfrac{v_{车带}+v_{车}}{v_{车带}-v_{车}}$；由此可以看出，车体的运行速度（$v_{车}$）越小，则不均匀系数（$\varepsilon$）越小。

若取一般的布料机车体运行速度 $v_{车}=0.26\text{m/s}$，胶带运行速度 $v_{车带}=0.8\text{m/s}$ 时，则此布料机的布料不均匀系数 $\varepsilon=\dfrac{v_{车带}+v_{车}}{v_{车带}-v_{车}}=\dfrac{0.8+0.6}{0.8-0.6}=\dfrac{1.06}{0.54}\approx 2$，也就是说，该布料机在车体后退时，单位胶带上的生球量约为车体前进时的2倍。

通常固定胶带运输机卸料点距炉口最远端一侧的距离约为布料行程的1.5倍，因此，布料车自炉口远端开始后退时，胶带上仍存有一部分前进时接受的较薄料层，直到布料车头轮到达炉口中心附近，布料车后退时接受的较厚料层才开始布入炉内。当布料车后退至最近端再开始前进布料时，胶带上还存留一部分厚料层继续覆盖在刚刚布到炉内的较厚料层上。因而，当布料车在全程内往返自动布料时，必然会出现炉口靠近固定胶带一侧料层偏厚（大约400mm）的现象。

因此，再改进布料车时，必须考虑按布料车前进和后退程序，自动调节胶带速度及布料车速度；或改进布料车结构为单向布料（见图8-29），才能保证料层厚度均匀。

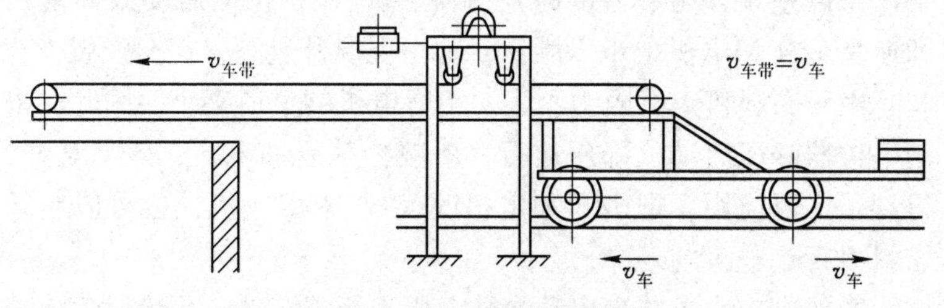

图8-29　单向布料车示意图

单向布料法是布料车在前进时不向竖炉内布料，而只在后退时才布料的方法。

采用单向布料法，首先应将布料车上的胶带传动装置移到地面上，并使布料车的胶带速度等于车体速度，即 $v_{车带}=v_{车}$。

8-21 布料车容易发生哪些故障，改进措施有哪些？

答： 布料车在竖炉炉口上往复不间断地运动，工作环境又十分恶劣，故极易发生很多故障，主要故障及改进措施如下：

（1）皮带烧毁。由于竖炉炉口的温度较高，有时直接与火焰接触，以致引起橡胶的龟裂、起泡，甚至烧毁。为解决胶带烧毁问题，有的竖炉球团厂曾成功地使用过钢丝网带。实施竖炉炉顶除尘技术可使布料机作业环境大有改善，如果除尘风机不出故障和竖炉生产及布料机运行正常情况下，布料机胶带烧毁的现象基本上可以避免，使用寿命可延长到3~6个月。有的球团厂使用耐热胶带做布料车的胶带也取得一定的效果，延长了使用寿命。

（2）布料胶带头轮轴承损坏。布料机胶带的头轮处在高温、多尘的恶劣环境下工作，早期曾采用单列向心球轴承（200型或300型）常因轴承受热后膨胀，使间隙咬死，以致损坏。目前有的已改用滑动轴承（即轴瓦）或间隙可调的圆锥辊子轴承，并改善润滑条件，或在轴承座进行水冷却，效果较好。

（3）行走电机烧毁。布料机的行走电机通常选用JZR型电机，以适应正、反向频繁启动的工作条件。但是实际上布料机的工作条件差（多尘、温度高）；行程短（正、反向启动太频繁），即使是JZR型电机也难以胜任，常出现温升过高，甚至烧毁。

由于布料机走行阻力不大，走行电机的负荷甚小。因此，采用电抗器降压启动、降压运行，以减少其启动电流，效果甚好，得到了广泛应用。把JZR型电机改换成JZ型电机，也可以延长布料机行走电机的寿命。

操作中应力求减少启动次数，用长行程布料，尽量避免或减少短距离往、返行车，以保护电机免于过热。

此外，由于制动器失灵、接触器不良、电机炭刷磨损、轮轴损坏等机械、电气上的原因，引起电机烧毁的现象也都偶有发生，应予注意。

（4）制动器线圈烧毁。布料机行走传动部分的制动器电磁铁线圈，经常容易引起烧毁。烧毁的主要原因是启动频繁和电流过大所引起。电流过大可能由于衔铁吸合不严或吸合冲程过大所致，所以应注意调整制动器的退距。对于200mm制动器，退距应保持在0.5~0.8mm。

目前，布料机行走传动部分的制动器，有的采用液压推杆制动器，则可大大延长其使用寿命。当布料机行走采用齿轮传动时，也可以取消不用制动器。

布料车除了易发生以上故障外，当采用简支式车体结构时，还容易发生前部车轮轴承损坏，其原因与胶带头轮轴承损坏相同，亦可用同样方法处理。布料车胶带伸进竖炉内的上、下托辊，也极易咬死，应及时更换。

8-22　什么是辊式卸料器，它是由哪些构件组成？

答：辊式卸料器亦称齿辊，是竖炉的一台重要设备。我国早期的竖炉一般都装设有8根齿辊，因此俗称八辊。近年来有些竖炉通过实践，逐渐减少齿辊的数量，增大齿辊间隙，使下料较为通畅，并简化传动装置，已有改为七辊或六辊的。

国外竖炉，一般都设有两层齿辊，上层相邻两齿辊的齿间距为350mm，下层为150mm，齿辊摆动45°，由压缩空气或液压装置传动。

我国竖炉的齿辊，一般由单层排列；相邻两辊的齿间距为80~120mm，液压传动，摆动45°左右。

我国竖炉常用的辊式卸料器构造，主要由齿辊、挡板、密封装置、轴承、摇臂、油缸所组成，如图8-30所示。

我国某厂竖炉辊式卸料器的技术性能见表8-5。

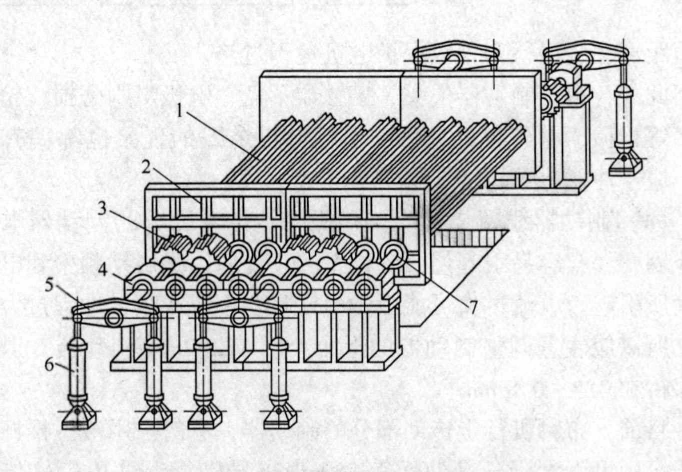

图 8-30 我国竖炉辊式卸料器构造示意图

1—齿辊；2—挡板；3—开式齿轮；4—轴承；
5—摇臂；6—油缸；7—轴颈密封装置

表 8-5 我国某厂竖炉辊式卸料器的技术性能

<table>
<tr><td colspan="8">齿 辊</td></tr>
<tr><td colspan="2">根数×辊径</td><td colspan="2">辊体结构</td><td colspan="2">材 质</td><td>冷却方式</td><td>摆动角度</td></tr>
<tr><td colspan="2">7×ϕ600mm</td><td colspan="2">整体中空铸造</td><td colspan="2">ZG45</td><td>水 冷</td><td>±22.6°</td></tr>
<tr><td colspan="7">传动结构</td><td></td></tr>
<tr><td rowspan="2">种类</td><td colspan="3">油 缸</td><td colspan="2">油 泵</td><td rowspan="2">正常情况下的工作压力/kPa</td><td rowspan="2">齿辊的相当转速 /r·min^{-1}</td></tr>
<tr><td>直径 /mm</td><td>行程 /mm</td><td>布置形式</td><td>压力 /kPa</td><td>流量 /L·min^{-1}</td></tr>
<tr><td>液压</td><td>ϕ150</td><td>450</td><td>立式</td><td>63765</td><td>25</td><td>2943～3924</td><td>12～15</td></tr>
</table>

8-23 辊式卸料器装设在哪个部位，其作用有哪些？

答：辊式卸料器的齿辊系统是装设在竖炉炉体下部的一组靠液压传动，绕自身轴线往复旋转运动的活动“炉底”。它的主要作用有如下几个：

(1) 支持料柱，承受料柱质量。

因齿辊相当于一个活动炉底，所以具有承受炉内料柱的作用。

竖炉开炉时要先装熟料（如球团矿、破碎好的粒度合乎要求的其他块状物料）；生产以后炉口至喷火口段装有没固结好的生球，喷火口以下为焙烧好的球团矿，这些物料很重，全部压在齿辊上。

（2）松动料柱。由于在竖炉生产时，齿辊不停地缓慢地摆动或旋转，已焙烧完的成品球团矿，通过齿辊间隙，落入下部溜槽，经排矿设备排出炉外。所以炉料得以较为均匀地下降，料柱松动，料面平坦，炉况顺行。同时，在利用齿辊松动料柱作用的过程中，还可以通过控制齿辊的转速和开停的数量，来调整料面，使之下料均匀。

严格地说齿辊系统也是一种排料设备。经过焙烧后的球团矿，通过齿辊间隙落入辊下的矿槽中，再经排矿设备运到炉外。

实践证明，如果齿辊发生故障而停止运转，炉料将不能均匀下降，下料速度快慢相差悬殊，并产生“悬料”、“塌料”等现象，致使竖炉不能正常生产。

（3）破碎大块。球团在竖炉内，因故黏结形成的大块，在齿辊的剪切、挤压、磨剥作用下被破碎使之顺利排出炉外，生产正常得以维持。

8-24　齿辊轴承的特点是什么？

答：轴承是齿辊的支点，它保证齿辊绕自身轴线摆动旋转，避免产生径向或轴向的位移。由于齿辊的轴颈较粗（≥200mm），且转速缓慢（10～20r/h）因此一般多采用滑动轴承（轴瓦）。但有的竖炉厂为避免齿辊的径向跳动，改用滚动轴承。

因齿辊轴承在重载、低速、高温的条件下工作，故齿辊采用滑动轴承，必须加强润滑。

齿辊轴承一般使用甘油润滑，并采用手动或自动甘油站供油，效果较好。但如果润滑系统发生故障，却很难采取应急措施，因此有的厂已改用稀油润滑。稀油润滑系统不易发生故障，偶有堵塞，也易疏通。

8-25　齿辊的密封装置的作用是什么，密封形式有几种？

答：辊式卸料器齿辊的密封装置，是指齿辊颈与挡板间的密封，由于该处炉内温度较高（400～700℃），压力较大（10000Pa），有大量的炉尘存在。一旦齿辊颈与挡板的密封填料磨损以致破坏，就使附近的各种设备、部件，处于极端恶劣的条件下工作，导致磨损加剧，寿命缩短，严重影响竖炉的作业率；同时造成环境污染，危害操作人员的健康。尤其是大量的冷却风从该处跑掉，破坏炉内气流的合理分布，影响了竖炉的正常作业。目前使用较成功的是填料油脂密封装置。

填料油脂密封装置是一种较好的密封方法，它的润滑脂消耗量较低（1～2kg/d）。

填料油脂密封是由于高温润滑脂充填了齿辊轴颈与密封圈之间的空隙，不仅阻止了气流外逸，并能起润滑作用，使填料能在较长的时间内不被磨损。

但是，要保持这种密封装置效果的先决条件：必须保证齿辊颈不做径向跳动。因此，要求齿辊两个轴承的轴瓦，应有良好的润滑条件，不允许有严重的磨损。

如果轴瓦被磨损，就会产生间隙，当齿辊受到径向力作用时，轴颈将被抬起和落下，产生径向跳动，导致密封填料被压缩，密封间隙扩大，这样当油脂不能继续储存在间隙之中时，密封即遭到破坏而失效。

8-26　齿辊系统挡板的作用及构造是什么？

答：挡板是齿辊体与轴颈之间的护墙，用于防止竖炉内高温球团矿、高温热废气和炉尘外逸的一种防护装置。目前是采用整体焊接式挡板，是用双层钢板整体焊接而成，做成冷却壁形式，内通冷却水，有利于降低挡板的温度，延长使用寿命。这种挡板施工后即可不必再取下，拆卸齿辊时，可以从挡板内通出，比较方便，便于维修。

8-27　齿辊的构造形式怎样？

答：齿辊是辊式卸料器中的重要部件，它在整个炉料重力的作用下，需承受很大的弯矩和扭矩，而且齿辊所处的工作环境温度较高（400～700℃），所以需要较好的结构和材质。

我国竖炉的齿辊辊体大多用45号普通碳素钢铸造，中心采用通水冷却。根据目前使用的齿辊体结构，概括起来有以下3种：

（1）整体铸造式。齿辊为中空整个铸造的铸钢件（见图8-31），具有辊身强度大的优点。但铸造工艺比较复杂，容易出废品，成品率低；中心通水孔的清砂也比较困难。

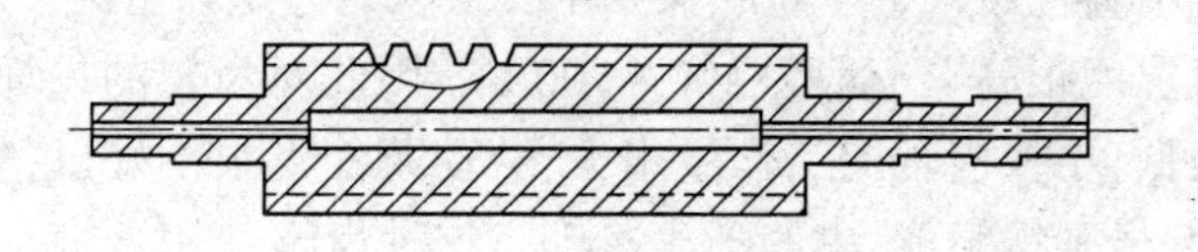

图8-31　整体铸造式齿辊

（2）分段铸造式。为了解决整体铸造式齿辊在铸造工艺上的困难，将齿辊分为3段铸造，然后焊接成一个整体（见图8-32）。分段铸造成品率高，但铸造后需进行机械加工即整体焊接—机械加工的过程，加工复杂，成本增加。

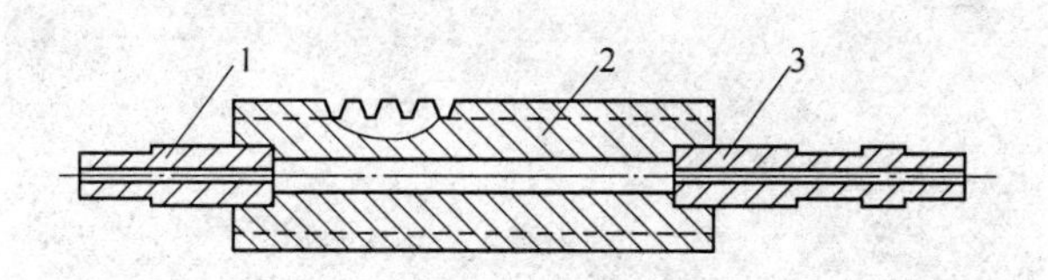

图8-32　分段铸造式齿辊

1—短轴颈；2—齿套；3—长轴颈

（3）中空方轴齿套式。这种结构的齿辊是在一根中空方轴上，外面套以若干节齿套（见图8-33），以便当齿套磨损后，可以进行更换。这种结构在实际生产中，由于齿辊工作一段时间后，中空方轴和齿套发生变形，难以实现顺利拆卸和更换，同时易发生齿套断裂和脱落事故。此外，中空方轴由于寿命短，故目前基本已不使用这种结构的齿辊。

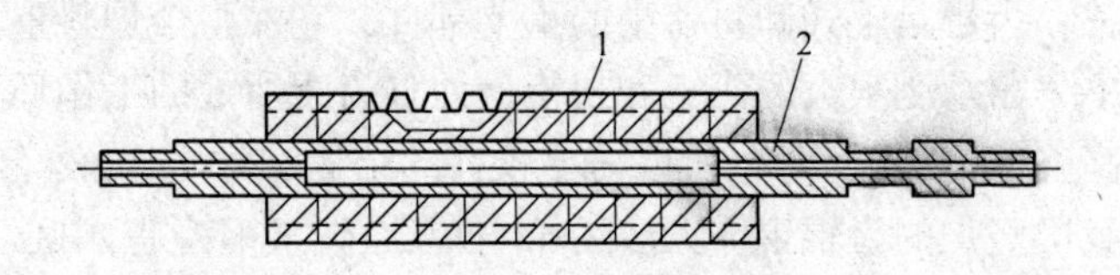

图 8-33　中空方轴齿套式齿辊
1—齿套；2—中空方轴

齿辊是辊式卸料器的主要部件，安装于竖炉炉身下部，既要承受整个料柱巨大的重量，又要承受很大的弯矩和扭矩，而且工作环境温度很高，一般为 400 ~ 700℃，因此对齿辊的损坏很大，寿命很低，更换齿辊的工作量很大，劳动条件也很不好，齿辊最初多用 45 号碳钢铸成，中心通水冷却。这种齿辊使用寿命很低，最短只有几个月，为了提高齿辊使用寿命，改用普通的耐磨钢制造，使用寿命有所提高。为了进一步提高齿辊使用寿命已用高合金耐热耐磨材料制造，这种齿辊结构合理，性能可靠，具有耐高温、抗磨性能好，不易磨损等优点，使用寿命长，据悉某竖炉使用这种齿辊，寿命在原来的 3 倍以上。图 8-34 为高合金耐热耐磨齿辊图像。

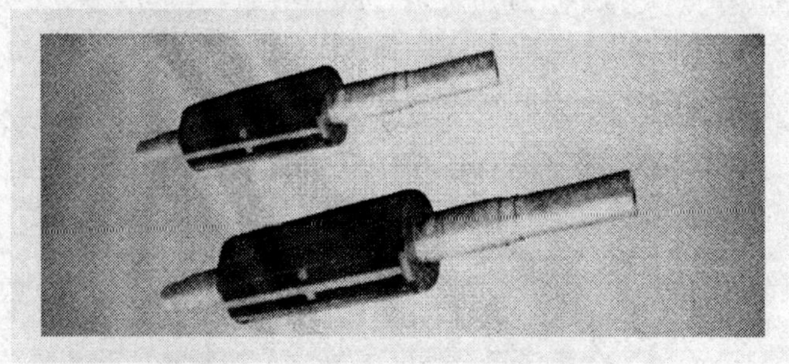

图 8-34　高合金耐热耐磨齿辊图像

8-28　辊式卸料器齿辊是怎样传动的？

答：竖炉辊式卸料器的齿辊，除少数为机械传动，可做

360°旋转外，绝大多数皆为液压传动，做往复摆动，摆动角度为30°～45°。齿辊传动分为两种：

（1）双缸双臂传动。双缸双臂传动是以每根齿辊为一组，把从动辊改为主动辊，用双油缸和双摇臂驱动齿辊做摆动旋转。克服了开式齿轮传动的缺点，具有受力均匀，轴瓦磨损小等优点，是目前齿辊传动中的一种较好形式。

（2）单缸单臂传动。我国有些竖炉的齿辊采用单缸单臂传动，为使齿辊实现同步旋转，还采用了拉杆连接。

在单缸单臂传动中，虽然能节省一只油缸，但轴承却承受了与油缸推力相等的附加径向力，加速了齿辊轴瓦的磨损。因此，在条件允许的情况下，采用双缸传动为宜。

齿辊的摆动角度。齿辊在旋转时的摆动角度不宜过大或过小。摆动角度过大，则引起油缸活塞杆轴线与摇臂垂线的夹角增大，推动摇臂的有效力减小，引起换向时工作压力上升。

摆动角度过小，则油缸行程缩短，换向频繁，对换向阀工作不利。所以齿辊一般的摆动角度以30°～40°为宜。当齿辊上结块多，阻力增大时，应调整行程开关，减小齿辊摆动角度，减轻液压系统的负荷。

8-29　齿辊液压系统是怎样构成的，供油方式有几类？

答：辊式卸料器的齿辊是靠液压传动的。竖炉均设有液压站，由液压站的设备油泵向齿辊的油缸提供压力油，驱动齿辊转动。

（1）液压系统的构成。国内竖炉液压系统，虽由于设计单位的不同，所采用的油泵及阀门的规格型号、数量有一定的差异，但基本设备、阀门的性能还是一致的。液压系统一般由油泵单向阀、溢流阀、流量控制阀、换向阀、滤油器、压力计、温度计、油箱及其管路组成。所用的液压油，夏季为30号汽轮机油（透平油），冬季为20号汽轮机油。工作油的温度，应保持在30～55℃之间，过高或过低时，应采取冷却或加热措施，维持油温在指定范围内。

某厂 10m² 竖炉液压站内的主要设备有：

系统流量：66L/min

工作压力：8～10MPa

1）稀油泵

规格型号：635CY14-13

数量：3 台

压力：31.5MPa

流量：63mL/r

电机型号：Y180M-4

功率 18.5kW

2）干油泵

型号：DRB-11957-7

数量：2 台

给油量：195mL/min

公称压力：20MPa

电机型号：Y802-4

功率：0.75kW

贮油器容量：35L

（2）齿辊液压系统的供油方式。带动齿辊旋转的油缸，是由齿辊的液压系统供油而产生动作的。按齿辊传动的差异，液压站的供油方式有集中供油和分散供油两种类型。

1）集中供油。集中供油一般有两台油泵：一台供油，一台备用。用一台油泵向较多的齿辊的油缸供油，使各油缸之间得到机械同步。图 8-35 为集中供油液压系统示意图。

集中供油的优点是系统简单，所需液压件少。缺点是灵活性差、在系统中一个油缸或一个阀门失灵、所有油缸都不能工作，往往造成竖炉停产。

2）分散供油。分散供油是一台油泵只向两个油缸供油，构成独立的系统。图 8-36 为分散供油液压系统示意图。

分散供油的优点是各齿辊自成独立系统，停、开随意，灵活性

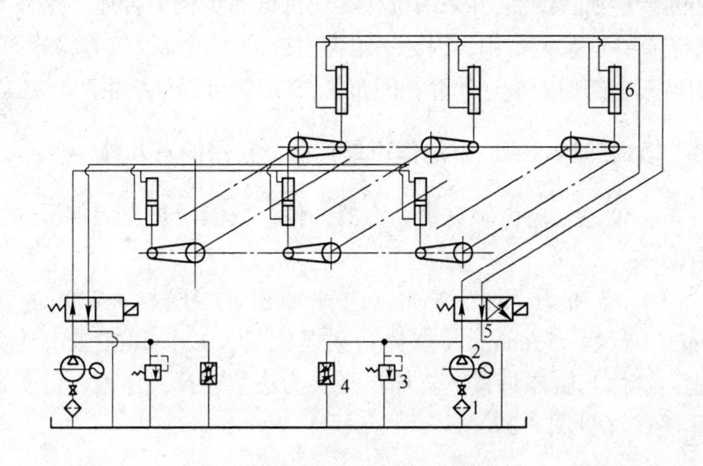

图 8-35　集中供油液压系统

1—滤油器；2—油泵；3—溢流阀；4—流量控制阀；5—换向阀；6—油缸

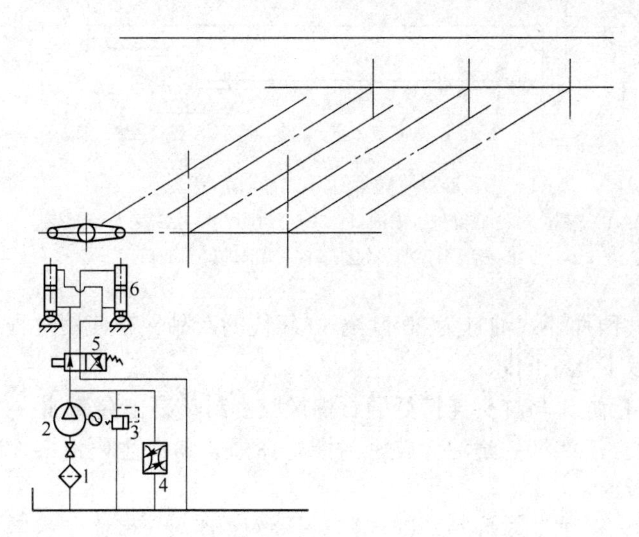

图 8-36　分散供油液压系统

1—滤油器；2—油泵；3—溢流阀；4—流量控制阀；5—换向阀；6—油缸

强，一组液压件发生故障，不致造成炉子停产。缺点是所需液压装置较多。一般采用双缸单辊传动，两组油压系统，分别向两组相间安装的齿辊油缸供油，并采用拉杆实现机械同步较为合适。这种方式等于有一套系统备用。因为一组齿辊或油压系统因故障检修时，仅相当于全部齿辊呈现动静相间布置，竖炉仍可以继续生产。

8-30　辊式卸料器的油缸的作用是什么，常用的有几种?

答：油缸是向齿辊提供动力的部件。我国竖炉齿辊常用的油缸有两种。

(1) 端部耳环式油缸。这种油缸的内径为 200mm 或 220mm，行程 450mm。其缸体为无缝钢管，缸头和缸尾由铸钢制成，缸体与缸尾焊接，缸体与缸头为法兰连接，活塞杆的头部为耳环式（见图 8-37）。

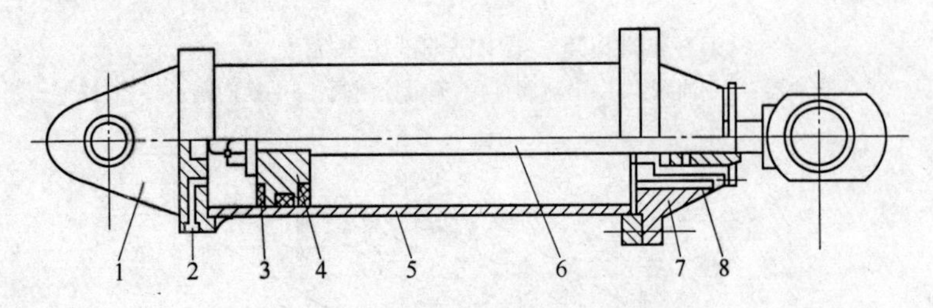

图 8-37　端部耳环式油缸示意图

1—缸尾；2—底部进、出油口；3—密封圈；4—活塞；5—缸体；6—活塞杆；7—缸头；8—端部进、出油口

这种耳环式油缸为 20 世纪 60 年代的产品，在使用过程中发现有以下几个问题：

1）缸体与缸头连接处的石棉橡胶密封垫易击穿漏油；

2）活塞杆的耐油橡胶密封圈寿命短，易产生内泄漏而降低油缸效率；

3）由于活塞杆与端部耳环为一整体锻件，更换密封圈或活塞杆时，必须将油缸全部解体，极不方便。

对耳环式油缸的以上这些缺点，可采取以下措施进行改造：

1）缸体与缸头之间密封的橡胶石棉垫，可改用 2 ~ 3mm 的紫铜垫；

2）活塞杆的耐油橡胶密封圈改用聚氨酯U形密封圈；

3）活塞杆与缸体内表面进行镀铬抛光处理；

4）将活塞杆与耳环改为螺纹连接。

这样油缸的故障将可大大减少，并维修方便。

（2）车辆用油缸。这种油缸的全称为耳环式车辆用油缸，系液压件厂的定型产品，见图8-38。一般选用内径为150mm，活塞行程为400~450mm，作为齿辊的传动部件。

这种油缸具有结构轻巧、装卸容易、维修方便、工作压力高达0.13734Pa（1373.4N/cm^2）摩擦面光洁度高、密封件寿命长等优点，所以得到普遍的应用。

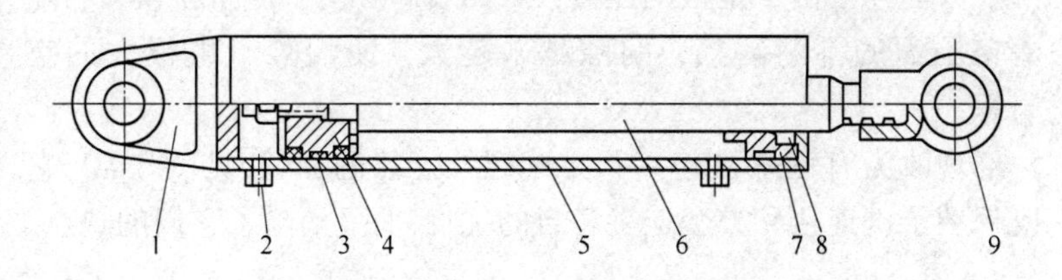

图8-38　车辆用油缸示意图

1—缸盖；2—进、出油口接头；3—密封圈；4—活塞；5—缸筒；6—缸杆；7—导套；8—压盖；9—耳环

目前，齿辊的传动装置均由油缸、摇臂组成。但这种装置不够紧凑，而且在运行中，油缸必须做一定角度的摆动，需用高压胶管连接。这样就降低了供油系统的可靠性。若一根齿辊由一台摆动油缸带动，则结构可以大大简化；由于摆动油缸输出的是转矩，因此，对齿辊的工作条件也将有所改善。摆动油缸结构示于图8-39。

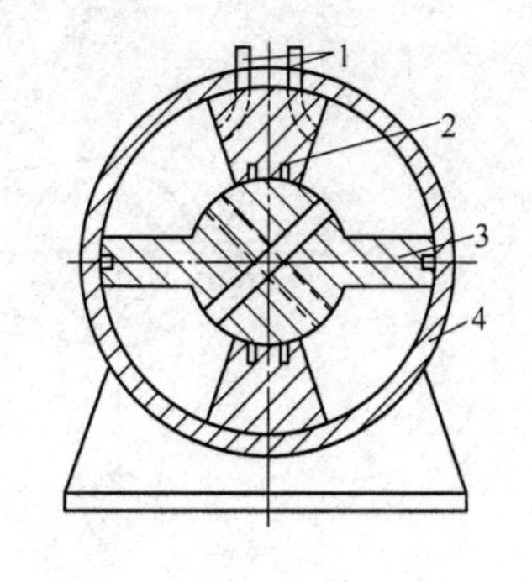

图8-39　摆动油缸结构示意图

1—进出油口；2—定叶；3—转叶；4—缸体

这种摆动油缸已在本钢 $16m^2$ 竖炉的辊式卸料器的齿辊上得到应用。

8-31　辊式卸料器的摇臂的用途是什么，摇臂有几种？

答： 摇臂是将辊式卸料器液压系统油缸的推力转化为齿辊转矩的一个部件。根据传动方式的不同，摇臂有单摇臂和双摇臂两类。

摇臂和齿辊轴颈的连接有键连接和方套连接两种。

为适应向两个方向传递很大的转矩，键连接的摇臂孔和齿辊轴都采用过渡配合，就这样装卸还都很困难。

方套连接由于是松动连接，虽然装卸方便，但间隙较大，随着挤压面的不断磨损，间隙越来越大，使油缸产生很大的空行程。

现改为有键螺栓连接和方套螺栓连接的摇臂，见图 8-40，它既保留了键连接和方套连接各自的优点，而又消除了它们的缺点。

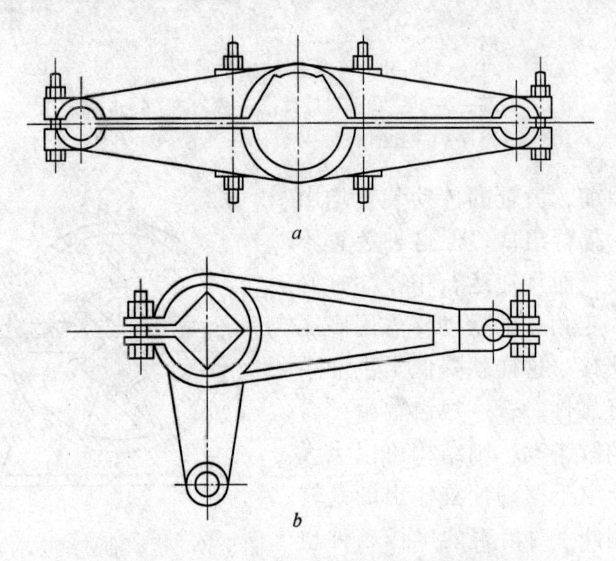

图 8-40　改进后的齿辊摇臂示意图

a—键螺栓连接的双摇臂；*b*—方套螺栓连接的单摇臂

8-32　液压系统操作工的岗位职责和操作要点是什么？

答：液压系统操作工，有的厂又叫油泵工或液压工。是竖炉球团生产的关键岗位，一台油泵或一个阀门的故障，就会造成竖炉停产。

（1）油泵工的岗位职责。

1）严格遵守本岗位安全和技术操作规程。

2）熟悉本岗位设备性能，保证设备的正确使用。

3）负责本岗位所属设备的手动开、停机操作。

4）负责本岗位环境的卫生与设备卫生，负责保管所用工具。

5）提出本岗位所辖设备的检修项目。

6）负责设备检修后的检查、验收及试车，并做好检修配合工作。

7）严格执行交接班制度。

（2）技术操作要点。

稀油泵操作要点：

1）油泵开启和停车必须与布料岗位取得联系，得到信号后方可作业。

2）油泵开启前检查各阀门是否灵敏可靠。

3）按动启车按钮，卸荷阀关闭，电机同时启动，油泵即开始正常工作。

4）停车时，按动停车按钮，卸荷阀打开，电机停转，油泵停车。

5）油泵正常工作时，工作压力应小于8MPa。

6）油箱存油不得低于油标的一半，常用46号透平油，不合格的油不准进油箱。补油或换油时，必须通过120目过滤器。

7）油泵工作时要求油温在35～50℃。油温低于35℃时，需低温启动几次后，再正式启动；油温超过60℃，开启油箱冷却水进出阀门，通冷却水，使油温降至35～50℃。

8）油箱的油位低于规定标高时，应及时补油；每半年彻底换一次油，并彻底清扫油箱内的杂物和积水。

干油泵操作要点：

1）干油泵启动前，应对所有设备进行详细检查，确认贮油量不小于贮油器容积的三分之一；该泵主油管上的两阀门应打开，另一泵的主油管阀门应关闭，各给油点的阀门应全部打开。

2）加油时，按动启车按钮，干油泵启动，并开始向各给油点加油。当某一给油点油脂外溢时，应关闭该给油点阀门，依此类推。当最后一个给油点阀门关闭后，进行手动换向，向辊式卸料器另一侧给油。正常生产时要求每日定点加油两次，并做好记录。

3）加油完毕，按动停车按钮，干油泵停车。

4）实际操作中，应根据给油情况适当调整系统压力，一般不应超过3MPa。

（3）辊式卸料器安全操作规程。

1）油泵、卸料器启动前应确认机旁无人无杂物后方可启动。

2）油泵站内禁止烤火取暖。

3）保持站内和卸料器两侧地面干净无油污，以防滑跌。

4）禁止任意倾倒废油。不准从高处向下方抛扔物品。

5）齿辊、油泵系统检修应可靠切断电源，挂好“禁止合闸”牌，确认无误后方可同意检修。油路需要焊割时，应将油路清洗干净，并取得动火证确认安全措施已落实方可进行。

6）非本岗位人员不得操作油泵系统。

7）油泵、卸料器启动运转时转动部位不准擦洗。

8-33 对球团竖炉排矿设备的基本要求有哪些？

答：生球由布料机布入竖炉内后，经过干燥、预热、焙烧、均热和冷却等主要过程后成为成品球团矿，由排矿设备排出炉外。因此，排矿设备排矿的速度快慢，以及排矿设备运转的可靠性，直接关系到竖炉球团矿的产量和质量，是竖炉能否正常生产的关键设备。因此对排矿设备的基本要求为：

（1）能保证均匀、连续排矿。要求竖炉的排矿设备，应能保证将炉内焙烧好的球团矿均匀、连续、稳定地排出炉外，使排矿量与布料量基本保持一致。这样，可使炉内的料柱经常处在松散和活动状态，炉口料面保持均匀和平稳下降，以利于布料操作正常和炉内料柱均匀下降；气流和温度的分布合理；达到焙烧均匀，确保炉况顺行，防止塌料和结块，确保生产出质量均匀合格的球团矿。

在国外，是通过排矿设备和布料设备自动连锁来达到这一要求。而国内是由布料工、操作工根据炉顶烘干床上生球干燥程度和竖炉下料情况，控制排矿设备而实现的。

（2）保证竖炉下部密封良好。这是对竖炉排矿设备的又一个要求，排矿设备要能起到料柱密封作用，严防竖炉内大量的冷却风从排矿口逸出而产生漏风现象，确保竖炉内的气流和温度分布合理，生产正常进行。

8-34　国外球团竖炉排矿设备大约有几种？

答：国外竖炉球团的排矿设备大致可归纳为5种：

（1）电磁振动给料机。

（2）汽缸（或称风泵）推动排料器。

上述两种排矿设备在美国伊利公司竖炉球团厂获得普遍采用。

（3）密封圆盘给料机。

（4）三道密封闸门。

这两种排矿设备主要应用在瑞典玛里姆别莱脱厂的竖炉上。

（5）圆辊给矿机。

这种排矿设备原在日本川崎千叶厂竖炉采用，现已拆除，该厂在排矿处未考虑密封装置，这可能与该厂竖炉采用负压焙烧，炉口采用抽风方式有关。

8-35　国内球团竖炉排矿设备的发展概况及目前使用情况怎样？

答：根据我国竖炉的发展过程,大致采用过如下3种排矿设备。

(1) 三道或四道密封闸门。三道或四道密封闸门，是我国早期竖炉使用的排矿设备，采用液压或机械传动，具有密封性好等特点。这是根据当时竖炉炉型尚未改进，炉内气流阻力大，冷却风从辊式卸料器下部鼓入，为防止竖炉下部漏风而采用的。但是三道或四道密封闸门结构复杂，设备笨重，启闭不灵活，事故频繁，影响竖炉生产，因此，相继被迫拆除。

(2) 链板运输机。三道或四道密封闸门拆除后，改用两只细长溜嘴直接插入链板运输机，以料柱密封，用间断开动链板运输机的办法来排矿。但因两只细长溜嘴的下料速度无法控制(虽有扇形闸门，但效果很差)，往往造成下料不均匀，不能满足竖炉生产工艺的要求。

(3) 电磁振动给料机。此法是在细长溜嘴下，各安装 DZ5 或 DZ6 型电磁振动给料机一台（电磁振动给料机的构造、性能和安装使用，参见配料设备一节)。因电磁振动给料机可以随时调节排矿量，所以竖炉实现了连续、均匀排矿。采用电磁振动给料机排矿，如发生成品球团矿“跑溜”（俗称自动下料)，可在振动槽口悬挂链条。

目前，我国竖炉采用电磁振动给料机排矿的形式有两种。

1) 电磁振动给料机—中间矿槽—卷扬机排矿法(见图8-41)。

这种排矿形式的优点：可以实现连续、均匀排矿，调节灵敏，设备可靠，密封性好等。缺点是结构复杂，设备笨重，使用后期设备事故多，竖炉高度要相应增加。

2) 电磁振动给料机—链板运输机排矿法（见图 8-42)。

此种排矿方法具有结构紧凑，能力大，易操作等优点。缺点是不能做到持久连续的排矿，密封困难。

8-36　竖炉用环缝涡流式烧嘴的性能有哪些?

答：一般我国球团竖炉大多采用 5 ~7 号环缝涡流式烧嘴。环缝涡流式烧嘴适用于煤气发热值为3763.5 ~ 9199.7kJ/m^3 (900 ~ 2200kcal/m^3) 的净化煤气。根据燃烧煤气发热值的高低，烧嘴可

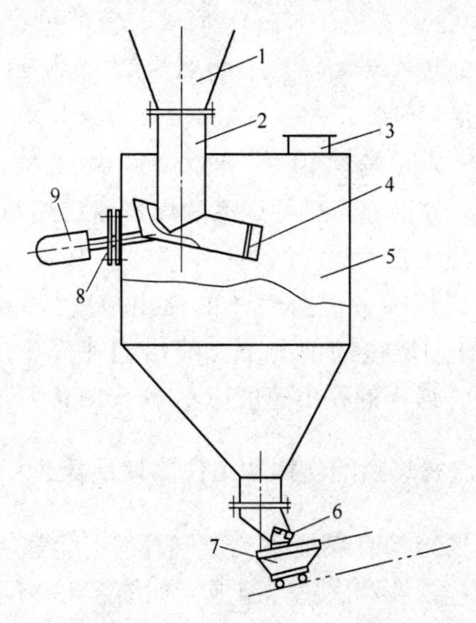

图 8-41　电磁振动给料机—中间矿槽—卷扬机排矿示意图

1—竖炉下部漏斗；2—直溜槽；3—检修孔；4—挡料链条；5—中间矿槽；6—扇形阀门；7—卷扬矿车；8—迷宫密封装置；9—电磁振动给料机

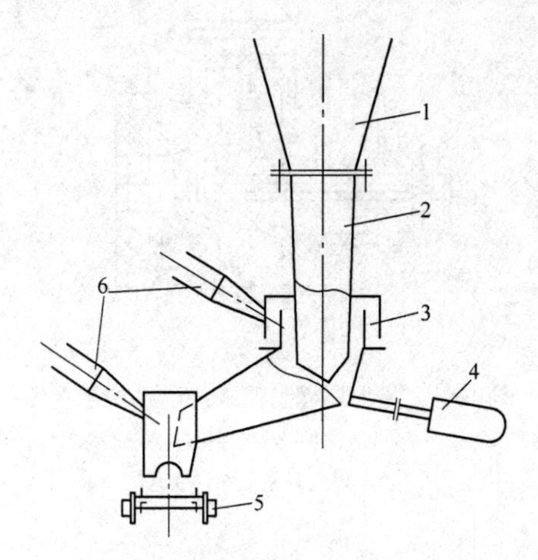

图 8-42　电磁振动给料机—链板机排矿示意图

1—竖炉下部漏斗；2—直溜槽；3—气封装置；4—电磁振动给料机；5—链板机；6—除尘风管

分为两类。

（1）用于煤气发热值为 3763.5 ~ 5854.4kJ/m^3（900 ~ 1400kcal/m^3）；

（2）用于煤气发热值为 5854.4 ~ 9199.7kJ/m^3（1400 ~ 2200kcal/m^3）。如果把第二种烧嘴的煤气喷口缩小后，也可以用来烧焦炉煤气或天然气。

环缝涡流式烧嘴中混合气体的喷出速度，一般要求不超过 40m/s；在没有燃烧室的情况下，喷出的速度不应超过 20m/s；为了避免回火，最小的喷出速度应不小于 10m/s。

8-37　环缝涡流式烧嘴的结构和工作原理是什么？

答： 其主要结构有煤气室、煤气环缝、空气室、空气环缝、套管、喷嘴、窥视孔和底座等组成，如图 8-43 所示。

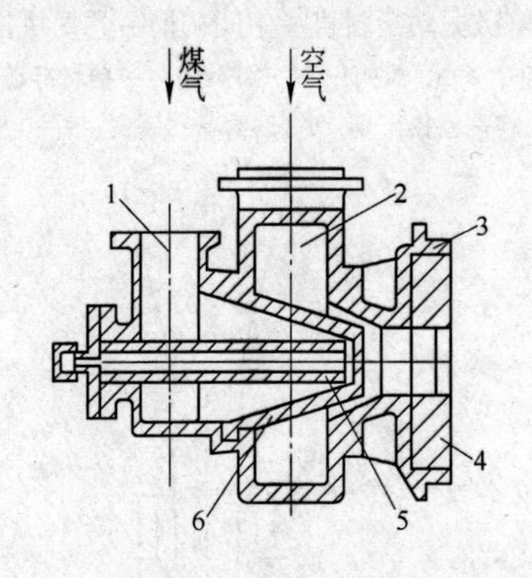

图 8-43　竖炉环缝涡流式烧嘴结构示意图

1—煤气室；2—空气室；3—空气环缝；4—烧嘴出口异形砖；5—煤气环缝；6—喷嘴

其工作原理是煤气进入烧嘴，由于受圆柱形分流套管的作用形成管状气流，空气由涡形空气室通过环缝旋转喷出，与煤气混合进行燃烧。

8-38　竖炉炉体设备需要冷却的部位有哪几个？

答：竖炉炉体设备需要冷却的部位有以下4处：

(1) 烘干床托架水梁（工厂又习惯叫小水梁），国内绝大部分采用汽化冷却。

(2) 导风墙托架水梁（工厂又习惯叫大水梁或叫水箱梁），目前国内均采用汽化冷却。

(3) 辊式卸料器的齿辊中空部位，目前国内均采用净循环水冷却。

(4) 齿辊部位挡板，挡板是齿辊之间的护墙，用于防止竖炉内高温和粉尘外逸的一种防护装置，又在冷却带起到炉墙的作用。目前国内均采用净循环水冷却。

8-39　什么是汽化冷却，汽化冷却的原理是什么？

答：所谓汽化，说得通俗一点，就是水受热后转变成蒸汽。由于汽化是一个吸热过程，使高温的冷却设备的温度降低，从而达到冷却的目的。在日常生活中，我们经常能看到汽化现象，如衣服晒干、湖水蒸发等都是汽化现象。这种汽化现象是一种可逆的物理变化，可用下式表示：

$$H_2O_{(水)} \rightleftharpoons H_2O_{(汽)} - 40564\text{J/mol} \qquad (8\text{-}1)$$

冶金工厂中，冶金炉冷却和烟气所带走的热量占50%，而可以用作汽化冷却和余热锅炉回收的热量80%。高炉和球团竖炉的汽化冷却就是利用余热的一种形式。它将接近饱和温度的软化水通过高炉和球团竖炉冷却系统吸收热量而产生蒸汽。每汽化1kg饱和温度的软化水可吸收热量2133kJ，比采用工业水冷却（每千克工业冷水通过冷却器温升10℃时只能吸收42kJ的热量）吸热能力达50多倍（即2133kJ÷42kJ=50.79倍）。由此可以看出，采用汽化可以达到冷却设备、节约用水、延长设备寿命和回收余热蒸汽的目的。

汽化冷却的循环方式可分为强制循环和自然循环两种。

（1）自然循环。自然循环是利用高位汽包中水的位能进入冷却器后，水被热至沸腾状态所产生的汽水混合物，从上升管返回汽包，在下降管中的水较上升管中的汽水混合物比重大的情况下，形成了一个循环压头，这一压头能克服整个系统的阻力，而产生连续循环，称之为自然循环。自然循环可以不受停电影响，比较安全可靠，动力消耗少，但设备结构和安装要符合要求，操作要求严格。

（2）强制循环。强制循环是依靠下降管上安装的水泵所产生的动力，推动下降管内的水和上升管内的汽水混合物作循环运行。

8-40　竖炉汽化冷却系统由哪些部分组成？

答：竖炉汽化冷却系统由汽包、给水管、上升管、下降管、排污管、排气管等组成。上升管和下降管连通各冷却器。为了正确监视和控制汽化运行情况，还设有循环流量、压力、温度、水位等计器仪表并接至操作室内。如考虑强制循环还应设有循环水泵。软化水供应可设单独软化水站供应或由锅炉房软水站统一供应。图 8-44 为某厂 10m^2 球团竖炉汽化冷却系统图。

8-41　竖炉汽化冷却系统的主要设备有哪些？

答：由于竖炉焙烧面积大小不同及所处位置的不同，各厂竖炉汽化冷却系统和所用设备的规格型号不尽相同，但其系统和主要设备性能基本是相同的，主要有：

（1）汽包。汽包是为了分离汽水混合物中的汽和水。使水循环使用，同时储存一定数量的冷却水，以备供水中断时需要。汽包有效容积，起码应保证一个小时以上的时间内不向汽包供水而能满足系统正常工作。某厂 10m^2 球团竖炉汽包的直径 1520mm，长度 5500mm，总容积为 9.98m^3，有效容积 5.30m^3，汽包工作压力 0.8MPa，试验压力 1.1MPa，饱和蒸汽温度 158℃，蒸发量 4.5t/h。

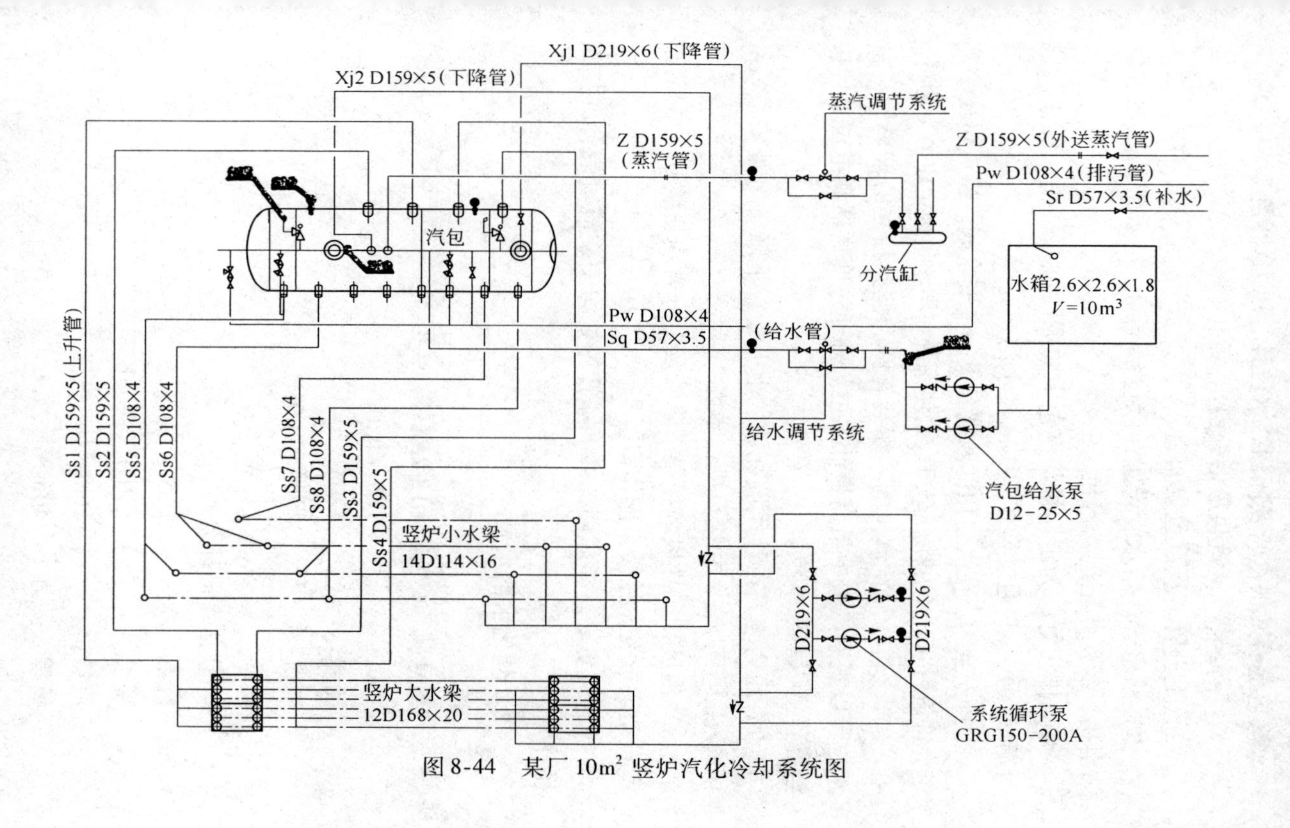

图 8-44　某厂 10m² 竖炉汽化冷却系统图

汽包上有几根水管及阀门、水位计、压力计等：

1）下降管。从汽包最低处引出。

2）上升管。从汽包空间引入。

3）给水管。给水管设置在汽包水空间。给水管从软化水泵站引出，经操作室进入汽包。

4）排污管。为定期排除汽包中的泥沙沉积物用。设在汽包两端最低处，并通过操作室引入排水沟。

5）安全阀。在汽包顶部两端各设一个安全阀。当汽包压力超过允许值后，即自动排除部分蒸汽，使系统在不超过规定压力下运行。

6）水位计。在汽包的一端装有两个彼此独立的玻璃管高低水位计以观察汽包中最高最低水位。并通过变送器和电位差计接至操作室以观察水位。

7）压力表。在导风墙托梁、上升管、下降管等处安装0～10kg/cm^{2}压力表，并接至操作室内。

8）温度计。导风墙托梁下降管及上升管均安装0～300℃温度自动记录表，并接至操作室。

9）流量表。导风墙托梁下降管等处均安装流量表，并接至操作室。

（2）软化水给水泵

数量：　2台

型号：　D12-25X

流量：　12m^3/h

扬程：　120m

电机：　型号Y160M1-2

功率：　11kW

（3）软化水循环泵

数量：　2台

型号：　CRG150-400B

流量：　160m^3/h

扬程：　40m

电机：　　　型号 Y200L-4

功率：　　　30kW

8-42　汽化冷却工操作要点有哪些？

答：竖炉汽化冷却系统主要用于竖炉导风墙托梁（又称大水梁）的冷却和烘干床炉箅托架（又称小水梁）的冷却。汽化冷却工的岗位职责和技术操作要点如下：

（1）汽化工岗位职责。

1）严格遵守本岗位技术和安全操作规程。

2）负责软化水泵的开、停机操作及维护。

3）负责软化水位和汽包压力的调节及水、汽阀门的开关操作。

4）负责提出所辖设备的检修项目及检修后的验收。

5）负责本岗位的仪表及环境的清洁卫生。

6）负责送检水样每周一次。

7）严格执行交接班制度。

（2）汽化岗位技术操作要点。

1）在竖炉点火前要对汽化冷却系统进行全面检查，对汽包安全阀、排污阀、水位计、压力表、给水阀及热工仪表报警装置等确认完好后方可通知点火。

2）汽化启动前要打开放散阀进行排汽，启动给水泵，打开给水阀给水，当汽包水位达到正常时，关闭给水阀和放散阀，然后关闭外送蒸汽控制阀。

3）在竖炉点火时，关闭自然循环下降阀，同时启动循环泵，当汽包压力升到 0.5MPa 时关闭放散阀。待整个系统稳定后，汽包压力达到 0.8MPa 时向主管道送蒸汽，同时采取自动给水系统自然循环。

4）运行时要保持汽包水位在水位计中间 ±50mm 范围内，气压要稳定在 0.8MPa 左右。

5）每班要排污两次，每次 1～2min。排污时要密切注意汽包水位变化。

6）每班要冲洗水位计1～2次。方法如下：

a 关闭2号阀，打开3号阀，冲洗3～4s；

b 关闭1号阀，打开3号阀，冲洗3～4s。

7）电动记录水位计每隔2h要与汽包直观水位计核对一次，注意检查安全阀灵敏度，安全系数规定值分别为0.82MPa和0.84MPa，每小时检查一次汽包压力，做好记录。

8）备用给水泵要保持完好，经常调换使用，每月一次。

9）汽包缺水处理：关闭1号阀，开启3号阀，如流出是水，应立即对汽包进行补水；如流出的是蒸汽，应立即通知当班调度紧急停炉，同时停止外送蒸汽。严禁对汽包进行补水，防止汽包爆炸，需待焙烧带温度下降至200℃后，再缓慢补水。

10）满水处理：关闭2号阀，开启3号阀，如流出的是蒸汽，应停止给水，待水位正常后再给水；如流出的是水应在停止给水的同时，加强排污，使水位达到正常。

11）如汽化冷却系统出现漏水、漏气现象时，应加强给水维持汽包水位。同时通知当班调度，组织人员抢修，并做好详细记录。

12）停炉操作：炉温下降、汽包压力降到0.5MPa时，要采取强制循环，直到焙烧带温度下降至100℃为止。冬季停炉时，应将循环水全部放掉，防止冻坏管道。

13）每周一用塑料桶取水样500mL，送动力厂水质检查站，进行水质化验，然后视化验结果确定是否增加排污次数。

（3）汽化岗位安全操作规程。

1）水泵在运行时禁止在转动部位擦拭。其他部位擦拭时应防止衣角、衣袖被转动部位钩挂而发生意外。

2）汽水位应严格按操作规程执行。经常检查压力表的压力变化，发现问题时应立即报告工长。

3）开关蒸汽时应戴手套，禁止徒手操作。

4）不准用湿手操作电气设备。

5）设备检修时，应切断电源，挂好“禁止合闸”牌，确认无误后方可同意检修。

第三节 球团竖炉焙烧过程及炉内气流分布

一、球团竖炉的焙烧过程

8-43 球团竖炉的焙烧过程有哪几个阶段?

答: 球团竖炉是一种属于逆流热交换的竖式焙烧设备，它是利用对流传热的原理，球团自上而下运动，气流自下而上运动。所以竖炉的焙烧过程，实际上是一个气—固热交换的过程。

生球通过布料机连续不断地、均匀地布入炉内，经过干燥、预热、焙烧、均热、冷却等五个阶段，最后从炉底连续均匀地排出炉外，要求排矿量与布料量基本相平衡，所以竖炉生产是一个连续作业的过程。竖炉焙烧过程（五带）示意图见图 8-45。

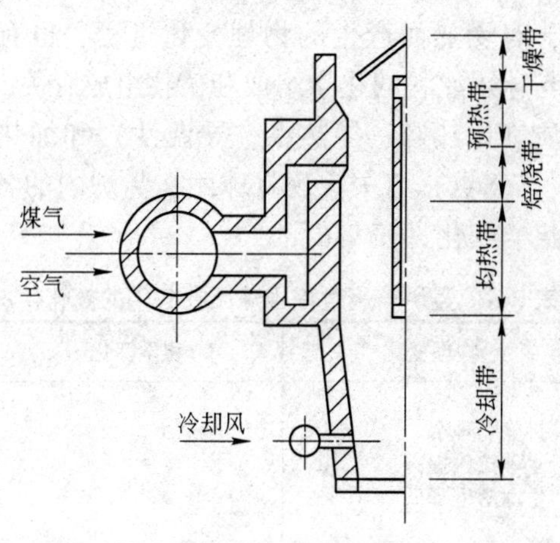

图 8-45 竖炉焙烧过程（五带）示意图

布入竖炉内的生球，以某一速度下降，燃烧室内的高热气体从火口喷入炉内，自下而上进行热交换。生球首先在竖炉上部经过干燥脱水、预热氧化（指磁铁矿球团），然后进入焙烧带，在高温下发生固结；经过均热带，完成全部固结过程；固结好的球团与下部鼓入炉内后上升的冷却风进行热交换而得到冷却；冷却后的成品球团从炉底排出。换热后的大部分冷却风（热风）通过导风墙，与燃烧室的废气（热交换后）在炉箅下汇合——干燥生球，然后从炉口引出，经过除尘，通入烟囱排放。在外部设有冷却器的竖炉，球团矿连续排到冷却器内，完成最终的全部冷却。还有的在外部设有带式冷却机（带冷机）、球团矿从炉内连续不断地排到带冷机上，球团的热被鼓风带走，冷却到皮带运输机胶带所能承受的温度，一般为 100 ~ 120℃。

综上所述，球团的整个焙烧过程，基本上全部是在竖炉内完成的。只有少数过程是在炉外完成的。

8-44　简明介绍一下球团在竖炉内各带发生的物理变化和化学变化有哪些？

答：生球在竖炉内经过干燥、预热、焙烧、均热、冷却的整个焙烧过程，有受热而产生的物理变化过程，也有化学变化过程。它不仅与球团原料的化学组成和矿物组成有关，而且与球团的热物理性质（比热容、导热性、导温性）和加热介质的特性（温度、流量、气氛）有关。现将球团在竖炉内的各带所发生的物理变化和化学变化见表 8-6。

表 8-6　竖炉焙烧过程中球团在各带的变化情况

焙烧过程	物理变化	化学变化	温度范围/℃
（1）干燥带	排除物理水 生球抗压提高 生球落下降低		200 ~ 650
（2）预热带	排除结晶水 铁的氧化物结晶 强度提高	水化物分解； 磁铁矿氧化； 碳酸盐分解； 硫化物分解和氧化； 固相反应生成铁酸盐和硅酸盐	800 ~ 1000

续表 8-6

焙烧过程	物理变化	化学变化	温度范围/℃
（3）焙烧带	铁的氧化物结晶和再结晶固相烧结反应 低熔点化合物软化或熔化 球团的收缩和致密强度进一步提高	低熔点化合物生成	1000～最高焙烧温度
（4）均热带	晶体进一步长大 球团进一步收缩和致密 矿物组成和强度均质化		最高焙烧温度～1150
（5）冷却带	稳定成矿作用 稳定球团结构 达到最高强度	残留磁铁矿再氧化	1150～600（或300）

8-45　生球在竖炉内干燥带有哪些变化？

答： 生球在竖炉内干燥带的变化有以下几个方面：

（1）水分的排除。生球布入炉内，滚落到干燥箅上，立即受到热废气的烘烤，首先是生球表面水分的汽化（物理水），并转移到废气中去。这时生球内部的水分借扩散作用向其表面移动，继而又在表面汽化。由于废气连续不断将汽化了的水分带走，使生球表面的水分始终低于内部的水分，这样生球表面水分的汽化和内部水分的扩散将不断进行。直到球团表面和内部的水分完全脱尽，生球的干燥才算完成。

（2）抗压强度提高。随着生球干燥过程的进行，生球的体积发生收缩，这种收缩能使生球中的颗粒接触紧密，内摩擦力增加，抗压强度提高。一般干球的抗压强度比湿球提高5～6倍。

（3）落下强度下降。由于生球干燥后，毛细水的排除，内摩擦力的增加，颗粒间相互几乎不能滑动，塑性消失，落下强度变坏，仅剩下1次/个左右。

（4）生球被初步加热，磁铁矿开始氧化。生球中的水分彻底排除后，立即被逐步加热，当生球升温到200～300℃时，磁铁矿的氧化过程开始。

8-46 生球在竖炉内预热带有哪些变化？

答：生球干燥后（有时残留1%～2%的水）从干燥箅的下部滚落，而进入竖炉内预热带，在预热带生球除了被继续加热（最终升温到900～1000℃）、脱除残留水分和强度继续提高外，还将发生如下的5个变化：

（1）结晶水、水化物和结构水的分解和排除。有些含有结晶水的矿物，如：褐铁矿（$2Fe_2O_3 \cdot 3H_2O$）、针铁矿（$Fe_2O_3 \cdot H_2O$）、水赤铁矿（$2Fe_2O_3 \cdot H_2O$）、膨润土（$Si_8Al_4O_{20}[OH]_4 \cdot nH_2O$）等，在竖炉预热带，随着球团温度的升高，各矿物中的结晶水发生分解反应，分解出水（H_2O），然后汽化蒸发，如褐铁矿：

$$2Fe_2O_3 \cdot 3H_2O \xlongequal{120\sim140℃} 2Fe_2O_3 + 3H_2O\uparrow \qquad (8\text{-}2)$$

水化物的分解（如：生石灰和膨润土加水后形成的水化物），因它的密度、黏滞度较平常的液态水大。所以一般只有在预热带加热后，水化物才能完全分解排除。如膨润土的水化物在300℃左右才基本分解脱净。

组成矿物的结构水（$OH)^-$，如：消石灰（$Ca(OH)_2$）、膨润土（$Si_8Al_4O_2[OH]_4$）。分解和脱除的温度较高，只有在预热带加热才能分解脱除：

$$Ca(OH)_2 \xlongequal{加强热} CaO + H_2O\uparrow \qquad (8\text{-}3)$$

膨润土的结构水一般在500℃以上脱出较多，800℃左右基本脱净。

（2）磁铁矿的氧化和结晶。在竖炉预热带对磁铁矿球团来说，主要是发生磁铁矿的氧化（$4Fe_3O_4 + O_2 = 6Fe_2O_3$）。也就是说，在竖炉预热带磁铁矿将要完成全部的氧化过程。当生球被加热到200～300℃时，磁铁矿就开始氧化；加热至800～900℃

氧化速度就大大提高；加热温度达到1000℃，磁铁矿就产生激烈氧化，氧化速度更快，且氧化时间可大大缩短。当生球温度达到1000℃或1100℃以上时，磁铁矿的氧化就停止了。但促使已被氧化成 Fe_2O_3 的微晶长大，形成连接桥（又称 Fe_2O_3 微晶键），使球团强度提高。例如直径为16mm的磁铁矿球团，通过预热带的氧化和 Fe_2O_3 结晶，抗压强度可达到147～441N/个。

（3）硫化物的分解和氧化。当生球中含有硫化物时（一般以 FeS_2 为主）在竖炉预热带，生球被逐渐加热，硫化物会发生分解和氧化燃烧放热。例如黄铁矿（FeS_2）加热到400℃开始氧化燃烧反应，按下列方程式进行：

$$2FeS_2 + 5\frac{1}{2}O_2 = Fe_2O_3 + 4SO_2 + 1668980 \times 10^3 J \quad (8\text{-}4)$$

$$3FeS_2 + 8O_2 = Fe_3O_4 + 6SO_2 + 2380351 \times 10^3 J \quad (8\text{-}5)$$

当加热温度高于600℃时，黄铁矿分解，生成的FeS和S的燃烧同时进行，其反应式如下：

$$FeS_2 = FeS + S - 77920 \times 10^3 J \quad (8\text{-}6)$$

$$S + O_2 = SO_2 + 296900 \times 10^3 J \quad (8\text{-}7)$$

$$2FeS + 3\frac{1}{2}O_2 = Fe_2O_3 + 2SO_2 + 1231020 \times 10^3 J \quad (8\text{-}8)$$

$$3FeS + 5O_2 = Fe_3O_4 + 3SO_2 + 1723411 \times 10^3 J \quad (8\text{-}9)$$

$$SO_2 + \frac{1}{2}O_2 = SO_3 \quad (8\text{-}10)$$

对于一般硫化物中硫的脱除（分解氧化）是比较容易的，而硫酸盐中硫的脱除比较困难，因为它们的分解必须在高温下进行。如 $CaSO_4$ 的分解温度大于900℃。

由于竖炉是氧化焙烧，所以脱硫的效果较好（生球中的硫极大部分是在竖炉预热带脱除的）。对于一般的硫化物，酸性球团的脱硫率在95%以上，最高可达98%。而在生产自熔性球团矿时，脱硫率稍低为60%～80%，这是因为硫化物分解和氧化放出的SO_2，部分被CaO吸收生成CaS之故。

当生球中含有较多的硫化物时($w(S)>0.8\%$)，将会降低竖炉预热带气氛中的氧含量，阻碍磁铁矿的氧化进程，产生外壳为Fe_2O_3结晶，内层为残留的磁铁矿再结晶的层状结构，降低球团矿的强度。

(4) 碳酸盐分解。在有的生球中或多或少含有一些碳酸盐矿物，如$FeCO_3$、$MgCO_3$、$CaCO_3$等（用石灰石粉作添加剂的生球含有较多的$CaCO_3$）。这些碳酸盐矿物，在竖炉预热带被加热后，发生分解，生成FeO、MgO、CaO释放出CO_2。

$$FeCO_3 \xrightarrow{>430℃} FeO + CO_2\uparrow - 722J/kg \tag{8-11}$$

$$MgCO_3 \xrightarrow{>545℃} MgO + CO_2\uparrow - 1298J/kg(1\text{大气压}) \tag{8-12}$$

$$CaCO_3 \xrightarrow{>900℃} CaO + CO_2\uparrow - 1779J/kg(1\text{大气压}) \tag{8-13}$$

(5) 固相反应——铁酸盐和硅酸盐的生成。由于竖炉预热带温度在600～1000℃，生球中的一些矿物会产生固相反应，生成铁酸盐和硅酸盐矿物。

铁酸盐

$$CaO + Fe_2O_3 \xrightarrow{>500℃} CaO \cdot Fe_2O_3 \tag{8-14}$$

$$CaCO_3 + Fe_2O_3 \xrightarrow{>590℃} CaO \cdot Fe_2O_3 \tag{8-15}$$

$$MgO + Fe_2O_3 \xrightarrow{>600℃} MgO \cdot Fe_2O_3 \tag{8-16}$$

硅酸盐

$$CaO + SiO_2 \xrightarrow{>500℃} CaO \cdot SiO_2 \tag{8-17}$$

$$MgO + SiO_2 \xrightarrow{>680℃} MgO \cdot SiO_2 \tag{8-18}$$

$$Fe_2O_3 + SiO_2 \xrightarrow{>575℃} Fe_2O_3 \cdot SiO_2(\text{固溶体}) \tag{8-19}$$

$$Fe_3O_4 + SiO_2 \xrightarrow{>990℃} 2FeO \cdot SiO_2 \tag{8-20}$$

从上述中可看出，生球在预热带将发生较多的物理化学变化。所以必须恰当选择竖炉预热带的高度，控制生球团的升温速度，有利于磁铁矿的氧化、硫的脱除、碳酸盐的分解、铁酸盐和硅酸盐生成等。

8-47　生球在竖炉内焙烧带有哪些变化？

答： 竖炉内焙烧带位于竖炉内燃烧室喷火口中心线上下1.1～1.5m左右的部位，是球团烧成的关键地带。

生球通过竖炉预热带，被加热到1000℃左右，接着便进入了焙烧带。球团在竖炉焙烧带发生的变化，主要有两方面：一方面被继续加热；另一方面是发生固结，强度激增。

球团通过竖炉焙烧带，强度急剧提高的主要原因，有以下四个方面：

（1）铁的氧化物结晶和再结晶。球团在竖炉焙烧带，产生两种铁的氧化物结晶和再结晶：

1）Fe_2O_3 的结晶和再结晶。由磁铁矿氧化生成的 Fe_2O_3 微晶，在竖炉的氧化气氛中，被加热到1100℃以上时，其原子具有高度的迁移能力，促使 Fe_2O_3 的微晶长大，形成连接桥，相互紧密连成一片，这个过程被称为再结晶，是球团矿强度提高的关键。

赤铁矿中的 Fe_2O_3 晶体颗粒，在氧化气氛的条件下，加热温度达到1300℃时，才开始结晶，而且结晶过程进行得非常缓慢，在1300～1400℃时结晶才迅速长大，产生再结晶。所以生产赤铁矿球团的焙烧温度比磁铁矿球团的焙烧温度高

2）Fe_3O_4 的再结晶。如果磁铁矿在竖炉预热带未能氧化完全，在生球的核心部位往往残留着磁铁矿。加热温度超过1000℃（或1100℃）的情况下，由于球团外层（已被氧化成 Fe_2O_3）产生剧烈收缩，孔隙减少，甚至有低熔点渣相产生，使核心部位的磁铁矿未能再进行氧化，而产生 Fe_3O_4 晶粒长大和连接键，这就是磁铁矿的再结晶。

另外，磁铁矿生球直接在中性或还原性氧氛中焙烧时，也会产生磁铁矿的再结晶（950℃以上）。

产生这两种磁铁矿晶粒再结晶的球团，比赤铁矿结晶和再结晶的球团强度降低30%～60%。

（2）固相烧结反应。固相烧结反应是指固态物质间的扩散和烧结。由于球团在竖炉焙烧带处于1200～1300℃的高温下，其晶格中的质点（原子、分子、离子）扩散速度随着温度的升高而增加，有助于增强晶体颗粒的迁移能力，呈现出强烈的位移作用，其结果使结晶的缺陷逐渐地得到了校正，微小的晶体聚集成较大的晶体颗粒，最终变成较为稳定的晶体。焙烧带的固相烧结反应是球团矿强度增加的原因之一。

固相烧结只有在固态物质温度达到或超过“塔曼”温度时才开始进行，此时原子、分子和离子才具有明显的活动性，晶体颗粒发生黏结。“塔曼”温度：即表示物质明显位移和扩散时的临界温度（或称烧结温度）。对金属：$T_{烧} \approx (0.3 \sim 0.4) T_{熔}$；盐类和氧化物：$T_{烧} \approx 0.57 T_{熔}$；硅酸盐：$T_{烧} \approx (0.8 \sim 0.9) T_{熔}$（$T_{烧}$表示固相烧结的绝对温度；$T_{熔}$表示物质熔化时的绝对温度）。

应该指出，固态物质之间的反应（固相烧结反应）比非固态（液相、气相）中的大多数反应进行较慢。

（3）低熔点化合物的生成。球团在竖炉焙烧带，虽以固相固结为主（铁的氧化物结晶、再结晶和固相烧结），但由于处在高温状态下（1200～1300℃），会生成一些低熔点的化合物。如：$2FeO \cdot SiO_2$（1205℃）、$CaO \cdot 2Fe_2O_3$（1205℃）、$CaO \cdot SiO_2$-$2CaO \cdot Fe_2O_3$（1180℃）、FeO-Fe_3O_4（1220℃）、$2FeO \cdot SiO_2$-Fe_3O_4（1142℃）等。如果生成的低熔化合物的数量较少（5%～7%），液相渗透的结晶组成网络状结构，较均匀地填充于球团的孔隙中，起着胶结的作用，有利于球团强度的提高。但如果生成低熔的化合物的数量太多（>40%），产生过多的液相，会降低球团矿的软熔温度，使球团发生黏结，影响焙烧带的正常作业，对竖炉生产极为不利。

（4）球团的收缩和致密。由于球团在竖炉焙烧带，产生固相烧结和生成低熔点化合物的液相，使其体积发生收缩和致密，球团强度增加。

因为烧结是把粉状集合体转变为致密烧结体的过程。固相烧结可分为两个阶段：第一阶段为黏附期，是颗粒接触，相互之间产生黏附和靠紧；第二阶段为致密化阶段，是通过进一步的传质作用（物质迁移），使颗粒接触界面进一步扩大，孤立的小孔逐步缩小并迁移到界面消失（小气孔愈合），而大气孔发生兼并（孔隙收缩），密度增加而致密化。由于低熔点化合物液相的存在，而对固体表面润湿及表面张力作用的结果，把颗粒拉近、拉紧，起了填充孔隙的作用，使球团的孔隙减少而致密。

这样，球团经过竖炉焙烧带，体积缩小。磁铁矿球团在焙烧带的体积收缩率一般约为6%～8%。

8-48　球团在竖炉内均热带的作用有哪些？

答：竖炉内均热带位于焙烧带之下，冷却带之上。在竖炉增设导风墙后，在竖炉内出现了明显的均热带，对球团氧化后的 Fe_2O_3 再结晶有利。

球团从竖炉焙烧带再往下运动就进入了均热带，均热带的作用是使球团固结充分，从而使球团矿强度进一步提高和质量均匀。例如：在竖炉焙烧带，球团矿抗压强度能达到1960～2940N/个。而经过均热带，球团矿抗压强度增大到3920N/个以上。

球团中铁的氧化物再结晶和固相烧结反应的完成情况与温度及持续时间有密切关系。它不是一个固定的温度，而是从某一温度开始，随着温度的升高，在高温下持续一定的时间，而逐步完成。因此球团需要在焙烧温度下，保持有足够的均热时间，使铁的氧化物结晶和烧结完全（产生一定数量的液相）。所以球团在均热带的变化，实际上是在焙烧带变化的延续。

（1）晶体进一步长大。球团在均热带晶体进一步长大的原因是：在竖炉均热带对球团的加热仍在继续进行（均热带的温度等于或高于焙烧带温度），一些低熔点化合物会形成一定的液相。由于液相的存在，使铁的氧化物晶体颗粒移动，重新排列、熔解和重结晶，使晶体进一步得到长大。

（2）球团进一步收缩和致密。球团在竖炉均热带继续进行烧结反应，并使液相烧结得到发展，继续发生小孔隙愈合和大孔隙兼并，密度继续增加，球团体积进一步收缩和致密。磁铁矿球团在均热带的收缩率约为1%～2%。

（3）球团矿质量的均匀化。竖炉均热带使球团质量均匀化，可以弥补竖炉本身的不足。因为在竖炉焙烧带，由于受气流和温度分布不均的影响，球团受到加热的程度不一样，产生了焙烧的不均匀性，同时使球团质量也不均匀。但在竖炉均热带，因基本无气流通过，温度得到了相对的稳定，在高温下可以使部分在焙烧带未得到充分固结的球团，完善固结过程。例如：促使 Fe_2O_3 晶体长大及铁的氧化物再结晶和重结晶完全，促进固相烧结和液相烧结，从而可以获得质量均一的球团矿。

所以竖炉均热带，对球团矿的质量提高至关重要。

8-49 球团在竖炉内冷却带内发生的变化有哪些?

答：冷却带在球团竖炉的最下一段。在竖炉内球团经过均热带就进入了竖炉的冷却带，冷却带是竖炉整个焙烧过程的最后一个阶段，球团到了冷却带，由于受到鼓入炉内冷空气的对流热交换，温度逐渐下降。按照理想状态，球团通过竖炉冷却带，应该冷却到室温。但在实践生产中，我国竖炉的排矿温度一般在500～700℃，个别冷却较好的竖炉排矿温度能降到200～300℃。

在冷却带球团的变化：

（1）有稳定成矿和球团结构作用。在竖炉冷却带随着球团温度的降低，可以使它在焙烧带和均热带所形成的矿物组成和结构固定下来。

1）在焙烧带和均热带所形成的铁的氧化物（Fe_2O_3 和 Fe_3O_4）结晶和再结晶，在冷却带基本上已不再发生变化（只有少量的残留 Fe_3O_4 发生再氧化）。

2）在焙烧带和均热带产生少量液相的球团，在冷却带由于温度的降低，已不再发生移动和凝固。在凝固时液相与周围的颗粒固结在一起，使球团的矿物结构得到稳定。

3）在焙烧带和均热带由固相烧结和液相烧结所引起球团孔隙的缩小、愈合和兼并，在冷却带其孔隙的形状和大小逐渐稳定下来。也就是说在冷却带球团气孔率基本不发生变化。

（2）再氧化。球团在焙烧过程中，当残留部分磁铁矿（Fe_3O_4）时，在竖炉冷却带因有大量的氧存在（21%左右），会通过球团的孔隙和裂纹发生再氧化，生成 γ-Fe_2O_3 球团矿的氧化度可以增加10%～30%。

（3）强度提高。因为在竖炉生产中，球团焙烧相当于高温淬火，所以球团通过冷却带冷却后强度提高。

8-50 球团竖炉生产中有哪些气体循环系统？

答： 通常竖炉有四大气体循环系统：

（1）煤气。高炉煤气或发生炉煤气，经净化和加压后，通过管道输送到竖炉外燃室燃烧产生热废气。

（2）助燃空气。经鼓风机产生的助燃风，通过管路系统将其提供给燃烧室内，为燃烧室内的煤气燃烧提供氧量，从而产生高温，为竖炉焙烧带提供高风温。

（3）冷却风。冷却风包括一次冷却风和二次冷却风，一次冷却风由鼓风机通过管道进入炉内冷却带。由于该带受到鼓入炉内冷空气的对流热交换，成品球的温度逐渐下降，气流的温度迅速升高，上升的热气流通过导风墙直接到达干燥床下，供生球的干燥脱水。

二次冷却风由另一台鼓风机通过管道，将其送入炉内二次冷却器，球团矿经二次冷却达到排矿温度（150℃以下），热废气通过回收利用后进入电除尘，最后通过烟囱排入大气中。

（4）蒸汽。蒸汽是由冷却水进入竖炉冷却壁产生的，由蒸汽包回收利用，主要供竖炉导风墙大梁作汽化冷却循环使用，也可以作为他用。

8-51　竖炉焙烧带的总热源有哪几项？

答：竖炉球团焙烧带所获得的总热源包括以下几项：

（1）外燃燃烧室利用煤气或重油燃烧所产生的热量；

（2）助燃空气带入的热量；

（3）生球带入的物理热量；

（4）FeO 氧化放出的热量；

（5）硫氧化放出的热量；

（6）炉内一次冷却风分流的部分热量。

二、竖炉焙烧过程中炉内气流分布

焙烧过程中炉内合理的气流分布，是竖炉获得高产、优质、低耗、稳定顺行的关键。它与竖炉热工制度、操作参数以及竖炉炉型结构有关。

20 世纪 80 年代开始，我国竖炉球团工作者曾先后在济钢、杭钢、凌钢等厂多次进行了现场测定，并在辽宁科技大学（原鞍山钢院）进行实验室模型试验，取得了大量数据，基本上弄清了竖炉焙烧过程炉内的气流分布规律，对指导现实生产有一定的指导意义和参考价值，这里作简单介绍供有关人员参考。

8-52　我国竖炉内气流温度分布情况怎样？

答：我国球团竖炉炉内增设了导风墙，生球在下降过程中便形成了生球干燥、预热、焙烧、均热及冷却各工作带。图 8-46 是根据测定某厂竖炉纵向断面温度分布绘制的曲线示意图。

1981 年到 1984 年，陆续数次在杭钢 8m^2 竖炉内进行了温度测定，结果见图 8-47。

1986 年冶金工业部组织了对凌钢 1 号 8m^2 竖炉进行的测试研究工作，图 8-48 为凌钢 1 号 8m^2 竖炉 3 号测孔纵向温度、压

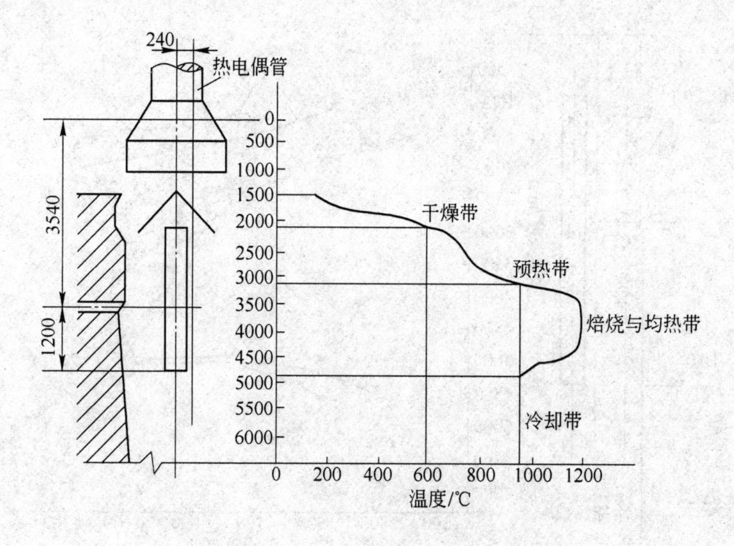

图 8-46　竖炉纵断面温度曲线示意图

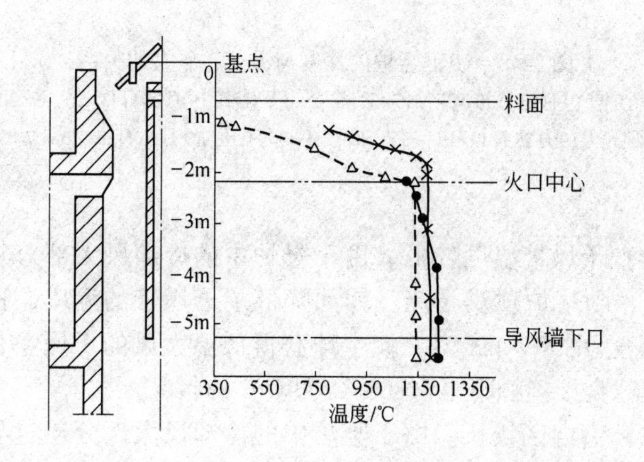

图 8-47　杭钢 $8m^2$ 竖炉内的温度分布

力测定的结果。

从以上实测情况看，由于我国的竖炉设置了导风墙和烘干床，竖炉内的温度分布是合理和均匀的。主要表现在以下 3 个

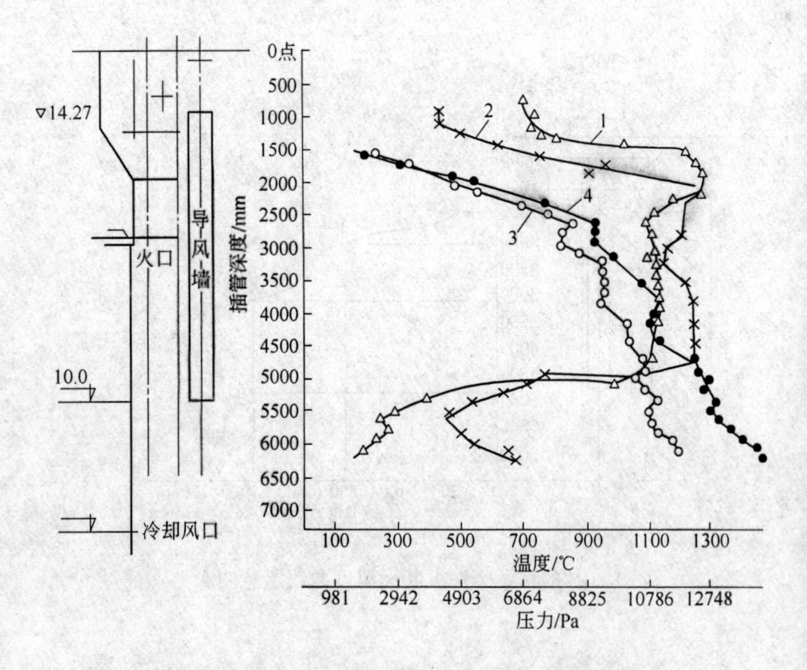

图 8-48　凌钢竖炉内深度与温度、压力的关系

1—3 号孔温度(9 月 25 日 10：03 ~ 15：38 测)；2—3 号孔温度(9 月 26 日 13：26 ~ 7：31 测)；3—3 号孔压力(9 月 25 日 10：03 ~ 15：38 测)；4—3 号孔压力(9 月 26 日 13：26 ~ 7：31 测)

方面：

(1) 干燥带温度较低。由于竖炉中的冷却风大部分从导风墙通过，到达炉顶烘干床，因此降低了干燥带的温度。根据实测，一般为 350 ~ 600℃，使生球获得低温大风的干燥条件，避免了生球直接接触高温（800 ~ 900℃）的状况。

(2) 高温区较长。由于竖炉中的冷却风大部分通过导风墙上升，而在均热带和焙烧带只有少量的冷却风通过，所以使竖炉保留了较长的高温区（1000 ~ 1250℃）。根据实际测定推算，球团在高温区停留时间达到 2h 以上，对球团矿的再结晶和强度提高有很重要的作用，在日常生产中只把炉膛内焙烧带温度控制在焙烧温度区间之内就可获得质量良好的球团矿，因为在炉内有足够的固结时间。

（3）竖炉内同一深度的温度分布比较均匀。由于在竖炉中大大减少冷却风对燃烧室喷出废气的干扰，使竖炉内同一深度的温度变化差值较小，可以认为气流在竖炉同一水平横断面上的分布是较为均匀的。据杭钢测得：在测孔深度 2m 时，3 个测孔温度分别为 1040℃、1170℃、1135℃，最大温差为 130℃；在测孔深度为 4m 时，3 个测孔温度分别为 1150℃、1170℃、1190℃，最大温差为 40℃。

8-53　竖炉内纵向压力的分布情况怎样？

答：根据生产现场实际测定和实验室模型试验，我国竖炉内气体压力场的分布如下：

（1）竖炉内的静压力随着深度而升高。在生产时，整个竖炉充满着料球，料柱阻力随高度而发生变化，冷却风和从喷火口出来的热废气流又自下而上运动，造成随着竖炉内深度的增加，气体的静压力升高。模型试验结果见图 8-49，杭钢实测结果见图 8-50，与凌钢实测结果（图 8-48）的 3 号和 4 号曲线是一

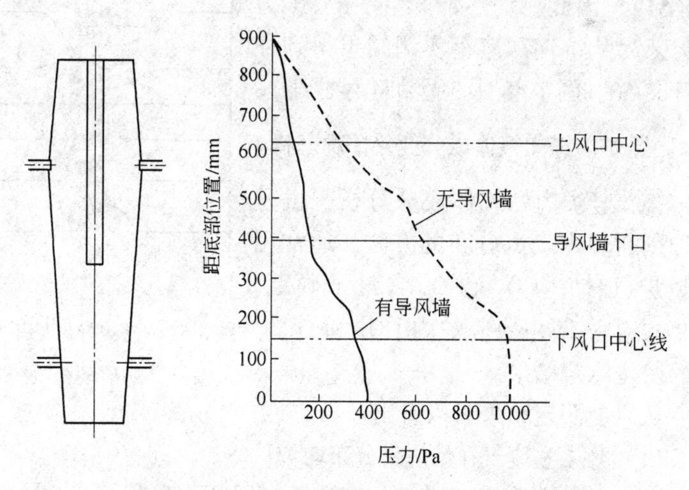

图 8-49　有导风墙的竖炉内气体静压力随高度变化情况（模型试验）

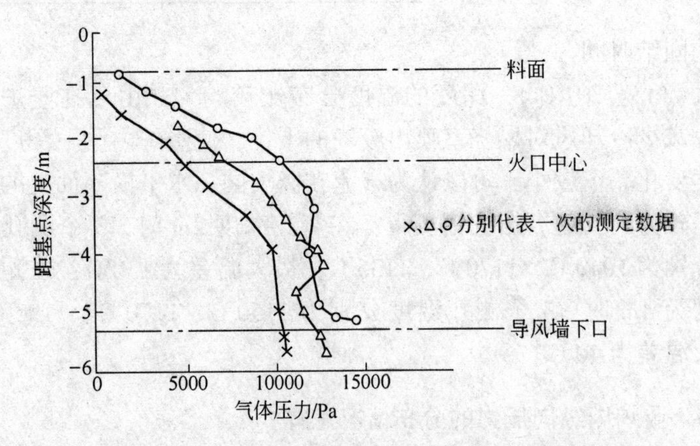

图 8-50　杭钢 $8m^2$ 竖炉内的气体静压力测定结果

致的。

(2) 设置导风墙的竖炉内静压力较低。

(3) 均热带存在着压力稳定区。设置导风墙的竖炉,使大量冷却风从导风墙中通过,只有少量冷却风通过均热带(见图 8-51)。因此在均热带产生一个"压力稳定区",从杭钢和凌钢实测结果得到证实(图8-50和图 8-48 中 3 号和 4 号曲线)。

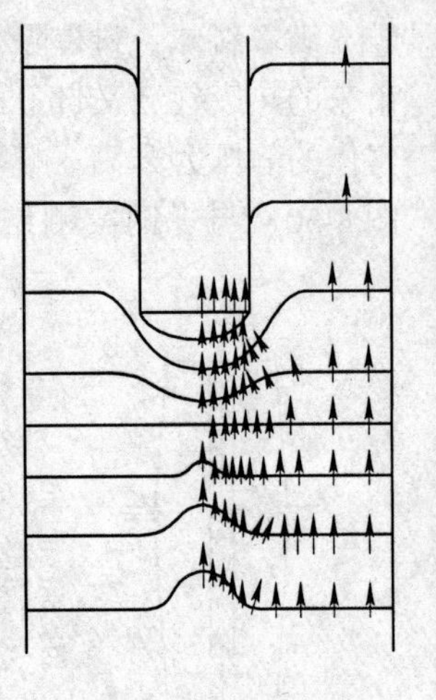

图 8-51　竖炉导风墙下口附近气流运动示意图

8-54　竖炉内纵向气体成分变化情况怎样?

答: 竖炉内的气体成分分析,也是一种判断炉内气流分布的方法,通常用按竖炉气体中 CO_2 和 O_2 含量来确定。图 8-52 为杭钢 $8m^2$ 竖炉内 CO_2 和 O_2 含量的变化测定结果。

从以上测定结果可以看出:

(1) 燃烧室废气在焙烧带分布均匀;

(2) 焙烧带和均热带之间存在着"等压面";

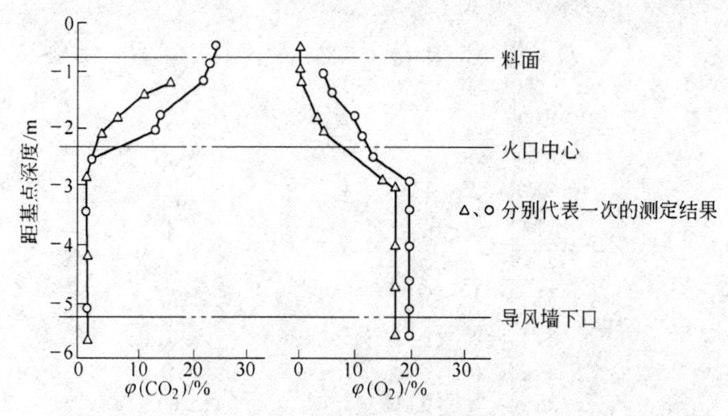

图 8-52　杭钢 $8m^2$ 竖炉内 CO_2 和 O_2 含量的变化

上述竖炉内的气氛分析结果再次证实，在均热带有一个“压力稳定区”和“温度稳定区”，也就是在喷火口喷出的废气与冷却风之间存在着一个压力均衡的“等压面”。

图 8-53 和图 8-54 为凌钢 1 号 $8m^2$ 竖炉 1986 年 9 月 26 日和 9

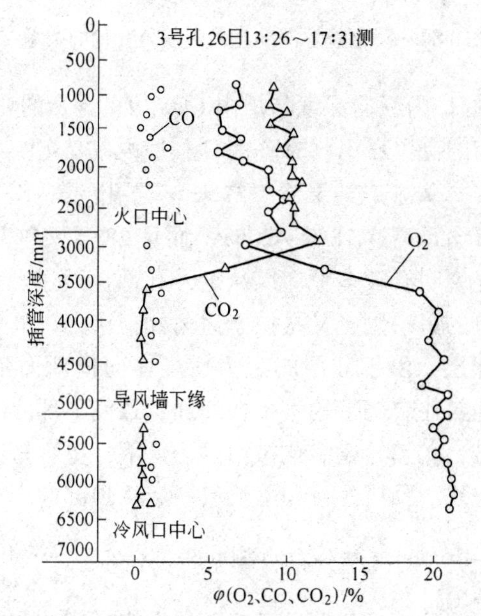

图 8-53　凌钢竖炉深度与炉气成分变化的关系

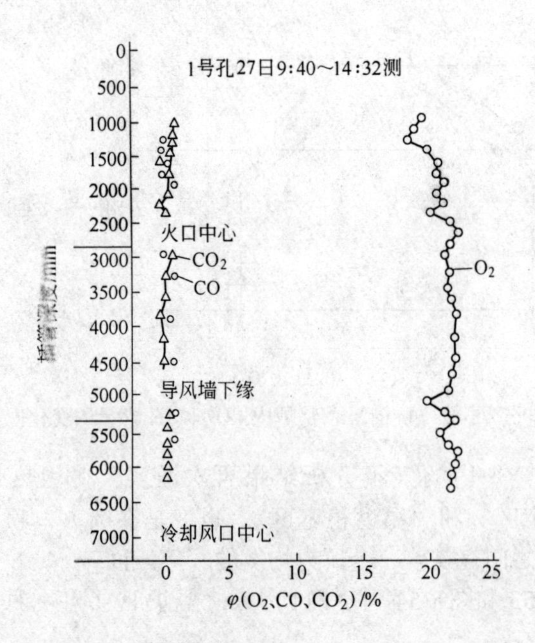

图 8-54　凌钢竖炉深度与炉气成分变化的关系

月 28 日测定的炉内纵向深度与炉内 CO_2、O_2 含量的变化。

从以上两图可以看出：时隔两日，炉内气氛 CO、CO_2 和 O_2 含量相差很多，从测定结果看，27 日 1 号孔的气体氧含量与其他孔不同，氧含量高达 18% ~20%，而且 28 日又重复了这一现象。这一情况说明有较多冷却风从 1 号孔部位通过。其原因是 1 号孔处于火口的另一侧，又是位于边角处，从火口出来的热废气喷向焙烧带球层，由于球层的阻力使气体向横断面延伸逐渐减弱，从而不能封住焙烧带的整个横断面，致使下部冷却风有一部分窜入焙烧带，尤其导风墙孔被堵的条件下，更容易促使冷却风通向均热、焙烧、预热各带和焙烧气一起从顶部逸出。

8-55　我国竖炉内的气流分布有哪些特征？

答：我国竖炉内设置了导风墙，根据模型试验和对炉内的温度、压力、气氛实际测定，我国竖炉内气流分布的特征如下：

（1）冷却风大部分从导风墙内通过，基本上消除了对燃烧废气的干扰。

（2）燃烧废气从火道口喷出，具有先向下，后折向上的功能，使燃烧废气的吹入深度增加，分布面积增大，焙烧均匀性好。

（3）只有少量冷却风从均热带通过，使均热带有一个“压力稳定区”和“温度稳定区”，对提高球团矿的固结强度有利，相对地在排矿段也有一个“压力稳定区”，其冷却作用很小，起密封作用。

（4）冷却风和燃烧废气基本上形成互不干扰，或互相干扰很小的气流，使竖炉内同一横断面上的温度和气流分布比较均匀，从而使球团矿的质量趋向均匀。

（5）从导风墙内通过的冷却风，到达炉口后冲淡了经预热带的燃烧废气，降低烘干床下气流温度，对生球干燥极为有利，保证干球入炉，提高产量。

（6）设置了导风墙和烘干床的竖炉，在干燥、预热、焙烧、均热、冷却各带的气流分布较为合理，为竖炉优质、高产、低耗、顺行创造了有利条件。

第四节 球团竖炉焙烧操作技能

8-56 竖炉球团焙烧操作主要包括哪几方面内容？

答：球团竖炉焙烧是一个连续性的高温生产过程。生产实践证明，竖炉炉况只有稳定顺行，才能达到高产、优质、低耗，从而取得较好的生产技术经济指标。要想获得稳定顺行的炉况，搞好竖炉生产过程的焙烧操作是关键。竖炉焙烧操作主要包括有以下几方面内容：

（1）竖炉开炉与停炉操作；

（2）竖炉热工制度的确定与控制调节；

（3）竖炉炉况判断和调剂；

（4）竖炉严重失常炉况的预防和处理。

一、竖炉的开炉与停炉操作

8-57 什么是竖炉开炉操作，开炉操作有几类？

答：竖炉点火开始生产称开炉。开炉前后的操作工作叫开炉操作。

竖炉开炉大致可分为以下几种：

(1) 首次开炉。首次开炉是指新建成竖炉的第一次开炉，即各种机电设备和竖炉炉体等工艺设备都是在全新状态下的开炉。这种开炉是开炉操作中最为复杂和最为全面的一种。

(2) 长期停产后的开炉。这种开炉是指已生产过的炉子，因大、中修停炉后的开炉或因故较长时间停产后的开炉，如技术改造、高炉较长时间不需要球团矿、球团生产用原燃料供应中断。

(3) 短时间停产后的开炉。这种开炉是指在竖炉生产过程中，因炉子发生问题进行临时性停炉后的开炉。这种停炉的时间较短，燃烧室温度降低不多，一般都在400℃以上。

上述几种开炉的性质不同，因此，开炉操作也不同。

8-58 竖炉首次开炉操作有哪几方面工作？

答：新建成的竖炉首次开炉不但要求开炉顺利和尽快转入正常生产，而且要保证设备和人身安全，避免各种事故的发生。因此，必须搞好开炉的各项准备工作和各种技术操作，主要有以下几个方面：

(1) 开炉用原材料、燃料的准备。

(2) 开炉生产人员的配备和技术培训工作。

(3) 技术准备工作。技术准备工作包括有开炉方案的编制，焙烧试验，造球工业性试验、技术操作规程、岗位操作规程及安全规程的编制。各种管理制度的准备、记录报表及台账的准备和印制、工具材料的准备、劳动保护用品的准备，备品备件的准备等。

（4）开炉前的设备检查、试运转及验收。

（5）烘炉。包括烘炉曲线的制订、烘炉用材料、工具的准备、烘炉方案的编制等。

（6）开炉料的装炉及冷料循环。

（7）做好开炉后初期不合格球团矿的处理方案。

8-59　竖炉开炉生产用原料准备工作有哪些？

答：球团竖炉开炉生产用的原料有铁精矿粉（或其他细磨含铁物料）、黏结剂（膨润土及其他各种黏结剂）和添加剂（消石灰、石灰石粉、白云石粉、菱镁石粉等）。应根据各种原料的产地距离远近，在开炉前准备一定数量的合乎竖炉焙烧生产用的原料，一般要求开炉前准备好15～30天用量的合格要求，并要求这些原料在开炉后能连续、稳定地按需要供应。对开炉原料准备工作有如下几个要求：

（1）化学成分和物理性能应符合设计前所做焙烧试验用原料条件。

（2）铁精矿粉的水分要适宜，以免开炉时无法造球影响开炉。对于水分过多、矿山无法解决、球团厂内又没有脱水设备的，要提前进厂堆存脱水。

（3）使用两种以上含铁原料时，应分别堆放，千万不能混堆。

8-60　竖炉开炉装炉料的准备有哪些要求？

答：竖炉从炉口至辊式卸料器之间的距离很大，有的达到10m以上。因此，首次开炉装炉料或排料后的重新装料时都不能使用生球直接装炉，必须先使用具有一定强度的块状物料装炉。最好使用质量合格的球团矿。如有困难时，也可使用天然铁矿石块矿、强度好的烧结矿、石灰石、白云石。

（1）对装炉料质量的要求：

1）强度好，从高空跌落后产生的粉末少；

2）粒度均匀，一般要求使用块矿的粒度应为20～50mm，并筛净粉末；

3）水分小于3%；

4）不得混入焦炭块、煤块或其他可燃物料。

（2）对装炉料数量的要求。装炉料需要的数量要根据竖炉容积大小及装炉料的种类来确定，一般可按以下公式计算：

$$Q_{料} = V_{\phi} \cdot \gamma \cdot K \tag{8-21}$$

式中　$Q_{料}$——应准备开炉料的数量，t；

V_{ϕ}——竖炉的容积，指炉口至辊式卸料器之间的容积，m^3；

K——装炉料品种系数，对强度好的天然块矿（铁矿石、石灰石、白云石等）或强度好的球团矿可取1.5～1.6，而对强度不太好、含有少量欠烧的红球时，K值可取得大一些，具体数值视含红球数量多少而定；

γ——装炉料的堆比重，t/m^3，γ值应由各厂自行测定，也可参考有关资料介绍的数据，表8-7是几种块状物料堆比重的参考值。

表8-7　几种块状物料堆比重的参考值

矿物种类	球团矿	烧结矿	天然铁矿石[1]	石灰石	白云石
堆比重/$t \cdot m^{-3}$	1.9～2.0	1.6～1.9	2.0～3.2	1.5～1.7	1.5～1.7

①天然铁矿石系指含Fe 45%以上的磁铁矿石和赤铁矿石。

在确定开炉装炉料数量时，如果装炉料在排出炉外后不能循环使用时，应将以上计算的炉料量增大2～3倍，甚至更多一些，以备开炉后初期因故发生大排料而需要再装料时使用，以免发生大排料时无装炉料可用，需要重新再准备装炉料而延误开炉时间。

8-61　开炉前为什么还要做球团焙烧试验？

答：一般球团厂在进行竖炉建设的设计前要进行可行性研究，都要做球团矿焙烧试验，以便为竖炉设计提供设计依据，但从生产实践看到，大多数球团厂开炉时使用的铁矿粉、黏结剂和添加剂的理化性能与设计前可行研究时都有一定的差距，有的差距还很大，会影响开炉操作参数的确定和开炉的顺利进行。因此，在开炉前还要根据开炉时实际使用的原材料的理化性能进行实验室的“焙烧试验”，找出适宜的原料配比，焙烧温度和焙烧温度区间、干燥制度等，为开炉配料和选择焙烧制度提供依据，确保开炉顺利进行。

8-62　什么是竖炉开炉前造球工业性试验，其必要性是什么？

答：造球工业性试验是指在开炉前，造球机安装完毕并进行空载无负荷试车后进行的有负荷造球试验。也可配合配料、混合、造球系统负荷试车一起进行。但一定要在竖炉点火烘炉前进行。通过造球试验找出适宜的造球机倾角、刮刀板位置、加水形式和加水位置、加料位置等各种参数，并造出质量合格、数量足够的生球，以满足开炉后上生球的需要，保证开炉顺利进行。在我国竖炉开炉时，曾有过几个厂因没提前做好造球试验，点火烘炉后因造不出质量合格、数量足够的生球，不能进行生球生产，被迫延长烘炉时间、推迟上生球时间，影响了正常开炉，损失很大。如凌钢 $8m^2$ 竖炉和本钢 $16m^2$ 竖炉首次开炉就发生了上述情况。

8-63　竖炉开炉前必须做好哪些工作？

答：新建竖炉首次开炉必须做好以下工作：

（1）新建竖炉首次开炉，必须在基建工作基本结束和所有的设备安装完毕后才能进行。

（2）设备安装完毕后，必须先进行单体试车，达到运行平稳，速度调至正常，然后进行空载联动试车及带负荷联动试车。

（3）经过岗前培训合格的操作人员已进入本岗位，熟悉本岗位的设备性能和操作规程、安全规程。并参加设备试车和验收工作，同时做好生产前的一切准备工作。

（4）检查开炉装炉料和生产所需要的原燃料的准备工作已

经合乎要求。

(5) 检查供水、供电、供蒸汽（或氮气）是否正常和已达到设计要求。

(6) 对检查出的安全隐患已处理完毕，所有安全设施已达到设计水平。

(7) 各系统计算机安装、调试完毕，并达到设计水平；

(8) 各系统的热工计器仪表、称量设备计量仪表均已安装、调试完毕，并已达到设计水平。

8-64　竖炉首次开炉设备检查与验收有哪些工作?

答： 首次开炉所有设备都是初次使用，容易发生设备故障和操作事故，影响竖炉顺利投产和设备使用寿命。因此，投产前必须做好设备的试车与验收工作，其中主要有以下几方面工作：

(1) 筑炉砌体砌筑质量的检查。一般在竖炉本体、燃烧室及烘干机加热炉在砌筑过程中已派人员进行监督检查，但在开炉前还应做最后一次检查，符合砌筑标准后才能验收。

(2) 各种机电设备，如鼓风机、水泵、煤气加压机及其配套的电气设备安装完毕、调试正常，并进行不少于 8h 的试车（鼓风机不少于 24h），合乎试车规定后才能验收。

(3) 各种工艺设备和非标准设备，如抓斗吊车、配料设备、混合机、造球机、辊式筛、布料机、辊式卸料机等，都要进行不少于 8h 的带负荷试车合格后才能验收。

(4) 试水。竖炉用水分设备冷却用水为循环水和生产工艺用水，如造球用水、混合料用水，打扫卫生用水为消耗水。

导风墙托梁、烘干床托梁、辊式卸料器齿辊、护板等均采用循环水冷却；导风墙托梁和烘干床托梁生产后变为汽化冷却。对这些用水冷却设备都要按生产时的用水量和水压进行连续 8h 的通水试验，做到设备不漏水、阀门开关灵活、管道畅通，且排水系统也畅通无阻才能验收。

(5) 试风。启动冷却风机和助燃风机在风量、风压达到生产使用最高水平的条件下进行不少于8h的送风试验，在各主管道、支管道和各阀门达到不漏风、各阀门开关灵活，达到设计要求时才能验收。

（6）试汽。竖炉燃烧室的煤气管道和烘干机煤气管道在送煤气或停煤气时都要用蒸汽清扫，试车时都要用蒸汽压力大于0.4MPa的蒸汽试汽，试验时间不少于4h，只有管道、阀门不漏气，阀门开关灵活、管路保温装置完整，才能验收。

使用氮气的竖炉也要试氮。

（7）竖炉看火室、炉顶布料室、齿辊液压系统及烘干机等处的机器仪表安装调试完毕并达到设计水平后才能验收。

（8）各系统计算机安装调试完毕并达到设计水平后,才能验收。

（9）通讯设施、信号联系系统设施均安装调试完毕，达到畅通无阻才能验收。

8-65　竖炉开炉前烘炉的作用是什么，烘炉前必须做好哪些工作？

答：在做好竖炉开炉前的各项准备后，方可进行烘炉。

竖炉烘炉的作用：主要是蒸发耐火砌体内的物理水和结晶水，并提高砖泥浆的强度和加热砌体，使炉体达到要求的一定温度，以便投入生产。

竖炉烘炉主要是以烘燃烧室为准，炉身砌体主要是靠以后缓慢向下运动的热料来烘烤。烘炉前必须做好如下几项工作：

（1）烘炉必须在竖炉砌砖全部结束和设备安装检修完毕（主要是指竖炉除尘系统、机器仪表、通讯、鼓风机、煤气加压机、水泵等）并经试车正常后才能进行。

（2）烘炉前，竖炉所有的水梁、水箱都必须通上冷却水，并必须保证进、出水畅通。

（3）烘炉前，竖炉内必须清理干净，特别是在火道、冷风管、漏斗、溜槽内及齿辊上的杂物必须彻底清理干净。

（4）准备所需用的木柴、柴油和棉纱（破布或木刨花）等烘炉物品。

一次烘炉一般约需用木柴 8 ~ 10t，柴油 20kg，棉纱（破布或木刨花）若干。

（5）烘炉前，应绘制烘炉曲线和制订正确的烘炉方法。烘炉曲线与耐火材料的性能、砌筑质量、施工方法及施工季节有关。一般砖砌竖炉的烘炉曲线如图 8-55 所示（各厂家可根据自己的实际情况制订烘炉曲线）。

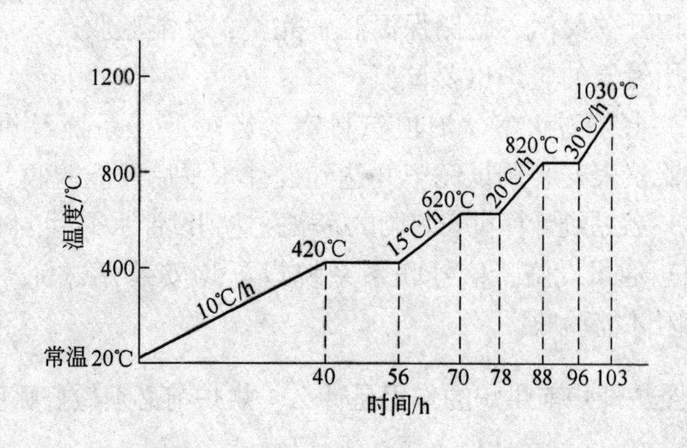

图 8-55　竖炉的烘炉曲线（砖砌体）

8-66　为什么烘炉曲线在 300℃和 600℃有较长的保温时间？

答： 从以上烘炉曲线可以看出在 300℃和 600℃都有较长的保温时间，所谓烘炉曲线是指烘炉过程中对炉衬加热和冷却的速度，烘炉曲线是按炉衬耐火材料性质制定的。

竖炉本体和燃烧室常用的耐火砖为黏土砖或高铝砖，是由 Al_2O_3 和 SiO_2 及少量的杂质所组成的，根据砖中含 Al_2O_3 的数量分为黏土砖和高铝砖。其主要成分如表 8-8 所示。

表 8-8　耐火砖主要成分（质量分数/%）

类　别	Al_2O_3	SiO_2	杂　质
黏土砖	30 ~ 46	47 ~ 63	6 ~ 7
高铝砖	>46		

耐火砖中的 SiO_2 在一定温度范围内发生相变时，体积将发生变化。所以耐火砖在相应的温度范围内体积也发生一些变化。

$$\beta\text{-白硅石} \underset{\text{体积变化 } 2.8\%}{\overset{180 \sim 270℃}{\rightleftharpoons}} \alpha\text{-白硅石}$$

$$\beta\text{-石英} \underset{\text{体积变化 } 0.82\%}{\overset{573℃}{\rightleftharpoons}} \alpha\text{-石英}$$

这如同水到0℃时开始结冰，若再继续降温时，则由液相向固相变化，即由液体的水变成固体的冰，同时体积增大。

所以烘炉曲线在300℃和600℃保温一段时间，以便使耐火砖中的 SiO_2 缓慢地充分地发生相变。

烘炉期间要注意控制300℃和600℃的保温时间要足够，温度波动幅度不要太大，以免损坏炉衬。

图8-56和图8-57分别为济钢和杭钢竖炉烘炉曲线。

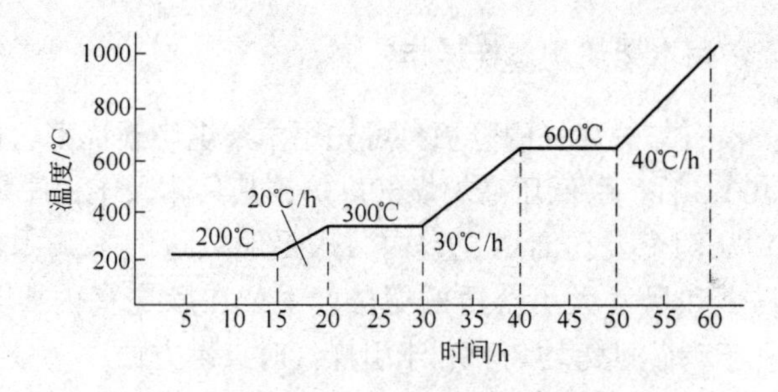

图8-56　济钢竖炉烘炉曲线

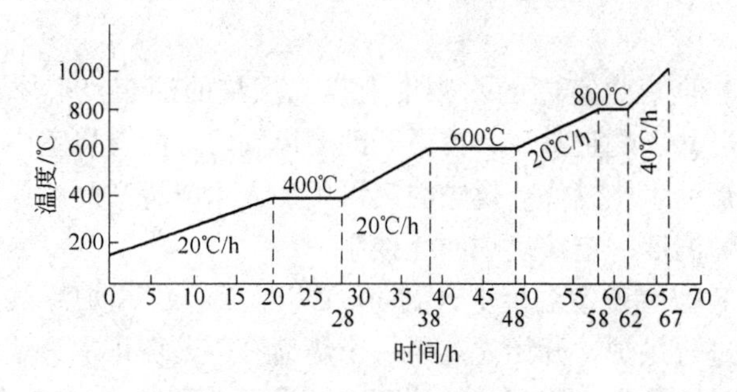

图8-57　杭钢竖炉烘炉曲线

8-67 竖炉烘炉的操作方法分几步？

答：竖炉的烘炉操作方法分两步进行。

第一步：是烘烤燃烧室和炉体内喷火口以上的砌砖，烘炉温度以控制燃烧室温度为准；

第二步：是烘烤竖炉内炉身喷火口以下的砌砖，主要是靠开炉后缓慢向下移动的热炉料来烘烤，并使砌砖逐渐蓄热提高砌体温度。

燃烧室烘炉根据能源供应情况可有两种方法：

（1）有焦炉煤气供应的竖炉，可先用焦炉煤气烘烤，达到一定温度再改用高炉煤气烘烤；

（2）没有焦炉煤气的竖炉，可先用木柴烘烤燃烧室，待达到一定温度后改用低压高炉煤气烘烤。

8-68 竖炉用木柴烘炉怎样操作？

答：没有焦炉煤气的竖炉，可先用木柴烘烤燃烧室，待温度上升到400℃后，引低压高炉煤气烘炉，其具体操作程序是：

（1）从两个人孔向燃烧室内装入足够数量的木柴，木柴要求耐烧易燃和尺寸大小合适的劈柴。木柴在燃烧室内要分布均匀，以利于砌砖烘烤均匀和利于引煤气时点燃方便。

（2）装完木柴后向木柴堆上浇上适量的柴油或煤油。

（3）打开炉顶全部烟罩门和烟囱的调节翻板调到全开位置。

（4）向燃烧室内的木柴堆上投入燃烧的油布点燃木柴，待木柴点燃并燃烧正常后，可微开助燃风阀门，向燃烧室内送少量助燃风帮助木柴燃烧。烘炉温度可用加入木柴量和助燃风数量调控，烘炉温度一定按烘炉曲线控制。

（5）当燃烧室温度上升到400℃以上后，引高炉煤气至烧嘴点燃后进行烘炉。开始先点燃一个烧嘴，待燃烧正常火焰稳定后再点燃其他烧嘴，因开始时需要废气量少，可先点1～2个烧嘴，或2～3个烧嘴（指矩形立式燃烧室）。为了使燃烧室温度均匀，几个烧嘴可轮流燃烧。

（6）封闭燃烧室人孔。对燃烧室人孔砌死封闭的时间和做法各单位不尽一致。有的厂规定在点燃煤气前砌死人孔，封闭严密；有的厂规定在点燃1～2个烧嘴后再砌死人孔进行封闭。

封闭人孔一定要在烟气除尘系统工作正常、炉顶形成一定负压后进行。从生产实践看这两种方法均可行。

（7）在煤气燃烧正常稳定后，继续按烘炉曲线进行烘炉，烘炉温度可用调节炉顶烟囱翻板阀角度、点燃烧嘴个数和送煤气量来控制。

8-69　竖炉用焦炉煤气烘炉怎样操作？

答： 有焦炉煤气的工厂可用焦炉煤气烘炉，不用木柴烘炉。本钢16m² 竖炉首次开炉就是用焦炉煤气烘炉的。其优点是烘炉温度容易控制，并可节省大量木柴和劳力。其具体操作方法如下：

（1）先将焦炉煤气用管道引至竖炉燃烧室平台，煤气管道直径按需要用计算确定，在此处再安装两个支管引向燃烧室外边。

（2）用 ϕ50mm（2英寸）铁管制成管式烧嘴。管子上端钻2～3排一定数量的圆孔，圆孔直径大小和数量可根据煤气需要量用计算确定，图8-58为自制焦炉煤气管式烧嘴的构造示意图。

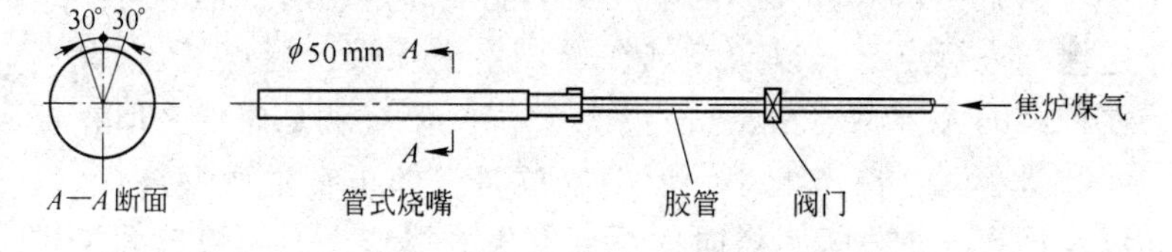

图8-58　自制焦炉煤气管式烧嘴示意图

自制烧嘴使用根数为每个燃烧室2～3根或3～4根，可根据燃烧室宽度确定。

（3）在燃烧室内放置铁支架，将管式烧嘴架在支架上。

(4) 管式烧嘴架好后，用电火点燃焦炉煤气或用细小钢管制成的焦炉煤气点火管来点燃管式烧嘴。

(5) 点燃管式烧嘴的原则：先点燃 1 根管式烧嘴，并用小煤气量进行烘炉，然后再根据升温要求逐渐增加煤气量；当 1 根烧嘴的煤气量不能满足要求时再增加第 2 根管式烧嘴，并逐渐增加煤气量，当 2 根烧嘴仍不能满足需要时，依次再增加烧嘴根数。

(6) 当燃烧室温度大于 400～600℃ 时可改用高炉煤气（或混合煤气）来烘炉。其点燃高炉煤气程序与木柴烘炉法相同。

8-70　竖炉烘炉点火操作应注意哪些问题？

答： 烘炉点火操作十分重要，必须按技术操作规程和安全规程谨慎进行操作，并着重注意以下问题：

(1) 用煤气点火时必须用低压煤气，切不可用高压煤气点火；但在低压煤气压力低于 2000Pa 时不得点火或燃烧。

(2) 点燃煤气时要一个一个烧嘴地点，并要有专人指挥，先点燃一个烧嘴，待其火焰正常稳定后，再去点燃另一个烧嘴，切不可几个人同时去点几个烧嘴。

(3) 当煤气送入燃烧室后不能立即点燃时，应立即关闭煤气阀门停止送煤气，待燃烧室中煤气绝大部分被抽走逸出后，再重新送煤气用明火点燃，如此反复操作直至煤气被点燃。

(4) 当煤气进入燃烧室烧嘴不能立即点燃时，切不可继续送煤气进行点火，以防煤气在燃烧室内积聚，当煤气点燃后，使积聚的大量煤气燃烧发生爆炸。煤气燃烧就是爆炸，但在煤气数量小时，冲击波小，形不成危害，如正常生产燃烧煤气，以及用煤气炉做饭点燃时都不会发生大爆炸。而当煤气大量进入燃烧室或大量泄漏到厨房内积聚时，再打火点燃时就会引起爆炸。

例如某厂 $8m^2$ 竖炉在停产数日后恢复生产点火时，曾发生因燃烧室温度不够，煤气进入燃烧室没有立即点燃，看火工没有停止点燃,而是继续送煤气,使燃烧室内积聚大量煤气,当用明火点燃时煤气发生爆炸,一声巨响造成极为严重的损失。布料室钢化玻璃被震得粉碎;封闭炉口的8扇铁门被掀掉7扇;燃烧室砌体被震松动,生产后不久就漏火严重,将钢壳烧穿,被迫进行灌浆处理。

(5)烘炉要严格按烘炉曲线进行,废气温度和废气量,可用调整煤气与空气配比及逐渐增加点烧嘴的数量来控制。

(6)烧嘴点燃初期,由于废气量小,温度低,烧嘴工作不稳定,极易出现自动熄灭问题。因此,要求看火工要有一人在燃烧室周围做循环检查,发现熄火的烧嘴要立即点燃。不能立即点燃的要关闭煤气阀门,过一段时间再重新点燃。切不可认为点着火后就无事了。

(7)点火时要注意人身安全。点火时看火工要站在烧嘴侧面,面部不要正对烧嘴,以免烧嘴前火焰喷出烧伤。此种烧伤情况曾多次发生过。

(8)点火前装料的料面必须低于喷火口下沿200~300mm,并保持喷火口无粉末或杂物堵塞。

(9)点燃煤气或送高压煤气前要砌砖封闭人孔。由于竖炉燃烧室为正压操作,且压力较高,因此必须封闭严密,否则高温废气会从人孔漏出,而烧坏炉皮。

8-71 封堵燃烧室人孔应采取哪些措施来防止跑火?

答:由于燃烧室内燃烧废气为正压,且压力很高,如果人孔封堵得不严密,就会有高温废气从缝隙中逸出烧坏炉皮钢壳,因此必须注意燃烧室人孔的封堵操作,且不可忽视。国内曾有很多座竖炉发生过人孔封闭不严高温废气逸出烧坏人孔附近钢壳的问题。某厂10m² 竖炉因人孔封堵不严,开炉后3~4天时间人孔附近炉皮钢壳就被烧红一片且逐渐扩大,被迫采用泥浆泵进行灌浆处理,但效果不好,每隔一段时间就要灌浆处理一次。给生产管理带来很多麻烦。封堵人孔可采取如下措施:

(1)直缝式卧式圆形人孔和半拱形立式人孔。这两种人孔最难封堵，这是因为封堵后，燃烧室砌砖体与封堵砖体之间有一道直缝，一旦封堵不好，燃烧室内高压高温废气会从直缝中窜出，烧坏燃烧室钢壳，并会日益严重，很难处理，为缓解这一问题可采用如下几项措施：

1）封堵人孔前数日，按图纸进行选砖、切砖和磨砖，尽量减少缝隙，且不可只用泥瓦刀或刨锛砍砖。处理好的耐火砖要预砌一下，发现问题要处理后再用。

2）采用701泥浆，且泥浆要饱满，与耐火砖紧密接触。

（2）采用迷宫式封堵砖。新建竖炉或竖炉燃烧室大修设计时，要将燃烧室人孔封堵砌砖设计为迷宫式，增加高温气体外逸的阻力，减少或阻止高温气体向外逸出烧坏钢壳。某厂8m² 竖炉燃烧室圆形人孔封堵砌砖设计为迷宫式，收到了良好效果。图8-59为燃烧

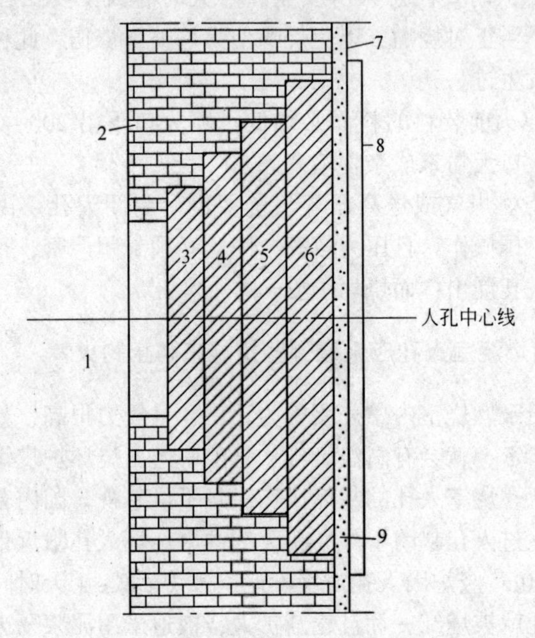

图8-59　燃烧室圆形人孔迷宫式封堵砌砖剖面示意图

1—燃烧室内；2—燃烧室砌砖；3～6—燃烧室封堵砌砖；7—燃烧室钢壳；8—人孔盖；9—填料

室圆形人孔迷宫式封堵砌砖示意图。第一层砌砖(图中的3)可采用圆形整体耐火砖,其他几层可用6~8块扇形耐火砖组合而成。

8-72　竖炉开炉装熟料的作用是什么，装料方法有几种?

答：竖炉开炉熟料的目的，是因为竖炉炉口到辊式卸料器齿辊之间距离有10多米，直接装生球会将生球摔破并挤压在一起，形成死料柱，不能正常生产。因此，在开炉时必须先在竖炉炉膛内装满具有一定强度的块矿物料，最好为球团矿，所以叫熟料。没有球团矿时，使用烧结矿、天然铁矿石、石灰石、白云石等块状物料也可以。这些块矿物料经循环、料柱活动正常后、烘干床温度达到规定值时，才可以上生球生产。

装熟料的方法有静态装料法和带风装料法两种：

（1）静态装料法。此法是在装熟料时不送风，只用布料车往复运动将熟料装入炉内。此法优点是操作简单，但料柱不活动，粉末不能吹出，料柱透气性不好。

（2）带风装料法。此法是在布料车向炉内装料的同时（或提前一点）向炉内送风，使炉料顶风向炉内装入。带风装料法的优点有：

1）对熟料有风力筛分作用，可吹走一部分粉末，使熟料粒度组成改善，透气性变好；

2）炉料顶风下降，可使炉内料柱疏松；

3）增加熟料下降的阻力，减少熟料下降的冲击力，使熟料破损减少。

带风装料法可在烘炉前进行，此时可只送冷却风；已烘完炉时可以冷却风和燃烧废气同时送风。

带风装料法必须在竖炉除尘系统完工，并验收后才能采用。

8-73　对竖炉装熟料的要求有哪些?

答：对竖炉装熟料有如下要求：

（1）装熟料前要把烘干床炉箅条整齐地排列在烘干床的托

梁上，并盖好盖板。

(2) 装熟料时布料车要往复运动，把熟料均匀布到炉子断面各点。不允许布料车在固定的定点布料，以避免定点装料造成的炉料偏析和料柱密度不均，为炉料顺畅下降、气流分布均匀创造条件。

(3) 布料车的装料皮带机的中心要与烘干床的中心线要一致，以利把熟料均匀地布于炉内两侧，避免造成炉内导风墙两侧料面一边高一边低的偏析现象。

(4) 所装炉料必须是按开炉要求准备好的熟料，不准随意取料装炉。布料工要随时检查，发现异常要停止装料并向值班工长报告。

(5) 装料时要做到边装料边排料，并使装料量大于排料量，使炉膛内料面逐渐上升，直至装到炉口。不可只装料不排料，这样会发生装满后炉料悬住不下的现象。过去有的竖炉曾多次发生只装料不排料，待炉料满后发生悬料的案例。

8-74　什么是"热料循环"，怎样进行操作？

答："热料循环"是指在燃烧室烘炉完毕，向炉膛装开炉料的一个操作环节，有的也叫"活动料柱"。其目的和作用是使炉膛内料柱松动、气流分布均匀以及烘干床上整个料面下降均匀。同时进行喷火口以下砌砖的烘炉。这是竖炉开炉是否顺利和成败的关键，其操作步骤如下：

(1) 在燃烧室达到一定温度后，先启动除尘系统设备，然后再启动辊式卸料器和布料车向炉内装料，要一边装料一边排料。开始排料时一定要缓慢一些，且要掌握好装入料和排出料的关系，一定要使排出料量（$Q_{排}$）小于装入料量（$Q_{装}$），利用 $Q_{装}$ 与 $Q_{排}$ 的差值，使炉内料面逐渐升高，直至炉子装满。炉子装满后要继续装料与排料，并保持平衡，使炉子处于装满料状态下进行循环。

(2) 随着循环料的开始就逐渐提高燃烧室废气温度和废气

量，以提高料柱温度，用来烘烤喷火口以下砌砖，同时冷却风量也要逐渐增加。

（3）在循环一定时间后，当燃烧室各点温度、炉体各部分的温度（烘干床下温度、喷火口水平温度、导风墙下温度、排球温度）达到规定值时可逐渐减少循环料量。

（4）当烘干床下温度达到规定值时（一般为300～400℃）就可停止循环料，上生球生产。

热料循环操作应注意以下几个问题：

1）一定做到边装料边排料，不可装料到炉口后再排料，这样会使喷火口以上炉料受高温气体作用体积膨胀，炉料与炉墙卡住发生悬料。

例如某厂8m^2竖炉在热循环中只装料不排料，一直到装满后才开始排料，结果料面不动发生了悬料，其原因是喷火口以上熟料体积膨胀，发生卡塞悬料。

又如某厂8m^2竖炉在热料循环时，发生了辊式卸料器故障。齿辊不能转动，较长时无法排料，在操作上又没有降低燃烧室废气温度，也没有减少废气量，且随着时间的延长也没有停止燃烧。4h后设备修复，排料时炉口料面不动，发现已悬料且很顽固。经5个多小时的处理，采用下部停风排料，上部用重锤连续撞击才将悬料塌下。经检查炉料没有与炉墙黏结，而是物料受热后体积膨胀，炉料互相挤紧或炉料与炉墙挤压发生很大的摩擦力使物料悬住不下。

2）热料循环时，燃烧室废气温度低于所用物料的熔化温度100～200℃。

3）装料时要测量炉内料面高度，掌握好排料量与装料量，保证炉内料面逐渐升高，炉子断面料量均匀。

8-75　什么是“冷料循环”，其作用是什么？

答：所谓“冷料循环”是指在竖炉基建基本完工，设备已单体试车完毕验收后，在烘炉前用冷料（球团矿、烧结矿、石灰石、白云石等）进行装炉和排出，并反复进行多次，直到各系统设备运行正常稳定，溜嘴、阀门、闸板开关灵活，下料顺畅不堵塞，以及炉内气流分布均匀后才停止。

进行冷却循环，实际上冷状下联动负荷试车。这是一些球团厂总结本厂和其他厂开炉的经验教训而采取的一项保证点火开炉过程顺利，尽快转入正常生产的有力措施，现已被很多厂开炉时采用，并取得良好效果。

“冷料循环”作用是在循环过程中把设计、设备制造与安装上存在的问题暴露出来，采取措施加以处理，免去点火开炉后再暴露和处理，拖延开炉转入正常的时间。

8-76　开炉上生球怎样操作？

答：开炉第一批加入生球操作十分重要，它关系到开炉生产能否顺利以及能否尽快转入正常的关键步骤。

当烘干床的温度上升到300℃以上，炉身各测温点的温度达到或已接近规定值就可停止热料循环，准备开始上生球。上生球的具体方法为：

先启动一台造球机进行造球，生球质量合格后加到烘干床上，加生球的数量约占烘干床面积1/3，厚度约为150～200mm，然后继续加入。

当一批生球加满烘干床后，停转造球机不再向烘干床上上生球，等待烘干床上的生球干燥。待烘干床上生球干燥后就可进行排料，当烘干床料球排去1/3后就停止排料，然后再上生球进行干燥，待生球干燥后就按上法排料。如此反复上生球、排料，直到烘干床下温度上升到正常温度500～600℃，干燥速度加快，排料正常后就可连续向烘干床上上生球，转入正常试生产。

采用这种间断上生球和排料方法，是因为开始上生球时烘干床温度低，生球干燥速度慢，只能间断上生球与排料，否则连续上生球和排料就会造成湿球入炉导致生球黏结在炉箅条上或湿球进入预热带焙烧带形成结块。这种操作方法要持续1～2天或

2～3天。

在开炉上生球操作过程中，一方面要严格掌握干球入炉，严禁湿球入炉，防止湿球进入预热带形成黏结块；另一方面要注意调节控制冷却风量、燃烧室废气量、燃烧室废气温度和焙烧带温度达到规定的适宜值时才能转入正常生产。

8-77　怎样控制开炉加料速度？

答：在竖炉刚开炉时，因为整个竖炉炉身砌砖体尚未烘烤好，蓄热量尚不足，焙烧温度较低、风量较小，尚未形成最适宜的焙烧制度，所以一定要控制生球加入量，保证干球入炉。逐渐增加生球加入量，以达到开炉顺利和球团矿质量合格，并把炉身喷水口以下砌砖烘烤好。一般情况下这种操作状况要持续1～2天或2～3天，待炉体砌砖蓄热已足、温度升高、气体分布均匀、炉内已形成合理的焙烧制度，炉料连续稳定地下降时就可以转入正常的试生产了。

开炉工作的好坏，对竖炉一代炉龄及开炉能否尽快转入正常生产有着极大的关系，必须认真对待、精心组织、严格要求，切不可掉以轻心，草率从事。务必做到循序渐进，不可急于求成，否则会造成欲速而不达。

8-78　竖炉开炉的安全注意事项有哪些？

答：做好开炉时的安全工作，是保证开炉顺利的关键，开炉期间须做好以下安全工作。

（1）开炉期间与开炉无关的人员禁止登上竖炉，或在竖炉周围逗留。

（2）参加开炉所有人员要佩戴开炉工作证，必须听从指挥，遇到和发现异常情况要及时报告开炉指挥部。

（3）开炉前安全部门要会同有关人员对所有安全设施进行一次彻底检查。要求安全设施必须完善。对检查发现的问题和存在的安全隐患，要在开炉前全部解决。

(4) 防火工器具要准备齐全、就位、好用。

(5) 通知消防部门做好准备。

(6) 加强保卫工作,保卫部门要派专人到场监护、维持秩序。

(7) 开炉期间医护人员到现场值班。

(8) 所有上岗操作人员、管理人员及指挥人员都必须按规定穿戴好劳动保护用品。

(9) 外来参观人员要设专人引导。

(10) 引煤气点火操作时要有专人指挥与组织操作,煤气救护人员要到现场监护。

8-79 怎样进行引煤气操作?

答: 在新建竖炉开炉或停产大修后的竖炉再生产开炉,都要先将煤气从煤气加压站(或混合站)引到竖炉燃烧室平台煤气管道中,以便点火操作。一般是先引低压煤气,然后再由低压煤气转为高压煤气。不允许直接用高压煤气点火。引煤气应按以下步骤进行操作:

(1) 引煤气前的准备工作。

1) 引煤气前,应先与煤气加压站联系,得到同意后,方可进行引煤气操作;

2) 检查竖炉煤气总管和助燃风总管阀门是否关闭;

3) 检查竖炉燃烧室烧嘴阀门是否关闭;

4) 打开竖炉煤气总管(1个)和煤气支管(2个)放散阀;

5) 通知启动竖炉除尘风机;

6) 通知启动助燃风机和冷却风机,并放空。

(2) 引煤气操作。在做完上述各项引煤气准备工作后,方可进行引煤气操作。

1) 通知煤气加压站,用蒸汽吹扫煤气总管管道;

2) 竖炉看火工用蒸汽吹扫煤气支管管道;

3) 见煤气总管放散阀蒸汽10min后,通知煤气加压站向煤气总管送煤气,稍刻关闭煤气管蒸汽;

4）见煤气总管放散阀冒煤气5min后，开启煤气管闸阀，关闭煤气总管放散阀，关闭煤气支管蒸汽；

5）通知烘干机室和其他用户可以使用煤气。

8-80　竖炉开炉怎样进行引煤气后的点火操作？

答：引煤气后应按以下程序进行点火操作：

（1）点火操作：

1）见煤气支管放散阀冒煤气5min后，开启助燃风总管闸阀；

2）开启两燃烧室烧嘴阀门进行点火。点火时，应先略开烧嘴助燃风阀门，然后徐徐开启烧嘴煤气阀门，并同时开大助燃风阀门；

3）待燃烧室煤气点燃后（在烧嘴窥孔中观察），关闭煤气支管放散阀和助燃风放风阀；

4）调节两燃烧室的煤气量和助燃风量，使其基本相同；

5）开启冷却风总管闸阀，并关闭冷却风机放风阀（烘炉时除外）；

6）通知布料加生球和排料（烘炉时除外）。

（2）煤气点火时的注意事项：

1）如果使用高炉煤气或使用高-焦混合煤气，应先做爆炸试验，经合格后才能点火，以确保安全。

2）煤气点火时，燃烧室必须保持一定的温度，如高炉煤气应大于700℃（高压需大于800℃）；高-焦混合煤气应大于560℃（高压需大于750℃），才能直接点火。否则燃烧室要有明火才能用煤气点火。

3）点火时，烧嘴前的煤气和助燃风应保持一定的压力。煤气压力在4000Pa左右（400mmH_2O）；助燃风在2000Pa左右（200mmH_2O）。待煤气点燃后逐渐加大煤气和助燃风压力。

严禁突然送入高压煤气和助燃风，以防把火吹灭，引起再次点火时而造成煤气爆炸。

4）使用低压煤气点火时，煤气压力低于2000Pa（200mm 水柱）和在生产时，煤气压力低于6000Pa(600mm 水柱)，应停止燃烧。这一点应特别重视，否则会发生煤气爆炸事故。例如某厂$8m^2$竖炉生产中因煤气量小，煤气压力低于2000Pa(200mmH_2O)时停止上生球生产，但没有停止燃烧，不久就发生煤气压力过低，引发了竖炉至煤气加压站间的煤气爆炸，使煤气管炸坏70～80m，部分管道坠地，损失严重。

8-81　什么叫竖炉停炉，停炉有哪几种，怎样进行操作？

答：在竖炉正常生产过程中，因故造成的灭火、停止上生球叫停炉。

根据停炉的情况不同，具体操作可分为：临时性停炉操作或称放风灭火操作、停炉操作、紧急停炉操作和计划性停炉操作等4种。

（1）放风灭火操作。在竖炉生产中，某一设备发生故障或其他原因而不能维持正常生产时，需作短时间（<2h）的灭火处理，称为放风灭火操作。

1）通知烘干机及其他用户停止使用煤气；

2）通知布料停止加生球和排料；

3）通知风机房，关小冷却风机进风蝶阀或闸阀，并打开放风阀，关闭冷却风总管蝶阀；

4）通知煤气加压站作降压处理；

5）在煤气降压的同时，通知助燃风机放风，并关小助燃风机进风阀；

6）同时立即打开煤气总管放散阀；

7）关闭煤气和助燃风总管的闸阀；

8）关闭燃烧室烧嘴阀门。同时打开煤气支管放散阀，并通入蒸汽。

（2）停炉操作。在燃烧室灭火时间需要超过2h以上，应做停炉操作。停炉操作除先做放风灭火操作外，还应采取以下措施：

1）通知风机房，停助燃风机和冷却风机；

2）通知煤气加压站停加压机，并切断煤气，用蒸汽吹刷煤气总管；

3）当竖炉需要排料时，仍可继续间断排料，直到炉料全部排空。

（3）紧急停炉操作。在遇到突然停电、停水、停煤气、停助燃风机和冷却风机、停竖炉除尘风机时，应做紧急停炉操作。

1）首先应立即打开煤气总管的放散阀，助燃风机和冷却风机放散阀；

2）立即关闭煤气总管、助燃风机的闸阀和蝶阀，切断通往燃烧室的煤气和助燃风；

3）立即关闭冷却风总管的蝶阀；

4）立即关闭燃烧室烧嘴的全部阀门；

5）打开煤气支管放散阀，并通入蒸汽。

其余可按放风灭火和停炉操作处理。

（4）计划性停炉操作。按停炉性质和目的计划停炉又可分为以下两类：

1）在竖炉生产到一定时间后需要对某些设备进行较长时间的检修或更换某些部件，需要有计划的停炉，这种停炉时间较短；

2）在竖炉生产到一定年限后就需要进行中修或大修，就要有计划地停炉后进行，这种计划停炉时间较长。

以上两种停炉都要灭火。

计划停炉的操作程序如下：

1）编制停炉计划，确定停炉目的、检修内容、停炉时间、停炉日期、炉料是否排空等内容；

2）按停炉计划确定的停炉日期，提前一个小时停止上生球，如果炉内料不排空，需补加经筛分的成品球团矿（又称熟球），与此同时保持排矿速度不变，燃烧室温度和废气量不变。若炉顶温度过高，可适当减少冷却风量和废气量。这样操作，既可使喷火口以上的生球烧透，又可避免炉内发生球团黏结。此外，还要通知煤气加压站作好停送煤气的准备，待补加熟球下降到喷火口1m以下时就可以停止上熟球和停止排料。然后燃烧室灭火停止燃烧、煤气和助燃风放散。通知煤气加压站停加压机，切断煤气，用蒸汽或氮氧清扫煤气管道。同时通知风机房停助燃风机、冷却风机放风减量，直到风机停止运转。

需要炉料排空的操作，是在灭火后，继续送冷却风和间断排料，直到炉料全部排空。在排料过程中，随着炉内球团矿数量的减少，应相应减少冷却风量，直到冷却风机停转。

二、竖炉热工制度的确定与控制调节

8-82 竖炉生产用煤气量用量怎样确定？

答：竖炉球团生产所使用最多的气体燃料是高炉煤气或高炉-焦炉混合煤气，少数为发生炉煤气。生产中所需要的煤气量，要通过所焙烧每吨球团矿的热耗量来计算确定。而焙烧每吨球团矿的耗热量决定于铁矿石的类型及其化学成分，如FeO、S的含量高低以及焙烧方法。具体数据要通过实验室测定和计算确定。

根据生产实践一般焙烧每吨球团矿的耗热量为585438～669072kJ/t(14～16万大卡/t)。因此，就可以根据每小时球团矿产量和每吨球团矿的耗热量计算每小时的煤气用量。其计算公式如下：

$$V_{煤} = \frac{Q_{低}^{用} \cdot B}{G} \tag{8-22}$$

式中 $V_{煤}$——每吨球团矿的耗热量，kJ/t；

$Q_{低}^{用}$——煤气发热量，kJ/m³；

B——竖炉每小时煤气用量，m³/h；

G——竖炉每小时球团矿产量，t/h。

例如某球团厂，当每小时焙烧球团矿50t时，吨球耗热量取一般耗热量范围的平均值为627256kJ/t，使用高炉煤气的发热量为3354.45kJ/m³(850kJ/m²)，则每小时需要的煤气量为：

$$\frac{627256 \times 50}{3354.45} = 9349.6\text{m}^3/\text{h}$$

当竖炉球团产量要增加时，就要通过计算确定相应的煤气需要量；当竖炉球团产量减少时要通过计算确定相应煤气需要量，以保持炉内焙烧带温度稳定，防止出现欠烧球和过熔结块。

8-83　竖炉燃烧室的温度怎样确定和调节?

答：燃烧室温度是燃料燃烧后燃烧废气在燃烧室这个空间里的温度体现，它只与燃料的种类、质量、流量以及与助燃风量多少有关，它是决定焙烧带温度的一个重要因素，但不是决定因素，因为焙烧带温度在很大程度上决定于燃烧室压力、料流变化量，球团原料的理化性能等多种因素。两个温度有着密切的关系，但生产过程由于料流速度、流量、气流速度、流量及其他因素的变化，两个温度并不呈现一成不变的线性关系。从生产统计数据看，有时是燃烧室温度高于焙烧带温度，有时是燃烧室温度低于焙烧带温度，有的相差很多。故用燃烧室温度来推算焙烧带温度是不甚严密和不科学的。应以测得的焙烧带温度来控制竖炉焙烧操作，虽然实际生产中，由于竖炉焙烧带的热电偶深度受到限制，所显示的温度不是真正的料层温度，两者有一定的差距。但根据凌钢、太钢峨口铁矿、济钢等厂竖炉的数据看，这个差距是稳定的，找出这一个差距，再加上热电偶测得温度值，就是炉膛内料层的温度，按此数据控制焙烧操作竖炉就可以生产质量合乎要求的球团矿。一般情况下就不会出现欠烧球和熔融的黏结块。凌钢测定，在热电偶前端与炉墙平齐时，热电偶测得温度与料层温度相差100～150℃。例如热电偶的温度为1100℃时，则炉内焙烧带温度为1200～1250℃，多年来就按此参数控制焙烧操作，操作规程中也规定了燃烧室温度和焙烧带温度两个指标，及发生波动时的调整时间，具体数字见表8-9。

表 8-9　燃烧室温度及温度超标后调整时间

炉　别	燃烧室温度/℃	温度超标后调整时间/min
1、2 号竖炉($8m^2$)	900 ~ 1050	≤60
3 号竖炉($10m^2$)	900 ~ 1050	≤30
炉　别	焙烧带温度/℃	温度超标调整时间/min
1、2 号竖炉($8m^2$)	900 ~ 1050	≤60
3 号竖炉($10m^2$)	900 ~ 1050	≤30

如果能将热电偶加保护套管后插入炉墙一定的深度，那就可以接近料层的实际温度，以此来控制焙烧带温度那就更可行了。据悉某厂竖炉已将热电偶插入距炉墙 150mm 来测定炉膛内焙烧带料层温度。

燃烧室温度也可以用球团矿的焙烧温度区间方法确定，燃烧室温度宜控制在焙烧温度区间温度下限值以下，不宜过高。因为燃烧室温度越高，废气对耐火砌体损害越大，越易将燃烧室烧坏漏气。因此在生产过程中，在满足焙烧带温度达到适宜值的前提下，应尽量使用较低的燃烧室温度，以减轻对耐火砌体的烧蚀。

有的资料提出，在生产实践中，焙烧磁铁矿球团时，燃烧室温度应低于试验得到的球团焙烧温度 100 ~ 200℃。而在焙烧赤铁矿球团时，燃烧室的温度应高于试验获得的球团焙烧温度50 ~ 100℃，这种提法是不严密的，只能做参考。

有的资料还提出，竖炉开炉投产时，燃烧室温度应低一些，可以暂控制在试验得到的焙烧温度区间的下限，然后应视球团的焙烧情况来进行调整。这种操作方法可以参考。

有的资料还提出：燃烧室温度还与竖炉产量有关，当竖炉高产时，燃烧室温度应适当高一些（20 ~ 50℃）。当竖炉低产时，燃烧室温度应低一些。实践中采用这种操作方法是不当的。正确的操作方法应是：在竖炉生产正常时，燃烧室的温度应基本保持恒定，温度波动一般应小于 ±10℃。当竖炉球团矿产量增加时，应根据产量增加量，相应增加煤气量与助燃风量（即燃烧废气量）。当竖炉产量降低时，应根据产量减少量相应减少煤气量和助燃风量（即燃烧废气量），以保证产量增加或降低时保持焙烧带热量平衡，温度稳定在规定范围内。

切记，千万不要认为燃烧室温度就是焙烧带温度（或焙烧温度）。

8-84 燃烧室压力怎样确定和调节？

答：燃烧室压力决定于料柱透气性、冷却风流量、冷却风压力、废气量、废气温度等因素。在正常生产时，燃烧室压力应稳定在一定范围内。

当燃烧室压力升高，说明炉内料柱透气性变坏，应进行调节。如果是烘干床湿球未干透下行造成，可适当减少布料生球量或停止加生球（减少或停止排矿），使生球得到干燥后，燃烧室压力降低，再恢复正常生球量。如果是烘干床生球爆裂严重引起，可适当减少冷却风，使燃烧室压力达到正常。如果是炉内有大块，可以减风减煤气进行慢风操作，待大块排下火道，燃烧室压力降低后，再恢复全风操作。如果排矿温度高、烘干床生球干燥速度慢，应适当增加冷却风量。如果烘干床生球爆裂严重，可适当减少些冷却风，以维持生产正常。

一般燃烧室的压力不允许超过20000Pa（2000mm H_2O）。

8-85 燃烧室气氛怎样确定与调剂？

答：焙烧气氛是指焙烧气体介质中含氧量的多少。通常可按下述标准划分：

（1）氧含量大于8%为强氧化气氛；

（2）氧含量8%～4%为正常气氛；

（3）氧含量4%～1.5%为弱氧化气氛；

（4）氧含量1.5%～1%为中性气氛；

（5）氧含量小于1%为还原性气氛。

目前，我国竖炉基本上都是生产氧化球团矿，因此要求燃烧室具有强氧化性气氛（氧含量>8%）。但因我国的竖炉大部分是高炉煤气作燃料，高炉煤气的发热值较低，火焰长，以及设备、操作上的问题等原因，使燃烧室的含氧较低，只有2%～4%属弱氧化性气氛，有时还会残留少量的CO，对生产磁铁矿球团极为不利。这样，磁铁矿球团的氧化，只有依靠竖炉下部鼓入的冷却风带进的大量氧气，通过导风墙，在竖炉的预热带得到氧化。

因此，要求燃烧的每个烧嘴燃烧完全，所给的煤气量和助燃风量均匀、适宜。严防在多烧嘴（6～8个）的情况下，有一或两个烧嘴燃烧不完全，向燃烧室灌入煤气的现象发生。

改进办法：

1）采用大烧嘴代替小烧嘴，使煤气混合均匀，燃烧完全，提高燃烧温度，增加过剩空气量。可使燃烧室的氧含量提高到4%～6%，CO含量减少到1%以下。

2）尽可能采用较高热值的高-焦混合煤气，使燃烧室的氧含量达到8%以上，成为强氧化性气氛。

1986年9月原冶金工业部组织了对凌钢1号8m² 竖炉炉内气流温度、压力、气氛的测试，表8-10为凌钢1号8m² 竖炉燃烧室气体成分测定结果。

表8-10　竖炉燃烧室气体成分测定结果

日期	取样时间	编号	气体成分/%			备注
			CO_2	CO	O_2	
1986年9月26日	13:50～17:30	纵燃4号—1～4号—5	10.32	0.40	9.56	5次数据平均值
1986年9月27日	9:45～14:45	纵燃1号—1～1号—6	9.57	0.57	10.83	6次数据平均值
1986年9月28日	10:00～13:05	纵燃1号—1～1号—6	10.40	0.58	10.18	4次数据平均值
1986年9月29日	11:10～15:15	纵燃2号—1～2号—5	12.20	0.42	9.36	5次数据平均值
1986年9月30日	13:05	纵燃3号~1号	11.00	0	8.00	1次数据

测定时使用的煤气为高炉-焦炉混合煤气，其发热值为5020kJ/m³。

8-86　球团矿产量和质量怎样控制和调节？

答：竖炉焙烧热工制度的控制和调节，主要目的是为了获得优质、高产的成品球团矿。同时降低能源消耗。

目前我国的竖炉球团经过不断的改进,球团矿的产量、质量已提高到一个新的水平。8m^2 竖炉一般日产可达 1000 ~ 1200t。成品球的抗压强度达到 1961N/个以上和转鼓指数(≥5mm)>95%。

竖炉提高球团矿产量和质量的关键在扩大烘干床面积、提高生球的干燥速度、适宜的焙烧制度。

而在实际生产中，竖炉的产量和质量，主要受煤气量、生球质量和作业率的影响。

（1）煤气量。煤气量大，助燃风量也增大，带进竖炉的热量和废气量就多，产量就可提高，质量就有保证。否则反之。

生产中要做到使用的煤气量与入炉生球量相适应，以保证焙烧热量充足。

（2）生球质量。生产中要求生球质量达到抗压强度大于 9.81N/个；落下强度大于 3 次/个；粒度小而均匀，10 ~ 16mm 粒级占 90% 以上。用这样的生球焙烧，竖炉的产量就高，质量也好。反之，则竖炉球团的产量和质量就降低。

（3）竖炉作业率。竖炉作业率高,连续生产时间长,焙烧制度稳定,热能利用好,球团矿产量、质量有保证,能耗低。否则反之。

在操作上,当球团矿的产量与质量发生矛盾时,应该首先服从质量,不要盲目追求产量。在保证质量的前提下,做到稳产、高产、低耗。

三、竖炉炉况判断与调剂

8-87　球团竖炉有哪些热工测量计器仪表，用途是什么？

答：为了准确了解和掌握生产中竖炉炉况现状，与更准确的知道竖炉炉况动向趋势和变动幅度，必须在竖炉某些部位安装一些计器仪表，来检测炉子的热工参数。竖炉热工参数的测定计器仪表主要有以下 3 类：

(1) 温度测量计器仪表。温度是判断球团竖炉焙烧过程是否正常的重要参数之一。它包括有燃烧室温度、炉膛内各带的温度。燃烧室温度是操作中应严格控制的参数，燃烧室温度一般是固定不变的。炉膛内各带温度反映出炉膛内球团焙烧过程是否正常进行、炉内各带位置是否稳定、炉温是否正常，如焙烧带的温度是焙烧操作的重要参数，只要把焙烧带温度调控在球团矿焙烧温度区间范围内就能焙烧出质量合格的球团矿，否则就会出现欠烧球或出现黏结块，甚至熔融结块。要求温度检测计器仪表能自动记录，并设有超值报警能力，如设定焙烧带温度 1150℃，当温度低于 1100℃或超过 1200℃时就报警。

(2) 流量测量计器仪表。竖炉焙烧操作中除应控制各项温度外，还要掌控各气体流量，使其与需要相适应。要求对煤气和助燃风支管及冷却风总管的流量能自动记录。

(3) 压力测量计器仪表。各种气体的压力直接反映了炉况的变化，如在生产过程中燃烧室压力逐渐升高，反映出炉膛内可能是料柱透气性变差，或者喷火口逐渐被堵塞或者导风墙孔堵塞，冷却风通过均热带、焙烧带数量增加等炉况发生。

图 8-60 为竖炉某些热工参数测定位置示意图。

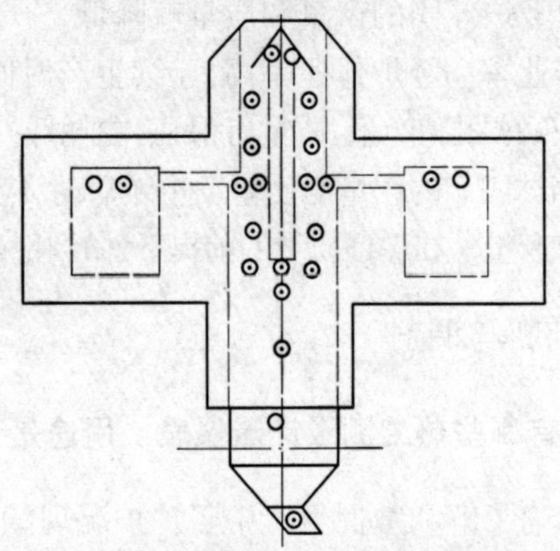

图 8-60　竖炉热工参数测定位置示意图

○—测压管；⊙—热电偶

表 8-11、表 8-12、表 8-13 为某厂 10m² 竖炉热工参数测量计器仪表的种类、数量及分布情况。

表 8-11　竖炉炉体测温点位置、数量及分布情况

测温点位置	炉顶烟罩温度	烘干床温度	干燥带温度	预热带温度	焙烧带温度	均热带温度	冷却带温度	排矿温度
测温点数量	1	2	4	4	4	4	4	2
测温点分布情况(每侧数量)		1	2	2	2	2	2	1

表 8-12　燃烧室热工参数测量情况

测量点位置	燃烧室温度	燃烧室压力	混气室温度
测量点数量	2	2	4
测量点分布情况(每侧数量)	1	1	2

表 8-13　各种气体测量位置、数量及分布情况

测量点位置	冷却风压力		冷却风流量		助燃风压力		助燃风流量		煤气压力		煤气流量	
	总管	支管	总管	支管	总管	支管	总管	支管	总管	支管	总管	支管
测量点数量	1	2	1	2	1	2	1	2	1	2	1	2
测量点分布情况(每侧数量)		1		1		1		1		1		1

8-88　竖炉生产中正常炉况的特征是什么？

答：竖炉内球团焙烧是一个连续性的高温生产过程。只有炉况稳定、顺利才能做到优质、高产、低耗。但在生产过程中由于原燃料物理性能和化学成分的波动或变化、气候条件的变化、计量工具、监测仪表、自动控制设备的误差以及操作人员操作上失误等都会引起炉况的波动,甚至炉况失常。操作者要及时采取有效措施,针对发生的炉况波动进行纠正,避免其进一步发展导致炉况恶化。

"有比较,才能鉴别",因此,操作上首先必须了解正常炉况的特征,才能有助于对不同炉况做出正确的判断,发现波动时及时采取有力措施进行纠正。使其尽快恢复到正常炉况。

在竖炉生产中,正常炉况可通过以下三个方面来判断:

(1) 竖炉计器仪表所反映的数据;

(2) 对成品球团矿质量的检验数据;

(3) 依靠操作人员的经验、观察。

一般情况下正常炉况的特征:

(1) 燃烧室压力稳定。在燃烧室废气量一定的情况下,燃烧室压力主要与竖炉产量和炉内的料柱透气性有关。

在竖炉产量基本一定和料柱透气性良好时,燃烧室压力有一个适宜值,一般在8000~12000Pa (800~1200mmH_2O),超过适宜值,就被认为是燃烧压力偏高。

在竖炉产量和料柱透气性基本不变的情况下,燃烧室压力基本不变,两燃烧室压力也应基本保持一致。所以竖炉两燃烧室压力低而稳定是正常炉况的标志之一。

(2) 焙烧带温度值稳定在指定范围内,且四点温度差值最小,一般为30~40℃,最大差值不超过50℃。

焙烧带温度是指炉膛内喷火口中心线上下各1m高(长度)左右区域的温度值,它是球团矿质量能否达到要求,不欠烧、不过熔的关键数据。

焙烧带温度的选择是根据造球原料性能在实验室试验测定的球团矿的焙烧温度区间确定,一般应选择控制中间值,如某厂球团矿实验室试验测定它的焙烧温度区间为1100~1250℃,其中间值为1180℃,生产中对焙烧带温度控制在1180℃±40℃范围内。

焙烧温度可以从矩形竖炉短边喷火口水平插入的热电偶测得;也可以通过焙烧区域热平衡计算求得。

(3) 燃烧室温度稳定。燃烧室温度高低取决于球团矿的焙烧温度，也是决定焙烧带实际温度的重要因素。但燃烧室温度不等于焙烧带温度。生产中燃烧室温度是由煤气发热量与助燃风配比确定，它可通过计算确定。燃烧室废气温度变化，在废气量不变的情况下可以影响焙烧带温度变化，但幅度不会很大。这是因为焙烧带温度决定于生球量、生球化学成分（主要是FeO、S含量以及石灰石、白云石的用量）、冷却风进入焙烧带的数量等多种因素。

在竖炉生产过程中燃烧室温度应基本上保持恒定，温度波动≤±10℃。

（4）燃烧室废气为氧化性气氛，一般含氧量应大于4%。

（5）炉身各带温度分布合理，炉内明显的形成五带（干燥、预热、焙烧、均热、冷却带）。炉身同一断面上两端炉墙的温度差最小，一般应小于60℃。

（6）下料顺畅、排料速度均匀、排矿温度正常、稳定。

（7）烘干床上料面各点下料快慢基本一致,下料速度也均匀。

（8）煤气、助燃风、冷却风的流量和压力稳定。在竖炉产量一定的情况下，煤气、助燃风、冷却风的流量和压力有一个与之相对应的适宜值。在竖炉炉况正常时，炉内料柱透气性好，炉口生球的干燥速度快，煤气、助燃风、冷却风的流量和压力都趋于基本稳定状态。

（9）烘干床气流分布均匀、温度稳定、生球不爆裂。烘干床的气流分布均匀、温度稳定、生球基本不爆裂。说明竖炉内料柱透气性好、下料均匀、生球质量高，烘干床干燥速度快，竖炉的废气量适宜。

（10）球团矿化学成分、物理和冶金性能合乎标准要求。

（11）炉顶废气温度稳定，波动值小于100℃。

8-89　竖炉炉况失常有哪几种？

答： 在竖炉生产过程中，常常由于原燃料条件的变化、生球质量的变化、各种操作条件的变化及不正确的操作等因素都会造成炉况的波动或剧烈波动。而对炉况波动没有及时判断出来，没有及时采取调剂措施加以纠正，以致造成炉况失常。因此，值班工长和看火工、布料工对炉况要勤观察分析，进行综合判断，及时发现矛盾、分析矛盾，找出主要矛盾，采取必要的措施，消除失常炉况，力争消除在萌芽期，迅速恢复正常炉况。

失常炉况可分为以下几种：

(1) 热制度失常。球团竖炉热制度失常表现为成品球团矿过烧或欠烧；成品球中伴有部分生熟不均匀现象；炉顶废气温度过高或过低；炉顶生球烘干速度显著变慢；排出球团矿温度过高等。

(2) 炉内气氛失常。炉内气氛失常表现为燃烧室废气和竖炉内气体含有一氧化碳、煤气燃烧不充分。

(3) 炉料运动失常。炉料运动失常分一般失常和严重失常两种：

炉料运动的一般失常，有偏料、崩料（塌料）管道行程；严重失常为结大块、导风墙孔大量堵塞，即所谓特殊炉况。

8-90　竖炉生产中出现成品球过烧的征兆和原因是什么，怎样处理？

答：成品过烧是竖炉生产中热制度失常引起的，其表现的征兆，产生的原因及处理方法如下：

(1) 征兆：

1) 在排出的成品球料流中有黏结在一起的球和熔融块出现，并逐渐增加；

2) 通常伴随着轻微的炉料下降不顺的情况；

3) 焙烧带温度升高，波动值大于规定值；

4) 炉身其他各点温度也相应的升高；

5) 辊式卸料机液压系统工作压力开始升高；

6) 排出成品球温度升高。

(2) 产生原因：

1) 生球入炉量减少，废气量没有相应减少；

2) 排料速度降低，废气量没有相应的减少；

3）燃烧室废气温度偏高、高过球团矿焙烧温度区间的上限值；

4）原料中混有少量杂物，如瓦斯灰、煤粉，碳素燃烧放热使炉膛内焙烧带温度升高，又会使炉膛内氧化气氛变弱；

5）铁精矿粉中的 FeO 含量增加，使氧化时放热量增加，焙烧带温度升高；

6）铁精矿粉中的含 S 量升高，氧化放热增加也会使焙烧带温度升高。

上述诸因素中有一个变化量较大，或诸因素中有几个因素的变化量虽然不大，但综合起来，就会有较大的影响，使焙烧带温度升高，超过规定值，使球团矿发生熔化黏结。

（3）处理方法：

1）如果生球供应量尚有潜力，可以增加排料速度，同时增加生球装料量，使焙烧带温度下降到规定范围内；

2）相应减少废气量；

3）如上述条件不存在或采取上述措施无效时，应降低燃烧室废气温度，减少废气带入的热量；

4）根据铁精矿粉中 FeO 和 S 的变化值，通过计算相应减少燃烧废气的供热量；

5）先停用混有含碳物的铁精矿粉，取样化验分析后，再根据含碳量计算出发热量，相应减少废气量保证焙烧带温度在规定范围内。

8-91　出现成品球欠烧的征兆和原因是什么，怎样处理？

答：成品球团矿欠烧也是由热制度失常引起的，其征兆、产生原因以及处理方法如下：

（1）征兆：

1）排料中出现的红褐色乃至黄白色球团矿的数量逐渐增加；

2）炉顶烟气中粉尘吹出量增多；

3）炉口生球下降时，烟气中含尘量增加，能见度变差；

4）炉口的干燥情况变坏，生球烘干速度变慢，烟气流中蒸汽增多，颜色变白；

5）辊式卸料机液压系统工作压力逐渐下降；

6）排料中返矿量增加；

7）炉身各点温度下降，如局部欠烧，在欠烧处温度降低较多。

（2）产生原因：

1）炉顶排料过快，生球入炉量增加，没相应增加废气量，使热量支出大于热量供给，使焙烧带温度逐渐下降到低于焙烧区间的下限值时，球团矿就要欠烧，强度降低；

2）炉顶烘干床烘干不好，生球没有得到充分干燥、预热就进入焙烧带，使焙烧带温度下降；

3）燃烧室废气温度偏低；

4）铁精矿质量变化，FeO 和 S 含量有较大的降低，使焙烧带温度降低；

5）局部排矿下料过快，球团矿温差大。

（3）处理方法：

1）如果排出料中有欠烧的红球和少量黏结块在一起并存时，首先采取保持原燃烧室温度、用增加燃烧室废气量的办法增加进入焙烧带的热量，提高焙烧带温度；

2）如果局部欠烧，可用烧嘴调整废气量，改善局部焙烧情况，即在欠烧部位增加废气量，使焙烧温度带上升达到规定值；

3）如果普遍欠烧，应增加废气量；

4）降低排料速度、减少生球加入量。

8-92 烘干速度减慢的原因是什么，怎样处理？

答：炉口烘干速度减慢也是热制度不调引起的。

（1）征兆：

1）生球烘干速度显著减慢；

2）炉口上升的气流量减少，气流温度降低；

3）炉箅上下料不顺，有黏结现象；

4）排出料球团矿质量下降，甚至有欠烧现象，返矿量增加；

5）炉料透气性变坏，燃烧室压力升高；

6）冷却风压力升高，流量减少；

7）炉顶排除废气呈浓白色蒸汽状；

8）焙烧带温度开始波动，同一平面上各点温度差数增大，比正常时温度下降。

（2）产生原因：

1）炉顶废气温度控制太低；

2）生球装入量增加，废气量没有相应增加，造成焙烧带温度下降；

3）炉内可能出现或即将出现偏料、塌料、悬料、结块等炉况；

4）生球质量变差，强度降低产生粉末增加或筛分不好，使料柱透气性变差，废气量和冷却风量减少。

（3）处理方法：

1）适当增加煤气量和助燃风量来增加废气量，提高炉顶废气温度；

2）采取以上措施后不明显时，可适当提高燃烧室废气温度；

3）采取措施消除难行、偏料、塌料、管道行程等炉况；

4）改善生球质量，提高生球团强度，并加强筛分减少粉末入炉量，改善料柱透气性，增加气流量。

8-93　炉口温度过高的征兆和原因是什么，怎样处理？

答：炉口温度过高也是热制度失常引起的。

（1）征兆：

1）炉顶气流温度逐渐升高，超过700℃；

2）炉顶烘干床上和炉口发生生球爆裂现象，可听到响声和可见碎裂下的小块；

3）炉顶烘干床上的生球有被烧红的现象出现；

4）炉顶排出气流量增多；

5）炉身各带各点的温度升高，尤其焙烧带的温度升高明显。

（2）产生原因：

1）生球装入量显著减少；

2）燃烧废气量过大；

3）排料速度过慢。

（3）处理方法：

1）在烧成情况良好，球团矿质量合格并均匀时，可以适当提高排料速度，同时增加生球装入量；

2）如果炉顶温度过高，有可能烧坏布料车皮带时，可暂时停止燃烧来装生球，必要时要装入烧过的熟球；

3）适当减少废气量；

4）适当减少冷却风量。

8-94 炉内气体存在一氧化碳的征兆和原因是什么，怎样处理？

答：在炉内气体中含有 CO 时，说明炉内气流已变成了还原性气氛，对生产磁铁矿氧化球团极为不利，必须及时处理。

（1）征兆：

1）燃烧室废气分析中 CO 含量超过 0.5%；

2）排出球团矿中 FeO 含量较正常增多；

3）夜间在炉顶烘干床上可看到 CO 燃烧时特有的淡蓝色火苗；

4）燃烧室烧嘴前火焰变蓝色。

（2）产生原因：

煤气量与空气量配合比例不适当，煤气燃烧不完全，出现还原性气氛。

（3）处理方法：

1）根据CO（蓝色火苗）出现的部位，将相应部位烧嘴的助燃风量增加一些；

2）普遍出现一氧化碳（蓝色火苗）时，应将助燃风总量适当地增加；

3）采取上述措施无效时，可减少煤气量。

8-95　成品球生熟混杂的原因是什么，怎样处理？

答：有时可看到排出的成品球团矿中有生熟夹杂、球团矿强度相差悬殊的现象：

(1) 征兆：

1）炉料下降稍不均匀，严重时一侧下料快，另一侧下料慢；

2）炉身各点温度不稳定，且相差很多；

3）排出的成品球团矿中有强度合格的球，也夹有颜色发红或白色的欠烧球；

4）下部排料量一端少、一端多。

(2) 原因：

1）排料操作不当，造成一侧排矿快，一侧排料慢，使炉内焙烧不均匀，既有合格球，也有欠烧球的局面；

2）炉子发现下料不均匀时，没有及时采取有力措施调整，使局部下料快的焙烧带温度低于焙烧温度区间的下限值，焙烧温度不够使球团矿欠烧，而下料正常的部位，焙烧温度正常，成品球质量正常；

3）炉内出现偏料炉况，没及时纠正处理；

4）炉顶布料操作不当，布料车皮带机中心线与烘干床中心线不一致，生球在烘干床上发生一侧多，一侧少的偏析现象，下料多的一侧就要产生欠烧球。

(3) 处理方法：

1）加强排料操作，要做到两端排料嘴的排料量一样；

2）发现下料不均匀炉况时，要及时增加下料一端或一侧的废气量，保持焙烧带温度适宜；

3）布料车皮带中心与烘干床中心不一致时应进行调整，如果调整后效果仍不好时，应在皮带上加调料板，使生球均匀分布在烘干床上；

4）出现偏料炉况时应及时进行处理，不可拖延。

8-96 什么是塌料，塌料的征兆和原因是什么，怎样处理？

答：竖炉生产中由于排料操作不当或炉况不顺引起烘干床上生球突然下落到烘干床炉箅条以下叫塌料。

(1) 征兆：

1）烘干床上的生球不是连续、均匀地下降，而是周期或不定期的突然下降；

2）烘干床上料面下塌后，烘干床上局部或大部分空料，炉箅条露出；

3）炉口粉尘逐渐增多，局部有尘雾现象；

4）塌料前燃烧室压力逐渐升高，塌落后燃烧室压力突然下降；

5）冷却风压力、流量波动，塌料前压力升高，流量减少，塌料后压力下降，流量增加。

(2) 原因：

1）排料不均匀，下部排料过快过多，造成上部炉料突然下降；

2）燃烧室废气量过多，引起炉膛内焙烧带局部温度升高而熔融，造成塌落；

3）炉顶生球烘干不好，入炉后造成料柱透气性变差，引起燃烧室压力升高，冷却风压力升高，料柱下降变慢，在下部排料一定时间后，形成一空间，使炉料突然下降；

4）生球筛分不好，或生球强度变差，使入炉粉末增多，料柱透气性变差，下降变慢，在下部排料一定时间后形成上部塌料。

（3）处理方法：

1）改善生球质量，提高筛分效率，减少入炉粉末量；

2）改善炉顶生球烘干效果，严禁湿球入炉；

3）严格控制焙烧带温度、防止局部温度过高产生熔融现象；

4）当燃烧室压力逐渐升高时，应先减少废气量和冷却风压力，减少上升阻力，以利于炉料下降；

5）发生塌料后，不得以生球填补，应以熟球填补，调整炉况，直到炉况正常后，再恢复上生球；

6）随着炉况调整炉况逐渐变好时，要逐渐增加废气量、冷却风压力和流量，直至转入正常操作。

8-97　什么是偏料，偏料的征兆和引起原因是什么，怎样处理？

答：竖炉偏料是指炉口烘干床料面出现较长时间下降不均匀现象。常表现为一侧下料快，一侧下料很慢，甚至不动。

（1）征兆：

1）局部地方料面较长时间下降特别快，其他部位下料变慢、很慢，甚至完全不动；

2）有时出现在导风墙两侧，一侧下料很快，另一侧下料很慢，甚至完全不动；

3）炉料下降快的部位炉身各层温度下降，其他部位炉身各层温度自动升高，同一水平面炉身各带各点温度及焙烧带温度差增加；

4）较长时间偏料时，排出料烧成情况不均匀，可见未烧透的红球、黄球、白球和黏结球块、熔融块同时并存；

5）燃烧室压力波动，并且两侧压力差增加；

6）冷却风压力和流量波动；

7）烘干床局部气流过大；

8）烘干床局部气流小，干燥速度变差。

（2）原因：

1）排料不均匀，一侧排料过多，一侧排料太少；

2）局部喷火口孔被堵塞，燃烧室火焰喷不进炉膛或喷进去的量很少；

3）各烧嘴工作不均匀；

4）辊式卸料器局部齿辊上有大块浮动，齿辊咬不碎，料排不出去；

5）炉下部排料电振给料机工作不正常，排不出料或排料不均。

（3）处理方法：

1）偏料初期可将下料慢部位的烧嘴废气温度降低50～100℃；

2）改变卸料辊的卸料和电振给料机的工作制度，加快下料慢的部位辊式卸料机的卸料量和电振给料机排料量；

3）当导风墙两侧下料速度不一致时，在布料车皮带上加一个分料板，增加下料快一侧的生球量，减少下料慢一侧的生球量，并相应增加下料快一侧的生球量和废气量；

4）采用上述措施无效时，应停止燃烧，将料面降低喷火口以下500～1000mm，观察火道口上下有无挂上黏结物，如已有黏结物挂上，应用钢钎或重锤打下，然后用熟球装满炉子转入正常生产；

5）采取以上措施均无效时，可将炉料全部排空，进一步寻找造成偏料的原因，如果是齿辊上有大块浮动不能排料，应将大块砸碎取出，重新装料开炉生产。

8-98 什么是管道行程，管道行程的征兆和原因是什么，怎样处理？

答：由于炉况不顺，引起局部气流过分发展，其他部位气流减少，甚至很微弱，这种现象称管道行程。

（1）征兆：

1）局部料面有大量气流夹带粉末和生球一起喷出，声响很大，而其部位气流很小，甚至微弱；

2）下料很慢，甚至停止下料；

3）燃烧室压力、冷却风流量、压力剧烈波动，管道形成时压力降低、流量增加；管道堵死后压力增加，流量又减少。

（2）原因：

1）由于各种原因使料柱透气性恶化，如湿球入炉、生球强度变差、生球破裂温度降低等；

2）料柱透气性变差的初期没有及时采取改善料柱透气性的措施，使透气性进一步变差；

3）没有采取相应措施改善料柱透气性的操作方法，炉况不顺状况加剧，使局部气流形成管道。

（3）处理方法：

1）发现料柱透气性变差时，应立即采取与料柱透气性相适应的操作方法：一方面采取措施改善生球质量减少入炉的粉末量；一方面采取减少废气量和冷却风量，降低上升的浮力；

2）当透气性进一步恶化时，停止上生球，改上熟球，并加快排料速度；

3）当管道形成时，立即排风坐料，破坏管道；

4）管道破坏，炉料塌落后，用熟球装炉填补至烘干床后，点火送冷却风并继续上熟球调整炉况；

5）逐渐增加冷却风量和废气量，待炉料下降正常、气流分布均匀、烘干床温度达到600℃后，开始上生球恢复正常生产。

8-99 什么是悬料，怎样处理？

答： 生产中炉顶料面完全不动30min以上时称为悬料。悬料按其发生部位分为上部悬料与下部悬料。

（1）上部悬料。

1）征兆：辊式卸料器和电振给料机能正常运转和工作，并有球排出，而上部烘干床上料面不动是上部悬料。

2）原因：

a 火道口区域炉墙上有熔融黏结物挂住，把上部炉料支撑住，不能下降；

b 火道口区域炉料由于受热膨胀相互挤压并与炉墙卡塞，不能下降。此种情况多发生在开炉时设备故障或生产中设备故障，不能排料、整个料柱不能活动、燃烧又继续正常进行、大量废气进入炉膛、炉料受热膨胀而卡塞。

2）处理方法：

a　停止燃烧；

b　连续排料到悬料部位以下而形成足够的空间，促使上部炉料自动塌下；

c　连续排料到悬料部位以下而形成足够的空间后，炉料仍不能自动塌落时，应放掉冷却风进行坐料；

d　当炉料不能自动塌下或坐料不下时，应从炉口上部用钢钎或重锤撞击，将悬料打击下去；

e　悬料被处理下去后，重新装熟球补料面。要注意补料面操作一定要缓慢进行，即要一边装料一边排料，且要在装料量大于排料量的情况下，使料面逐渐提高，且不可在只装料不排料的情况下提高料面，以避免形成新的悬料。

（2）下部悬料。

1）征兆：辊式卸料机和电振给料机均在正常工作时，排出的料量很少或排不出来料时为下部悬料。

2）原因：

a　炉内熔融的大块炉料把辊式卸料机堵住，齿辊破碎不了，上部炉料被大块托住不能排下；

b　排料槽被熔融的大块卡住不能排料；

c　排料溜嘴被大块挤压卡住不能下料；

d　电振给料机工作失常，排不下料。

3）处理方法：

a　停止燃烧；

b　先检查电振给料机工作是否正常，如果工作不正常，应进行修理。修理好后，启动电振给料机进行振动排料，如能正常排料，表明问题已解决，如果仍不下料，则排除此点原因；

c　在排料溜嘴处打开检查孔（或现场临时开孔）检查，判定排料溜嘴是否被堵，并进行处理，取出堵塞块；

d　打开排料矿槽检查孔或人孔，检查是否被堵塞卡住，并进行处理；

e　经上述几项检查确认都没问题时，应确定为辊式卸料机齿辊上有大块浮动，齿辊不能咬住破碎。应先采取送冷却风，待炉料冷却后，打开炉身下部人孔进入炉内，将大块破碎到齿辊能咬住的小块，再启动齿辊进行破碎。大块破碎排除后，封人孔重新装熟料点火生产。

8-100　在竖炉生产排料中熔融块和欠烧球同时存在的原因是什么？

答：在竖炉生产的排料中有时可以看到熔融结块的过烧球，也可看到没烧好的欠烧的红球。在生产过程中常常发生局部结块，这是由于竖炉内焙烧带温度不均，水平断面温差过大所致。矩形竖炉的燃烧室是多烧嘴燃烧，当各个烧嘴工作状况不均匀，烧嘴前燃烧温度和废气量不同时，或当水平断面下料量不均匀时，就会使炉内焙烧带各点温度不均匀，有时会相差很大。在局部温度超过焙烧温度区间上限时，球团矿就要熔融结块；反之在局部温度区间低于焙烧温度下降时，就要出欠烧球；有时甚至会出现既有熔融结块，又有欠烧球的炉况。

8-101　竖炉看火工的岗位职责和操作要点有哪些？

答：看火工是球团竖炉生产的关键岗位，某厂 $10m^2$ 竖炉看火工的岗位职责和操作要点主要内容如下。

（1）看火工岗位职责：

1）严格遵守本岗位安全和技术操作规程；

2）负责对竖炉本体、煤气管道、助燃风管道、冷却风管道、蒸汽管道、压缩空气管道及其所属附件的操作、点检和维护；

3）及时反馈设备存在的缺陷及故障隐患，认真填写点检卡；

4）负责按厂制定的热工制度组织生产，掌握布料下料情况，掌握油泵、齿辊、给料机、带冷机的运行情况，要求四班统一操作；

5）负责操作与维护烧嘴及窥孔玻璃片的更换；负责助燃风、煤气管道防爆铝板的更换；

6）负责操作维护控制室内的热工仪表，及检修、更换后的验收；

7）协同布料工处理各种事故；

8）与布料工一起负责竖炉旧导风墙的拆除、新导风墙砌筑及导风墙局部掉砖的修补工作；

9）与布料工一起负责竖炉烘炉、开炉、停炉；

10）负责竖炉炉体的各种原始记录填写；

11）负责看火平台、操作室及竖炉周围的清洁卫生工作；

12）负责保管操作室内工具，提出本岗位所辖设备的检修项目及检修后的验收；

13）负责排水器的补水；

14）在进行各种操作前，必须执行“确认制”；

15）负责设备检修后的检查、验收及检修配合工作；

16）严格执行交接班制度。

（2）岗位技术操作要点：

1）竖炉规格型号性能。竖炉技术参数见表8-14。

表8-14 竖炉技术参数

炉号	面积/m^2	烘干床面积/m^2	导风墙通导面积/m^2	烧嘴个数/个	烧嘴型号
3号	10.6	28	2.2	10	CN-Y-C-150

2）竖炉操作参数：

a 燃烧室压力≤19000Pa（正常调整≤15min）；

b 燃烧室温度900～1050℃（正常调整≤30min）；

c 焙烧带温度900～1050℃（正常调整≤30min）；

d 燃烧废气含氧量>4%。

3）点火操作：

a 检查DN800眼镜阀、DN800调节阀及各个烧嘴的煤气、空气阀门应处于关闭状态；

b　通蒸汽清扫管道，同时打开快速切断阀、DN600 支管调节阀、DN125 放散阀，见蒸汽 10min；

c　启动助燃风机、冷却风机和除尘风机；

d　打开 DN800 眼镜阀，关闭 DN125 放散管，逐渐打开 DN800 调节阀；

e　与加压站联系并调节 DN800 调节阀，使主管煤气压力稳定在 5000 ~ 8000Pa；

f　将助燃风引至烧嘴前；

g　当燃烧室温度低于 600℃ 时，联系加压站送混合煤气（焦炉煤气配比 5% ~ 10%）并需要明火点燃。先打开烧嘴助燃风阀门，再开烧嘴煤气阀门，使比例达 1.2∶1。如 10s 内未点燃应迅速关闭煤气阀门（同时要求活动炉料），停 1min 再重复上述操作，直至点燃为止。如点火过程中明火熄灭，应立即切断煤气，具备条件后，执行上述操作；

h　点火前通知布料工，暂时停止工作，以防止煤气中毒和爆炸，点火后通知布料工恢复正常工作；

i　逐个将各个烧嘴点燃后，燃烧室温度均大于 800℃ 时，通知加压站送高压煤气并调节 DN800 调节阀，使煤气压力保持在规定范围内（一般要求压力 20000 ~ 25000Pa），按照要求将燃烧室及焙烧带温度控制到规定范围之内。

4）灭火操作：

a　放散冷却风；

b　调节 DN800 煤气调节阀和助燃风入口调节阀，降低煤气和助燃风流量；注意在操作过程中助燃风和煤气配比始终保持在 1.2∶1 的水平；

c　关闭烧嘴的煤气和助燃风阀门；

d　打开助燃风管道的 DN350 放散阀；

e　关闭 DN800 调节阀后，关闭 DN800 眼镜阀；

f　通蒸汽清扫管道，同时打开快速切断阀、DN600 支管调节阀、DN125 放散阀，见蒸汽 10min。

5）每班对排水器水位检查一次，发现缺水及时给予补充，并做好记录。

6）烘炉操作：

a 新建或年修后燃烧室应进行烘炉。烘炉时首先在燃烧室内用烘炉器进行烘炉然后逐渐升温，到800℃后引煤气，开助燃风机进行烘烤；

b 烘炉时严格遵守工艺科下达的烘炉曲线并标出实际烘炉曲线，遵守烘炉规程，以确保燃烧室安全。

7）停炉操作。根据停炉时间的长短，采取不同的操作，表8-15为不同停炉时间的操作方法。

表 8-15 不同停炉时间的操作方法

停炉时间	不多于 30min	30min ~ 4h	大于 4h
执行操作	（1）放散冷却风； （2）调节 DN800 煤气调节阀和助燃风入口调节阀，降低煤气和助燃风流量。注意在操作过程中助燃风和煤气配比始终保持在 1.2∶1 的水平； （3）每隔 15min 活动一次炉料	（1）执行灭火操作； （2）每隔 15min 活动一次炉料	（1）执行灭火操作； （2）排料至火道口以下，处理炉墙粘料； （3）更换助燃风和煤气管道的防爆铝板； （4）清理烧嘴粘料

8-102 竖炉看火工安全操作规程有哪些主要内容？

答：竖炉看火工整个班紧密接触煤气与操作煤气，不但具有很强的技术性，也有很大的危险性，因此看火工必须严格按以下安全规程进行操作：

（1）低压煤气压力低于 2000Pa 时，竖炉燃烧室不得点火或燃烧。

（2）燃烧室温度低于 700℃ 时，不得用低压煤气直接点火，应用明火点燃煤气。用高压煤气点火时，燃烧室温度必须在800℃以上，否则必须有可靠明火助燃。

（3）正常生产时，煤气压力应在10000Pa以上，当低于此值时应调节好风压，使煤气压力始终高于炉内2000Pa以上，防止煤气管道回火造成事故。

（4）竖炉停炉或对煤气管道及设备检修时，应通知煤气加压站切断煤气，打开支管两个放散阀，并通入蒸汽。取得危险作业许可证，通知煤防站检测合格并确认各项安全措施已落实方可同意检修。

（5）经常检查煤气设备及计器仪表有无泄漏煤气，以防止中毒。

（6）从事煤气作业必须两人以上，禁止单独作业。

（7）停、送煤气应严格执行煤气安全规程。

（8）不得从高处向下方抛扔物品。

（9）电动煤气、助燃风及冷风蝶、闸阀在检修时，应先切断电源，挂上“禁止合闸”牌，确认无误后方可同意检修。

（10）使用提升机时，物料应平稳放在吊栏机板上，有易滚动、滑落物品应捆扎牢固后方可开机。作业人员应远离提升机下部。

8-103　布料工岗位职责和操作要点有哪些？

答：布料是竖炉生产的关键岗位，也是唯一能看到一些炉料运动和气流分布情况的岗位，应掌握上生球和排熟球操作。布料工操作好坏直接关系炉况能否顺行、球团矿的产量多少及质量好坏，所以布料工必须认真履行岗位职责和技术操作规程：

（1）布料工岗位职责：

1）严格遵守本岗位安全和技术操作规程。

2）熟悉本岗位所属设备，并认真操作，某厂10m² 竖炉布料岗位所属设备性能见表8-16和表8-17。

a　布料车。布料车技术性能参数见表8-16。

表 8-16 布料车技术性能

规格	头尾轮中心距/m	皮带电机		行走电机		行走减速机		行走速度/m·s^{-1}
		型 号	功率/kW	型 号	功率/kW	型 号	速比	
$B=650$	12.555	BYT4-0.85	4	YGP160L1-8	4	ZSY180-31.5-Ⅳ	31.5	0.25

b 斗式提升机。斗式提升机技术性能见表 8-17。

表 8-17 斗式提升机技术性能

型号	头尾轮中心距/m	电 机		减速机		产量/t·h^{-1}
		型 号	功率/kW	型 号	速 比	
TH630	27.55	Y280S-6	45	JZQ	15.75	100

3）及时反馈设备存在的缺陷及故障隐患，认真填写点检卡。

4）负责操作、维护布料车、斗式提升机、所辖胶带机。

5）负责 3 号竖炉系统连锁设备的开停机操作。

6）负责炉况、料线的调整，熟球补炉，临时停炉活动炉料等炉顶操作。

7）负责提出设备的检修项目。

8）负责与其他岗位拆除旧导风墙，新导风墙的砌筑及导风墙局部掉砖的修补工作。

9）负责竖炉烘炉、开炉、停炉。

10）负责炉顶放散阀门的开启操作及维护。

11）负责烘干床水梁上的焊件检查。

12）负责设备检修后的检查、验收及试车，并做好检修配合工作。

13）严格执行交接班制度。

（2）布料岗位技术操作要点：

1）随时掌握炉况及所属设备的运转状况，对炉况变化趋势有预测能力和调整手段，做到干球入炉，保证炉况顺行。

2）布料时要根据竖炉炉况,连续均匀地向烘干床布料、在不裸露炉箅条的前提下,实施薄料层布料操作,做到料层均匀、料流顺畅。

3）要做到布到烘干床上的湿球经干燥后入炉、要求烘干床上下部至少要有 1/3 干球（灰白色）才能排矿。

4）排矿时布料工要及时通知排矿输送机或链板机、液压油泵的开启、关闭，并操作电振排矿，做到上下部紧密配合，尽量连续均匀地排矿，勤开少排，使排矿量与布料量基本保持平衡，料流稳定下降顺畅。

5）如发生烘干床炉箅条黏料，要立即去疏通。如因故发生料面降低到炉箅条以下时，不得用生球填补，要及时补充熟球，避免生球入炉出现严重爆裂或互相黏结，影响后续操作。

6）要经常与看火工、造球工、辊筛工保持联系、沟通，相互协作共同搞好生产。

7）正常生产中，要时刻注意布料车行走位置，不能完全靠限位停车；要及时疏通烘干床上的黏料，使生球松散自由滚动；随时掌握废气量及炉顶各点温度、燃烧室压力变化情况，并与看火工联系共同调整炉况；发现炉箅子破损或短缺，要及时补充，挡皮要及时更换和调整。

8）布料车停止布料时，要退出炉外，防止烧坏皮带；如事故停车，必须切断电源，人工将布料车拉出炉外；立即通知看火工放散冷却风，减少助燃风和煤气量。

9）按点检标准要求，经常检查、维护所属设备，运转部位按要求加油润滑，岗位卫生要及时清理。

10）开停车操作时要及时通知带冷机、风机、油泵等相关岗位，按操作规程要求进行设备的开停操作。

11）事故停车：发生人身设备事故后，立即按动停车按钮，全系统停车。

8-104　布料岗位的安全生产规程有哪些主要内容？

答：布料工操作中应注意以下安全问题：

(1) 布料机启动前应确认皮带机旁无人无杂物后方可开机。

(2) 启动电振器或链板机连锁启动要先给链板岗位发信号，待允许启动信号返回后经确认无误方可开机。

(3) 布料机运行时禁止将手、脚放于机架上。打扫卫生时，应用长柄工具，精力集中，防止运转设备伤人。

(4) 转动部位禁止在运行中加油或擦洗。

(5) 使用提升机时，物料平稳地放在吊栏机板上，打滑或能滚动的物件应捆扎牢固，人员远离后方可开动提升机。

(6) 在炉口“捅炉”或更换炉箅子应防止烫伤，或落入炉内，必要时戴好安全带工作。

(7) 烟罩内使用临时行灯电压为12V。

(8) 禁止从高处向下方抛扔物品。

(9) 布料车等设备检修时，要可靠切断电源，挂好“禁止合闸”牌，确认无误后方可同意检修。

四、竖炉严重失常炉况的预防和处理

8-105 什么是竖炉结块，结块的情况及分类怎样?

答: 竖炉结块又称结大块或结瘤。结块是球团竖炉焙烧过程炉况失常最严重的一种。结块后,轻者要影响下料;重者要排料捅掉结块;严重时要进行爆炸处理。处理结块,不但要影响产量,而且工作条件十分恶劣和危险;对严重结块进行爆炸时,会使炉子和燃烧室受到不同程度的损坏,尤其对燃烧室砌体的严密性影响最大。

在我国各竖炉投产初期都曾发生过不同程度的结块。近几年，虽然结块大为减少，但尚未根本杜绝；有些厂虽然发生严重结块已很少，但局部或轻微结块还常有发生；个别厂结块问题还很严重。因此，在目前探讨结块原因及其预防，对今后减少结块，搞好竖炉生产仍有一定的重要意义。

结块的情况是十分复杂的。结块的情况大致有如下几种：

(1) 按结块部位分：

1）焙烧带处结块。在这个部位的结块，大都在喷火口附近或预热带处，并与砖衬黏结在一起，见图8-61。这种结块是各类结块中发生最多的一种。

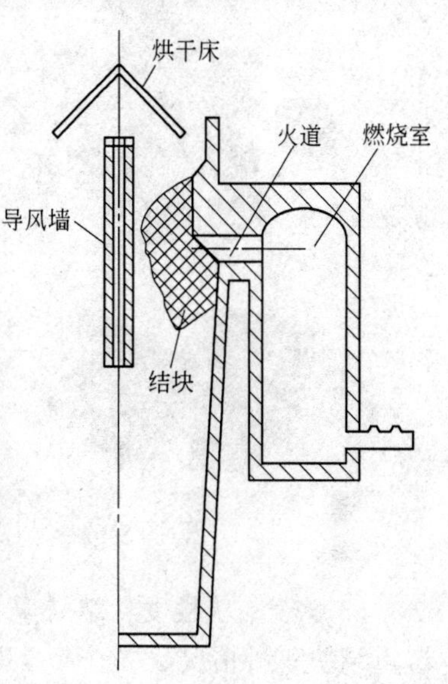

图8-61　焙烧带结块示意图

2）均热带结块。均热带处结块，一是球团矿在焙烧带熔融互相黏结，但没与炉墙黏结而随炉料下降至均热带与炉墙黏结形成结块；二是焙烧过程中高温带下移至均热带，且温度超过球团矿的熔化温度使其熔融并与炉墙黏结形成结块。

3）冷却带结块。这种结块大多数是球团矿在焙烧带或均热带熔融互相黏结随炉料下降至冷却带而形成。这种结块都比较严重，往往从焙烧带至冷却带，甚至延伸到辊式卸料机上。

（2）按结块性质分：

1）葡萄状大块。这种结块是因球团矿表面熔融互相黏结而形成，如图8-62*b*所示。这种结块的结构脆弱，用手触动就可分离，处理也比较容易。

2）葡萄状与实心块状兼有的大块。这是葡萄状与熔融严重的结块黏结在一起的大块。球团矿已变形，但尚可看出部分球团矿的形状，如图8-62*c*所示。

3）实心状大块。这是几乎看不到球团矿形状，完全熔融在一起，具有金属光泽、组织细密的坚硬大块，如图8-62*d*所示，结块中FeO很高，见表8-18。

图8-62*a*为竖炉正常生产时的球团矿，球团颗粒间不黏结，是分散的。

图 8-62 球团矿及结块性质图

（3）按结块程度，结块又可分为轻微结块、较严重结块和严重结块三种情况。

表 8-18 为几个厂竖炉结块的种类及其化学成分。

表 8-18 竖炉结块的化学成分

厂 名	结块种类	化学成分/%							
		TFe	FeO	SiO_2	Al_2O_3	CaO	MgO	S	P
杭州钢铁厂 1977 年 12 月	成品球	53.34	0.56	9.66	5.72	5.27	4.61	0.024	
	实心状结块	52.93	17.50	10.76	5.18	8.22	6.12	0.029	
	葡萄状结块	53.32	2.10	9.76	4.46	5.27	5.15	0.085	
凌源钢铁厂 1976 年 1 月	成品球	51.90	0.80	13.90		8.00	1.80	0.018	
	实心状结块	50.07	32.20	15.30		7.60	1.70	0.020	
	实心状结块	55.20	12.20	17.70		9.10	1.80	0.007	0.029
	葡萄状与实心块兼有的结块	51.00	8.10	17.50		5.74		0.001	
	葡萄状结块	51.50	2.21	11.50		8.54	1.80	0.027	
武汉钢铁公司 1973 年在杭钢竖炉试验样	成品球	60.66	1.24	5.09		5.14	2.08	0.060	0.049
	结 块	59.59	15.66	5.81		5.27		0.312	

8-106　竖炉结块的原因有哪些？

答：从生产实践和有关资料看出，造成竖炉结块的原因虽然很多，但归纳起来主要原因有以下4种：

（1）湿球入炉造成的结块；

（2）焙烧温度过高造成的结块；

（3）操作不当造成的结块；

（4）管理不善造成的结块。

8-107　湿球入炉造成竖炉结块的情况怎样？

答：湿球入炉是造成竖炉结块的主要原因之一。按竖炉生产工艺要求，生球需在烘干床上烘干后才能进入预热带，但在生产过程中，常常由于某些原因而使湿球入炉，如没有熟球返回设施，炉内塌料用生球填补；导风墙局部格孔堵塞上升的气流减弱使湿球入炉；生球水分过高超过烘干能力而使湿球入炉；生球水分虽然不高，但因急于提高产量而人为地使湿球入炉及其他原因等。

这些未烘干的湿球有较高的塑性，抗压强度低，入炉后受料柱压力和高温作用就互相黏结在一起。生球含水越多、压力越大、温度越高则结块就越大，越坚实。

黏结程度较轻并在炉内焙烧温度适宜时，球与球之间黏结得不牢固，经触动就可分离成小块或单个球，FeO 含量不高。

湿球黏结较严重或已失去球形而变成大片时，焙烧后就成为实心，坚硬的大块，此时，如焙烧温度适宜，结块的 FeO 含量不高，没有金属光泽，如图 8-62*d* 所示；如焙烧温度过高超过适宜焙烧温度时，结块的 FeO 含量很高，质地坚硬、致密，并具有金属光泽。

湿球入炉造成的结块，在各竖炉的生产过程中都不同程度的发生过，尤其在竖炉投产初期发生得更多。

8-108　焙烧温度过高造成竖炉结块的情况怎样？

答：焙烧温度过高是造成竖炉球团结块的主要原因和重要

原因。

由于使用含铁原料和添加剂种类、配比的不同，每一种球团矿都有一个适宜的焙烧温度区间。适宜的焙烧温度区间为可以获得合格球团矿的最低焙烧温度到产生黏结过烧的最低的温度区间，它通过试验确定，表 8-19 为几种球团矿的焙烧温度区间。

表 8-19　几种球团矿的焙烧温度区间

厂　名	原料配比情况	焙烧温度/℃		试验单位
		范围	区间	
凌源钢铁厂	82.5% 保国铁精矿 + 7.5% 返矿 + 10% 白灰 $R_2 = 0.88$	1150 ~ 1300	150	鞍山矿山设计院（现中冶北方工程技术有限公司）1967 年 10 月
凌源钢铁厂	80% 保国铁精矿 + 20% 建平铁精矿 + 膨润土 ±0.5%　$R_2 = 0.5 \sim 0.8$	1150 ~ 1250	100	东北工学院（现东北大学）炼铁教研室 1975 年
新抚钢厂	98% 北台铁精矿 + 2% 黑山膨润土（钠化）	1150 ~ 1350	216	鞍山矿山设计院（现中冶北方工程技术有限公司）1985 年 1 月
杭州钢铁厂	98.5% 湮渚铁精矿 + 1.5% 黑山膨润土	1100 ~ 1200	100	鞍山矿山设计院（现中冶北方工程技术有限公司）1985 年 1 月
本溪钢铁公司	南芬铁精矿 + 黑山膨润土		216（平均值）	鞍山矿山设计院（现中冶北方工程技术有限公司）1980 年
鞍山钢铁公司	60% 大孤山磁选铁精矿 + 40% 烧结总厂反浮选铁精矿 + 1% 黑山钠化膨润土	1220 ~ 1300	80	鞍山矿山设计院（现中冶北方工程技术有限公司）1980 年

在竖炉生产过程中正确地选择和控制好焙烧温度是非常重要的。生产过程中的焙烧温度是指竖炉炉膛内焙烧带料层达到的实际温度（简称焙烧带温度）。不是燃烧室温度。焙烧温度低于烧成的最低温度时球团矿不能固结；焙烧温度超过熔融的最低温度时就会结块。因此，在竖炉生产过程中，要求把炉膛内焙烧带温度稳定在所焙烧球团矿的适宜焙烧温度区间内。但往往由于各种

原因使其有很大波动，当波动量超过所焙烧球团矿的适宜焙烧温度区间时，就会出现欠烧或结块。

采用竖炉球团法生产时，应采用焙烧温度区间较宽的原料。

8-109 燃料影响竖炉温度波动的因素有哪些？

答：在竖炉生产中燃料影响焙烧带温度发生波动因素是外供燃料的用量和发热值的变化。

外燃式球团竖炉焙烧球团矿的热量，有外部燃料燃烧供热和球团矿焙烧内部放热两种，当其数量发生变化时就会使焙烧带温度发生变化。

外部燃料燃烧供热变化引起焙烧带温度变化是因为这部分热量是燃料在竖炉外部的燃烧室内燃烧后产生的，当这部分热废气进入炉膛内后，就把热量传给球团矿料层。当燃料使用量和发热值变化时，由于产生热量的变化，就会使球团矿料层温度变化。

我国的矩形竖炉都使用气体燃料（高炉煤气或高炉焦炉混合煤气）。焙烧每吨干球所用气体燃料生成的热量 Q_1（kJ/t）按下式计算：

$$Q_1 = Q_{低}^{用}\frac{B}{G} \qquad (8\text{-}23)$$

式中 $Q_{低}^{用}$——煤气发热值，kJ/m^3；

B——竖炉每小时煤气用量，m^3/h；

G——竖炉每小时球团矿产量，t/h。

从公式（8-23）可以看出，在竖炉生产过程中，当球团产量一定时，在燃料发热值或燃料用量增加时就会使供给炉膛内料层的热量增多，从而使料层温度提高；相反燃料发热值和用量不变，球团矿产量减少时，会使供给炉膛内料层热量增多，从而也使料层温度提高。在生产中当某一个因素发生变化或综合几个因素的变化就会使炉内焙烧温度升高或降低很多。当该值超过焙烧温度区间上限，料层就会过热熔融黏结在一起而结块；低于焙烧温度区间下限就会出欠烧球。

使用发生炉煤气或重油为燃料时的道理是相同的。

8-110 原料性质变化对焙烧带温度影响有哪些?

答:竖炉球团焙烧的热量有外部供热和内部放热两种。内部放热是原料在焙烧过程中发生化学反应产生的,主要有以下几种:

(1) 1t 干球的磁铁矿氧化放热 Q_2(kJ)

$$Q_2 = Q_{氧化} \frac{nFeO}{0.31} \cdot \frac{TFe}{0.724} \cdot n_{氧化} \cdot n_{精矿} \times 100\%$$

式中 $Q_{氧化}$——磁铁矿(Fe_3O_4)氧化放热,$Q_{氧化} = 644$ kJ/kg Fe_3O_4;

$nFeO$——铁精矿中 FeO 质量分数;

TFe——铁精矿品位,%;

0.31——纯磁铁矿(Fe_3O_4)中 FeO 理论质量分数;

0.724——纯磁铁矿(Fe_3O_4)中 Fe 理论质量分数;

$n_{氧化}$——球团矿的氧化度,%;

$n_{精矿}$——球团矿中铁精矿配比,%。

(2) 1t 干球中硫燃烧放热 Q_3(kJ)

$$Q_3 = Q_{燃烧} \cdot n_S \cdot \eta_{脱} \cdot n_{精} \times 4180\text{kJ}$$

式中 $Q_{燃烧}$——球团矿中硫燃烧放热,$Q_{燃烧} = 3504$kJ/kg S(FeS_2)或 $Q_{燃烧} = 2319$kJ/kg S(FeS);

n_S——球团矿中含硫量,%;

$\eta_{脱}$——球团矿脱硫率,%。

(3) 1t 干球中碳素燃烧放热 Q_4。

$$Q_4 = Q_{燃烧} \cdot n_{燃} \cdot n_C \times 4182\text{kJ}$$

式中 $Q_{燃烧}$——球团矿中碳素燃烧放热,$Q_{燃烧} = 34068$kJ/kg C;

$n_{燃}$——球团矿中燃料或含碳物的质量分数;

n_C——燃料或含碳物中碳的质量分数。

球团矿中碳的来源有为补充外部供热不足在配料时计划加入

和在铁精矿粉运输、贮存时混入固体燃料或含碳物（如高炉瓦斯灰）两种。

其他少量化合物焙烧时放热可不考虑。在生产过程中当放热物含量变化时，焙烧时内部放热量就要变化，如果在外部供热上没有与其相适应时，就会引起炉膛内焙烧带料层温度的变化，现分析如下几种情况：

使用两种以上化学成分相差较大的原料（见表8-20）的竖炉，在使用品种变化时就会使内部放热量变化，如凌钢焙烧1t 100%铁精矿干球放热量为400366kJ，而焙烧70%保国铁精矿加上30%桓仁铁精矿干球时氧化放热量为479501kJ，比焙烧单一保国精矿干球时增加氧化放热量79135kJ，这些热量相当于15.75m^3发热值为5024kJ/m^3混合煤气发热量，如在操作上不相应地减少外部供热量，就会使炉内焙烧带温度上升。当温度值超过该球团矿焙烧温度区间上限时，就会使球团矿熔融结块。尤其当炉膛内焙烧带料层的实际温度较高，接近焙烧温度区间上限时更易发生熔融结块。

表8-20　几个厂竖炉使用铁精矿的化学成分

厂　名	铁精矿名称	化学成分/%								
		TFe	FeO	SiO_2	Al_2O_3	CaO	MgO	S	P	Zn
凌源钢铁厂（1983年）	保国铁精矿	67.44	21.30	4.79	0.51	0.56	0.55	0.013	0.026	
	华铜铁精矿	60.75	30.70	4.55	1.02	0.89	4.30	2.84	0.023	
	桓仁铁精矿	64.98	30.98	4.43	0.72	1.34	1.95	2.06	0.024	0.13
杭州钢铁厂（1982年）	闲林埠铁精矿	59.37	30.10	6.33	1.42	2.93	2.55	2.58	<0.01	
	浬渚铁精矿	58.81	20.06	10.89	1.91	1.44	5.35	0.21	0.015	
通化钢铁厂（1983年）	板石沟铁精矿	64.61	26.70	10.89	0.45	0.70	0.10	0.096	0.021	
	桓仁铁精矿	64.00	29.00	3.70	0.70	1.68	0.47	1.27	0.008	

当使用原料含硫量有较大变化时，也会影响到内部发热量的变化；当使用原料中混入含碳物时，也会使内部发热量增加，也导致焙烧带温度的变化。

使用单一种铁精矿，由于化学成分的波动也会引起球团矿焙烧时发热量的变化。如凌钢使用的保国铁精矿的 FeO 最低为 15% ~16%，最高为 23% ~24%；华铜铁精矿含硫量波动很大，最低为 1%，最高可达 3% ~4%。矿粉中 FeO 和硫含量的变化，则必然引起焙烧时内部放热量和料层温度的变化，其变化量可按前述公式计算。

生产过程中也发生由于铁精矿中混入含碳物造成的结块。如凌钢 1981 年就曾发生过一次因铁精矿中混入高炉瓦斯灰而造成的结块。这是因为在焙烧时，生球中的碳素燃烧放出大量热量，而又没有减少外部废气供热量，就使炉膛内料层温度大大升高，球团矿严重熔融而结块。

8-111　竖炉生产中由于焙烧操作引起结块的情况怎样？

答：在竖炉生产过程中，往往由于操作者的操作不当或失误而引起焙烧带温度波动而造成结块。

在竖炉生产过程中如果焙烧带实际达到的温度正好在焙烧温度区间内，就能生产出质量良好的球团矿；而当其超过区间的上限时，球团矿就要熔融结块；当其低于区间下限时，球团矿就要欠烧。

影响竖炉焙烧带实际达到温度的因素很多，主要因素为单位时间内：从燃烧室进入焙烧带热废气带入的热量；进入焙烧带的生球量及其带入的热量；进入焙烧带的冷却风量及温度；离开焙烧带的气体带走的热量；炉皮带走的热量；导风墙带走的热量及其他因素。这些因素在焙烧带发生一系列作用后，使焙烧带球团矿料层达到一定的温度。因此，要想在竖炉中获得质量合格的球团矿，就要控制好各个因素，使其做到相对稳定，并根据某一因素的变化，相应地调整其他因素与之相适应，以保持焙烧带温度的稳定。

但在过去竖炉生产过程中，往往只注意控制燃烧室温度，并对燃烧室温度与焙烧温度之间的关系存在以下模糊认识：竖炉焙烧温度通常指火道口热废气入炉温度，燃烧室温度就是焙烧温度，火道温度与焙烧温度近似，焙烧带温度比燃烧室温度高100～150℃或220～250℃，焙烧带温度高于燃烧室温度是由于炉内有导风墙后冷却风不通过焙烧带等。

由于这些认识，生产中就出现不适当的操作方法，如以燃烧室温度作为控制和调节焙烧带温度的唯一手段；以焙烧带温度高于燃烧室温度100～150℃来控制焙烧带温度；用提高燃烧室温度的方法来提高焙烧带温度；用火道温度控制焙烧温度等。

因此，致使一些操作者只注意控制燃烧室温度对燃烧带温度的影响，忽视了其他因素，尤其是废气量和入炉生球量波动的影响，这样往往会出现虽然燃烧室温度水平和波动没有超过规定的范围，但却发生了结块或出欠烧球。如杭钢1973年1月燃烧室平均温度只有1040℃（东）和1020℃（西），但却发生了几次结块；凌钢在1975～1977年试产期间，虽然燃烧室温度控制得很严格，其温度水平和波动都未超出规定，也未超出焙烧温度区间范围，但却经常发生结块或出欠烧球。

8-112　竖炉生产由于管理不善造成的结块有哪几种？

答：在竖炉生产中由于管理不善引起的结块有以下几种情况：

（1）下料量控制不当引起的波动。在影响焙烧带温度的诸因素中，入炉生球量和燃烧废气量是主要的和经常变化的。在生产过程中，由于某些原因常使入炉生球量发生变化，这必然引起所需焙烧热量的变化。如果不能根据入炉生球量的变化，相应地调整入炉废气量，就会使焙烧带温度发生变化，当变化量超出焙烧带温度区间上限时，就会出现球团矿熔融结块。

例如，某竖炉的入炉生球量为30t/h，后减为20t/h，由于没有相应地减少废气量，虽然燃烧室的温度没有变化，却发生了结块。

（2）配料误差引起的波动。生产过程中往往由于设备故障、气候变化、操作失误等原因，使含铁原料或添加剂的配比发生变化，这又会引起球团矿焙烧温度区间和焙烧温度的变化，当变化量较大并超过一定范围时，就会出现结块或欠烧。在北方冬季铁精矿的冻块，南方雨季铁精矿水分过高等因素都会影响配料的准确性。如梅山工程指挥部 1982 年 10 ~ 11 月在杭州做竖炉试验时，就因铁精矿水分波动过大而影响了配料的准确性；冬季凌钢常因铁精矿的冻块而影响配料的准确性。

（3）上料错误引起的波动。在生产过程中如将化学成分相差很多的铁精矿或添加剂上错，由于球团矿化学成分的变化，则会引起焙烧温度区间的变化、焙烧时放热量的变化和焙烧带温度的变化，如果变化量较大，而操作上又没有相应地调整外部供热量或调整焙烧温度的控制范围时，就会使焙烧带温度与所焙烧球团矿焙烧温度区间不相适应，而造成球团矿熔融结块或欠烧。

（4）计器不准引起波动。计器准确是保证竖炉正常生产的关键。竖炉生产要求各种计器能连续、准确地测量出各种参数供操作者分析和调剂炉况。如果计器不准，就会引起误判断或误操作并导致炉况失常，而当焙烧带温度过高就会造成结块。某厂竖炉就曾发生过因煤气流量表不准而造成的结块。

（5）原料管理不善，铁矿粉中混入含碳物。从我国竖炉早期生产情况看，由于原料管理不善，铁精矿粉混入高炉瓦斯灰或煤粉引起竖炉结大块的实例很多，例如某厂 1979 年 10 月将混有焦煤的一列车铁精矿粉卸入精矿仓库，并用于配料造球入炉焙烧，结果使竖炉整个料柱熔融成一体，被迫停产处理多日，损失十分严重。

8-113 生产过程中怎样测定焙烧带温度？

答：在生产过程中要控制好焙烧带温度，除根据现有计器仪表的参数来操作外，还要根据对焙烧带温度的实际测定数据进行调剂，因此，就要求准确地测量出焙烧带的实际温度。但目前国内尚无连续测定方法，都是采用燃烧室温度来推断焙烧带温度，这是不确切的。建议采用如下方法测定：

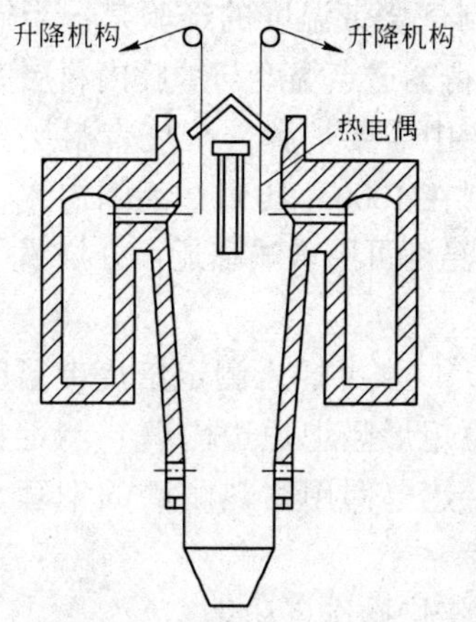

图 8-63　从炉顶插入热电偶的断面位置示意图

（1）采用国内几次竖炉炉内测定时使用的测温装置，将其改造成能连续测定炉内焙烧带温度的装置，进行连续测定或定期测定。测温点的数目不能少于四点，导风墙每侧各两点。图8-63和图 8-64 为测温点的热电偶的断面和平面位置示意图。

（2）在导风墙两侧的喷火口水平炉墙内插入热电偶测定炉墙温度，用这个温度来间接反映炉膛焙烧带的温度。凌钢 8m^2 竖炉就是采用这种方法控制炉膛内焙烧带的温度,并取得了良好的效果。一般情况下竖炉都安装有这种热电偶,只要研究利用就可以了。图 8-65 为测温热电偶插入位置示意图。

采用图 8-65 方法时，要注意热电偶插入深度不同，测定的温度与炉膛内料层温度的差值的不同。这个差值要通过炉内测定，焙烧试验或生产经验对照确定。

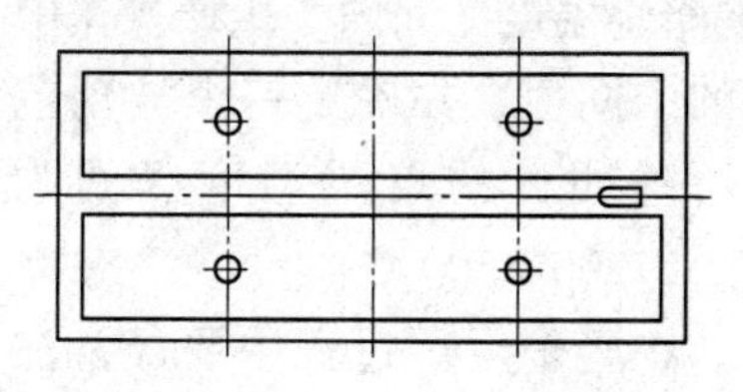

图 8-64　从炉顶插入热电偶的平面位置示意图
○—热电偶位置

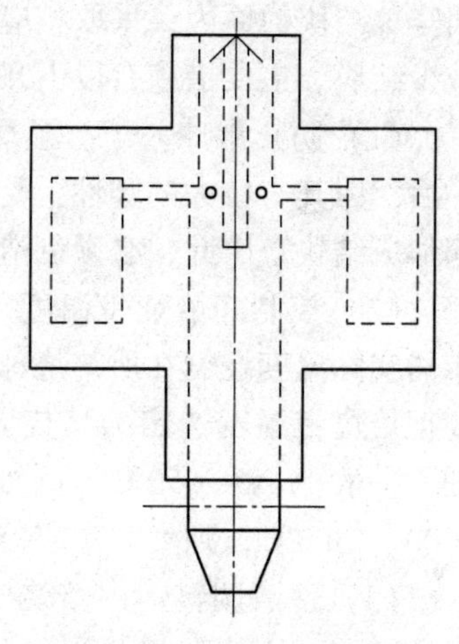

图 8-65　从喷火口水平插入热电偶位置示意图
○—热电偶位置

凌钢竖炉采用图 8-65 方法控制焙烧带温度的经验是：当插入热电偶的尖端与炉墙平齐时，测得的这点温度与炉膛内料层温度相差约 100 ~ 150℃。例如当生产中需要炉膛内焙烧带料层温度为 1150℃时，则将该点温度控制在 1000 ~ 1050℃范围内，就可焙烧出质量良好的球团矿。这点温度可用增减临近该处烧嘴产生的废气量调剂。

据悉某厂 $10m^2$ 竖炉已将在喷火口水平插入测定焙烧带温度热电偶插入料层中深度 150mm（距矩形竖炉短边内墙）测定料层温度，来控制操作，效果很好，热电偶用耐热耐磨的钢套来保护。

测定焙烧温度后，就可以实施焙烧操作自动化。

8-114　在竖炉生产过程中预防结块的措施有哪些?

答：在生产过程中造成球团竖炉结块的原因很多，但归纳起来主要原因只有湿球入炉、竖炉内焙烧带温度过高和竖炉内出现还原性气氛三个方面。因此，在生产过程中只要我们针对造成球团竖炉结块的原因，采取相应的措施，就可以做到不结块或大大减少结块。主要措施有以下几方面：

（1）防止湿球入炉。湿球入炉是结块的重要原因。湿球入炉后，因其有较大的塑性，受到料柱压力和高温作用就黏结在一起形成结块。因此，必须创造条件和改进操作来防止湿球入炉。

（2）控制好焙烧带温度。在竖炉焙烧操作中要始终把焙烧带的实际温度控制在所焙烧球团的焙烧温度区间内。生产操作中要把焙烧带温度选定为焙烧温度的中间值。并确定一个波动范围，一般为 40 ~ 50℃。例如某厂球团矿的焙烧温度区间为 1100 ~ 1300℃，则生产中应控制在（1200 ± 50）℃。

（3）注意调整炉内焙烧气氛。在竖炉生产过程中要经常注意调整炉内气体气氛为强氧化性。一般要求其含氧量不能低于 2% ~4%。以免在高温下因操作不慎，使炉子形成或局部形成还原性气氛，使高价氧化铁被还原成低价氧化铁，与杂质 SiO_2 反应，按下式生成低熔点化合物 Fe_2SiO_4：

$$Fe_2O_3 + CO \longrightarrow 2FeO + CO_2$$

$$2FeO + SiO_2 \longrightarrow Fe_2SiO_4$$

Fe_2SiO_4 在 990℃开始生成，熔点为 1170℃，即使焙烧温度不变的情况下，也易产生结块。因此，在竖炉生产过程中必须保持氧化性气氛，才能得到良好的焙烧结果。为此，看火工在操作中应注意调整燃烧废气的气氛，使其有足够的含氧量，具体应注意以下几点：

1）加强对助燃风配比的控制和调剂，使燃烧废气保持要求的含氧量。并要保持各烧嘴的气氛尽量一致。

2）对燃烧室内和炉内的气体含氧量进行定期或临时取样分析，并将结果及时通知看火工调剂使用，发现含氧量不足时及时调剂助燃风和煤气配比，使其有足够的含氧量。

3）在煤气管道上设水封装置，止火时用水封切断煤气，防止煤气进入炉内形成还原性气氛。

（4）合理地控制和调剂冷却风量。冷却风的主要作用是冷却球团矿。并作为介质把球团矿的热量用来炉口烘干生球，同时还增加了炉内的氧化性气氛。冷却风使用适量对焙烧有利，否则会起到破坏焙烧带恒温和位置稳定的反作用。这是因为在其他因素不变的情况下，冷却风量和压力的变化会引起焙烧带温度的变化和位置的上下移动。所以要合理地使用冷却风量，使之与产量相适应，以保持焙烧带温度和位置的相对稳定。竖炉冷却风量的使用，也要控制在生产控制图内。

（5）加强管理。加强管理工作是避免和减少竖炉生产中结块的重要措施。

8-115　加强管理预防竖炉结块的方法有哪些？

答：加强管理是球团生产高产、优质、低耗的重要工作，是预防生产出现欠烧球、过熔块和结大块的重要措施，加强管理有以下几方面：

(1) 加强原料管理。加强原料管理，防止混料是防止炉内结块的重要措施，因此要做到：

1) 不同品种的铁精矿要分别堆放，料堆之间要有一定距离，以防混料。

2) 同一品种，但化学成分不同并相差较大的铁精矿粉也要分别堆放，并要在中和混匀后或分别使用。同时要注意 FeO、S 含量变化对球团矿焙烧时内部放热量的影响，使用时要相应调剂外部供热量。

3) 严禁在原料中无计划地混入煤粉、焦粉或高炉瓦斯灰等含碳物。一旦混入含碳物时，要在中和、混匀、化验和进行发热量计算后才能使用，并要相应减少外部废气供热量，以防止因碳素燃烧放出热量，使球团矿熔融结块。

(2) 加强试验研究工作，在铁精矿或添加剂品种、配比变化时要进行焙烧试验，找出相应配料比时球团矿的适宜焙烧温度范围及区间值，为生产提供操作依据。

(3) 加强计器仪表的维护管理，保证其准确性，避免因计器仪表误差而造成的结块。

(4) 加强设备管理。提高作业率，防止突然发生设备事故。

8-116 竖炉导风墙孔堵塞的状况如何？

答： 球团竖炉内导风墙和烘干床的出现，大大推动了我国竖炉球团生产和建设的发展。但在生产过程中经常出现导风墙孔堵塞现象，影响竖炉正常生产作业，是提高产量、质量的障碍。

导风墙孔堵塞，在杭钢、凌钢等厂早期建设的竖炉经常出现。几乎每一代导风墙均出现过堵塞。济钢竖炉过去没有堵塞，但在用大冷却风机后，也出现了导风墙孔堵塞现象。

近十多年国内陆续建成的一大批球团竖炉投产后也都曾发生导风墙孔堵塞现象。例如马钢球团厂 1999 年 8 月投产的 1 号竖炉和 2000 年 11 月投产的 2 号竖炉均发生过导风墙孔堵塞现象。

导风墙孔堵塞现象,一般从新砌的导风墙生产后几天就开始出现,堵的孔数由一个、两个逐渐增多。严重时,新导风墙使用一两个月以后,只剩两三个孔通气,其余六七个孔全部堵死,不再通气。

沿竖炉长度方向上的导风墙孔，中间的孔易堵塞，而靠两侧端墙的孔几乎不堵。

拆导风墙时观察到每个导风墙孔堵塞的位置，差别很大，有的整个导风墙孔从上到下被堵塞物填满（见图 8-66*a*）；多数导风墙孔是堵塞物把上半个孔堵满，一般是喷火口水平位置以上被料堵满，下半个导风墙孔仍是空的，并无堵塞的料（见图 8-66*b*）；也发现过下半个导风墙孔被料堵死、上半个孔空着，无堵塞料（见图 8-66*c*）。

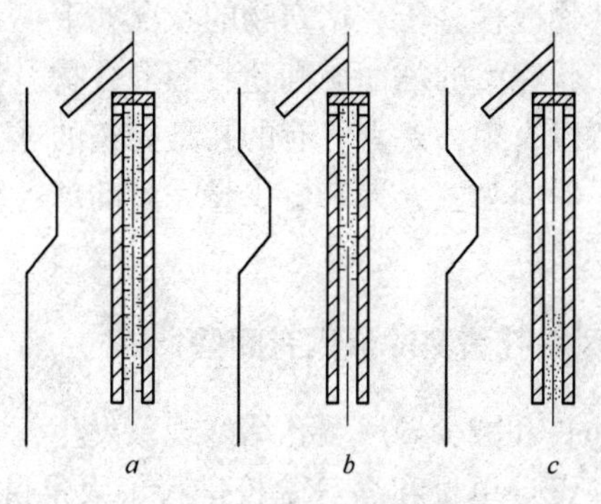

图 8-66　导风墙孔堵塞状况示意图

图 8-67 和图 8-68 为马钢球团厂 1 号和 2 号竖炉导风墙内孔堵塞情况的示意图。

图 8-67　1 号竖炉第二次中修时导风墙内孔堵塞情况

通	通	堵	堵	堵	堵	堵	通	通

图 8-68　2 号竖炉第一次中修时导风墙内孔堵塞情况

马钢1号竖炉2001年11月22日停炉实施第二次中修时，从导风墙俯视图来看，已经扭曲变形，但扭曲变形中的5个内孔没有堵塞，而导风墙相对稳定段的3个内孔被堵塞，见图8-67。2号竖炉2001年11月20日停炉实施第一次中修时，从导风墙的俯视图来看，无扭曲变形现象，除导风墙两端各有2个孔通畅外，其余5个均被堵塞，见图8-68。

由图可知，导风墙两端的内孔不易被堵塞。其原因是由于气流在炉内向上流动时的边缘效应，使导风墙两端通过的风量大，烘干床上两端的生球烘干效果优于中间区域，故导风墙两端区域的炉料不易产生“管道”跑风现象，而中间区域的炉料易形成跑风，导致炉料从导风墙出口处倒灌进内孔中，造成内孔被堵。

通过对堵塞物取样分析，堵塞物的状况如下：

堵塞物是形状完整的球团矿和粉料的混合物。各孔中完整球团和粉料的比可以有很大差别：有的孔是完整的球为主，粉料很少；有的孔则是粉料为主，夹杂着少量完整的球；有的孔中，球和粉的量相差不多。

8-117　竖炉导风墙孔堵塞的原因有哪些？

答：为了防止和减少导风墙孔堵塞现象发生，一些球团厂和有关科研院所、设计单位和高等院校进行了大量试验研究工作，寻找导风墙孔堵塞原因和防止措施，如原鞍山钢铁学院炼铁教研室通过科研立项，进行了大量的模型试验，并将成果发表了很多论文。但由于导风墙孔堵塞的原因十分复杂，各个竖炉的装备情况又有一定的差别，至今尚没有得到统一的认识，尚是一个探讨中的问题，这里根据《导风墙孔堵塞原因及防止措施》一文摘要介绍一些看法供参考。

（1）导风墙孔堵塞物进入的途径分析。堵塞在导风墙孔中的料，只能从两个方面进入导风墙，不是从下口吹入就是从上口落入。通过分析可知，导风墙从下口到上口有4～5m高，完整的球团矿颗粒，从导风墙下口被吹到上口，球团矿必须为气体所

“夹带”。实验和计算均表明，目前在竖炉的结构和操作条件下，导风墙中的气体不能把球团矿颗粒“夹带”起来。

由计算可知，“夹带”所需要的风速远远大于导风墙中的风速，这就说明不可能出现整个球团矿被夹带的现象。在所设的极端情况下都不可能产生“夹带”，这就充分证明了在生产条件下更不可能出现“夹带”。

上述讨论说明了，堵塞导风墙孔的料不可能是从导风墙下口吹上去的，那么它就必须是从导风墙上口落入的。

堵塞导风墙孔的料是在下述情况下落入导风墙的:竖炉预热带出现了管道行程,管道中处于流化状态的球团矿或粉料离开料面时形成喷溅,被溅起的球或粉,从导风墙上口落入了导风墙中。

(2) 竖炉生产中管道形成的条件。在竖炉实际生产中，造成预热带和焙烧带气流分布不均的情况经常出现，有形成管道的条件。

1) 由生球干燥作业不正常引起的气流分布不均，产生管道有以下两种:

① 一侧低料线产生管道。当竖炉烘干床两侧下料不均时，会引起炉内两侧的料面高低不等，料面低的一侧，通过的风量增加，当另一侧烘干床上的料堆积不下，特别是烘干床和炉墙间炉料发生膨胀时（这种情况在生产竖炉上时有发生)，该侧形成低料面，喷火口以上部位的料柱变得很矮，加之两侧的燃烧室共用煤气管道和助燃风机，有的竖炉甚至助燃风机和冷却风机共用，更加剧了低料线侧进风量的增加。有时一侧烘干床上形成一二处堆积不下料，其他位置仍然下料，造成炉内料面不平，堆积处的下方形成“谷”，大粒球团矿向“谷”底滚，从而使堆积处下方炉内的料柱透气性好，加之该处料面低，则形成了风量集中区。

上述情况持续时间愈长，低料线侧的风量增加愈多，预热带的气流分布不均匀现象愈严重，最后可能导致管道生成。

② 低料线时膨料塌落，产生管道。上述烘干床下料不均的现象持续一段时间后，膨料自动或经人工处理而塌落，塌落的料

集中堆积在一处，该处料层突然加厚，造成预热带上部的料面瞬时严重不平，加之结块的料透气性较差，使该处通过的风量显著减少，在其他部位冲出管道。

2）炉内出现结块引起气流分布不均，产生管道。目前，竖炉因为结块影响正常生产和作业率的已不多见，但炉内有局部结块却经常存在。由于结块的透气性差，当结块严重时，造成焙烧带和预热带气流分布严重不均，在料柱透气性好的部位形成管道。

管道的根，一般在焙烧带下部，管道自下而上贯穿焙烧带和预热带。通过管道的气体离开料面时，将把球团矿或料抛入料面上的自由空间，被抛起的物料落入导风墙孔，当落入的料量大于从导风墙下口的排料量时，物料在导风墙孔中堆积。竖炉用电振给矿机排料，料面下降速度很慢，一旦管道形成，如不采取其他措施，管道很难在短时间内消除，喷溅进入导风墙的物料，在导风墙孔中愈堆愈高，直到把导风墙孔灌满。导风墙孔较小，落入的球团矿或粉料卡塞后，容易形成膨料拱，使管道行程消除后，堵塞的物料仍然存留在导风墙中而不能排出。喷火口对面处的导风墙温度高，落入的球团矿和粉料的“烧结”过程进行得很快，容易在该处生成膨料拱。由于膨料拱在导风墙中部，下部导风墙内的物料，仍然能够随排矿从导风墙下口排出，因此，形成了上半个导风墙孔被堵死，下半个导风墙孔空着无堵塞料的现象。

关于引起导风墙孔堵塞的原因还有一些看法，这里不再讲述。

8-118 导风墙孔堵塞对竖炉生产有哪些不利影响？

答：导风墙孔堵塞，对竖炉生产极为不利，根据生产实践，大约有以下几方面的不利影响：

（1）部分导风墙孔堵塞后，减弱了导风墙的导风作用，增加了冷却风从导风墙外通过的量，加重竖炉焙烧的不均匀性，影响球团矿的质量。

（2）部分导风墙孔堵塞后，冷却带中气流分布的不均匀现象加剧，影响竖炉的冷却效果，使排矿温度升高，恶化劳动环境，能源浪费增加。

（3）部分导风墙孔堵塞后，冷却风压力升高，燃烧室压力升高，使电耗增加，燃烧室的使用寿命降低。

（4）部分导风墙孔堵塞后，未堵导风墙孔的磨损加剧，结果使本来不长的导风墙寿命进一步缩短。

（5）疏通导风墙孔，影响竖炉作业率，又易损坏导风墙砌体。

（6）疏通导风墙孔，要在高温下操作，劳动强度大、环境恶劣，易出安全事故。

（7）导风墙孔堵塞后，会使球团矿产量逐渐降低。

8-119　防止导风墙孔堵塞的措施有哪些？

答：从对导风墙孔堵塞原因的分析中可见，防止导风墙孔堵塞的关键，是预防管道行程的发生。下述防止导风墙孔堵塞的措施，可在竖炉操作和设计中采用。

（1）保证良好的干燥作业，不允许烘干床和炉墙间产生膨料。操作中，注意观察排矿时烘干床上面料的移动情况，尽早发现已经产生的膨料或烘干床上堆料不下的现象，以便及时处理。应该进一步总结烘干床和箅板设计和使用经验；进一步总结造球和布料的经验，改进烘干床结构和布料操作，保证生球在烘干床上布得均匀、干燥速度合适、不结块、下料顺畅。

（2）冷却风量要适当。竖炉设计中，冷却风量要同竖炉产量、单位球团矿的燃烧废气量、炉型和导风墙结构相适应，保证在竖炉正常生产的波动范围内和正常的不均匀情况下，不能产生管道行程。济钢竖炉采用大冷却风机后，出现了导风墙孔的堵塞现象，是个有代表性的例证。

（3）发现管道行程，要及时“坐料”处理。把冷却风放掉，把燃烧废气量减下来，如同高炉“坐料”一样。风量锐减后，料柱收缩，空隙度减小，料柱的空隙度趋向均匀，停几分钟后再恢复正常送风，管道行程即可消除。出现管道后如能及时处理，此时导风墙孔堵料不多，不易形成膨料拱，生产一段时间后，堵的料可能从导风墙下口排掉。

(4) 不采用一机两用。冷却风机和助燃风机分开，避免低料线，尤其是一侧低料线时，助燃风量大幅度增加。

(5) 提高自动化装备水平，安装助燃风量和煤气量的自动控制和调节系统。按着平均生球量确定“给定值”，使助燃废气量不随预热带和焙烧带料柱阻力损失的变化而波动。

(6) 增加进入导风墙的风量。为了提高竖炉产量和强化冷却，各厂竖炉单位焙烧面积的冷却风量均有增加的趋势，有的厂准备大幅度增加，这时必须在导风墙结构设计和操作上采取措施，使进入导风墙的风量增加，否则增加的冷却风量将大部分进入均热带。设计上要使导风墙总的宽度加大，也就是增加导风墙通道面积同增大导风墙壁厚相结合；操作上要减少料柱中的粉末量，如提高生球质量、保证干球入炉、控制适宜的焙烧温度等。

(7) 防止炉内出现结块。关于球团竖炉内产生结块的原因和防止措施，可参考有关资料进行防止。

(8) 各生产竖炉应该根据自己炉子的实际情况，总结出本炉导风墙孔堵塞的主要原因、堵塞前后的现象、防止及处理方法等方面的经验。改进竖炉设计，使其结构更加合理，提高竖炉操作水平，使工艺过程更趋完善，导风墙孔堵塞的现象是可以消除的。

第九章　带式焙烧机球团法生产

第一节　工艺流程及主要技术参数

9-1　带式焙烧机球团法的发展概况如何？

答：用带式焙烧机生产球团矿，在三种主要球团法中是紧跟竖炉球团法后第二个出现的球团矿生产方法。该法于 1951 年作为一种技术革新提出，它的基本结构与带式烧结机相似。1955 年 10 月世界上第一座大型工业性带式焙烧机球团厂——美国里夫矿业公司球团厂投产，该厂拥有六台 94m^2 带式焙烧机，总设计能力 375 万 t/a。

1962 年以前，带式焙烧机发展缓慢，直至在工艺和设备方面做了许多重大改革，如采用摆动皮带机和辊式布料器，密封装置，增设铺底、铺边料、鼓风干燥和回流换热等技术后，才得到较迅速的发展。成为世界上采用最广泛的球团生产设备。带式焙烧机的生产能力迅速扩大，单机生产能力已从第一台带式焙烧机为 94m^2，年生产能力约为 60 万 t，发展到 1970 年荷兰的艾莫伊登球团厂投产了一台 430m^2 D-L 型带式焙烧机，年设计能力为 300 万 t，是当时世界上最大的带式焙烧机。到 1977 年在巴西萨马个科公司乌布角球团厂建成了两台 704m^2 带式焙烧机，每台生产能力为 500 万 t/a（处理富赤铁精矿）。不久，巴西 CVRD 公司又于 1980 年建成了两台有效面积为 780.4m^2 带式焙烧机，成为世界上迄今为止带式焙烧机面积最大，球团产量最高的球团生产企业，年生产能力可达 2500 万 t。其他各国也先后建成了一大批大型带式焙烧机，致使带式焙烧机生产球团矿的产量，占目前全世界球团矿总产量的 66.43%。

我国包钢烧结厂从日本引进的162m² D-L型带式焙烧机，是我国第一台现代化的大型球团设备，设计年产高炉用球团矿110万t，1973年6月建成投产。鞍钢烧结总厂球团车间是原鞍山冶金设计院设计，规模为年产200万t氧化镁酸性球团矿，主机为1台321.6m² 带式焙烧机，于1989年建成投产，是我国目前最大的带式球团生产线。2008年我国带式球团共生产球团矿310.61万t，其中鞍钢炼铁总厂年产量为181.92万t；包钢炼铁厂年产量为128.69万t。

在带式焙烧机球团工艺的发展过程中，曾出现过很多厂家的带式焙烧机。如麦克道威尔、麦奇、鲁奇、德腊沃-鲁奇等。而带式焙烧机球团工艺发展到今天基本上是以下三种类型：即D-L型（德腊沃-鲁奇型）、MCKee型（麦奇型）和苏联的OK型，其中D-L型占绝大多数。

D-L型带式焙烧机是美国德腊沃公司和德国鲁奇公司共同设计制造的，它实际是从鲁奇型发展而成的。具有操作方便，调整灵活，运行可靠和经济耐用等优点。可用其处理各种类型的铁矿石原料。在生产过程中，可按原料性质不同，迅速而准确地调节和控制温度。D-L型带式焙烧机是国外广泛应用的球团焙烧设备。1963年以后建成的带式焙烧机球团厂大多数采用D-L型带式焙烧机。

9-2　国外带式焙烧机球团厂的工艺流程有哪几类？

答：带式焙烧机球团厂的工艺流程是根据原料性质、产品要求及其输出方式等条件确定的。国外通常分为两类：

（1）以精矿粉为原料的球团厂的工艺流程一般包括：精矿浓缩（或再磨）、过滤、配料、混合、造球、焙烧和成品处理等工序；

（2）以粉矿为原料的球团厂则设有原料中和及贮存、矿粉干燥和磨矿等，后面的工序与前一种工艺流程基本相同。

9-3　带式焙烧机法球团生产工艺有哪些主要优点？

答：带式焙烧机球团法在世界上发展得很快，是与它特有的优点分不开的，带式焙烧机法有如下优点：

（1）对原料的适应性强。从目前所处理的矿石类型看，以磁铁矿为原料的带式焙烧机占44.1%，其中德腊沃-鲁奇型带式焙烧机法占20.4%，爱里斯-恰默斯型链箅机-回转窑法占38.7%。而以赤铁矿及混合矿为原料的，则德腊沃-鲁奇型带式焙烧机法占70%左右。这表明目前对于难焙烧矿石采用带式焙烧机法处理的还是较多的。

（2）全部工艺过程在一个设备上进行。设备简单、可靠、操作维修方便、热效率高。

（3）生产出的球团矿质量优良。某公司曾对一些工厂进行过调查，得出带式焙烧机球团矿的质量指数（即成品球团矿中大于6.3mm粒级的百分数与转鼓试验后试样中大于6.3mm粒级百分数的乘积，是反映球团矿含粉末量及耐磨性的一个综合指标）为90.8%。马尔康纳尔厂曾对带式焙烧机料层内上、中、下层的质量作过测定，转鼓指数分别为：96.4%、96.2%和94.0%，此结果表明在球团料层高度方向上，质量上没有明显的差别。

（4）带式焙烧机的基建投资及生产费用略低于链箅机-回转窑，单位热耗比链箅机-回转窑约低80MJ，膨润土用量少1kg/t。

（5）带式焙烧机可向大型化发展，单机产量大，可达500万t/a。

带式焙烧机球团有很多优点，但任何事物都是一分为二的，带式焙烧球团法也有它的不足之处。如它的耐热合金需要量大，电耗较高(约比链箅机-回转窑高5kW · h)等。

9-4　带式焙烧机球团生产工艺操作上有几个主要特点？

答：带式焙烧机生产工艺操作上有以下几个主要特点：

（1）生产料层较薄(200～400mm)，可避免料层压力负荷过大，又可保持料层透气性均匀。

（2）工艺气流以及料层透气性所产生的任何波动仅仅影响到部分料层，而且随台车水平移动，这些波动能尽快消除。

（3）根据原料性质不同，可设计成不同温度、不同气体流量、不同速度和流向的各个工艺段。

（4）可采用不同的燃料和不同类型的烧嘴，燃料的选择余地大。

（5）采用热气流循环，充分利用焙烧球团矿的显热，球团能耗较低。

9-5 带式焙烧机球团工艺流程最显著的特点是什么？

答：带式焙烧机球团工艺在其原料、配料及造球部分与竖炉球团、链箅机-回转窑球团两种工艺并没有特殊之处，主要特征表现在焙烧之后的工艺。

带式焙烧机最显著的工艺特点是：干燥、焙烧、均热、冷却等全部热处理（加工）过程都集中在带式焙烧机同一设备上进行，而且在全部热过程中球团料层始终处于相对静止状态。带式焙烧机在外形上很像带式烧结机，但是，带式焙烧机的整个工作面被炉罩所覆盖，并沿长度方向被分隔成干燥（包括鼓风干燥、抽风干燥）、预热、焙烧、均热、冷却等六个大区段。各段之间通过管道、风机、蝶阀等联成一个有机的气流循环体系。各段的温度、气流速度（流量）可以借燃料用量、蝶阀的开度等进行调节。因此，这种工艺结构操作灵活、方便、调节周期短。

为了使球团上下料层都能得到均匀地焙烧，各段的长度、温度、流速及风流方向等均须适合所要焙烧的球团矿的性质，即不同原料性质的球团应有不同的焙烧制度，或不同的焙烧工艺，各有其固有的最佳工艺参数，不过基本过程是相同的。

图9-1为加拿大瓦布什球团厂228m^{2}带式焙烧机工艺流程图。

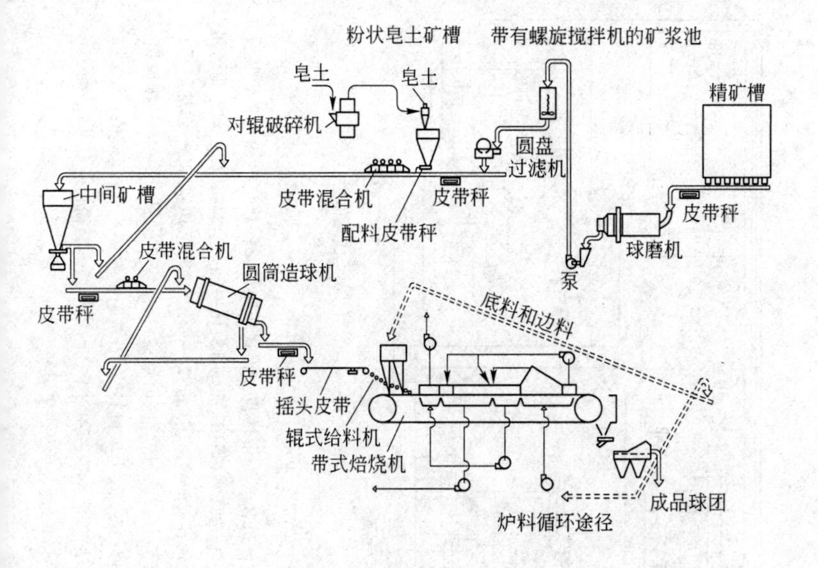

图 9-1　瓦布什球团厂 228m² 带式焙烧机工艺流程图

图 9-2 为我国包钢 162m² 带式焙烧机车间工艺流程图。

9-6　带式焙烧机球团的工作方法是怎样的?

答：带式球团焙烧机是集布料、干燥、预热、焙烧、均热和冷却于一体的球团焙烧设备。图 9-3 为 D-L 型带式焙烧工作示意图。

在生产过程中封闭的轨道上行进的首尾相连接的台车，在铺上铺底和铺边料后，将生球均匀布于其上（图 9-4），台车进入焙烧区后，烟罩和风箱按其配合方式向球层输送所需要的干燥、预热、焙烧、均热和冷却用的工艺气流，球层在静止状态下完成焙烧全过程；台车进入机尾后，倾斜卸下冷却的球团矿；台车沿回行轨道经机头返回上部轨道，完成一个工作循环。根据所处理矿石种类的不同，整个焙烧时间约为 30～40min。

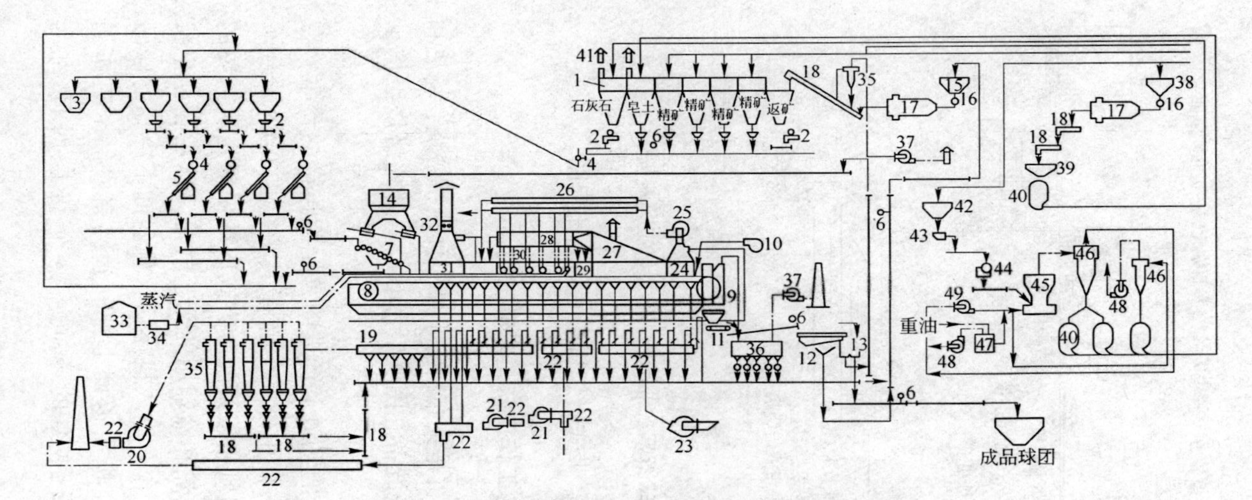

图 9-2 包钢 $162m^2$ 带式焙烧机车间工艺流程示意图

1—配料槽；2—定量给矿机；3—中间矿仓；4—轮式混合机；5—圆盘造球机；6—皮带秤；7—辊式布料机；8—焙烧机；9—卸矿装置；10—密封风机；11—板式给矿机；12—自动平衡振动筛；13—分料漏斗；14—边底料槽；15—返矿槽；16—圆盘给料机；17—双室管磨机；18—螺旋运输机；19—沉降管；20—主轴风机；21—鼓风干燥机；22—风管；23—冷却风机；24—第二冷却区风罩；25—回热风机；26—一次风管道；27—第一冷却区风罩；28—二次风主管；29—均热区风罩；30—焙烧区风罩；31—干燥区风罩；32—废气排风机；33—重油罐；34—重油泵房；35—旋风除尘器；36—布袋除尘器；37—除尘风机；38—石灰石矿槽；39—中间矿槽；40—输送泵；41—仓顶收尘器；42—皂土仓；43—槽式给矿机；44—颚式破碎机；45—悬辊磨粉机；46—旋风分离器；47—热风干燥炉；48—风机；49—主风机

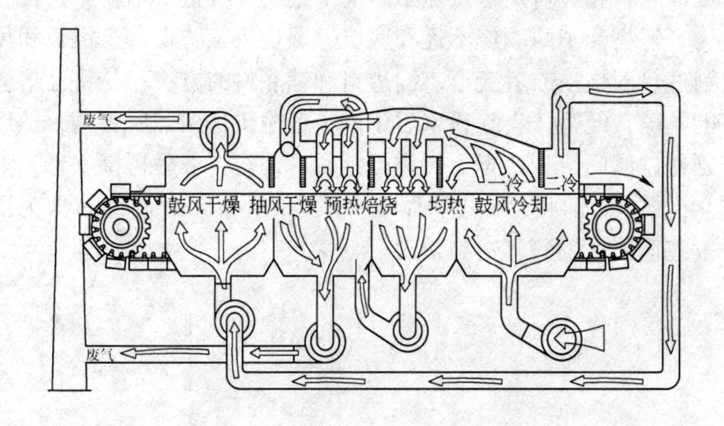

图 9-3　D-L 型带式焙烧机工作示意图

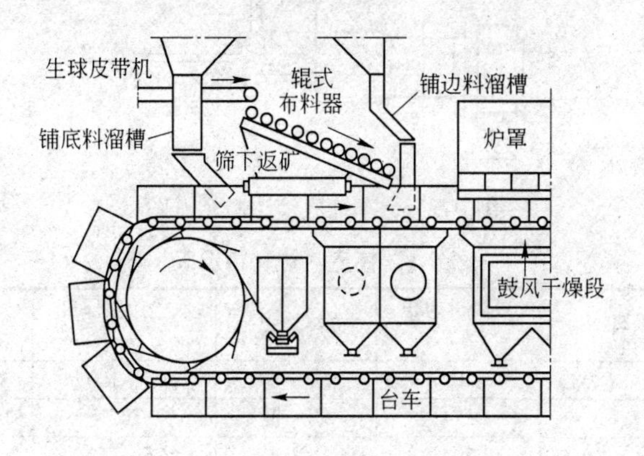

图 9-4　D-L 型带式焙烧机生球、铺边料及铺底料的布料系统

9-7　带式球团焙烧法的布料操作是怎样进行的？

答：为了保证整个球团料层均匀焙烧，获得高产优质，布料是个重要环节。它必须按照规定的产量和规定的料层厚度来确定。适宜的料层厚度一般是通过试验确定。

在往台车上铺布生球之前，要先铺上铺底料和铺边料。往台车上铺底料和边料是带式球团焙烧工艺的一项重要革新，其目的是为了解决台车两侧烧不透和底层过湿现象，防止台车拦板和箅条因过热而烧损或者变形。铺边料和铺底料的方法，是将已焙烧好的熟球，经筛分去除粉末后用皮带运输机送到铺底料槽，然后分别通过阀门给到台车上，进行铺底、铺边，然后再铺生球，如图 9-5 所示。铺底、铺边料厚度一般为 75～100mm。表 9-1 为国外一些球团厂铺底、边料情况。

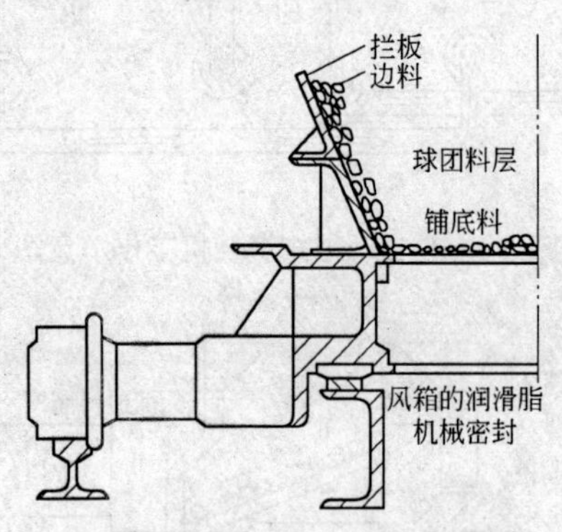

图 9-5 台车铺底铺边料示意图

表 9-1 铺底、边料情况表

厂 名	焙烧机面积 /m^2	布料方式①	底、边料厚度 /mm	球层厚度 /mm
格罗夫兰（美）	209	摆—辊	75～100	300～330
鹰山（美）	274	摆—辊	102	510（总厚）
卡罗耳（加）	204	摆—辊	76～102	330
瓦布什（加）	233	摆—辊	120	360
基律纳（瑞典）	179	摆—宽皮带 自动称量装置	100	300
艾莫伊登（荷）	430.5	摆—辊	100	300
丹皮尔（澳）	402	摆—宽—辊	100	400
阿耳扎达（墨）	180	摆—辊	100	300
乔古拉（印）	162	辊	80～100	300
克里沃罗格（苏）	108	辊	无	250

① 摆—辊即摆动皮带（摇头皮带）和辊式布料器；摆—宽—辊即摆动皮带—宽皮带—辊式布料器。

为保证球层具有良好的透气性和成品球团矿粒度组成均匀，生球必须进行筛分。国外一般用圆筒造球机与振动筛组成闭路循环。但也有的圆筒造球机排料端自带一段圆筒筛，生球最后一次筛分是在辊式布料器上进行，碎球和粉末在滚动中从辊隙排除，由返料皮带收集后再送到造球室重新造球。

辊式布料器除布料均匀外，还起筛分作用，生球在滚动过程更加致密和变得光滑，提高了质量。另外，配置辊式布料器可使生球布到台车上的落差降低到最低限度，保证了生球强度。

9-8　带式球团焙烧法的干燥操作怎样进行？

答：干燥，就是在生球进入预热之前，将生球中的水分全部脱除的作业，其目的是避免在焙烧区由于水分急剧蒸发而使生球爆裂。早期的带式焙烧机曾采用全抽风干燥。由于全抽风干燥底层，球团容易产生过湿，使球团变形，降低料层透气性。现代化的带式焙烧机都采用先鼓风后抽风的混合干燥系统，这也是带式焙烧机工艺的重大革新之一。这种干燥流程能保证上下球层干燥均匀而避免出现过湿现象。

不同原料所需要的干燥时间和干燥风温是不同的，应由试验确定。干燥时间与风温、风速有关，与生球中的原始水分，特别是与矿物是否含有结晶水关系更大，表9-2为矿石种类与加热时间的关系。而风温取决于生球的热敏感性，即生球的爆裂温度。对热敏感性差，含水9% ~10%的生球，干燥温度可达350 ~400℃，每千克球所需风量为1 ~2kg。对于易爆裂的含水13% ~15%的生球，干燥温度一般在150 ~175℃，每千克所需风量高达7 ~8kg。

表9-2　矿石种类和加热时间的关系

厂　名	矿石类型	时间[①]/min						
		鼓风干燥	抽风干燥	预热	焙烧	均热	一冷	二冷
罗布河（澳）	赤、褐混合矿	5.5	10 +5.5	1.57	13.36	1.57	13.75	3.53
格罗夫兰（美）	磁、赤混合矿	7.0	2.8	2.8	14.1	4.2	12.2	4.2

续表 9-2

厂 名	矿石类型	时间①/min						
		鼓风干燥	抽风干燥	预热	焙烧	均热	一冷	二冷
瓦布什（加）	磁、镜混合矿	5.2	3.2	2.1	15.8	—	13.7	—
马尔康纳（秘）	磁铁矿	3	2	4	4	5	9	—
包钢（中）	磁铁矿	4.58	3.92		9.82	2.95	9.82	3.92
鞍钢（中）	磁铁矿	5.8	4.8	2.4	9.6	2.4	9.6	4.0

① 时间均为平均值。

从生产实践得出，一般来说，生球所需干燥时间、风温和风速在下列范围内：

鼓风干燥：4～7min；风温：170～400℃；

抽风干燥：1～3min；风温：150～400℃；

风速：1.5～2.0Nm/s，或每平方米每分钟的流量为90～120Nm^3。

干燥段废气排出温度应高于露点，以免冷凝、腐蚀风机和堵塞管道。

9-9 带式球团焙烧法的预热目的及操作方法如何？

答： 预热的目的是使球团在焙烧机上逐渐升温至焙烧温度，以免因升温过快造成球团结构的破裂，影响焙烧的正常进行和成品球的质量。

升温速度，对不含结晶水或碳酸盐矿物的球团矿，升温速度要求不是很严格，尤其对于赤铁矿球团升温可以快一些，以便延长高温焙烧时间；对于磁铁矿球团在900℃以前可以快速升温，但900～1000℃范围内要有较长的时间，以便 Fe_3O_4 得到充分氧化。对于人造磁铁矿（磁化焙烧矿石）球团则只能慢速升温，因为这种矿石在低温（200～300℃）下便开始氧化成赤铁矿，升温过快易生成赤铁矿外壳，影响内部的继续氧化。对于含有结晶水或碳酸盐矿物的球团，升温速度必须严格控制，以免球团爆裂。各种原料球团的升温速度应该由试验确定。

实验表明，对于一般赤铁矿球团的预热时间为 1 ~ 3min，对一般磁铁矿球团为 3 ~ 5min，对于人造磁铁矿和土状含水赤铁矿球团则需 10 ~ 15min。几家工厂的矿石加热时间见前面表 9-2。

9-10　带式球团焙烧法的焙烧制度怎样选择和控制？

答：焙烧是球团固结的关键环节。焙烧的目的是使球团在高温作用下发生固相反应和生成适量的渣相，即生成各种连接键，使所焙烧的球团具有足够的强度和良好的物理化学性能，以及最佳的冶金性能。为此，必须有合适的焙烧制度和足够的高温保持时间。合适的焙烧温度与原料的性质有关，对磁铁矿而言，一般在 1280℃左右，对于赤铁矿而言则在 1320℃左右。焙烧时间也不完全一样，一般在 5 ~ 8min 之间，对于磁铁矿来说可以适当短一些，而赤铁矿则需适当长一些。在保证球团矿质量的前提下，焙烧时间当然是越短越好。极限就是必须保证球团充分焙烧。图 9-6 所示为某公司根据烧结样试验结果所提供的带式焙烧机的模拟焙烧特性曲线。表 9-3 为国内外几个带式焙烧机球团厂的焙烧制度，可作参考使用。

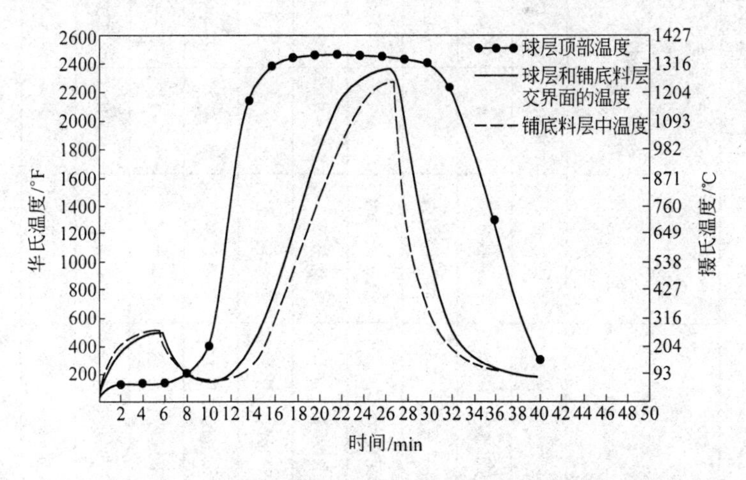

图 9-6　D-L 型带式焙烧机的模拟焙烧特性曲线

表 9-3 国内外几个带式焙烧机球团厂的焙烧制度

厂 名	生球特性				各段加热温度/℃			冷却温度/℃	
	矿石类型	含水/%	鼓风干燥/min	抽风干燥/min	预热	焙烧	均热	一冷	二冷
丹皮尔（澳）	赤铁矿	6~7	177	350~420	560~960	1316	870	872	316
马尔康纳（秘）	磁铁矿	8.6	260~316	482~538	982~1204	1343	538	482~538	260
格罗夫兰（美）	赤、磁混合	9	426	540	980	1370	1370	1200（球温）	540（球温）
瓦布什（加）	镜、磁混合	9	316	286	983	1310	—		120
卡罗耳（加）	镜铁矿	8.9~9.2	260~325	288	900	1316	—	—	288
罗布河（澳）	赤、褐混合	10	232	204~649	830	1343	821	—	232
乔古拉（印）	磁铁矿	8~8.5	250	250	450~500	1350	500	821	—
克里沃罗格（俄）	磁铁矿	10~11	—	350	1000	1350	1200	500	—
包钢（中）	磁铁矿	8~10	120	330	1000	1300	800	—	330
鞍钢（中）	磁铁矿	8~10	150	300	800	1300	800	800	常温（风温）

9-11　什么是带式焙烧机的均热制度，均热的作用是什么？

答：均热是带式焙烧机上焙烧所特有的阶段。所谓均热，就是使球团矿料层上下（尤其是下层）都得到均匀的焙烧，以保证球团质量的均匀。因为带式焙烧机上球团料层上、中、下受热程度，受热程序是不一样的（参见图 9-6）。

均热在带式焙烧机工艺上还有它的特有含义，就是均热段不再燃烧燃料，而是利用直接回热的热风和上下层球团的潜热使下层球团继续加热进行固结反应。因此，均热段的温度总是比焙烧段略低一些，这样既可以降低燃料的消耗，又可以使球团焙烧质量得到提高。

9-12　带式焙烧机冷却的作用是什么？

答：冷却，就是通过冷风流将焙烧好的球团矿由焙烧温度冷却到能够转运的温度。但冷却不但是球团运输和改善劳动环境的需要，还是利用焙烧热球团显热的需要，此外，球团矿的冷却过程中还可以进一步氧化，球团矿的最终强度与冷却速度有关。

为了有效地利用冷却球团后的热风热量，目前大多数焙烧都采用鼓风冷却，冷却球团矿后的热风可通过回热系统全部利用。带式焙烧机上的冷却段又常分为两段：

（1）一段冷却后的热风温度达 800～1000℃，经炉罩（一冷罩）和导风管直接循环到预热、焙烧、均热等段；

（2）二段冷却后的热风温度一般在 250～350℃，由回热风机循环到鼓风干燥或送去给燃料助燃和抽风干燥。

球团的最终冷却温度往往取决于运输条件，当用皮带运输机运输时，球团矿的平均温度应在 120～150℃较为合适，过高会烧皮带，过低又会降低设备能力，浪费动力。总的冷却时间一般需要 10～15min。风球质量比约为 2～2.5。

此外，带式焙烧机球团焙烧工艺还有一个特点，就是球层上、下、中加热时间和加热程度不一样，这是由于料层在整个过程都处于相对静止，热能交换仅是靠风流（自下而上或相反自上而下）通过料层得以进行。

9-13 什么是带式焙烧机的风流程，选择风流程的重要性和依据是什么？

答：生球在带式焙烧机上的整个焙烧过程，即从生球的干燥到熟球冷却终了的全部热工过程都借助于焙烧介质空气（或称风）的流程（包括燃料的燃烧）得到实现。在整个焙烧过程中介质风流动的方向、方式或路径，即为所谓的风流程。

从上述情况可以看出，风流程选择的合理与否、风（热）平衡实施的如何是带式焙烧机焙烧效果及经济效益好坏的关键。

风流程的选择主要依据是原料的特性，目的是尽量提高热的利用效率。尽管根据原料特性不同，风流程有多种多样，但总的形式则是两端（干燥、冷却）鼓风、中间（预热、焙烧、均热等）是抽风。现代带式焙烧机的风流程归纳起来不外有以下两种基本形式：

(1) 流程之一是比较古老的风流程，用于20世纪60年代，可以用于原料中不含有害元素的球团矿。一些早期建设的带式球团在改造前均属此类型，见图9-7。

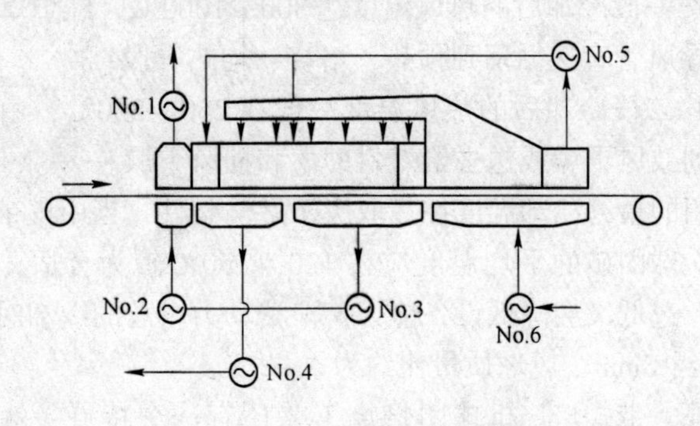

图9-7 带式焙烧机风流程之一

（2）风流程之二是比较新的，是20世纪70年代后建设的基本流程，它可以用于各种原料的球团。当原料含有害挥发元素时则焙烧过程中所产生的含有害成分的气体全部在抽风负压条件下操作，而鼓风操作（鼓风干燥、冷却）部分的气体都是不含有或很少含有害成分的干净空气或废气，因而有利于环境保护。20世纪70年代以后新建的带式球团几乎全部都是这种及其演变形式。我国鞍钢1989年建成的带式球团就属此类，见图9-8。

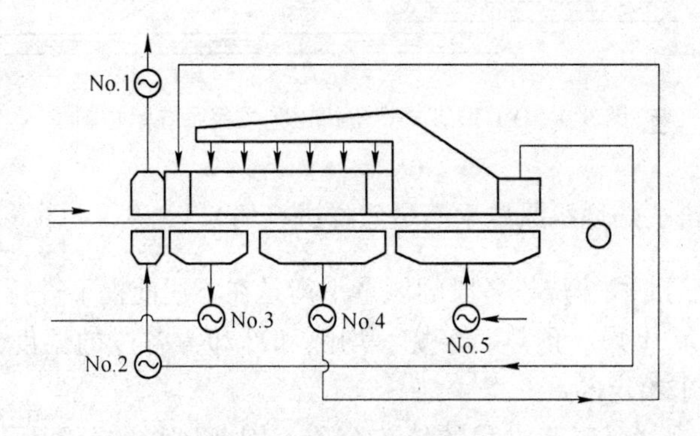

图9-8　带式焙烧机风流程之二

9-14　带式焙烧机的风流系统由哪几部分组成？

答：带式焙烧机的风流系统由四部分组成：助燃风流、冷却风流、回热风流和废气排放。各部分之间是由烟罩、风箱、风管以及调节机构组成的一个有机的风流系统。图9-9为D-L型带式焙烧机的工艺风流示意图。它代表目前带式焙烧法球团的水平。其特点是：用第二段不含有害气体的热风，经过回热风机给到鼓风干燥段，第一冷却段的高温热风直接循环到均热、焙烧和预热段；焙烧、均热段的废气再循环到抽风干燥段。因此，这种风流系统对原料的适应性强，可处理含硫等矿石，热利用率高。

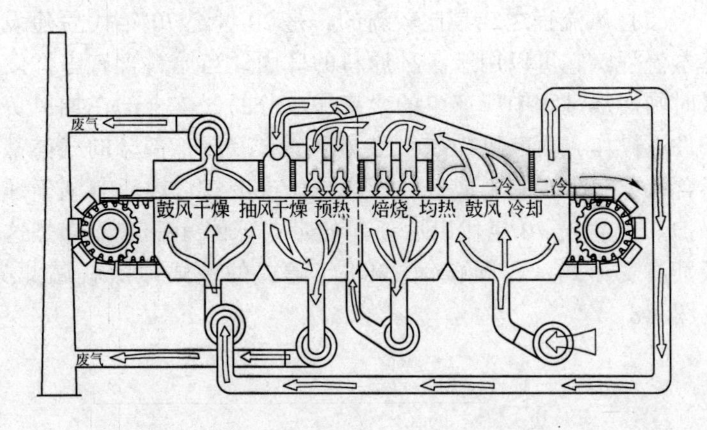

图 9-9 D-L 型带式焙烧机工艺风流系统示意图

9-15 带式焙烧机风量平衡是怎样进行的？

答：带式焙烧机各段的风量平衡是在下述前提下进行的：

(1) 干燥、预热、焙烧、均热和冷却等各段的温度是根据工艺要求给定的；

(2) 风是工艺过程的传热介质，因此风量的分配服从工艺过程的热平衡。

风量平衡必须考虑到风流系统中漏风率、阻力和风温的变化。在一个平衡系统中，从理论上说，供风和排风量应该是平衡的，但实际上在确定风机能力时，其额定值应大于理论需要值，以便保证工艺过程的顺利进行和具有一定的调节范围。至于实际值应比理论值大多少才合适，这要根据设备的性能和系统的密封情况、操作条件等因素，并结合相同或类似生产厂的实际经验综合考虑确定。

图 9-10 为澳大利亚罗布河球团厂 1 台 476m^2 带式焙烧机的风流系统和风量平衡图。全机可分成：供风和排气、回热循环两大风量平衡系统，每个系统的理论风量和实际选用的风量综合于表 9-4。

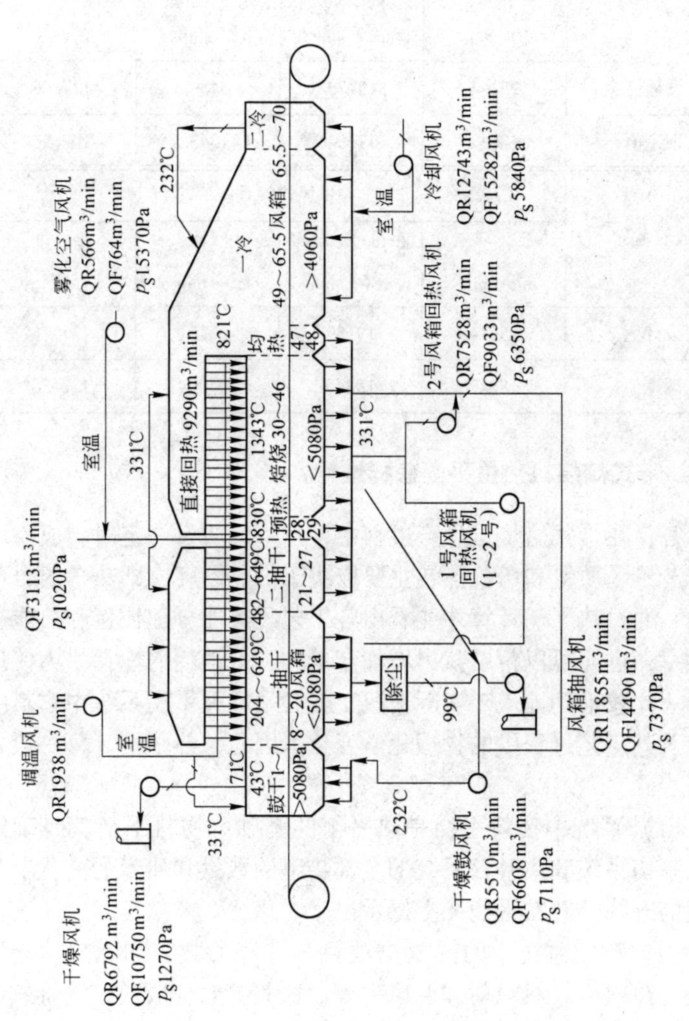

图 9-10　罗布河球团厂风流系统和风量平衡图

表 9-4 风量平衡

数值名称	回热系统			
	排出 /$m^3 \cdot min^{-1}$	给入 /$m^3 \cdot min^{-1}$	排、给差 /$m^3 \cdot min^{-1}$	排：给 /%
设计值	25244	19775	5469	127.66
理论值	18647	17304	1343	107.76
数值名称	供风排气系统			
	排气 /$m^3 \cdot min^{-1}$	供风（一次）/$m^3 \cdot min^{-1}$	排、供差 /$m^3 \cdot min^{-1}$	排：供 /%
设计值	25244	19159	6085	131.76
理论值	18647	15247	3400	122.30

9-16 带式焙烧机热量平衡怎样进行？

答：在带式焙烧机生产过程中，当生球质量一定时，成品球团矿产量、质量和单位热耗主要取决于供热制度，即热量的合理平衡。通过热平衡计算才能看出各工艺段热能分配比例和热能利用效率，进而可以帮助找出增加产量和降低消耗的途径。为使理论计算比较准确地反映实际情况，就必须掌握平衡系统中物料的数量及其工艺过程中的物理化学变化。因此，热平衡计算一般有如下步骤：

(1) 系统中物料平衡是热平衡的基础。物料平衡就是确定进入平衡系统和离开该系统的全部物料的数量和质量的变化及其温度的升降，并在平衡图上标示出来。

(2) 确定系统中的热收支项目和计算参数，如比热、化学反应的热效应、热辐射和漏风率等。这些参数一般通过测量或从有关资料查出，然后分系统进行计算。

例如，1 台年产 254 万 t 的带式焙烧机的物料和风量平衡如图 9-11 所示。在该平衡图中，焙烧段的热平衡计算比较复杂些，

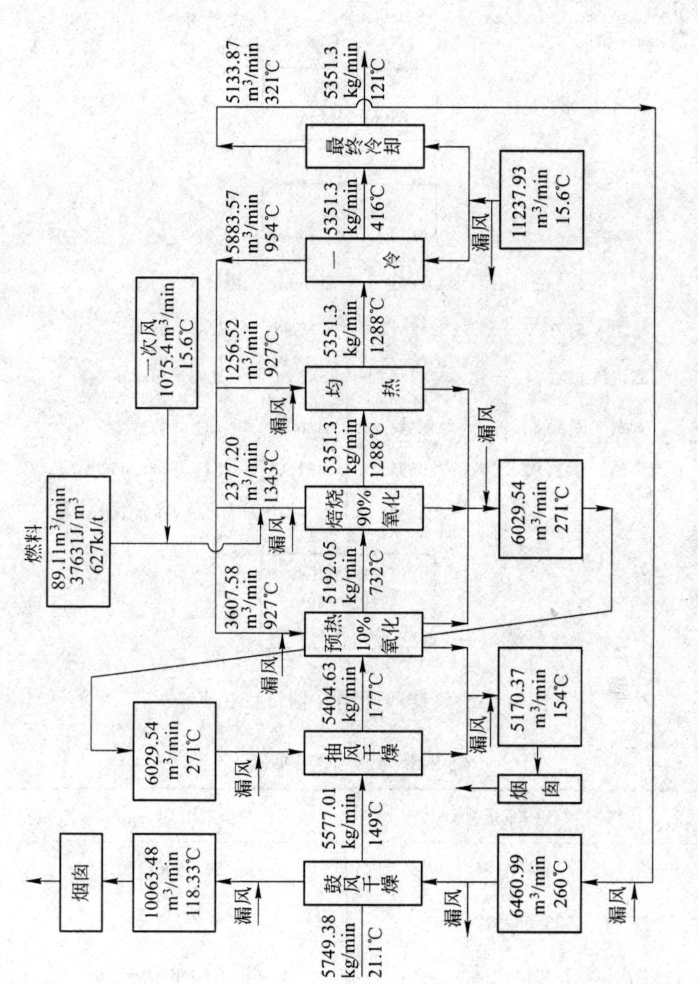

图 9-11 年产 254 万 t 的 D-L 型带式焙烧机物料和风量平衡图（原料为磁铁矿精矿）

这里有燃料的燃烧、磁铁矿的氧化、焙烧机体的热辐射等放热、传热过程发生。该段的固相（物料）热平衡和气相热平衡如图9-12和图9-13所示。焙烧段和全机的热平衡结果分别列于表9-5和表9-6。

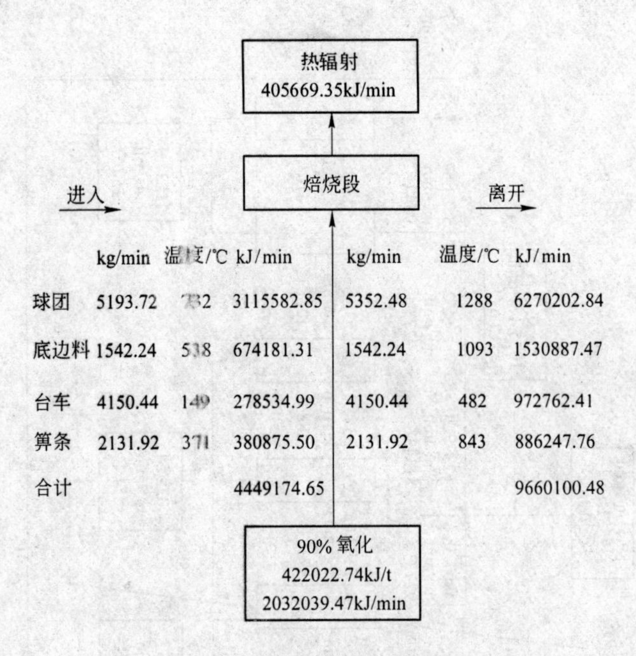

图 9-12 焙烧段固相（物料）热平衡

表 9-5 焙烧段热平衡

热输入/kJ · min⁻¹		热输出/kJ · min⁻¹	
球 团	4449174.74	球 团	9661155.58
燃 料	3355080.79	废 气	1239691.80
二次风	1470749.24	辐 射	406196.88
氧 化	2032039.47		
合 计	11307044.24	合 计	11307044.26

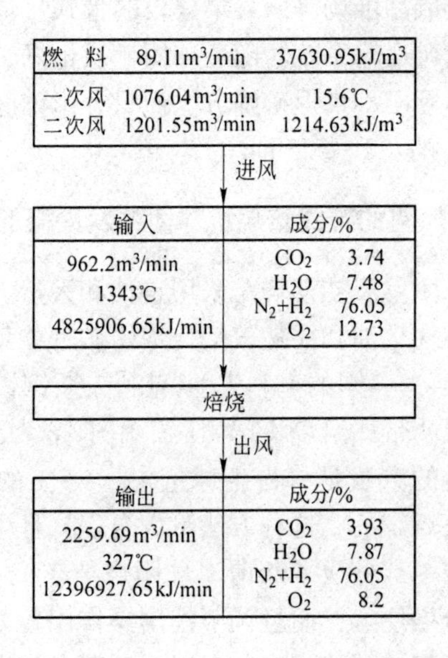

图 9-13　焙烧段气相热平衡（图中均为标米）

表 9-6　全机热平衡①

热输入/kJ·t⁻¹		比例/%	热输出/kJ·t⁻¹		比例/%
氧　化	421607.36	39.1	辐　射	155766.25	14.5
燃　料	627218.81	58.2	成　品	152650.94	14.2
生球显热	29076.35	2.7	抽风段废气	414338.25	38.4
			鼓风炉罩废气	355147.07	32.9
合　计	1077902.51	100	合　计	1077902.51	100

① 单位热耗为 627219kJ/t 球团。

9-17　什么是带式焙烧机的成品系统，包括哪些部分？

答：带式焙烧机球团生产，从焙烧机机尾的成品矿槽开始以后的作业系统称为成品系统。带式焙烧机球团厂的成品系统一般包括：成品矿槽、振动给矿机、成品皮带机、铺底铺边料的筛分、返矿筛分、成品堆场等。最早建设的带式焙烧机球团厂均设有返矿筛分和返矿运输系统。随着球团矿质量好、强度高、返矿量少，多数球团厂已不设返矿筛分，而只分出铺底铺边料，铺底铺边料的粒度一般为 10～25mm。

9-18 采用固体燃料的带式焙烧机球团的发展概况如何？

答：带式球团发展初期均是采用重油和天然气为燃料焙烧球团矿，而用煤替代重油和天然气焙烧球团矿近些年才得到迅速发展。早在 1956 年，美国的克利夫兰-克利夫斯钢铁公司就在密执安投产的伊什佩明带式焙烧机球团厂采用了烧煤的工艺。但由于那时用煤作燃料的方法是将占生球量 4%～5% 的煤粉外滚到生球表面进行点火焙烧的。这种方法不大合理，且生产出来的球团矿质量不高，有一部分成了所谓“球团烧结矿”，再加上当时重油和天然气的价格便宜，而且调节控制操作比较方便，致使用煤作燃料的试验研究被搁置下来，在以后近三十年中，所有的带式焙烧机的设计均采用了重油或天然气。

近年来由于重油和天然气价格暴涨而引起能源危机，迫使球团工作者重新考虑在带式焙烧机上用煤作能源。鲁奇公司经过多年的试验研发，研制了一种喷煤与多级燃烧工艺，此工艺是沿第一冷却段侧面在数个点上喷煤（图 9-14），整个焙烧全部用烧煤产生的热气流。在该工艺中要在最初点火时使用重油。喷煤分布面积较大以防止局部燃料过于集中造成燃烧的不均匀。煤的粒度

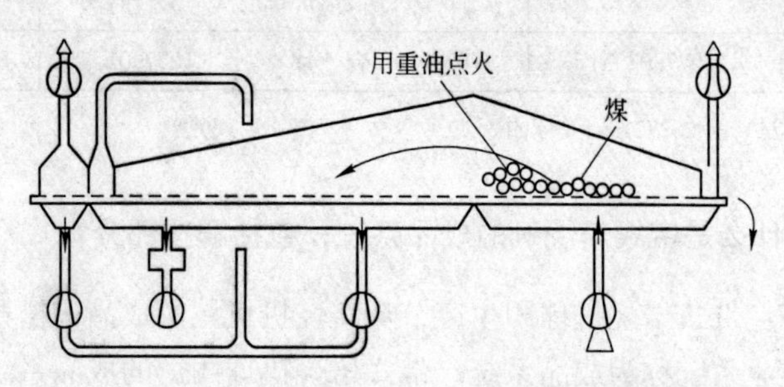

图 9-14 烧煤粉的带式球团焙烧机简图

范围较宽，为 0 ~ 15mm。煤粉喷入后，在冷风冷却段上鼓风流的作用下形成气体动力分级，较重的颗粒落在料层上燃烧，重量轻的较细颗粒在球层上方呈流态化燃烧，而更细的煤粉则在第一冷却段往焙烧段飘飞的过程中燃烧。这样就实现了多级燃烧，燃烧后的煤灰大部分聚集在球层上面，在带式焙烧机卸矿筛处被筛除。1984 年投产的印度库德列术克球团厂就是采用这种工艺。

20 世纪 70 年代世界上出现石油危机，为替代石油或节省部分石油，世界上很多单位进行全部采用固体燃料或掺入固体燃料的球团焙烧试验研究，并取得成功，之后在世界各地相继建成投产了一批用煤作燃料焙烧的球团厂。

9-19　早期固体燃料鼓风带式焙烧机法球团生产工艺情况如何？

答：早期鼓风带式焙烧机法的工艺系统如图 9-15 所示。其具体生产过程为，首先在台车上铺上一层已焙烧好的球团矿，然后铺一层煤粉，采用抽风方式将煤粉点燃。紧接着将外滚煤粉的第一层生球铺到点燃的煤粉上面，料层厚约 200mm。这时将风流改为鼓风方式，第一层生球料层便被干燥和预热，生球所滚煤粉被点燃，随着鼓入的风流，火焰前峰向上推移。当火焰前峰到达料层表面时，再铺上一层生球，并继续鼓风。这种操作过程重复进行，直到料层厚度达到 800mm。在带式机机尾对球团矿进

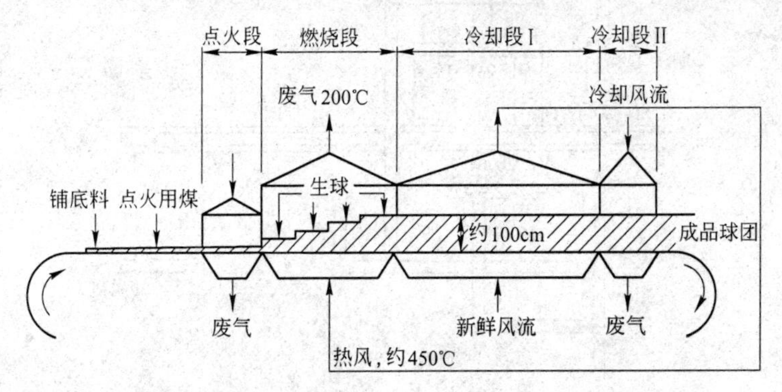

图 9-15　鼓风带式焙烧机球团法工艺系统示意图

行冷却。由该段回流利用焙烧球团矿的部分余热，将温度约450℃的冷却废气从台车下部鼓入。

机尾排下的球团矿经过筛分，筛上物加以破碎。筛下物经细磨返回与精矿汇合一起重新造球。最终产品是球团与小球烧结矿的混合物。这种工艺的特点是台车与箅条始终不同赤热物料或高温气流直接接触。由于该法焙烧的球团矿质量不能满足用户要求，因此，该法目前已被淘汰。

9-20　麦奇型（McKee）带式焙烧机球团法的概况如何？

答：该球团焙烧工艺是在普通带式烧结机的抽风烧结原理基础之上发展起来的一种球团生产工艺。当生球表面滚上一层煤粉时，由一台带式输送机和一台振动筛组成的布料装置进行生球布料。其焙烧工艺（见图 9-16）与抽风烧结工艺基本相似，所不同的只是烧结机采用的是普通点火器，而带式焙烧机采用的则为较长的点火炉罩。焙烧机台车铺有边料和底料以防止过热。但是，即使台车的挡板和箅条采用特种合金材质，而最初产生的过热仍然会对设备带来极大危害。所以为了避免过大的热应力，这种带式焙烧机只限于处理磁铁矿，原因是焙烧磁铁矿球团所需温度要比焙烧赤铁矿球团所需的温度低。

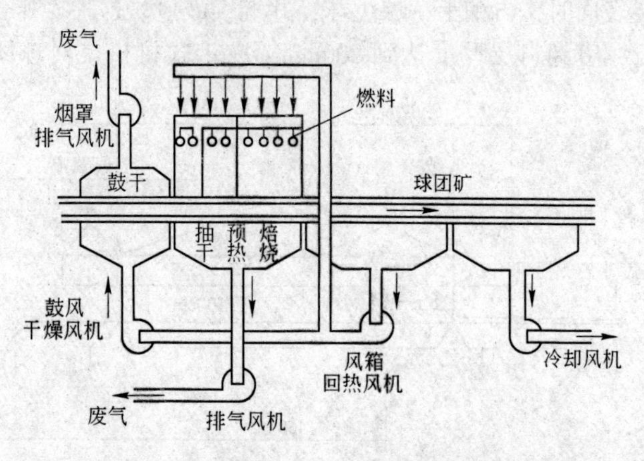

图 9-16　原始的 McKee 式带式焙烧机

为了改善操作工艺参数，对此做了如下一系列的改进工作：(1）采用辊式布料器与辊筛，使料层具有较好透气性。(2）将抽风冷却改为鼓风冷却。(3）所用燃料改为燃油或气体，不再使用固体燃料煤。这样明显地提高了球团矿质量，降低了燃料消耗。(4）增大焙烧机有效面积。改进后的 McKee 型焙烧工艺如图 9-17 所示。

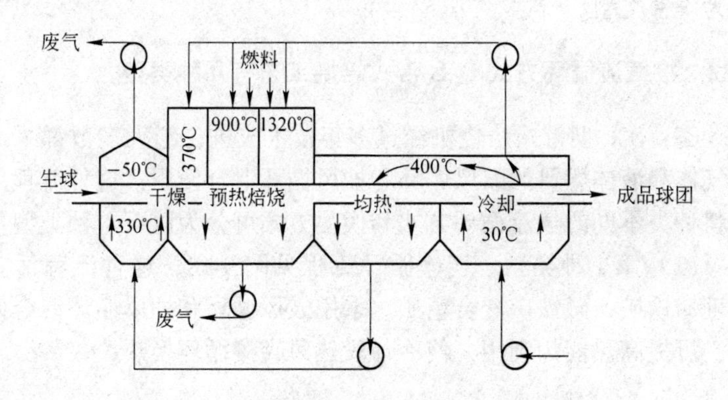

图 9-17　McKee 型带式焙烧机改进后工艺系统示意图

9-21　D-L 型带式焙烧机球团法的特点是什么？

答： D-L 型带式焙烧机球团工艺首先是由德国鲁奇公司（Lurjie）创立，后经美国德腊沃公司和德国鲁奇公司合作共同设计制造的。该工艺具有下列的一些特点：

（1）采用圆盘造球机制造生球；

（2）采用辊式筛分布料机对生球起筛分和布料作用，并降低生球落差，节省膨润土用量；

（3）采用铺边料和铺底料的方法，以防止拦板、箅条、台车底架梁过热；

（4）生球采用鼓风、抽风干燥工艺，先由下向上向生球料层鼓入热风，然后再抽风干燥，使下部生球脱去部分水分并使料层温度升高，避免下层生球产生过湿，削弱生球的结构。

（5）为了积极回收高温球团矿的显热，采用鼓风冷却。台车和底料首先得到冷却，冷风经台车和底料预热后再穿过高温料层，避免球团矿冷却速度过快，使球团质量得到改善。

D-L 带式焙烧机法球团最突出的特点是能适应各种不同类铁矿石生产球团矿。如同带式烧结机生产烧结矿一样，可根据不同的矿石种类采用不同的气流循环方式和换热方式，这方面现在可分为 4 种类型。

9-22 按气流循环方式 D-L 带式焙烧工艺有几种类型？

答：D-L 型带式焙烧机经过多年技术改进，绝大多数都采用了气体和液体燃料的鼓风循环和抽风循环混合使用，这种流程依原料种类不同的气流循环方式和换热方式可分为以下 4 种类型：

（1）第 1 种类型。气体循环流程见图 9-18，这种流程适宜处理赤铁矿、磁铁矿混合精矿。采用鼓风循环和抽风循环混合使用，可提高热能的利用，使冷却段热风直接循环换热。

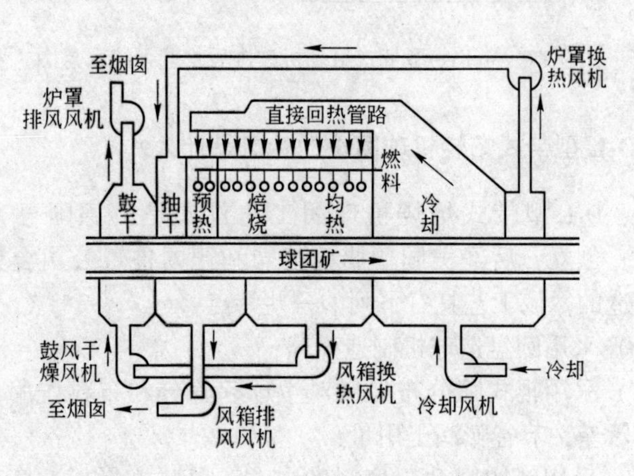

图 9-18 Lurjie-Delef 带式焙烧机气流循环流程之一

（2）第 2 种类型。气体循环流程如图 9-19 所示。该流程由第一种类型稍加改动后用来处理磁铁矿精矿球团。改动后炉罩内换热气流全部采用直接循环，取消了炉罩换热风机，将较冷端气

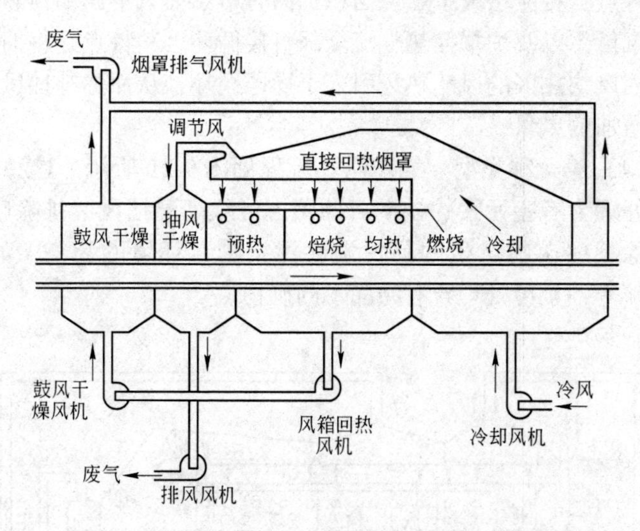

图 9-19 Lurjie-Delef 带式焙烧机气流循环流程之二

流直接排入烟囱。

（3）第 3 种类型。气体循环流程如图 9-20 所示。这种流程适于生产赤铁矿球团。为了满足这类生球需要较长干燥和预热时

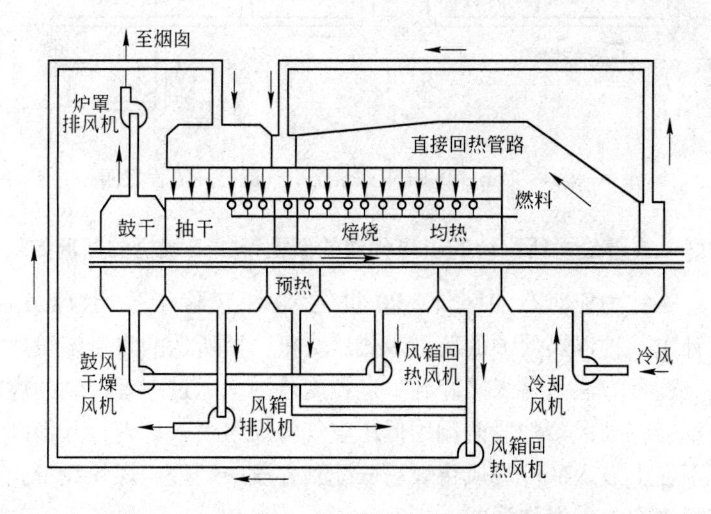

图 9-20 Lurjie-Delef 带式焙烧机气流循环流程之三

间的特点，相应增大了焙烧面积。同时增加抽风干燥和预热区所需的风量，以及炉罩换热气流全部直接循环。其特点是将抽风预热和抽风均热区的风箱热风引入干燥区循环，从而弥补抽风干燥所需增加的风量。

（4）第 4 种类型。气体循环流程见图 9-21 所示。这种流程适于处理含有害元素的铁矿石球团。可从高温抽风区排除废气，以消除某些矿物产生的易挥发性污染物对环境的污染，如砷、氟、硫等，也可处理含有结晶水的矿物。

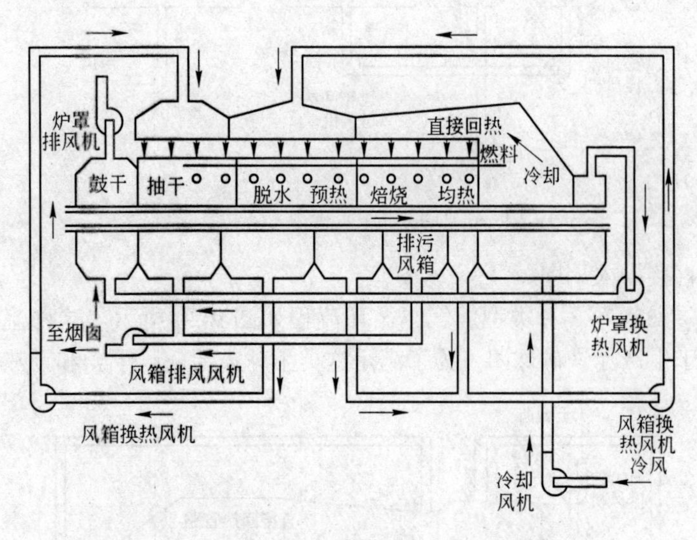

图 9-21 Lurjie-Delef 带式焙烧机气流循环流程之四

9-23 鲁奇公司新设计的以煤代油的新型带式焙烧机的概况如何？

答：为应对石油涨价，20 世纪 80 年代鲁奇公司（Lurjie）设计出一种以煤代油的新型带式焙烧机，即所谓的鲁奇多段燃烧法。这种方法是将煤破碎到一定粒度范围，通过一种特制的煤粉分配器在鼓风冷却段两侧用低压空气将煤粉喷入炉内，并借助于从下往上鼓入的冷却风将煤粉分配到各段中燃烧。煤粉在带式焙烧机内有 3 种燃烧形式：

（1）第1种为固定层燃烧，它发生在煤的重力大于风力的情况下，煤粒停留在球团料层顶部，在随台车移动至焙烧机的卸料端的过程中燃烧；

（2）第2种为流态化燃烧，或称沸腾燃烧，它发生在煤的重力与风力相当的情况下，煤在悬浮状态中燃烧；

（3）第3种为飘飞燃烧，它发生在风力大大超过煤粉重力的时间范围内。当飘飞燃烧结束以后，即可达到工艺要求的所需的最终温度。

这种工艺要求煤粉必须有合理的粒度组成，煤的灰分的熔点要高于球团矿的焙烧温度，对烟煤、无烟煤、褐煤等无特殊要求，一般均可用于这种流程，可大大降低球团矿成本。

图9-22所示为鲁奇最新设计的带式焙烧机流程，这种流程可使用100%的煤或煤气、油，也可按任意一种比例混合使用3种燃料。

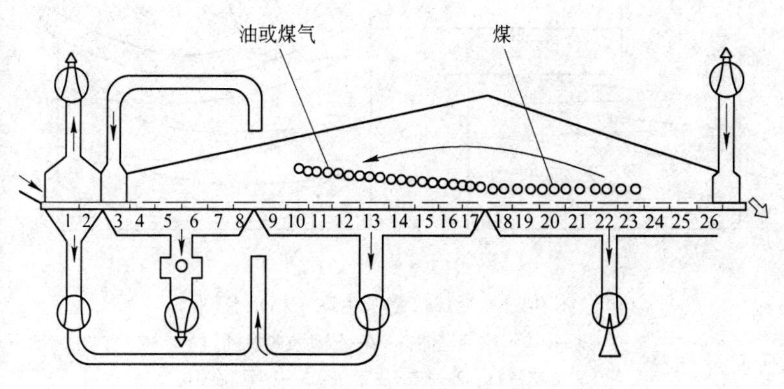

图9-22　Lurjie最新设计流程

第二节　带式焙烧机球团厂的主要设备及结构

9-24　带式焙烧机球团厂主要设备的特点是什么，主要设备有哪些？

答：带式焙烧机球团厂的工艺环节比较简单、设备也较少，除了配料、混料、造球及成品系统的通用设备外，主要设备由布料设备、带式焙烧机和工艺气流系统（包括风流管和配套风机）组成。

9-25　带式焙烧机的布料设备由哪些部分组成？

答：带式焙烧机的布料设备包括生球布料和铺底、铺边两部分。20 世纪 70 年代以后带式焙烧机的生球布料又有改进，生球布料系统由往复式皮带机（或摆动皮带机）—宽皮带—辊式布料器组成。宽皮带的速度较慢而且可调。在宽皮带上装有电子秤，随时测出给到台车上的生球量。宽皮带的运动速度为每分钟 18m，以便于生球布料和减少生球转运时的破坏（见图9-23）。辊式布料器除了均匀布料作用外，还有筛分作用。

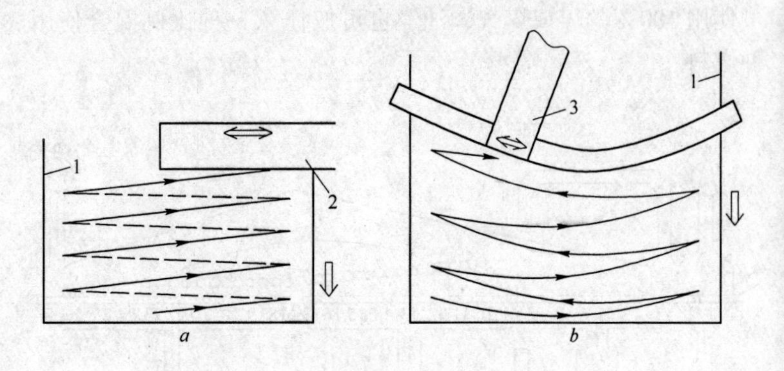

图 9-23　带式焙烧机生球布料示意图

a—梭式皮带机铺料；*b*—摆动皮带机铺料

1—宽皮带机；2—梭式皮带机；3—摆动皮带机

⇨ 宽皮带运动方向；⇔梭式或摆动皮带机往复或摆动方向；→生球铺料方向

为了使整个料层得到充分焙烧，防止台车被高温气体烧蚀，缩短台车寿命，在生球布料之前，先铺底料和边料，铺边料铺底料从铺底边料槽口调节阀漏料嘴给到台车上，如图 9-24 所示。并用阀门调节给料量。铺底料槽有称量装置，控制料槽料位。图9-25 为 D-L 型带式焙烧机生球布料和铺底铺边料的效果。带式焙烧机

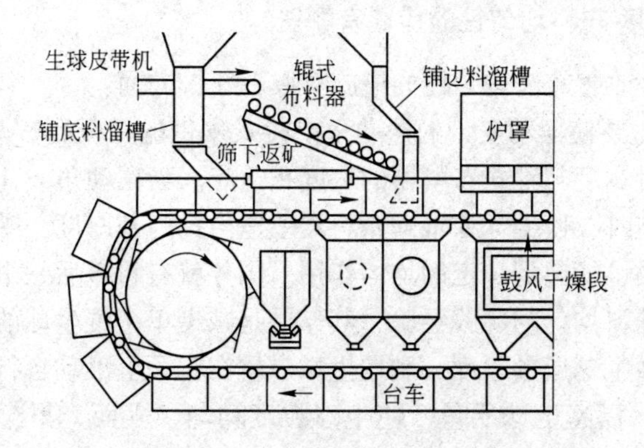

图 9-24　D-L 型带式焙烧机生球、铺边料及铺底料布料系统

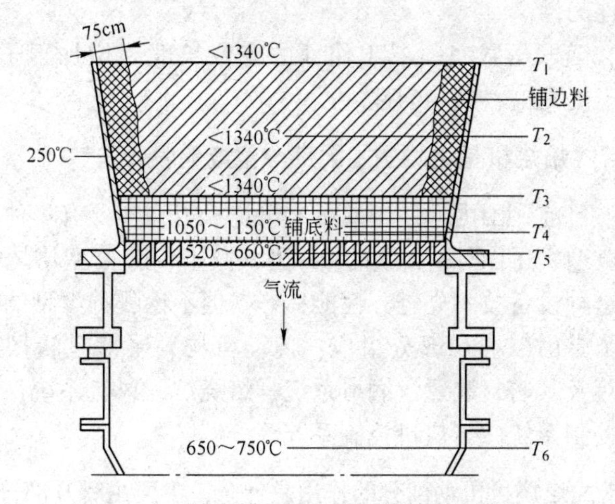

图 9-25　铺底料与铺边料隔热效果示意图

测温点代号：T_1—料层上部；T_2—料层中部；T_3—铺底料上部；T_4—铺底料下部；T_5—箅条之间；T_6—风箱内部

球层厚度一般为 400～500mm。为了适应带式焙烧机移动速度快，焙烧时间较短的特点，生球粒度一般为 9～16mm。由于球层的透气性良好，带式焙烧机所采用风机的压力比带式烧结机要小。

9-26 改善布料均匀性的措施有哪些？

答：改善布料均匀性的措施有以下几个方面：

（1）要使摆动皮带的摆动角或梭式皮带的往复行程足够大，使其落料宽度与辊式布料器的宽度相适应。当摆动角或往复行程受到限制时，使生球在辊式布料器上适当提高其厚度，既降低辊子的转数也能起到一定的均匀作用。国外就有将最后一个辊子反转达到铺料均匀的实践经验，其作用是减慢单个辊生球的前进速度以提高生球层的厚度，利用生球自重在辊子上滚动自行均匀。

（2）提高生球质量，使生球粒度均匀、表面光滑，减少碎球和粉末量也可改善布料均匀性。

（3）改善设备状况，尤其是改进辊子的表面光洁度也可改善布料均匀性。

（4）延长辊式布料器工作面的有效长度（增加辊子数量）也有助于提高铺料的均匀性。

9-27 带式焙烧机是由哪些主要部分组成的？

答：目前，国内外使用的带式焙烧机类型主要有 4 种：麦基型、鲁奇型、D-L 型和苏联的 OK 型，其中以 D-L 型焙烧机应用最广，这种设备技术先进、性能良好。但不论哪种类型的带式焙烧机，都是由以下几部分组成：传动机构、尾部星轮摆架、台车、风箱及其密封装置、润滑系统、焙烧炉、风流系统、工艺风机及其控制系统、焙烧机控制系统等。

9-28 带式焙烧机传动部分的作用是什么，主要由哪几部分组成？

答：带式焙烧机传动机构的作用是使台车向一定的方向运动，如图 9-26 所示。台车在上下轨道上循环移动，在驱动装置作用下由星轮和导轨使后面的台车推动前面的台车，星轮与台车内侧的滚轮（又称压轮、卡轮等）相啮合，一方面使台车能上升、下降，另一方面使台车能沿轨道回转。

带式焙烧机的传动机构由驱动装置和机尾摆架两部分组成。

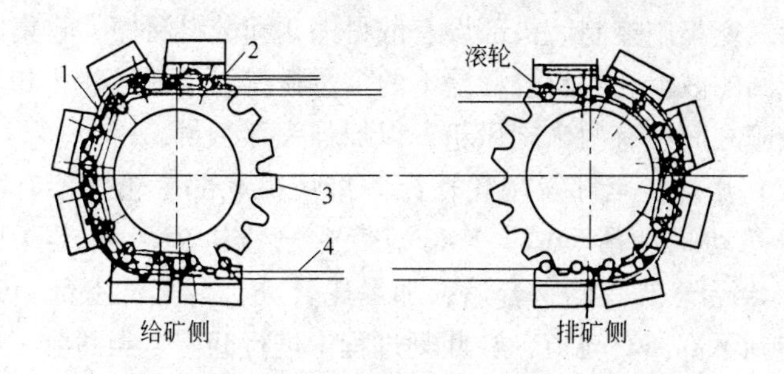

图 9-26　带式机（台车）运行示意图

1—弯轨；2—台车；3—大星轮；4—回车道

（1）驱动装置。带式焙烧机的驱动装置由调速电机、减速装置系统及大星轮等组成，见图9-27。台车通过机头星轮带动台车被推到工作面上，沿着台车轨道运行。焙烧机各个部位的动作

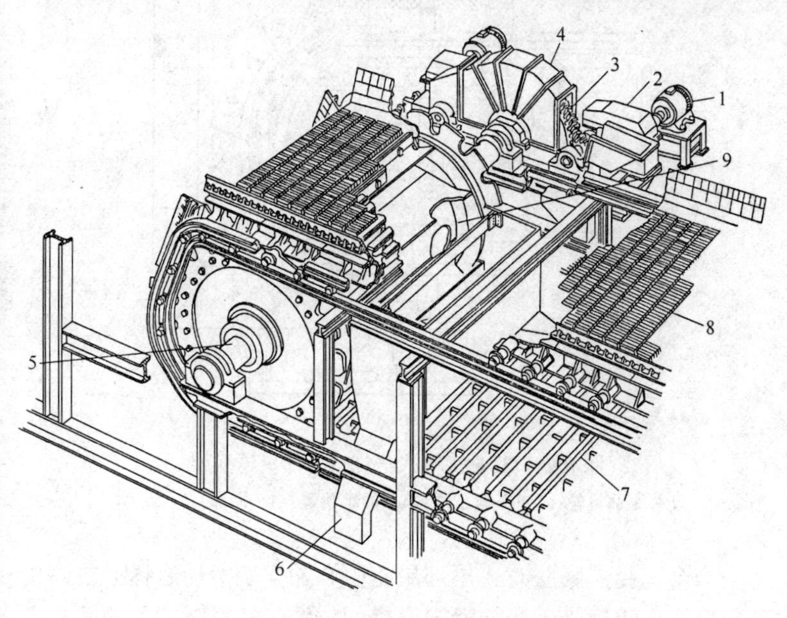

图 9-27　D-L 型带式焙烧机驱动装置

1—马达；2—减速机；3—齿轮；4—齿轮罩；5—轴；6—溜槽；7—返回台车；8—上部台车；9—扭矩调节筒

都由操纵室集中控制。头部设有散料漏斗和散料溜槽，收集回收台车带回的散料和布料过程漏下的少量粉料。在散料漏斗和鼓风干燥风箱之间设有两个副风箱，以加强头部密封。

（2）焙烧机尾部及星轮摆架。焙烧机尾部星轮摆架有两种型式：摆动式和滑动式。D-L 型带式焙烧机为滑动式（见图 9-28）。当台车被星轮啮合后，随星轮转动，台车从上部轨道渐渐翻转到下部回车轨道，在此刻过程中进行卸矿。当两台车的接触面达到平行时才脱离啮合。因此，台车在卸矿过程互不碰撞和发生摩擦，接触面保持良好的密封性能。

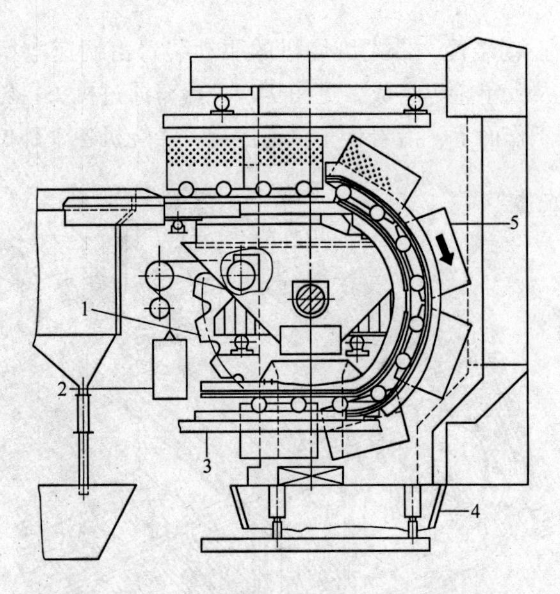

图 9-28　D-L 型带式焙烧机尾部星轮摆架

1—尾部星轮；2—平衡重锤；3—回车轨道；4—漏斗；5—台车

当台车受热膨胀时，尾部星轮中心随摆架滑动后移，在停机冷却后，由重锤带动摆架滑向原来的位置。卸料时漏下的散料由漏斗收集，经散料槽排出。图 9-29 中箭头方向为散料排出时流动方向。

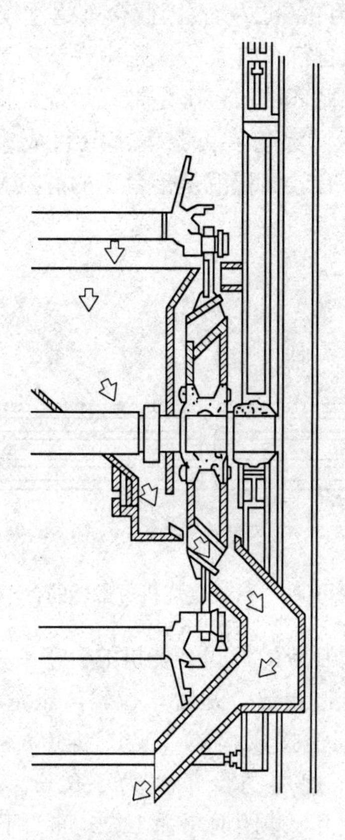

图 9-29　尾部散料溜槽

9-29　带式焙烧机的台车和箅条的构造情况怎样？

答：台车和箅条是带式焙烧机的重要组成部分。其构造情况如下：

（1）台车。台车是带式焙烧机的重要组成部分。在整个焙烧过程中它要直接承受装料、点火、抽风、鼓风冷却、焙烧，直至机尾卸料才完成焙烧作业，既要循环经受装料、加热、冷却、卸料等过程，又要承受自重、料重和抽风负压的作用，尤其要经长时间的反复高温作用，会产生很大的热疲劳，这一点比带式烧结机更为突出，台车最高温度为900℃左右，因此台车是比较易损坏的部件。

带式焙烧机像自行车链条一样是由一节一节的链子连接起来的，许多台车组成循环带。台车是带式焙烧机重要组成部分。台车是由车体、拦板、滚轮、箅条等部分组成，如图 9-30 所示。所谓带式焙烧机的有效面积就是指台车的有效宽度与焙烧机有效长度之乘积。

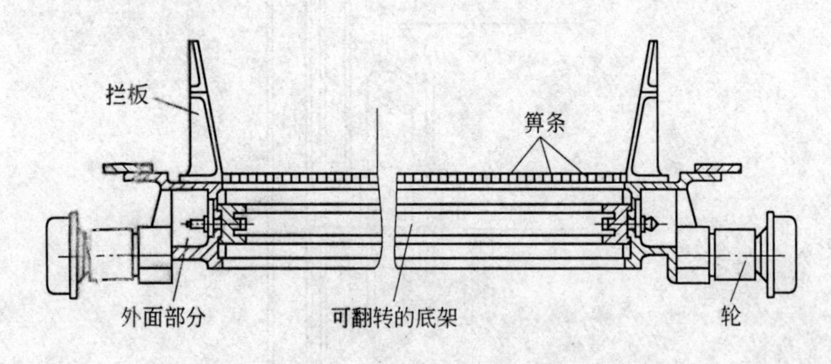

图 9-30　带式焙烧机可翻转的台车

德国鲁奇公司制造的带式焙烧机的台车由三部分组成：中部底架和两边侧部。边侧部分是台车行轮、压轮和边板的组合件，用螺栓与中部底架连接成整体（见图 9-30）。中部底架可翻转180°。如丹皮尔厂使用的台车宽为 3. 35m，新台车中段上拱12mm，每生产 10 万 t 球团时下垂 0. 25mm，下垂极限为 12mm，然后取下校正后再用，该厂台车寿命达 8 年，台车拦板上段寿命较短，一般为 9 ~ 12 个月。加拿大一些球团厂使用 3m 宽台车，台车中部底架约 7 ~ 8 个月翻转一次，3 年平均翻 4 次。箅条寿命一般为 2 年。台车和箅条的材质均为镍铬合金钢。

（2）箅条。箅条也是带式焙烧机的重要部件。与台车车体一样，箅条也是长时间的反复受高温作用，箅条所经受的最高温度比车体经受的最高温度更高。因此，箅条是消耗最大的易损件。箅条的使用寿命对带式焙烧机的生产效率和经济效益影响很大。为了提高箅条的使用寿命，制造厂一方面改进加工工艺，一方面选用耐热合金钢材质，大大提高了箅条使用寿命，大大降低箅条的消耗量。

9-30　带式焙烧机需要密封的部位有哪些？

答：带式焙烧机整个生产过程中的电耗绝大部分集中在焙烧阶段，也就是集中在工艺风机上。因此，只有尽量减少漏风，有效地利用风流才能降低能量消耗，提高产量、质量和经济效益。

带式焙烧机需要密封的部位主要有几处：

（1）台车与风箱之间。台车与风箱之间的密封一般是在台车上装弹簧密封滑板，在风箱上装固定滑板。弹簧密封滑板用螺栓与车体（端头）连接。弹簧在台车及料的自重作用下压缩使弹簧密封滑板与风箱上的固定滑板紧密接触，为了加强密封效果和延长密封的使用寿命，定期地（自动）向固定滑板（通过固定滑板上的油槽）注油。

由于此道密封距离长，又是处在风压的风箱上，因此必须予以充分重视。为了保证良好的密封效果，弹簧密封滑板应当保持伸缩自如，在脱离上行道之后即应能自动弹出密封板槽，否则要进行处理。一般用手锤轻轻敲打即可出槽，当敲打也不起来时则应当换下检修处理。

（2）台车与炉罩之间的密封。台车与炉罩之间的密封结构如图9-31所示。台车与炉罩之间的密封常采用落棒形式。其结构是在台车上装有密封板,落棒自由悬挂在炉罩的金属结构上,落棒靠自重压在密封板上,落棒的左右位置由弹簧调节,为了加强密封效果和延长密封的使用周期,同样向其间注润滑油。根据使用条件的不同又有采用单层落棒和双层落棒之分。鼓风冷却段一般为双层落棒。

为了防止冷却段的含尘热废气的逸出，常在该段还设有空气密封，原理是用干净的空气形成风幕（正压远远大于炉膛压力），从而阻挡炉内热气体的逸出。

为了提高落棒密封效果和落棒不至于被台车上的密封板顶住（造成事故），要求所有台车上的密封板必须安装牢固，表面水平一致，同时落棒端头要有足够的弧形倒角。

（3）风箱隔板。由于带式焙烧机的工艺风流是两端鼓风

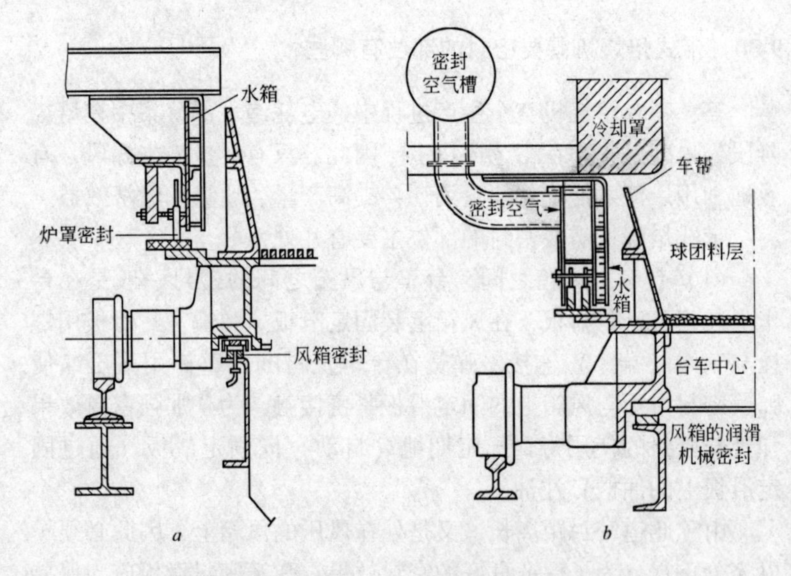

图 9-31　台车与风箱、炉罩密封结构示意图

a—台车与风箱和炉罩之间的密封；*b*—鼓风冷却段炉罩的加气密封

（鼓风干燥、鼓风冷却）和中间抽风（抽风干燥、预热、焙烧），因此，在头尾风箱及中间两处风流反向（鼓风与抽风干燥、均热与冷却）处必须有密封装置。这些地方的密封常采用弹簧密封隔板，其形式又稍有区别。

（4）烟道放灰阀。带式焙烧机烟道的放灰点也必须有锁风结构，一般采用双层放灰阀。大致结构及操作情况是在两层放灰阀中间有存灰槽，放灰时上、下两阀交替动作，保证在放灰时烟道不与外面大气相通，放灰操作程序是自动控制的。

9-31　带式焙烧机风箱分配情况怎样？

答：带式焙烧机各段风箱分配比例是由焙烧制度所决定的。通过球层的风量、风速和各段停留时间，根据不同原料通过试验确定。当机速和其他条件一定时，这些参数主要取决于各段风箱的面积和长度，焙烧机风箱总面积是根据产量规模来确定的，见表 9-7。

表 9-7　带式焙烧机风箱分配比例

国别	厂名	规格		风箱总数/个	鼓风干燥		抽风干燥		预热		焙烧		均热[1]		一冷		二冷	
		宽×长/m×m	面积/m²		风箱数/个	比例/%	风箱数/个	比例/%	风箱数/个	比例/%	风箱数/个	比例/%	风箱数/个	比例/%	风箱数/个	比例/%	风箱数/个	比例/%
	锡伯克	4×116	464	58	9	5.52	5	8.62	3	5.17	17	29.31		6.9	13.5	23.277	6.5	11.21
加拿大	卡罗尔（Ⅰ）	3.05	204	34	5	14.7	2	5.9	2	5.9	10	29.4	4	8.8	12	35.5	（炉罩分两段）	
加拿大	卡罗尔（Ⅱ）	3.05	285	46	7	15.2	3.5	7.6	2.5	5.4	13	28.3	3		20	43.5	（炉罩分两段）	
加拿大	瓦布什	3.05×76.5	233	38	5	13	3	7.9	2	5.3	15	39.6			13	34.2	（炉罩分两段）	
美国	里塞夫（Ⅱ）	2.44×67	172	29	7	24.1	2	6.9	2	6.9	4	14.3	8	27.6	6	20.7		
美国	格罗夫兰	3.05×68	209	34	5	14.7	2	5.9	2	5.9	10	29.4	3	8.8	9	26.5	3	8.8
美国	派勒特布诺	3.05	114	19	3	15.8	2	10.5	2.5	13.2	2.5	13.2	2	10.5	7	36.8		

续表 9-7

国别	厂名	规格		风箱总数/个	鼓风干燥		抽风干燥		预热		焙烧		均热[1]		一冷		二冷	
		宽×长/m×m	面积/m^2		风箱数/个	比例/%	风箱数/个	比例/%	风箱数/个	比例/%	风箱数/个	比例/%	风箱数/个	比例/%	风箱数/个	比例/%	风箱数/个	比例/%
秘鲁	马尔康纳（Ⅰ）	2.5×54	135	27	3	11.1	2	7.4	4	14.8	4	14.8	5	18.6	9	33.3	（炉罩分两段）	
	马尔康纳（Ⅱ）	3.05×88	268	44	6	13.6	3	6.8	7	15.4	6	13.6	5	1.4	17	38.7	（炉罩分两段）	
荷兰	艾莫伊登	3.5×123	430.5	41	5	12.2	4	9.7	6	14.6	11	26.8			15	36.6	（炉罩分两段）	
墨西哥	阿耳扎达	3.05	180	20	3	15	1.7	8.33			7.3	36.7	1	5	7	35		
瑞典	基律纳	2.44×73.2	179	28	5	17.9	3	10.7	3	10.7	3.5	12.5	6.5	23.2	7	25		
澳大利亚	丹皮尔	3.35×120	402	60	7	11.7	11	18.3	5	8.9	13	21.7	7	11.7	17	28.89	（炉罩分两段）	
	罗布河	3.4×140	476	70	7	10	13.7	18.57	2	2.86	17	24.29	2	2.86	17.5	25	4.5	6.42
中国	包钢	3×54	162	19	3	15.8	2.5	13.2			5	26.3	1.5	7.9	5	26.3	2	10.53

① 均热段或预热段没有标出风箱数者均与焙烧段共计。

9-32　带式焙烧机的主要润滑部位有哪些？

答：带式焙烧机的主要润滑部位有减速机、传动齿轮对其轴承、密封滑道、落棒与滑板、尾部星轮轴等，此外还有台车行走轮轴。其润滑方式一般是：主机减速机采用自带（附属）稀油泵强制润滑，其他各处皆为甘油润滑。其中密封滑道、落棒（与滑板）、传动齿轮对采用集中（甘油）润滑。而头、尾星轮轴承则采用手动（甘油）泵润滑。自动润滑的每次给油量及其给油压力、给油间隔时间皆可人为地自动调节。为了清除台车弹簧密封板上的残（脏灰）油，在（机头）副风箱内装有弹簧刮油板，从而可以保证台车不带残（脏）油进入风箱滑道，这样一方面可以保护滑道不至于被尘灰所磨损，另一方面也可以加强密封效果，余下的残油通过溜槽落入下面的脏油桶。

9-33　带式焙烧机台车箅条清扫器的用途是什么，工作原理是什么？

答：带式焙烧机的台车在工作过程中，箅条之间的缝隙间必定要有一些碎球和粉尘，而由于新型带式焙烧机台车运转平稳，卸料时很少冲击，致使箅条缝隙中所夹持的碎球、粉尘很难在卸料时卸下去。如果不随时予以清除，必然要影响箅条的实际透风面积，增加透风阻力，时间长了甚至会完全堵塞箅条缝隙，严重地影响焙烧过程的顺利进行。为此，在台车返回道下设置了箅条清扫器。

箅条清扫器的工作原理是：台车从清扫装置上方通过时，清扫器将台车箅条稍稍托起，而后放下（箅条卡在台车横梁上有一定的空隙），在托起、放下过程中使箅条得以松动，箅条缝隙中的碎球粉尘掉下落入下面的散料漏斗中。设计安装时，托起的距离需要调整得很合适。图9-32是箅条清扫器的结构示意图。

9-34　带式焙烧机炉体结构情况如何？

答：带式焙烧机的整个有效工作面全部被焙烧炉罩所覆盖，

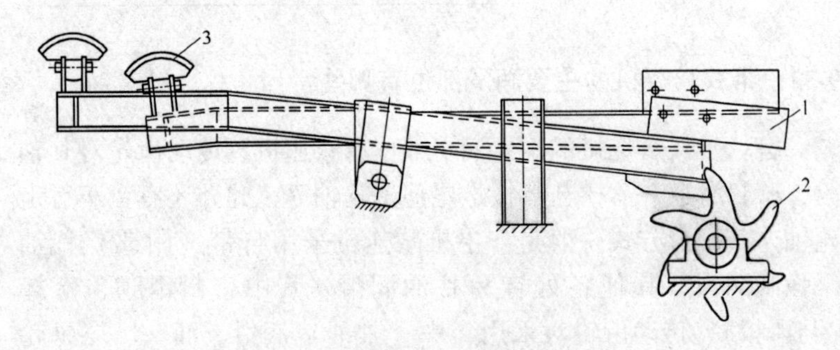

图 9-32 箅条清扫器结构示意图

1—配重；2—棘轮；3—托锤

因此整个焙烧罩分为与工艺过程相应的鼓风干燥、抽风干燥、预热焙烧、均热、一次冷却、二次冷却等6个段，相邻两段之间均设有隔墙，此外还有燃烧室和回热管道。对烧油和烧气体燃料的炉子燃烧室一般设在预热、焙烧段的两侧，对烧煤的炉子也有设在炉顶的。由于整个焙烧过程温度变化很大，因此炉体结构及其耐火材料的品种都比较复杂。

鼓风干燥罩的温度一般都在100℃左右，因此此处为一般钢结构，根据废气性质有时在其内表涂以保护层。为了减少炉罩散热常作外层保温。

抽风干燥罩温度是变化的，靠近鼓风干燥隔墙处为300℃左右，而靠近预热段隔墙处则可达700℃左右，因此必须用耐热、保温材料砌筑。

预热、焙烧段是最高温度区，使用温度通常在1350℃左右，因此该段的耐火材料要求较高，某钢厂炉子为高铝砖。

燃烧室是燃料燃烧的场所，是整个炉子温度最高的部位，当使用液体燃料时最高温度可达1700℃以上（据国外介绍，当燃烧煤粉时甚至可达2000℃以上），而且由于燃料或可燃混合物从燃烧器（油枪、烧嘴）喷出时常常具有很大的流速，对燃烧炉墙会有一定的冲刷力，因此在结构上、在砖形选用上应予以高度重视。

均热罩（不设燃烧室）的热气体来自一冷段，因此该段的温度在1000℃左右。

一冷罩的温度是变化的，靠近均热隔墙处温度在1000℃左右，靠近二冷段的温度则在500℃左右（与一次冷却长度有关），整个一冷罩的气流温度一般在800~900℃。因此一冷罩上的总回热管（又称二次风总管）的温度也在800~900℃范围。

在二次风总管与燃烧室之间的管道（又称二次风支管），一般可使用黏土砖。由于二冷罩温度不高，正常时约200~500℃，因此该段的炉罩没有耐火材料，仅做简单的外保温处理。从某钢厂的实际使用来看，发现靠近一冷的炉罩钢结构严重变形，可见此处的温度有时能大大超过500℃，由此看来该处炉罩（尤其是靠近一冷一方）也必须有耐火材料内衬。

9-35　带式焙烧机配套的工艺风机用途有几类？

答：风机是带式焙烧机的主要配套设备。它直接影响到球团的焙烧质量、产量及球团矿的加工成本。为了保证带式焙烧机气流循环，需要采用以下几种主要风机：

（1）冷却风机。送风至冷却区风箱。

（2）炉罩换热风机。使低温冷却区罩内温度较低的空气循环到抽风区的低温端，有时取消这种风机，改为直接循环。

（3）风箱换热风机和鼓风干燥风机：前者用于抽风区较高温度端的热气循环，并与后者串联，将热废气送入鼓风干燥区。

（4）风箱排气风机和炉罩排气风机。将抽风和鼓风干燥区含水汽高的废气排入烟囱，或者用于排出高温区含有害成分的气体。

此外，还使用一些辅助的风机，用于放风或供给调节用的冷风，以及用于气封的风机。

为了保证燃料充分燃烧，带式焙烧机都配套有助燃风机。

按风机的结构性能来分带式焙烧机的工艺大多数为离心式通风机，而鼓风干燥罩则采用轴流式风机。风机的性能应满足各工作部位的风量、风压和温度等工艺要求。表9-8为几个带式焙烧机球团厂主要风机性能。

表 9-8　几个带式焙烧机球团厂主要风机性能

国别	厂名	鼓风干燥				抽风干燥				预热			
		数量/台	风温/℃	风量（标态）/$m^3 \cdot min^{-1}$	风压/Pa（mm水柱）	数量/台	风温/℃	风量（标态）/$m^3 \cdot min^{-1}$	风压/Pa（mm水柱）	数量/台	风温/℃	风量（标态）/$m^3 \cdot min^{-1}$	风压/Pa（mm水柱）
澳大利亚	哈默斯利	↑1	177	6550	5723.2（584）	↓1	83	9060	6595.4（673）	↓1	277	5800	6223（635）
		排 1	60	8060	999.6（102）								
	罗布河	↑1	232	6608	6967.8（711）	↓1	99	14490	7222.6（737）	（与焙烧共用）			
		排 1	71	10754	1244.6（127）								
加拿大	锡伯克（一个系统）	排 1	82	10754	1744.4（178）	↓1	125	9209	8339.8（851）	（与抽风干燥共用）			
美国	希宾（一个系统）	↑1		7890	34300（3500 HP）	↓1		7539	34300（3500HP）	（与抽风干燥共用）			
		排 1		11894	17150（1750 HP）								

续表 9-8

国别	厂名	焙烧均热				冷却				雾化			
		数量/台	风温/℃	风量（标态）/$m^3 \cdot min^{-1}$	风压/Pa（mm水柱）	数量/台	风温/℃	风量（标态）/$m^3 \cdot min^{-1}$	风压/Pa（mm水柱）	数量/台	风温/℃	风量（标态）/$m^3 \cdot min^{-1}$	风压/Pa（mm水柱）
澳大利亚	哈默斯利	↓1	177	6550	5723.2（584）	↑1	46	12400	5978（610）				
						换1	315	1980	1244.6（127）				
	罗布河	↓2	331	9033	6223（635）	↑1	室温	15282	5723.2（584）	↑1	室温	764	15062.6（1537）
加拿大	锡伯克（一个系统）	↓1	265	7114		↑1	室温	15620	7467.6（762）	↑3	室温	462	10290（1050）
						换1	260	7358	7467.6（762）				
美国	希宾（一个系统）	↓1		7225	29400（3000 HP）	↑1	室温	15339	34300（3500HP）				

注：箭头“↑”代表鼓风；“↓”代表抽风；箭头旁数字代表台数；“排1”代表鼓风干燥段炉罩抽风式排气风机1台；“换1”表示最终冷却段炉罩回热风机1台。

第三节 带式焙烧机的操作与控制

9-36 带式焙烧机开始生产前要做好哪些准备工作？

答： 新建或大修后的带式焙烧机开始生产前应做好以下准备工作：

（1）试车。不论新建或大修后的带式焙烧机在开始生产前都要进行全面试车。

（2）准备好铺底料。

（3）烘炉。

9-37 带式焙烧机开车前的试车工作怎样进行？

答： 带式焙烧机在开车之前要进行全面试车，既要对焙烧机本体进行试车，也要对整个工艺流程中的全部设备进行全面试车。试车工作应遵循先单体后联动的原则。

（1）单体试车。单体试车即对所有设备逐个进行试车。单体试车的目的是检查机械设备和电力拖动系统的可靠性。只有所有设备单体试车全部合格后方可进行联动试车。

（2）联动试车。联动试车又可分为工艺系统联动（如按配料系统、造球系统、焙烧系统、除尘系统、成品返矿系统、风机系统等联动）和整个车间联动两种。具体作法是先系统联动，后整体联动。联动试车的目的是考查检验电气控制和自动控制的可靠性，因此联动试车应在中央控制室操作。对有些设备，如混合机、造球机、焙烧机等还要进行负荷试车。新安装的造球机还要进行工业性造球试验，寻找适宜的造球机操作参数，以确保开炉点火上生球的需要。

试车必须按各设备的试车要求严格进行，只有当全部设备全面试车皆达到正常运转要求，并且一切控制计器仪表、电子计算机等都已全部调试完毕，全部达到标准后方可进行点火烘炉。

9-38　带式焙烧机烘炉前准备铺底料的目的是什么，要求有哪些？

答：在带式焙烧机烘炉时，工作面上的台车必须装满已烧好的球团矿或块状铁矿石，其目的是保证台车在烘炉过程不至于被烧坏。为此，在烘炉前必须准备足够数量的球团矿或粒度合格的块状铁矿石，一般粒度10~25mm。

国内生产经验证明，烘炉前准备铺底料时可注意以下几个问题：

（1）对于已投产的带式焙烧机在停产检修前将底边料矿槽及机尾的矿槽（又称冷却矿槽）贮满球团矿就足以供烘炉时的用量。这是因为设计铺底铺边料矿槽容积时就已经考虑了这个问题。

（2）对于新建的带式焙烧机则必须备足3~5倍于带式焙烧机工作面上全部台车之容积的球团矿或铁矿石，其计算公式为：

台车有效面积 × 台车拦板高度 ×（3 ~ 5倍）
= 铺底料的体积(m^3)

将以上体积乘以球团矿或铁矿石的堆比重（t/m^3），就为应该准备的球团矿或铁矿石的数量（t），将以上各项整理列出开炉铺底料准备数量计算公式如下：

$$Q = S \times h \times r \times (3 \sim 5) \tag{9-1}$$

式中　Q——开炉时铺底料准备数量，t；
S——台车有效面积（即带式焙烧机的面积），m^2；
h——台车拦板高度，m；
r——球团矿或铁矿石堆比重，t/m^3；
3~5——铺底料数量准备系数。

例如某球团厂带式焙烧机的焙烧面积为172m^2，拦板高0.4m，铺底料采用球团矿、堆比重为1.9t/m^3，将以上数据代入式（9-1）中，则铺底料准备数量为：

$$Q_1 = 174 \times 0.4 \times 1.9 \times 3 = 392.16\ t$$

$$Q_2 = 174 \times 0.4 \times 1.9 \times 5 = 653.60\ t$$

根据以上计算结果，这台带式焙烧机烘炉前准备铺底料球团矿 400 ~ 650t 即可。

（3）铺底料准备数量多少，还决定于铺底料的质量，当铺底料质量好时，在烘炉运转过程中损失量少时，准备铺底料数量可以少一些；当球团矿质量较差时，则应该多准备一些。

（4）为了保护台车和箅条缝隙不被堵塞，以及尽量减轻工艺风机的磨损，故要求用作铺底料的球团矿或铁矿石必须粒度均匀、大小合适、强度高、粉末少，使用前必须认真过筛。

9-39　带式焙烧机生产前烘炉的目的和作用是什么？

答：新建和大修后的炉子或已经使用过的炉子，在正式投料生产之前都必须先经过逐渐升温、预热，在达到正常生产所需要温度之后再开机上生球生产，这个逐渐升温的过程称“烘炉”。烘炉的根本目的是保护窑炉在升温过程中不受或尽量少受各种损坏，提高窑炉炉体结构的使用寿命。因为炉体都是用各种耐火材料砌筑而成，所以烘炉的目的主要是为了保护耐火材料结构不受损坏，因此在烘炉过程中要使耐火材料不同的物理、化学反应阶段有适宜温度及必要的保持时间和适宜的加热速度。开炉操作必须严格控制加热速度，为此烘炉前要制定烘炉曲线，烘炉过程中要严格按烘炉曲线进行操作。有关烘炉曲线编制及注意事项请参阅本书第 8 章中有关资料。

图 9-33 为包钢 162m^2 带式焙烧机焙烧炉的烘炉曲线，其中 a 为日本提供的烘炉曲线，b 为包钢实际采用的烘炉曲线。

从以上曲线可以看出，包钢实际采用的烘炉曲线所耗费的时间较日本提供的长，主要原因在于包钢的烘炉方法在初始阶段（即抽风机开机之前）燃烧室与炉膛存在较大的温度差，为了使炉膛的升温速度不至于过快，实际上炉膛成了二次烘炉。

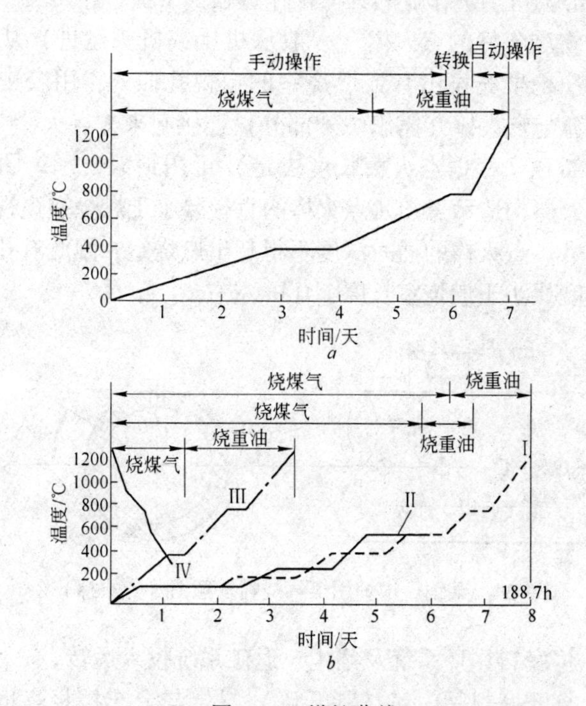

图 9-33　烘炉曲线

a—原设计烘炉曲线；*b*—实际烘炉曲线

Ⅰ—新炉子；Ⅱ—局部修理后炉子；Ⅲ—灭火后再升温；Ⅳ—降温曲线

9-40　带式焙烧机的烘炉操作是怎样进行的？

答：烘炉必须在全车间所有设备、计器仪表、电子计算机等均经过试车并达到正常运转要求之后，即可开始进行烘炉作业。

烘炉一般分为两个阶段进行：

第一阶段燃烧强度小，因此可以采用堆烧木材或使用煤气利用点火棒点燃；

第二阶段，待炉膛温度升到一定高度时即可直接用炉膛（燃烧室）的烧嘴（点燃重油或煤气）进行烘炉。在第一阶段炉温较低，一般不开主轴风机。

带式焙烧机烘炉作业的具体操作过程如下：

(1) 将准备好的点火棒（一般从机尾或机头运进）从油枪杆入孔（油枪事先拔出）或燃烧室的窥视孔插入，用胶皮管把煤气引入管与点火棒（露出炉外部分）连接起来，点火棒（管）入燃烧室部分（根据点火棒长度决定）可用钢架支承。图 9-34 为某厂点火棒构造示意图。点火棒的直径要小于燃烧室窥视孔直径一些即可。点火棒的插入深度不得超出燃烧室，因此有孔部分的最大长度要小于燃烧室长度 1.0 m 左右。

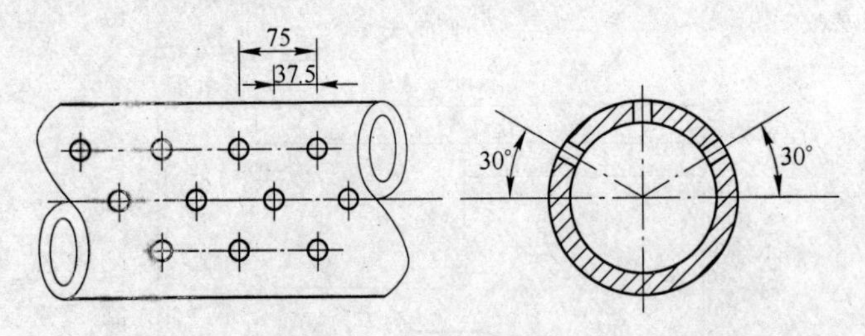

图 9-34 某钢厂烘炉用煤气烧嘴示意图（点火棒）

(2) 将底料循环系统及集尘、返矿系统投入运转。

(3) 打开底料闸门使（其开度）料层与台车挡板高度相等（此时边料闸门不必开启，以免边料从台车边板溢出）。

(4) 运转台车（即给焙烧机传动滑差电机以适当速度）。随着台车的向前行走，台车上被铺满底料，而从台车箅条缝等处漏下去的散料则通过集尘系统、返矿系统（或底料系统）运走。当第一辆装满底料的台车到达机尾（即露出炉罩）时，方可停止台车的运转。随后也可停止底料、集尘、返矿系统的运转。

(5) 开启炉罩排废风机和助燃风机。

(6) 点燃引火棒，用引火棒逐一点着（烘炉）点火棒。

(7) 严格按烘炉曲线控制燃烧室温度。待燃烧室温度上升至一定高度时（某钢厂为 600℃）启动主轴风机（或全部工艺风机），在这之前要将返矿、集尘、铺底料系统全部运转起来，而后点燃各燃烧室的烧嘴（最好是左右交叉进行）并要特别注意控制烧嘴的燃烧强度（火焰大小），防止炉温的大幅度升降。此时还要注意风箱温度的变化，当温度升高到一定程度时要慢慢运转台车。某钢厂经验是把风箱温度控制在250～300℃以下，即只要一个风箱温度高于300℃（冬天250℃）时台车就必须运转，当所有风箱温度皆低于250℃（夏天可放宽到300℃）即可停止运转。开始时台车是间断运转，逐步过渡到持续运转，随着温度的升高，运转速度由慢到快。当台车速度达到最快速度，风箱温度还不能控制在300℃以下时，即开启造球系统，开始运转一个造球机（并控制适当给入料）向台车上铺一薄层生球，同时相应降低底料厚度，并开启边料闸门，随着炉膛温度的升高逐渐提高生球层的厚度，降低底料厚度，直至达到正常生产条件（状态），烘炉过程即到此结束。

在烘炉后阶段，即在全部工艺风机运转起来之后，除了炉膛温度要严格按烘炉曲线控制外，炉罩的各段压力应按正常生产时的要求（设定值）控制，否则会造成炉罩局部温度过高，甚至会产生燃气或火焰的倒流，严重影响炉罩寿命。

9-41　在带式焙烧机球团生产中怎样控制布料操作？

答：要想使台车上的球团料层得到均匀的焙烧，获得质量好、产量高的生产效果，带式焙烧机的布料操作是关键。首先选择和控制布料的原则是做到均匀焙烧的前提条件。各球团厂（车间）应根据设备条件和生球质量确定铺底料厚度和生球厚度，操作中要求做到“铺平”、“铺满”，确保焙烧的均匀性。如某厂162m^2带式焙烧机采用辊式布料器沿台车宽度方向布料，规定料层厚度≥400mm，其中铺底料层厚度为60mm，生球厚度≥360mm。

为了减轻边缘效应，对摆动皮带的摆动角度、速度应进行适当调整，使其处于最佳状态。对铺边料漏嘴也要调整到最佳位置。

为了保证料层具有良好的透气性，对辊式布料机的安装质量要严格把关，确保辊子间隙合乎工艺要求，操作中要进行观察，一旦发生变化，就及时进行调整或更换新辊子。

9-42 带式焙烧机球团在生产过程中干燥作业怎样控制?

答：带式球团的高温焙烧过程包括生球干燥、预热、焙烧固结和冷却三个阶段，焙烧固结阶段又分为预热、焙烧和均热三个部分。作为高温焙烧过程的第一阶段，生球的干燥效果直接影响到成品球团矿的产量和质量，因此必须控制好生球干燥过程，为此，在生球干燥过程中必须根据本厂的具体情况采取一些措施控制好生球干燥过程，如：

(1) 选择最适宜的黏结剂，并通过试验找出最适宜配比，配料操作中保持配比稳定在一定范围内，以利提高和稳定生球破裂温度。

(2) 严格控制生球粒度和水分，尽量控制在下限，以利提高生球的干燥速度。

(3) 正确的使用鼓风干燥带风机，尽可能提高鼓风干燥温度和气流速度，如包钢 162m^2 带式焙烧机，要求出口温度≥300℃，出口压力≥4000Pa。

(4) 合理使用抽风风机，尽可能保证抽风干燥罩压力和温度。如包钢 162m^2 带式焙烧机的实践证明，生球的干燥时间、风速和温度一般处在下列范围：

鼓风干燥带：时间 4.5 ~ 5min，风温 280 ~ 300℃，风速 2.0m/s。

抽风干燥带：时间 3.8 ~ 4.3min，风温 250 ~ 300℃，风速 2.0m/s。

9-43 带式焙烧机球团在焙烧过程中怎样控制预热操作?

答：预热是球团焙烧的关键环节，预热的目的是使球团矿在焙烧过程中的温度逐渐上升，以免因升温过快造成球团矿结构的破坏，影响焙烧过程的正常进行和成品球质量。如何选择和确定好适宜的预热带温度是非常关键的操作过程，要经过一段摸索时间。例如包钢 162m^2 带式焙烧机对燃烧室几经改造，最初燃烧室温度由设计的600℃改为控制在800℃，最后将燃烧室温度控制在850℃，取得了很好的效果。

9-44　带式焙烧机球团的焙烧操作怎样控制？

答：生球焙烧是球团生产过程中最为复杂的工序，是球团固结的关键环节。带式焙烧机的这一道工序的核心技术是风热平衡的控制。在焙烧过程不可分割的风平衡与热平衡的实质是不同的。风平衡是风量的供入与排放，热平衡是热量的收入与支出。风热平衡操作技术的基本要求就是在保持工艺物流稳定的前提下，既要满足焙烧各区段的工艺风量的要求，又要满足对热量的要求，从而达到各项工艺参数的相对稳定，表9-9为包钢带式焙烧机主要操作参数。

表9-9　带式焙烧机主要生产操作参数

项　目	操作参数
1号燃烧室温度/℃	850
2号燃烧室温度/℃	1000±50
3号燃烧室温度/℃	1220
4号燃烧室温度/℃	1220
5号燃烧室温度/℃	1220
6号燃烧室温度/℃	1180
鼓风风机出口温度/℃	150
抽风风机出口温度/℃	300~350
焙烧终点温度/℃	≥200（仪表指示值）
焙烧罩压力/Pa	-80~50
抽风风机出口压力/kPa	4
铺底料厚度/mm	60
生球厚度/mm	340~360
焙烧机速度/m·min^{-1}	1.50

包钢球团厂根据该厂带式焙烧机逐步总结和制定了带式球团生产三要素：即生球粒度、布料厚度和焙烧温度。这“三度”标准的不断完善和提高，是球团产量不断提高的要诀。这“三度”相辅相成、既互相制约，又互为条件，严格按照操作规程规定控制好这“三度”，就是抓住了球团稳产、高产、优质的生产操作的关键。

9-45　带式焙烧机球团的均热操作怎样进行？

答：所谓均热，就是使球团料层，尤其是下部料层都得到均匀焙烧，以保证球团矿质量的均匀。均热是在带式焙烧机上焙烧球团应有的阶段。这个阶段的特殊性是不再燃烧煤气（或重油），而是利用由第一冷却段直接回热的热风热量和上层高温球团的蓄热向下导热，使下层球团继续加热达到所需的温度，继续加热进行固结反应，从而完成下层球的焙烧固结过程。这样，可更有效的利用废热、节省燃料，又可避免台车下部过程。这样均热带操作的关键是选择和控制好由第一冷却带直接回热的二次风的温度。一般要经过一段时间找到最适宜的风温值。包钢最初将直接回热风温控制在750℃，后来将直接回热的二次风温提高150℃，控制在850℃，既提高了球团矿产量和质量，又降低了燃料消耗。

9-46　带式焙烧机球团的冷却操作怎样控制？

答：冷却，就是通过冷风流将焙烧固结好的球团矿由焙烧温度冷却到能够转运的温度，但冷却不仅是球团矿运输的需要，也是利用焙烧球团矿显热的需要，而且球团矿在冷却过程中可进一步氧化，球团矿的最终强度与冷却速度有关。因此，搞好冷却工作是很重要的。

目前大多数带式焙烧机都采用分段冷却，冷却球团矿后的热风通过回热系统全部加以利用。在焙烧操作过程中要根据球团矿的运输设备的条件来控制球团矿最终温度，如用胶带运输机运输时，球团矿平均温度控制在100～150℃，过高会烧坏皮带，过低则会降低设备能力和浪费动力。操作过程中要通过调整冷却风机的阀门，控制冷却风量与冷却球团矿的比例要合适，约为2.0～2.5，冷却时间为10～15min，包钢162m^{2}带式焙烧机控制冷却时间在14min。

9-47　带式焙烧机的停炉有几种？

答：带式焙烧机的停炉大致有两种情况：

（1）计划性停炉。如计划性检修、计划性停产等。

（2）事故性停炉。即出现各种突然事故而造成的停产时的非计划停炉。停炉时间长短决定于事故性质及抢修速度。

9-48　带式焙烧机正常有计划的停炉应当怎样操作？

答：计划性停炉按停炉性质或停炉长短又可分为短时间停炉和长时间停炉两种，对两种停炉的操作方法分别介绍如下：

（1）长时间计划停炉的操作方法

1）逐渐减少生球给入量和逐步减少造球机的运转台数，相应开大底料闸门，提高底料厚度。

2）变底料槽料位控制自动为手动，装满底料矿槽，并注意随时保持。

3）随着生球量的减少，把底料层厚度增加到与台车挡板等高度，此时应关闭边料闸阀，最后停止生球给料。

4）解除各风机风门（闸阀）的自动控制，转为手动；在保持各炉罩的压力前提下尽量关小风机闸门；解除台车速度自动控制，转为手动；并使风箱内废气温度严格控制在极限（300℃以下），以保护台车车体。

5）减少燃烧装置的燃烧量，逐渐减少燃烧嘴燃烧，使炉体按降温曲线降温。

6）当炉膛温度降到300～400℃，即可熄灭烧嘴，随后停止各工艺风机运转，并作适当时间的闷炉。

7）台车必须继续运转到台车上的球团矿温度无损于台车时为止，某钢厂的经验是继续运转到所有风箱温度都低于200℃时停止。

8）当炉膛温度下降到200℃以下时，可开启一冷罩上的放风阀门以加速炉体的继续冷却。

9）全部降温过程中必须保持正常生产时各炉罩内的压力，防止热风倒流。

10）按工艺方向停止其他运转设备。

（2）短时间计划性停炉的操作方法。对于单系统的带式焙烧机流程，只要流程内有一个设备出了问题或需要检修，都必须灭火停炉。而停炉、开炉又需按规定降温、升温，这需要很长时间，会使设备作业率降低，动力消耗增高。为了解决这个问题，某些球团厂采取了以下的操作方法：

在炉体温度降低到450℃后，只要适当控制各风机风量就可以既保证炉罩压力不倒流，又保证各风箱温度不超过300～250℃，一般在此温度下就不至于损坏台车车体，就可以将台车停止运转。这样就可以在停止铺底料循环的条件下检修铺底料系统、返矿系统及除尘系统的设备。

在这种情况下的操作同长时间计划停炉操作中的1）～5）所述的操作方法相同，不同的是炉温降低到450℃左右后将各工艺风机、风箱尽量控制到最小，以减少风循环量。如果炉膛内的负压与风箱温度相互矛盾时，还可停运冷却风机。此时以既不能出现热风倒流，又不得使风箱温度超过250℃（冬天时可为200℃）为原则进行控制。

9-49 在布料系统以前或成品运输系统发生故障时怎样进行操作？

答：布料系统以前或成品运输系统发生故障按以下方法进行操作：

（1）布料系统以前发生故障时的操作方法。由于此时铺底

料系统能正常运转，可按以下方法进行操作

1）立即开启底料闸门，使底料厚度满台车并同时停运成品运输系统，将台车卸下的料全部返回底料系统；

2）变焙烧机速度自动控制为手动控制，使台车速度和风机闸阀的开度既尽量照顾到已装入炉内的生球焙烧好、冷却好，又必须保证炉罩内各段风量的尽量平衡、合理流向；

3）视处理事故所需时间，考虑是否需要降温。

（2）成品运输系统发生事故的操作方法

1）视底料槽料位高低逐步停运造球机台数，并同时开启底料闸阀，提高底料厚度，到底料槽满槽时全部停运造球机系统，底料厚度达到与台车挡板等高；

2）变焙烧机速度自动控制为手动控制，风机闸阀为手动控制，台车速度及风箱温度逐渐按低限控制（减少燃料及电能消耗）；

3）视事故大小，处理时间长短，考虑是否（按降温规程）降低温度。

（3）事故发生在返矿系统，可将筛下的返矿漏斗的皮带溜子卸下，将返矿暂放在返矿皮带尾部的地坪上，待事故处理好后再做处理。

9-50　带式焙烧机机身或铺底料循环系统发生故障怎样进行操作？

答：焙烧机机身或铺底料循环系统故障时的操作方法如下

（1）焙烧机机身发生故障时应采用如下操作：

1）立即将所有燃烧器全部灭火；

2）把各风机闸阀关至最小；

3）开启一个冷却罩的放风阀；

4）打开焙烧、均热段的风箱人孔；

5）在采取上述措施后风箱温度仍超过300℃时，则应停运全部工艺风机。

（2）铺底料循环系统发生故障时的操作方法如下：

1）将铺底料厚度降到最低限度；

2）减少生球加入量，适当降低台车运行速度；

3）关小各工艺风机的闸阀；

4）适当降低预热、焙烧带温度；

5）待故障处理完之后，重新恢复正常生产。恢复正常生产之前，优先将球团矿装满铺底料槽。

9-51 带式焙烧机在发生停水事故时怎样操作？

答：带式焙烧机的两侧设有水箱，炉罩的有些隔墙也设有水梁，这些水冷设备一旦停水就有被烧坏的可能，必须采取措施进行处理，一般可采取如下操作方法：

（1）立即灭火停止燃烧；

（2）立即停止上生球；

（3）将各工艺风机关至最小；

（4）继续运转台车，将台车上的熟球全部卸下，此时应找到备用水源或其他应急水源往皮带上打水冷却熟球团矿，防止烧坏皮带。同时密切注意各工艺风机轴承温度，必要时可通冷水降温。

（5）待熟球全部卸下后，停运各工艺风机。

9-52 紧急停电时的操作怎样进行？

答：紧急停电是严重的事故，在生产过程中由于雷雨、电厂变电所超负荷、输电线路故障、用电系统自动控制失灵以及其他原因都可能造成球团生产停电。停电不仅使全部停运，严重地威胁台车、炉子寿命，而且一切计器仪表也将全部停止工作，使操作人员失去了观察判断、调节、控制手段。为此球团厂（车间）应按以下方法操作：

（1）设计上应该有备用电源，做到双路供电，至少应使带式焙烧机铺底料、返矿系统有备用电源，以使台车能保持继续运转到熟球全部卸下为止。

（2）同时要用人工方法将铺底料闸阀开到最大位置，让台车上保持满料层。

（3）为使炉子温度不要降得太快，在上述操作的同时，还要堵塞炉罩、燃烧室的一切窥视孔，关闭放风闸阀。

（4）如果没有备用电源，台车不能继续运转时，则应将预热、焙烧、均热段的风箱人孔全部打开，防止或减少台车过热。

9-53　带式焙烧机的速度怎样计算与控制？

答： 带式焙烧机的机速按以下方法计算：

设台车的高度为 L_0(m)，铺底料厚度为 L(m)。则台车上生球层厚度为 $L_0 - L$，台车的有效（除边料）宽度为 B(m)。

设生球的堆密度为 γ(t/m³)，生球的给入量为 G(t/h)，台车的速度为 v(m/min)。

则上述参数之间存在着下述关系

$$\frac{G}{60\gamma} = (L_0 - L)Bv$$

得

$$v = \frac{G}{60(L_0 - L)B\gamma} \tag{9-2}$$

由上式可以看出：当铺底料厚度 L 一定，焙烧机速度 v 与生球给入量 G 成正比。B 、γ 可视为常数。

假定 $B = 3\text{m}$，$L_0 = 0.43\text{m}$，$\gamma = 2.0\text{t/m}^3$

则

$$v = \frac{G}{60(0.43 - L) \times 3 \times 2} = \frac{G}{360(0.43 - L)} = K \times G$$

即

$$K = \frac{1}{360(0.43 - L)}$$

从上述情况可以看出，在生产过程中，当料层厚 L 一定时，焙烧机速度 v 与生球给入量 G 成正比。对某一球团厂，台车宽度 B 是不可变的，在一定的原料条件下球团矿堆比重 γ 也就被固定了。据此，用比例给定器来设定 v 与 G 之间的关系，用计算机进行控制。生产过程中因故一台造球机停转，使生球给入量被迫减少，此时就要根据生球减少量用公式（9-2）计算后相应降低机速，以保生产均衡、稳定地进行。

9-54 带式焙烧机的球团矿产量如何计算？

答：带式焙烧机的球团矿产量可用以下几种方法进行计算：

（1）常用的方法是以混合料量为基础进行计算，计算公式为：

$$\text{球团矿产量} = \text{干混合料量} \times \text{烧成率} \tag{9-3}$$

式中，干混合料量是指扣除水分后各种原料配料量之和，t；

$$\text{烧成率} = \frac{\text{成品球团矿产量}}{\text{生球产量(干)}}$$

烧成率与成品率是有区别的，计算中一定注意区别。

$$\text{成品率} = \frac{\text{成品球团矿产量}}{\text{铁精矿} + \text{石灰石} + \text{膨润土} + \cdots}$$

（2）在实际生产过程中如果投入与产出是平衡的，即返矿完全的均衡，自产自销。此时带式焙烧机的产量可按下式计算：

$$P = Q(100 - w)(100 - I_g) \tag{9-4}$$

式中 P——带式焙烧机单位时间产量，t/h；

Q——扣除返矿后的混合料量，t/h；

w——扣除返矿后的混合料的含水率，%；

I_g——扣除返矿后的混合料的烧损率，%。

（3）如果在实际生产中返矿投入与产出不平衡时，则应对上式进行修正后计算产量：

$$P' = (Q' - q)(100 - w)(100 - I_g)(100 - \beta) + q \tag{9-5}$$

式中 P'——焙烧机产量，t/h；

Q'——混合料（包括返矿配加量在内）的总量，t/h；

q——返矿配加量，t/h；

β——返矿产率，%；

w，I_g——与上式相同。

值得指出的是上述计算是建立在底边料贮量保持平衡条件下作出的。对于短时间底料量有可能不平衡时则不能用上述方法计算其瞬时产量。

另外，在现代球团厂（车间）流程中，各关键性的工艺过程中皆设有计量设施，因此生产过程中的各中间产品及其最终产品产量皆可直接从各有关的计量仪表中读出。自然上述理论计算也可以帮助人们去考核计量的准确与否。

第十章 链箅机—回转窑焙烧球团法生产

第一节 链箅机—回转窑工艺流程概述

10-1 什么是链箅机—回转窑焙烧球团法?

答：链箅机—回转窑焙烧球团法的设备，是由链箅机、回转窑及冷却机三大主体设备集合组成的，常简称为链箅机—回转窑，有时也简称为链—回法。链箅机—回转窑球团焙烧法的特点是干燥、预热、焙烧和冷却工艺过程分别在不同的设备上进行。生球的干燥、脱水及预热过程是在链箅机上完成，高温焙烧在回转窑内进行，而冷却是在冷却机上完成。简要的工艺过程是先将生球布在慢速运行的链箅机的箅板上，利用环冷机余热及回转窑排出的热气流对生球进行鼓风干燥和抽风干燥、预热氧化、脱除吸附水或结晶水，并达到足够的抗压强度（300～500N/个）后直接送入回转窑进行焙烧，由于回转窑焙烧温度高，且回转，所以加热温度均匀，不受矿石种类的限制，适于处理磁铁矿、土状赤铁矿、镜铁矿和混合矿等，并且可以得到质量稳定的球团矿，而且还可以生产磁化球团、还原性球团（金属化球团）以及综合处理多金属矿物，如氧化焙烧等。

10-2 链箅机—回转窑焙烧球团法发展概况如何?

答：链箅机—回转窑法最初是用在水泥工业（即所谓的“立波”式水泥窑）和耐火材料工业，并得到了很好的效果。链箅机—回转窑法在球团生产上应用在世界上三大主要球团生产法中应用是最晚的（较竖炉球团法晚 10 多年，比带式焙烧法也要晚 5 年多）。但因链箅机—回转窑法具有单机生产能力高、对原料适应性强、可生产熔剂性球团矿、窑内气氛容易控制，可生产金属化球团矿、焙烧均匀，适用于各种矿石原料、球团矿质量，以及需要的耐热合金少等很多优点，受到钢铁界的关注，并得到了迅速发展。1956年美国A-C公司在威斯康星州建成一座链箅机—回转窑球团试验厂，进行铁矿石球团试验研究，取得了成功，从此链箅机—回转窑球团法诞生。1960年美国A-C公司设计制造的第一台工业性生产的链箅机—回转窑球团厂——亨博尔球团厂正式投产。从第一座链箅机—回转窑球团厂诞生至1980年链箅机—回转窑生产装置已有45台，年总生产能力为10503万t。以后美国、加拿大、日本、苏联、澳大利亚、挪威、墨西哥、利比里亚等国也陆续建成一批链箅机—回转窑球团生产装置，如20世纪70年代，世界上最大的链箅机—回转窑建在美国克利夫兰、克利夫斯公司蒂尔夫球团厂。回转窑直径7.6m，长度48m，生产能力为400万t/a（处理浮选赤铁精矿）。目前，链箅机—回转窑球团设备的单机生产能力可分别达到500万（处理赤铁矿）~600万t/a（处理磁铁矿）。

目前全世界球团生产能力为31810万t，其中链箅机—回转窑生产能力为8060万t/a，占总生产能力的26.17%。

我国链箅机—回转窑球团法发展得较晚，最初只在株洲、沈阳建成一批小型链箅机—回转窑球团试验装置。为处理硫酸渣，南京钢铁厂从日本引进一台年产30万t球团矿的链箅机—回转窑于20世纪70年代建成投产。为适应我国钢铁工业的迅速发展，近些年我国也十分重视现代化球团工业的建设，以满足高炉大型化和合理炉料结构需要的高质量的酸性球团矿。首钢将原生产金属化球团矿的链箅机—回转窑改造氧化球团矿生产装置的顺利投产，标志着我国球团设备的发展方向。在首钢200万t/a链箅机—回转窑球团改造成功后，在我国又有鞍钢弓长岭矿1号200万t/a、武钢程潮铁矿120万t/a、柳钢120万t/a、莱钢30万t/a的链箅机—回转窑球团生产装置于2003年相继建成投产，形成 730 万 t/a 球团矿生产能力，在此之后又有一批链算机球团生产装置陆续建成投产。据不完全统计，截至 2008 年底，我国已有 15 家链算机—回转窑在生产，其中沙钢 1 号年产 211.58 万 t，首钢 2 号年产 223.77 万 t/a，鞍钢弓长岭矿 1 号年产 209.94 万 t，详见表 1-1。

10-3 链算机—回转窑焙烧球团法的基本工艺过程是什么？

答：链算机—回转窑球团法是采用链算机、回转窑、冷却机及其附属设备组成的工艺机组生产铁矿球团的一种方法。目前世界上建成的链算机—回转窑球团厂，典型的是美国 A-C 式链算机—回转窑工艺系统设备，其工艺配置大致如图 10-1 所示。

虽然由于生产的具体条件不同，各厂所采用的实际工艺流程也不尽相同，但基本工艺流程则大致如图 10-2 所示。

10-4 链算机—回转窑内料流与风流的方向是怎样的？

答：链算机—回转窑的生产方法是造球机造出的生球经布料器布到链算机上进行干燥、预热，如果矿石含有结晶水（褐铁矿、含水赤铁矿），链算机上则还须设置脱水段（第二干燥段）。

预热球由链算机经中间溜槽进入回转窑内进行焙烧固结。焙烧好的球团矿经窑头排入环式冷却机内冷却。最后从冷却机卸出的则是成品球团矿。

在链算机—回转窑系统中料流与工艺气流方向是相反的，如图 10-3 所示。

10-5 链算机—回转窑球团法的工艺特点是什么？

答：链算机—回转窑球团法是一联合机组生产球团的方法。它的主要特点是生球的干燥、预热，预热球的焙烧固结，焙烧球的冷却分别在三个设备中进行。即生球的干燥脱水、预热，链算机上的工艺过程与带式焙烧机预热相似，生球处于静止状态。不

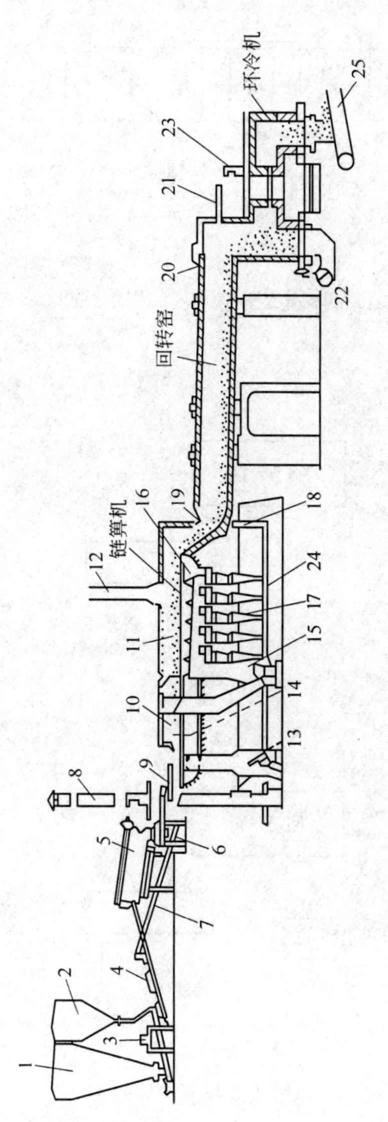

图 10-1　典型的 A-C 式链算机—回转窑工艺系统设备配置示意图

1—矿槽；2—皂土槽；3—皮带秤；4—皮带混合机；5—圆筒造球机；6—生球筛；7—运矿皮带机；
8—链算机排气烟囱；9—布料器；10—干燥段炉罩；11—预热段炉罩；12—辅助烟囱；
13—排烟风机（2 号风机）；14—干燥段风箱；15—预热风机（1 号风机）；
16—预热段风箱；17—旋风除尘器；18—撒料皮带机；19—回转窑风冷窑尾；
20—风冷窑头；21—窑头烧嘴；22—环冷机风机（3 号风机）；
23—操纵盘；24—返矿溜槽；25—成品皮带机

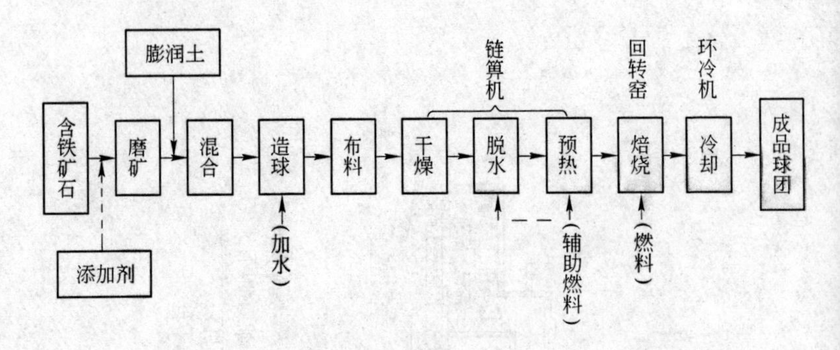

图 10-2 链箅机—回转窑球团法基本工艺流程示意图

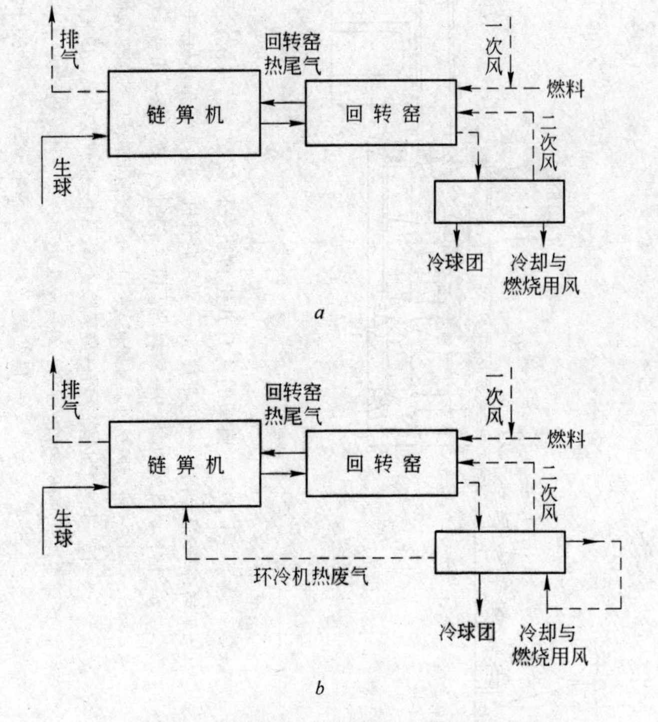

图 10-3 链箅机—回转窑机内料流与风流

a—链箅机没有利用环冷机热废气流程；

b—链箅机利用环冷机热废气流程

同之处是链箅机上的料层比带式焙烧机上要薄得多(180～200mm)，一般都不设铺底、铺边。预热球在回转窑内的焙烧固结则是在球团运动状态下进行的，即球团在窑内一边滚动前进，一边被加热固结，因而受热均匀。再加上在窑内停留时间比较长，一般为40～60min，因此链箅机—回转窑法球团矿的质量较竖炉球团、带式焙烧机球团好。焙烧好的球团矿在专门的冷却机上进行冷却，多数为环式冷却机，也有采用带式冷却机和竖式冷却器的。球团冷却过程也是处于静止状态的，对球团矿的破坏小，有利于保证球团矿的质量。冷却球团矿的热风（也分为高温段和低温段）一般返回转窑和链箅机加以利用。由于链箅机—回转窑球团法工艺过程中操作风压比带式焙烧机要低得多，因此，在热过程中的漏风、热损失也少，从而热的有效利用率比带式焙烧机高。由于采用的风机多为低压，故电耗也较带式焙烧机低。

10-6　链箅机—回转窑球团法有哪些不足之处？

答：事物总是一分为二的，链箅机—回转窑球团法较其他两种相比有很多优点，但也有其不足之处，主要是：

（1）窑内结圈。由于预热球团矿从链箅机经溜槽进入回转窑后，要随旋转的窑体提升、落下滚动，所有这些过程避免不了地要产生一些粉末，再加上固体燃料的灰渣，如果焙烧温度控制不好或燃料灰分的熔点过低（低于焙烧温度）就有可能在窑壁上黏结起来，形成结圈。如果结圈得不到及时处理，就会恶化工艺过程，甚至被迫停产处理。处理回转窑内结圈的操作又是很复杂和困难的。如何防止回转窑内结圈仍是一个重要课题，也是一个探讨中的问题。

（2）回转窑体积大、设备重。由于回转窑体积大、设备重，因此在设备的制造、运输、安装中都要有一定的条件。

（3）链箅机—回转窑球团法的投资略高于带式焙烧机球团法。

10-7 链箅机—回转窑法与带式焙烧机法比较各有哪些特点？

答：链箅机—回转窑球团法和带式焙烧机球团法是当今世界球团生产方法上应用最多的两种，代表着现代球团生产的先进水平。比较起来两种方法都有各自的优势和不足之处。新建球团厂选择哪种工艺方法，应将本企业的具体条件与两种工艺方法的特点相比较，来确定选择哪种方法合适，不可盲目追求哪一种方法。表10-1列出了链箅机—回转窑球团法与带式焙烧机球团法特点比较情况，供参考。

表10-1 链箅机—回转窑与带式机的比较

序号	项 目	链箅机—回转窑法	带式机法	说 明
1	工艺设备特点	干燥、预热、焙烧和冷却分别在三台设备中进行，可根据原料、工艺特点进行设计与调节，链箅机承受温度较低，不需要铺底铺边、材质要求较低。料层薄，透风阻力小，可用普通工艺风机，回转窑需用合金材料少	干燥、预热、焙烧和冷却在同一设备上进行，环节简单，容易实现自动控制，操作人员少，维护量小，作业率高，约有30%产量循环给人铺底、铺边料系统，需用合金材料较多	
2	单机生产能力	可达450万t/a	可达500万t/a	
3	原燃料适应性	适用于各种矿石、添加剂和燃料	适用于各种矿石、添加剂和燃料	有人认为有明显结圈的原料不宜采用链箅机—回转窑法
4	产品种类	可生产酸性、自熔性和直接还原用球团	可生产酸性、自熔性球团	
5	产品质量	熔融均匀，质量特性良好		一般认为，链箅机—回转窑法球团质量优于带式法

续表 10-1

序号	项　目		链箅机—回转窑法	带式机法	说　明
6	消耗	热耗： 磁铁矿 赤铁矿	376.812～460.548kJ (9～11 万大卡)/t 753.624～837.36kJ (18～20 万大卡)/t	460.548～502.416kJ (11～12 万大卡)/t 837.36～962.964kJ (20～23 万大卡)/t	
		电耗： 磁铁矿 赤铁矿	19～24kW·h/t 22kW·h/t	23～27kW·h/t 28～33kW·h/t	
		皂　土	6～10kg/t	5～9kg/t	鲁奇公司认为，带式法系静止料层，焙烧可少用皂土，有些物料甚至不用皂土
7	合金钢材	镍 (每百万吨)	约 2.5t	4.5t	A-C 公司认为，使用耐热铸铁箅板 Ni、Cr 耗量还可以减少
		铬 (每百万吨)	5t	11.0t	
8	生产费用		92%	100%	鲁奇公司认为，带式机法皂土用量少、工人少、维修量小，热耗接近，仅电耗略高，二者生产费用可接近
9	基建费用		100%	90%～95%	

10-8　链箅机—回转窑球团生产布料的重要性是什么？

答： 往链箅机上布料是链箅机—回转窑球团生产控制最重要环节之一，布料有一定的厚度要求，如果布料厚度达不到要求（一般为 180～220mm）不仅生产产量难以达到设计要求，还可能导致链箅机箅板床长期在较高温度下运行，降低使用寿命，甚至烧坏箅板；布料不均或断料可能将部分箅床直接暴露在高温下，并造成风流偏抽，风机入口风温不稳定，影响风机的使用效果。厚料部分生球得不到充分干燥和预热，入窑粉末量增加。

链箅机—回转窑球团的布料方法是将合格的生球经皮带机、皮带秤，由布料设备铺到链箅机上。为稳定料层厚度，需要准确地控制造球机的给料量和合格生球量，其次是用皮带机的称量信号控制皮带机速度，以稳定料层厚度。

链箅机—回转窑球团法所采用的布料方式有皮带布料器和辊式布料器两种。

10-9　链箅机—回转窑球团法布料设备有几种，布料设备结构如何？

答：从链箅机—回转窑的发展情况看，所采用的布料设备有两种：

(1) 皮带布料器。20 世纪 60 年代和 70 年代初期，国外链箅机—回转窑球团厂大都采用皮带布料器。为了使生球在链箅机的宽度方向上分布均匀，在皮带布料器前需装一台摆动皮带机或梭式皮带机。日本的加古川厂采用梭式皮带机—宽皮带—可逆皮带布料器的布料系统，将生球按链箅机的全宽（4.7m）和规定的料层厚度（180mm）均匀布料（见图 10-4）。图 10-5

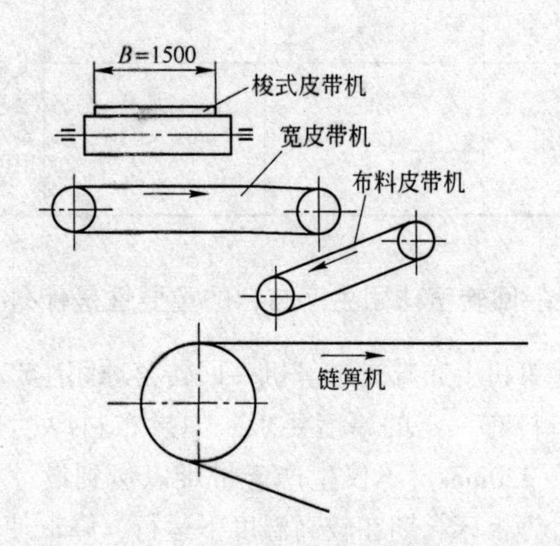

图 10-4　皮带布料系统示意图

为梭式皮带机工作原理。梭式皮带机后退时将生球成斜向料线布到宽皮带上，由宽皮带给到皮带布料器，再均匀布到链箅机上。也有梭式皮带机前进和后退时都给料的方式，但这样在宽皮带上呈“Z”字形料线，生球在布料机上出现中间少两边多的现象，不够理想。

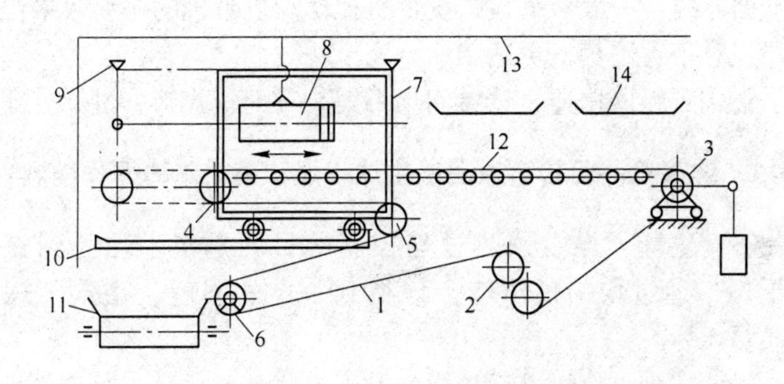

图 10-5　梭式皮带机工作原理示意图

1—梭式皮带；2—皮带传动轮；3—尾轮；4—头轮；5—换向轮（移动）；6—换向轮（固定）；7—往复行走小车；8—往复式油罐；9—无触点极限开关；10—小车轨道；11—宽皮带机；12—移动托板；13—罩；14—皮带布料器

皮带布料器布料，横向均匀，但纵向会由于生球量波动而不够均匀。

为了减轻生球的落下冲击，加拿大亚当斯球团厂采用在皮带布料卸料端装磁辊的方法，据介绍，采用此种方法可以减少生球破损。

（2）辊式布料器。辊式布料器首先出现在美国明塔克厂，它采用振动给料机和辊式布料器配套。用辊式布料器时，生球质量获得两方面的改善：调整布料辊的间隙，可使生球得到筛分；生球经过进一步滚动，改善了生球表面光洁度，提高了生球质量。因此生球在链箅机上具有最佳的透气性。辊式布料器是 20 世纪 70 年代新改进的一种布料设备，最近几年得到了很大发展。美国的亨博尔特 2 号厂、恩派尔 3 号厂、4 号厂；加拿大谢尔曼厂、亚当斯厂；墨西哥冯迪多拉和智利卡普公司华斯科厂等都相继采用了辊式布料器。据报道，辊式布料器可使球团中小于6.35mm粒级仅占0.35%。

目前新建的大型链箅机—回转窑球团厂都趋向于使用梭式皮带机（或摆动皮带机）、宽皮带机与辊式布料器组成的布料系统。据介绍，一般认为梭式皮带机比摆动皮带机的布料效果更好一些，对于宽链箅机更适用。

辊式布料器构造，请参阅本书第8章的辊式筛分机部分。

10-10 链箅机—回转窑球团法生球干燥和预热怎样操作控制？

答：生球干燥、预热过程控制的目的是使生球得到充分的干燥，通过均匀预热使干球得到一定的强度，稳定干球焙烧质量。

生球布到链箅机上后依次经过干燥段和预热段，脱除各种水分，磁铁矿氧化为赤铁矿，球团具有一定的强度，然后进入回转窑。球团转运是链箅机—回转窑生产系统的一个薄弱环节，操作上必须认真对待。预热球的破碎，易造成回转窑结圈或结瘤，这就要求预热球具有一定的强度。关于预热球的强度达到多少最为合适，目前尚无统一标准，还是各球团企业根据自身的具体情况提出要求，如日本加古川球团厂要求预热球强度为150N/个；美国爱立斯-恰默斯最初要求预热球强度为100～120N/个，经过生产实践证明预热球强度为30～40N/个时，球团进入回转窑内也不碎，故一般不做抗压检测，而以转鼓试验检测其强度。但拥有链箅机—回转窑的生产企业，应根据各自的原料条件及工艺装备水平，通过试验找出最合适的预热球强度指标，操作中加以调控，以利防止结圈。

从回转窑窑尾出来的废气温度，可达1000～1100℃，通过预热抽风机抽过料层，对球团进行加热。如果温度低于规定值，可用辅助热源作补充加热。温度过高或出事故时，可用预热段烟囱调节。通过上述两种方法把预热带温度控制在适宜范围内。由预热段抽出的风流经除尘后，与环冷机低温段的风流混合（如果设置有回流换热系统），将温度调到200～400℃，送往抽风或鼓风干燥段以干燥生球，废气经干燥风机排入大气。

链箅机的热工制度是根据处理的矿石种类不同而不同的。预热段温度一般为1000～1100℃，但矿石种类不同，其预热温度也有所差异，磁铁矿在预热带氧化成赤铁矿，同时放出大量的热量，生成Fe_2O_3连接桥而提高其强度。赤铁矿不发生放热反应，需在较高的温度下才能提高强度，因此赤铁矿球团预热温度比磁铁矿球要高，热耗量也高。

各链箅机—回转窑球团厂应根据自己使用矿石的种类及工艺装备情况，制定出适宜的预热制度加以调控，以利生产顺利进行和优质、高产。

10-11　链箅机—回转窑球团焙烧工艺的特点是什么，怎样操作？

答：在链箅机—回转窑球团法中，球团的焙烧固结是在回转窑内进行的。生球在链箅机上经干燥脱水、预热受到初步固结获得一定的强度后即通过给料溜槽进入回转窑内，进行最后固结。这时预热球已经能够承受回转窑的滚动，在不断滚动过程中进行焙烧，因此，加热均匀，焙烧固结效果良好。

回转窑是衬有耐火砖的钢制圆筒，衬里一般厚度为225～230mm。回转窑向卸料端倾斜，其倾斜度为3%～6%。窑内球团矿的充满率为7%左右。在窑的卸料端装有燃烧喷嘴，喷射燃料燃烧提供所需的热量。燃料燃烧所需要的二次空气，一般来自冷却机，第一冷却段的热废气温度大约800～900℃。热废气流与料流逆向运行进行热交换。窑内温度视原料性质而定，一般控制在1300～1350℃。窑尾排出热废气为950～1050℃，送给链箅机作为预热和干燥的热源。

回转窑所采用的燃料一般为气体燃料（如天然气、煤气）或液体燃料（重油、柴油）以及直接燃烧煤粉代替油和煤气。

焙烧球团的热量消耗，对不同的矿石种类差别较大，焙烧磁铁矿时，每吨球团矿的耗热量一般为636393.6kJ(152000 kcal)，焙烧赤铁矿时为1002319 kJ(239400kcal)，而焙烧赤—褐混合矿时，达到1371595kJ(327600kcal)。

球团矿在回转窑内主要是受高温火焰及窑壁暴露面的辐射热的焙烧，随着回转窑体的回转而不断瀑落滚动使球团之间、球与所接触的窑壁之间进行热传递。此外，由于回转窑内的工艺气流逆料流方向从料面流过而对球团料层对流传递。

回转窑生产时，由于操作不当容易“结圈”出现操作事故，它会缩小窑的断面和增加气体及物料的运动阻力。并使得燃烧的热不能辐射到窑的冷端，使热工条件恶化。

回转窑结圈的原因及预防措施将另立题介绍，请参阅。

因此，在回转窑操作过程中必须针对造成结圈的原因采取必要的措施进行防止。

10-12 链箅机—回转窑焙烧球团矿冷却工艺的特点及控制方法怎样？

答：焙烧好的高温球团矿从窑头排出，经过设在窑头罩下部的格筛剔除脱落的小块之后给到冷却机上进行冷却，在冷却过程中球团内剩余部分（约35%）磁铁矿全部氧化为赤铁矿。

回转窑排出的焙烧好的球团矿温度一般在1250～1300℃左右。这种高温球团矿卸到冷却机上与冷却风机送入的冷却空气接触进行热交换，球团矿热量被冷却空气流带走，最后冷却到适于下一步皮带输送的温度，一般要求在100～120℃左右。

与链箅机—回转窑配套的冷却机，多为环冷式冷却机。为提高冷却效果，国外也有的厂在环冷机之后增设简易带式（抽风）冷却机，有的厂也采用带式冷却机和竖式冷却器，如比利时克拉伯克球团厂就采用带式冷却机，一般均采用鼓风冷却。环式冷却机料层厚度为710～760mm，带式机料层厚度为200～400mm，承德球团厂采用竖式冷却器，竖式冷却器料层厚度为800～900mm。

为了便于回热利用，环式冷却机常用中间隔板分为高温段

(第一冷却段）和低温段（第二冷却段），高温段排出的废气温度较高（1000～1100℃），作为二次空气给入回转窑。低温段排出的废气温度较低（400～600℃）采用回热系统供给链箅机炉罩，作为干燥球团热源。

为了提高冷却效果在操作上要求料层厚度保持稳定、透气性好、确保冷却后球团矿温度满足运输皮带的要求，防止烧坏皮带。

第二节 链箅机构造及其机上工艺

10-13 链箅机的简易构造及其功能是什么？

答：链箅机是链箅机—回转窑联合机组的重要组成设备。链箅机由移动箅板、下部固定风箱和上部固定炉罩组成。箅板由无板链条连接起来，移动箅板同风箱密封结合。风箱以及干燥段和预热段炉罩均分隔成单独的工艺分段。

从造球机送来的合格生球，经布料机均匀地布到链箅机上，料层厚度200mm左右，链箅机上不加铺底料。生球料层首先进入第一干燥段，可采用鼓风或抽风两种方式，干燥气流以大约180～200℃的温度通过料层，离开料层的气流温度大约为100℃。在第二干燥段（也称“脱水段”）内气流温度开始升高，水化物可以开始分解，所需热量是由预热段供给的，气流温度约400℃。然后进入生球预热、碳酸盐分解和磁铁矿氧化。预热段由引自回转窑的热尾气供热（有时靠补充加热）。在链箅机机尾处球团料层达到1000～1100℃的温度，初生结晶化合物靠磁铁矿氧化生成的。预热球团从机尾排出，经给料溜槽装入回转窑内去焙烧固结。

10-14 链箅机工作的简要原理是什么？

答：上面叙述了生球在链箅机上的经历过程，可以看出链箅机工作的简要原理是，链箅机将含铁的生球布在缓慢移动运行的箅板上，利用环冷机余热及从回转窑排出的热气流对生球进行鼓风及抽风干燥、预热、氧化固结并获得一定的强度。而后直接送入回转窑进行焙烧。链箅机上的粉料，由灰斗收集后再次利用。链箅机是高温下工作的一种热工设备，主要零部件采用耐热合金钢；对预热段及抽风Ⅱ段上的托辊轴、传动主轴及铲料板支撑梁采用通水冷却措施，以延长使用寿命。头部卸料采用铲料板装置和一套排灰设施。

10-15　链箅机工艺结构有哪些类型，怎样划分的？

答：在链箅机—回转窑法中，链箅机是用于生球干燥和预热的，根据原料矿石的特性及工艺要求的不同，应选择不同的工艺结构形式链箅机。链箅机的分类方法如下：

（1）按工艺风流通过料层的循环方式，链箅机的工艺结构形式有全抽风式和鼓风—抽风式两种。原则是预热段出来的废气要用于生球的干燥即所谓的二次通过。

（2）按链箅机上炉罩内各段工艺的性质和作用，链箅机形式可以分为以下几种：

1）二段式：一个干燥段，一个预热段。

2）三段式：两个干燥段，一个预热段（两个干燥段为一个干燥段，一个脱水段）。

3）四段式：三个干燥段，一个预热段，或两个干燥段，两个预热段。

（3）按工艺段风箱的划分，链箅机型有以下两种：

1）二室式：在干燥段和预热段各有一个抽风室，或第一个干燥段有一个鼓风室，第二个干燥段与预热段合用一个抽风室。

2）三室式：在第一、第二干燥段和预热段各有一个抽风室。

10-16　链箅机常见的气体循环流程组合机型有几种？

答：常见的组合机型有以下几种：

(1) 全抽风二室二段式链箅机。

(2) 全抽风三室三段式链箅机。

(3) 全抽风三室四段式链箅机。

(4) 鼓—抽风二室三段式链箅机。

(5) 鼓—抽风三室四段式链箅机。

10-17 什么是链箅二室二段式气体循环流程，它适于处理哪些铁矿石球团？

答：图 10-6 所示即为全抽风二室二段式链箅机气体循环流程图。美国在亨博尔特建设的世界上第一座链箅机—回转窑球团

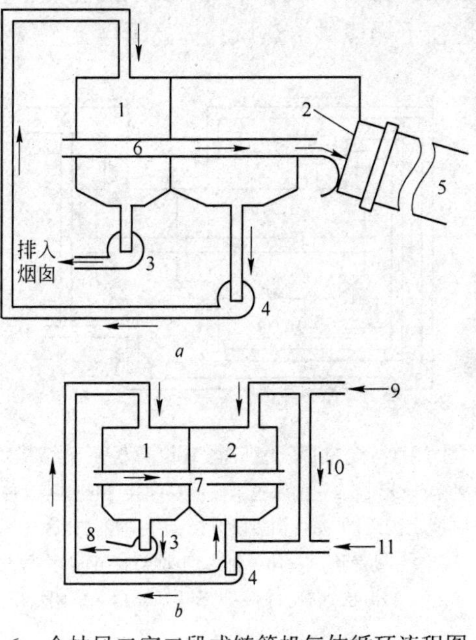

图 10-6 全抽风二室二段式链箅机气体循环流程图

a—无旁道通管；*b*—带旁道通管

1—抽风干燥段；2—抽风预热段；3—排气风机；4—预热段风机；

5—回转窑；6—球团；7—球团料层；8—排入烟囱；

9—回转窑热尾气；10—旁通管；11—调节用风

厂（由A-C公司设计）就是这种形式，最初用于处理浮选赤铁精矿球团，见图10-6*a*，后来为处理磁铁矿球团，在*a*的基础上进行了改进，改进之后主要是在预热段增设了一个旁通管，以控制和保证预热带温度，它可以处理磁铁矿球团，磁铁矿的氧化大部分能在链箅机上完成，见图10-6*b*。

10-18 什么是链箅机全抽风三室三段式气体循环流程，它适于处理哪些铁矿石球团？

答：图10-7所示，是全抽风三室三段式链箅机气体循环流程。它适用于处理热稳定性差的含水土状赤铁矿精矿球团。由于这类矿石含水量大，工艺风流热量在脱水段就已经被大量耗用，温度下降很大。为了保证干燥段所要求的温度，就需要另设辅助热风发生炉往干燥段供给热风，提高干燥工艺风温度。

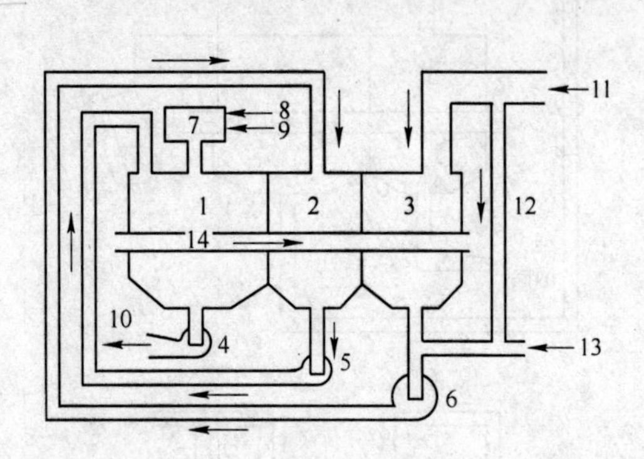

图10-7 全抽风三室三段式链箅机工艺结构示意图

1—抽风干燥段；2—抽风脱水段；3—抽风预热段；4—排气风机；5—脱水段风机；6—预热段风机；7—辅助热风炉；8—燃料；9—助燃用风；10—排入烟囱；11—回转窑尾气；12—旁通管；13—调节用风；14—球团料层

10-19 什么是链箅机全抽风三室四段式气体循环流程，它适于处理哪类铁矿石球团矿？

答：图10-8为全抽风三室四段式链箅机气流循环流程。对

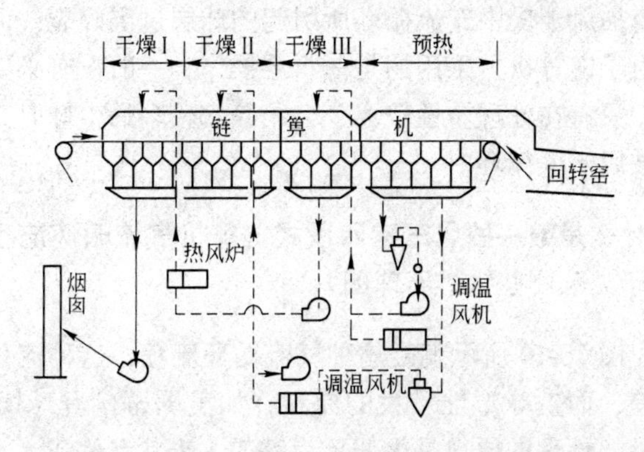

图 10-8　全抽风三室四段式链箅机工艺结构示意图

于热稳定性差，生球干燥温度必须控制很低（如140℃以下）的球团，为了有效地脱除矿石的结晶水而不至于导致生球爆裂，也有在上述三段的基础上再增加一段干燥而成为三室四段的链箅机结构形式，美国的皮奥尼尔厂处理天然土状赤铁矿粉就是采用这种流程。

10-20　什么是鼓—抽风二室三段式链箅机气流循环流程，它适于处理哪种铁矿石球团？

答：图 10-9 即为这种工艺流程，第一段采用鼓风的目的是

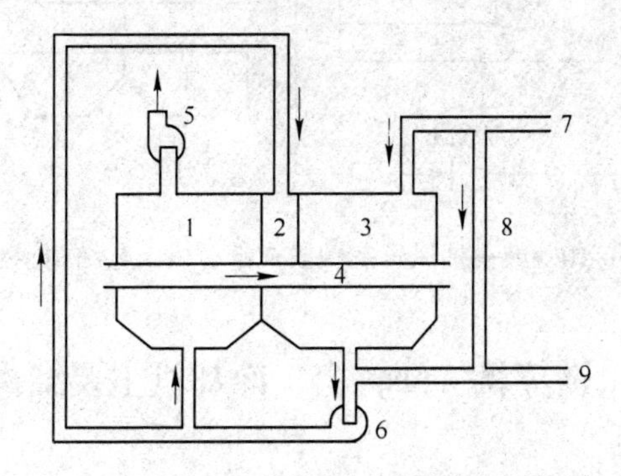

图 10-9　鼓—抽风二室三段式链箅机工艺结构示意图

1—鼓风干燥段；2—抽风干燥段；3—预热段；4—球团料层；5—排气风机；6—预热段风机；7—回转窑尾气；8—旁通管；9—调节用风

为了避免抽风干燥中气流循环所引起的球层过湿碎裂。但有些专家认为由于链算机上采用的是薄料层操作，一般没有必要采用鼓风干燥，只有在处理塑性较大、含结晶水较多的生球时，才有必要采用鼓风干燥循环。

10-21　什么是鼓—抽风三室四段式链箅机气流循环流程，它适于处理哪些铁矿石球团？

答：图 10-10 所示就是这种气流循环流程，这种流程适于热稳定性差，而生球塑性又大的原料，如美国蒂尔登球团厂 1、2 号链箅机，处理的原料是由假象赤铁矿、土状赤铁矿、含水赤铁矿及少量的磁铁矿等组成的混合矿石，因此该厂所采用的就是此种流程。

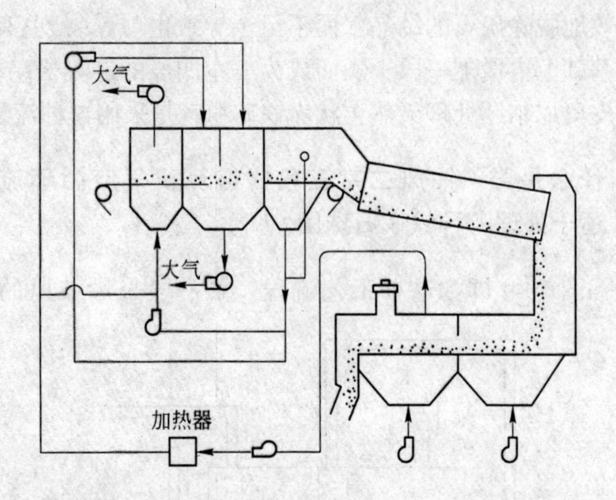

图 10-10　鼓—抽风三室四段式链箅机工艺结构示意图

第三节　链箅机、回转窑、冷却机主要结构和设备

10-22　链箅机的主体结构情况怎样？

答：链箅机的主要任务是生球干燥、脱水和预热，以保证回转窑对预热球机械强度的要求。为了充分利用热能，生球在链箅机上的干燥、脱水、预热所需要的热量大部分利用了回转窑排出热废气的热量，因此，从这个意义上讲链箅机又是一个换热器。

链箅机在总体结构上与带式焙烧机略为相似，包括两大部分：链箅机本体和回热换风部分，即上部炉罩及下部风箱等。

图 10-11 为链箅机本体和配套附属设备布置的断面示意图，图 10-12 为链箅机平面布置图。图 10-13 为链箅机断面结构示意图。

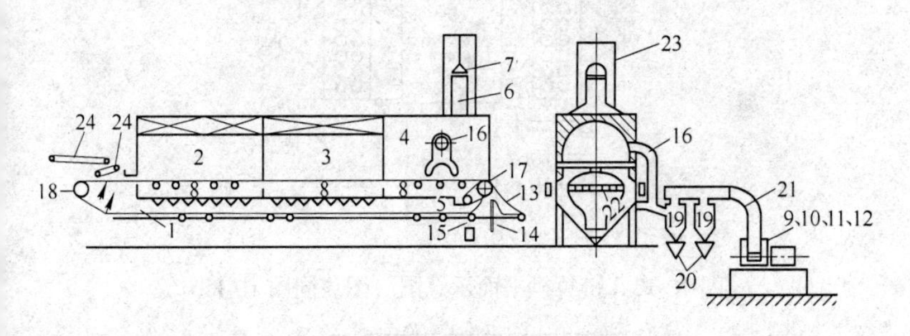

图 10-11 链箅机断面示意图

1—链箅机箅板；2—第一干燥段；3—第二干燥段（脱水段）；4—预热段；5—传动电机；6—辅助烟囱；7—烟囱盖；8—风箱；9—预热段风机；10—脱水段风机；11—干燥段风机；12—箅板冷却机；13—回转窑给料溜槽；14—铲料调整螺杆；15—铲料板调整重锤；16—预热段旁通管；17—链箅机传动轴；18—从动轴；19—旋风除尘器；20—集尘斗；21—集气管；22—电除尘器；23—主烟囱；24—链箅机布料器

10-23 链箅机机尾结构情况怎样，铲料板装置组成及作用是什么？

答： 图 10-14 是链箅机机尾结构示意图。从图上看出链箅机机尾由链条、箅板、传动行轮、回行段牵引轮及托辊、铲料板等组成。其中铲料板装置包括铲料板及支承、链条装置、垂锤装置及拉紧装置。铲料板的主要作用是将箅板上的物料——预热球铲

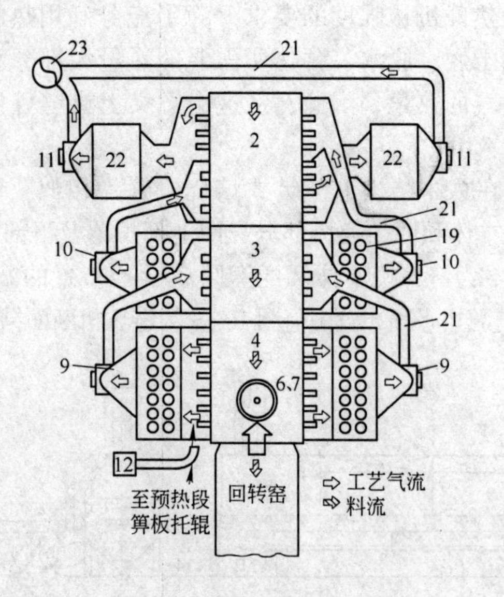

图 10-12 链箅机平面示意图（图注同图 10-11）

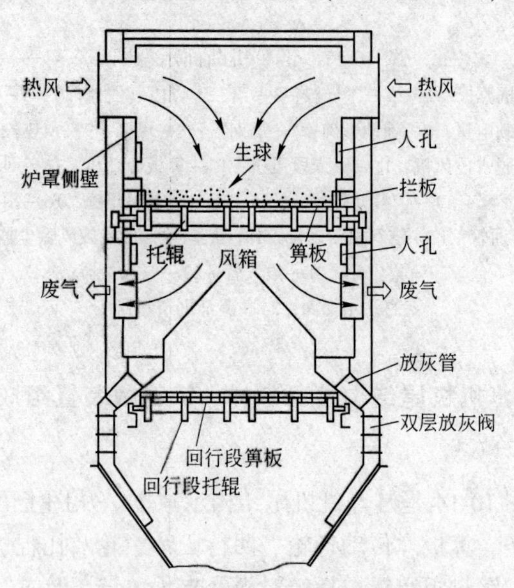

图 10-13 链箅机断面结构示意图

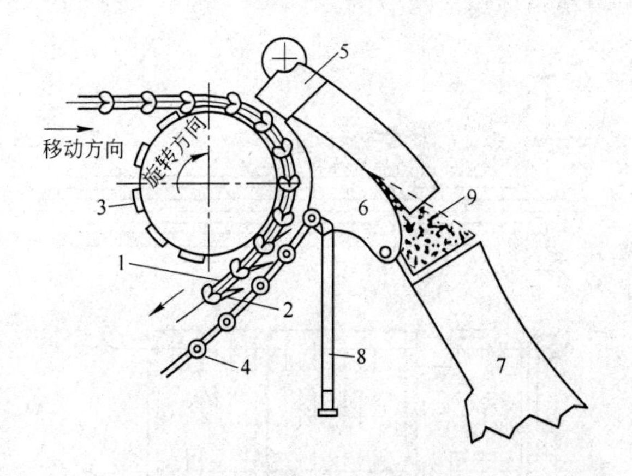

图 10-14　链箅机机尾结构示意图

1—链条；2—箅板；3—传动星轮；4—回行段牵引链及托辊；
5—铲料板倒板；6—铲料板；7—回转窑给料溜槽；
8—铲料板调整螺杆；9—死料

下，经溜槽进入回转窑。重锤装置可以使铲料板做起伏运动，把静止在箅板上的预热球铲下，既可以躲避嵌在箅板上的碎球对铲料板的顶啃，又可防止铲板漏球，铲料板与箅板之间的间隙为 2～3mm。对可能出现的散料由头部灰斗收集并排出。因该处为链箅机的高温区域，铲料板采用了高温下能耐磨损的耐磨合金，即具有高 Cr、Ni 含量并配以稀土元素的奥氏体耐热钢。其具有耐热不起皮的特点，高温强度与韧性都相当高。同时，铲料板支撑梁采用通水冷却，以提高其使用寿命。链条装置对箅板起导向作用，采用耐热合金钢制作，链条装置能根据箅板的实际运行情况，通过拉紧装置进行调整，保证箅板在卸料后缓慢倾斜，减少对箅板和小轴的冲击。

10-24　链箅机机体由哪几部分组成？

答：链箅机机体主要由数条牵引链条（一般为四条或六条）、若干排箅板、侧部拦板、链板轴、若干个星轮等组成。图

10-15 为链箅机机体组成示意图。

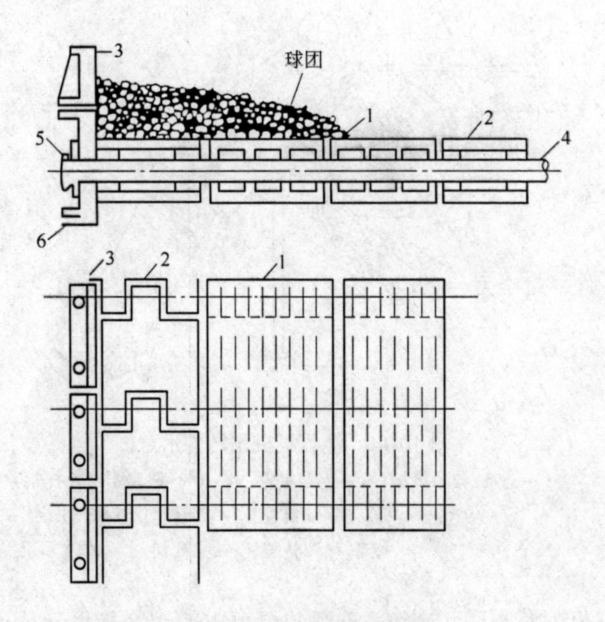

图 10-15　链箅机机体组成示意图

1—箅板；2—链板；3—拦板；4—链板轴；5—链板轴卡头；6—密封滑板

10-25　链箅机结构及传动运行是怎样进行的?

答：图 10-16 为链箅机结构简图。链箅机由传动装置通过星轮轴带动在炉罩和风箱之间运行。

链箅机的传动装置有单边传动和双边传动两种，大型链箅机一般为双边传动（有的也叫双侧传动)。

(1) 传动装置概况。大型链箅机传动均为双边传动，主要由电动机、悬挂减速装置和稀油润滑系统等组成。其驱动方式为：电动机→减速装置→链箅机主轴装置。

为适应链箅机生产能力和原料状况的变化，设计中选用了变频专用电动机进行变频调速，使链箅机运行速度在一定范围实现无级调速。

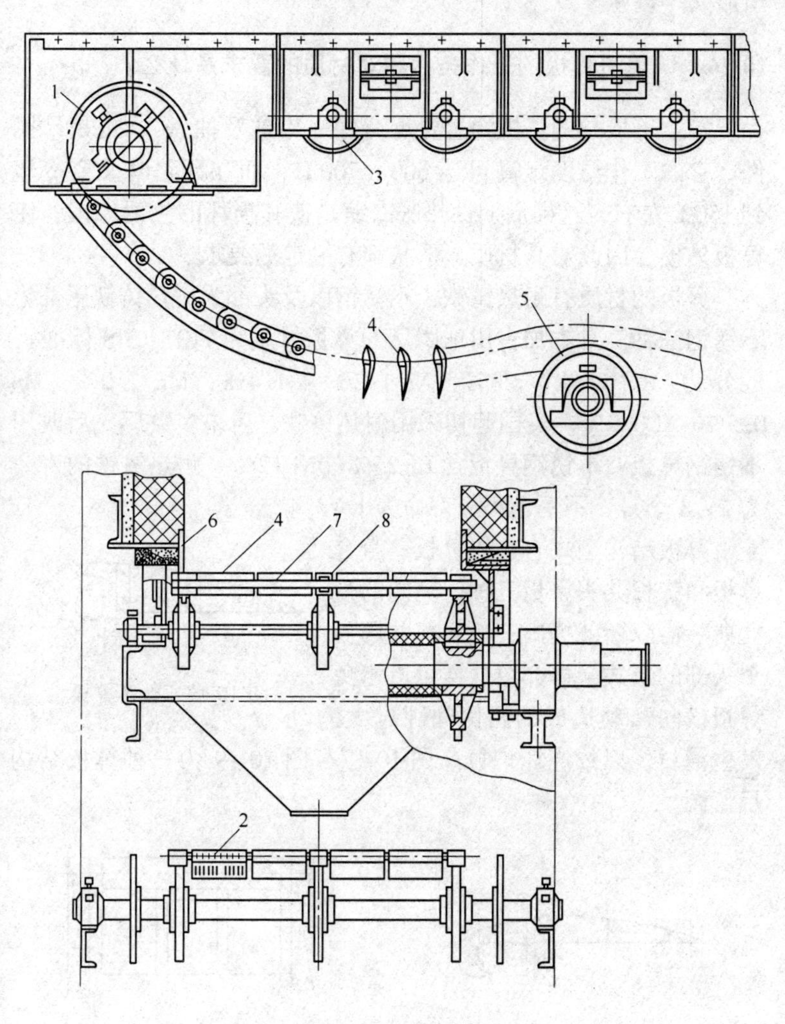

图 10-16　链箅机结构简图

1—传动链轮；2—箅板；3—上部托轮；4—链板；
5—下部托轮；6—侧挡板；7—链板连接轴；8—连接板

（2）运行部分。运行部分是链箅机的核心，它是由驱动链轮装置、从动链轮装置，侧密封、上托辊、下托辊、链箅装置等组成。

10-26　链算机箅板的工作条件和对材质的要求是什么？

答： 箅板是链箅机的主要承荷件（生球及抽风），也是易损件。它的工作温度最高可达 600～700℃，而在回路时又要冷却到 150℃左右，这样周期性热胀冷缩是使其损坏的主要原因，使箅板易损，因此对其材质、形状都有一定的要求。

箅板的材质有耐热铸铁，不锈钢以及头部为耐热铸铁尾部为不锈钢三种。日本加古川球团厂的箅板材质为 FCD（JIS 标准），成分为：Cr 24%～28%，Ni 1.2%～1.4%，Mn 2.0%，Mo 0.5%，C 0.2%。美国起初采用耐热铸铁，后来多数厂先后改用不锈钢箅板，不锈钢箅板含 Cr 25%、Ni 12%。耐热铸铁的寿命为 2～8 个月，不锈钢箅板寿命为 1～3 年。

箅板结构型式有整体箅板、组合箅板和三板共头箅板三种。美国的爱立斯—恰默斯就提出三块箅板共用一个头部的形式，据介绍这样可以避免箅板横向窜动造成的两侧间隙过大，发生漏料，以致烧坏炉箅。图 10-17～图 10-19 为三种箅板结构示意图。

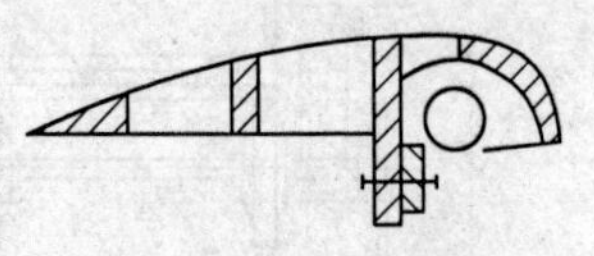

图 10-17　整体箅板

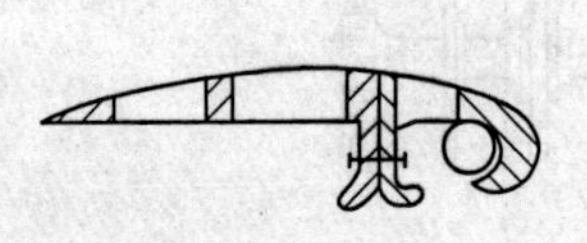

图 10-18　组合箅板

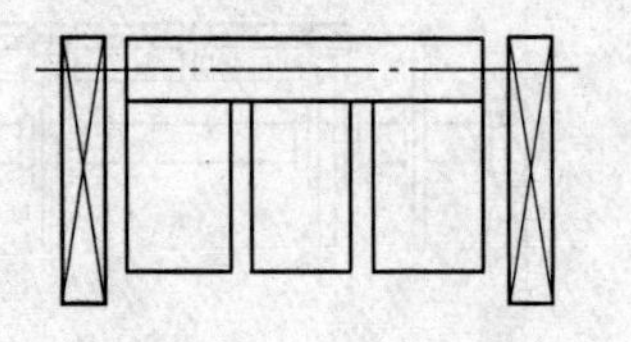

图 10-19　三板共头箅板

10-27　链箅机链轮、链条和侧板的作用是什么，材质是什么？

答： 链轮和链条起牵引箅板作用，美国链箅机链条材质为 111 铸钢，主要成分为 C < 0.5%，Ni 1.25%～2.5%，Cr

11.5%～13.5%，使用寿命为3年。侧板起挡料和密封作用。日本加古川球团厂链箅机侧板分上下两段，其材质上部为SCH(JIS)，下部用FCD(JIS)，中间用螺栓连接，上部烧坏后可以单独更换。

10-28　链箅机炉罩和风箱的结构情况怎样？

答： 链箅机上部炉罩外壳为金属构件，内砌耐火砖或浇注耐火水泥。为保证三段温差，中间以隔墙分开，干燥和脱水段隔墙用钢板，脱水段和预热段隔墙用空心钢板梁外砌耐火砖再抹耐火泥、梁中通压缩空气冷却或水冷。炉罩上部设有测温装置，调节烟囱和辅助烧嘴。链箅机下部各室分别由若干风箱组成。各段风箱一般分两侧抽风或鼓风，以保证料面风速均衡稳定。风箱中散料经放灰装置，如双层放灰阀卸到链箅机空边下部漏斗排出。

日本加古川球团厂链箅机空边在脱水段和预热段隔墙处有板式清扫装置，由2.2kW的摆式减速机传动，用来清扫空链边箅板。在脱水段下部漏斗的侧边有箅板脱落拣出装置。在预热段下部设有箅子温度自动报警器，控制各段温度及保护箅板和链条。

10-29　链箅机密封装置和传动装置的简况怎样？

答： 为使链箅机各段风路畅通和保证所需温度，链箅机各段必须密封。链箅机下部各室间隔用槽钢砌以耐火材料密封。链板机侧板密封形式见图10-20。低温段上部是落棒式密封，高温段用耐热钢板与外罩组成迷宫式密封。下部侧板与风箱之间采用滑板密封，中间压入甘油。

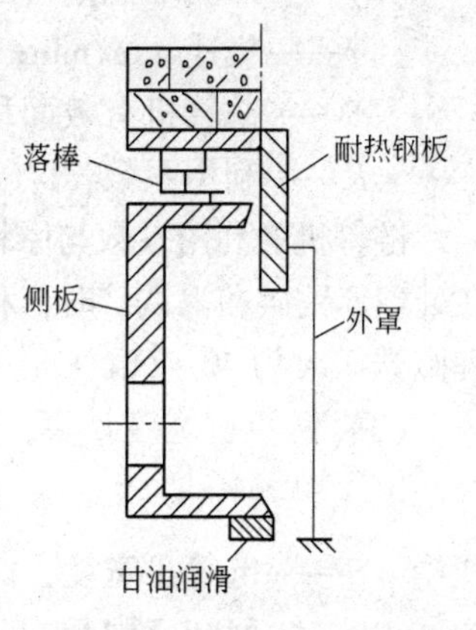

图10-20　侧板密封示意图

大型链箅机一般采用双边链轮传动。因为链箅机宽度大，主传动轴长，易发生变形，再则轴处于高温带，因热胀而延伸，若用齿轮传动会因轴变形而破坏齿轮啮合性能，所以采用双边链传动，且主轴为中空用风冷却。

10-30 链箅机的规格怎样表示，有效长度和生产能力怎样计算？

答： 链箅机的规格用其宽度与有效长度来表示。

（1）链箅机有效长度的计算。设定干燥、预热时间 t，机速 v 已选定，则链箅机有效长度 $L_{有}$ 可按下式计算：

$$L_{有} = t \cdot v \qquad (10\text{-}1)$$

式中 $L_{有}$——链箅机有效长度，m；

t——干燥预热时间，min；

v——链箅机机速，m/min。

（2）链箅机生产能力计算

链箅机的生产能力可按以下公式计算

$$Q = 60BH\gamma v \qquad (10\text{-}2)$$

或

$$Q = 24SK \qquad (10\text{-}3)$$

式中 Q——链箅机小时产量，t/h；

B——链箅机有效宽度，m；

H——机上料层厚度，m；

γ——球团堆比重（干）或堆密度，t/m^3；

v——机速，m/min；

S——链箅机有效面积，m^2；

K——利用系数，$t/(m^2 \cdot d)$。

链箅机的利用系数与原料种类和特性有关。国外的经验表明，在处理赤铁矿和褐铁矿时，利用系数一般为 $25 \sim 30t/(m^2 \cdot d)$，处理磁铁矿时为 $40 \sim 60t/(m^2 \cdot d)$。

（3）链箅机宽度计算。链箅机的宽度按下式计算

$$B = KD_{内} \qquad (10\text{-}4)$$

式中 B——链箅机宽度，m；

$D_{内}$——回转窑内径，m；

K——链箅机宽度与回转窑径向的配合系数，一般 K 取 0.7～0.9。

10-31　链箅机的主要技术参数有哪些？

答：链箅机处理的矿物不同，其利用系数也不同。链箅机利用系数范围：赤铁矿、褐铁矿为 26～30t/(m² · d)；磁铁矿为 40～60t/(m² · d)。链箅机的有效宽度与回转窑内径之比为 0.7～0.9，多数接近于 0.8，个别为 0.9～1.0。

链箅机的有效长度可以根据物料在链箅机上停留时间长短和机速决定。表 10-2 为日本加古川球团厂 1 号链箅机各段参数。

表 10-2　加古川球团厂 1 号链箅机各段参数

段　别	风箱数/个	长　度/m	物料停留时间/min	温度/℃	利用系数/t · (m² · d)⁻¹
干　燥	8	24.40	6.10	200	35.9
脱　水	5	15.25	3.80	350	
预　热	7	21.35	5.34	1050	

武钢程潮铁矿球团厂年产 120 万 t 氧化球团的工艺流程为鼓风—抽风式三室四段式，链箅机的宽度为 4m，长 33m，其各段参数如下：

鼓风干燥段：长度 6m，干燥时间 3.5min，风箱温度200～250℃，鼓风干燥段由于生球强度差，烟罩温度不得超过 90℃，以免造成底层生球破裂影响整个料层透气性。

抽风干燥段：长度 8m，干燥时间 4.5～5min，烟罩温度 300～400℃，系统脱水在此段要完成 80% 以上，要求风速在 1.5m/s 以上。

预热段：长度 12m，干燥时间 7min，烟罩温度 900～1000℃，风箱温度 450～550℃。

在整个干燥预热过程中，除要求生球强度必须达到 500N/个以上和具耐磨性能之外，干球氧化 55% 以上发生在预热段，因此该段温度必须保证在950℃以上。

10-32　在链箅机—回转窑球团法中球团焙烧过程是怎样的？

答：在链箅机—回转窑球团焙烧法中，球团的焙烧固结是在回转窑内进行的。其过程是：生球在链箅机上经过干燥脱水、预热受到初步固结获得一定强度后再通过给料溜槽进入回转窑内进行最后焙烧固结，达到规定的球团矿的标准。

回转窑内的主要焙烧热源来自窑头烧嘴喷入的火焰及环冷机第一冷却段的热气流（燃烧用二次空气）。球团在回转窑内主要受高温火焰以及窑壁暴露面的辐射热的焙烧。同时由于球团料随着回转窑体的回转不断瀑落滚动使球团之间、球团与所接触的窑壁之间进行着热传递，此外，由于回转窑内工艺气流逆料流方向从料面流过而对球团料层对流传递。

回转窑是一个尾部（给料端）高，头部（排料端）低的倾斜筒体。球团在窑内滚动瀑落的同时，又从窑尾向窑头不停地滚动落下，最后经窑尾排出，也就是说球团在窑内的焙烧过程是一个机械运动、理化反应与热工的综合过程，图10-21为球团在窑内运动过程的概略示意图。在这一点上回转窑焙烧球团比竖炉、带式焙烧机焙烧都显得复杂。这也是它的焙烧球团质量较后两者均匀的原因所在。

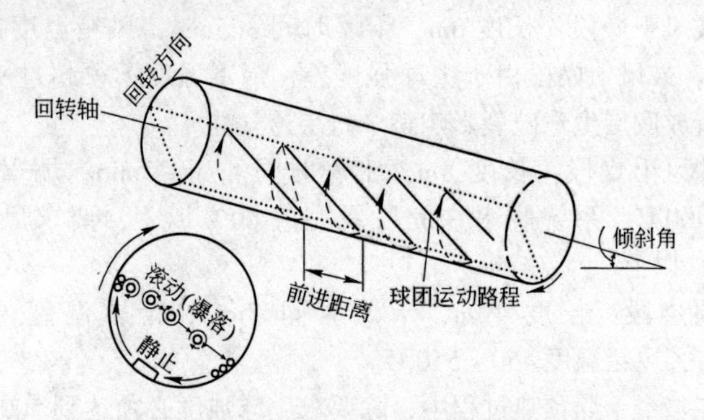

图10-21　回转窑内球团运动状态概略示意图

10-33　回转窑主要由哪些部分组成，回转窑主体结构怎样?

答： 回转窑主要由筒体、窑衬、窑头、窑尾密封装置、托轮支承、传动装置、烧嘴、测温装置等几部分组成，图10-22为铁矿球团焙烧用回转窑的主要组成部分。

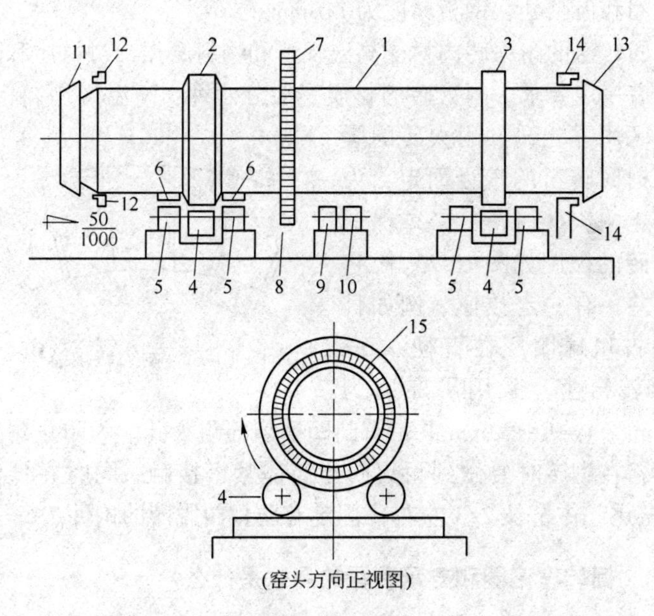

图10-22　回转窑主要组成部分示意图

1—回转窑筒体；2—止推滚圈（窑尾滚圈）；3—平面滚圈（窑头滚圈）；4—托辊；5—托辊轴承；6—挡轮；7—大齿圈；8—小齿轮；9—减速机；10—传动电机；11—窑尾耐火砖固定件冷却风流入口；12—窑尾耐火砖固定件冷却风管；13—窑头耐火砖固定件冷却风流入口；14—窑头耐火砖固定件冷却风管；15—耐火砖

回转窑主体是由普通钢板卷成。内壁衬以耐火材料。回转窑筒体由传动装置（包括电动机、减速机、小齿轮、大齿圈等）带动回转。

回转窑体在高温作业条件下容易产生径向和轴向变形，甚至由于应力不均而产生裂纹。所以，回转窑筒体应具有足够的强度和刚度，以延长回转窑内衬寿命，减少运转阻力及功率消耗，减轻不均匀磨损，减少机械事故，保证长期安全高效率运转时，筒体的强度和刚度主要靠筒体一定的厚度来保证。随着回转窑直径增大，筒体钢板的厚度普遍较以前增加。回转窑体一般都做成不等的厚度，如日本加古川球团厂回转窑筒体一般为45mm，在安装滚圈和齿圈处，钢板厚度为110mm。

回转窑的耐火砖内衬受高温辐射和物料磨损，对材质和形状都应有一定要求。耐火砖的材质一般分两种：高温区用高铝砖，低温区用黏土砖。耐火砖的厚度根据回转窑的直径而定，为了防止耐火砖脱落，必须保证耐火砖的楔度如图10-23中A、B之差，有一定数值。例如日本加古川球团厂在直径6.6m的回转窑上，采用了厚度为300mm，$A-B\approx20$mm并带有凸凹槽型的耐火砖。为防止耐火砖脱落，在砌砖时要做到耐火砖与筒体紧密接触。同时在低温区（从窑尾起占窑长2/3左右）固定有防止砖脱落的构件。

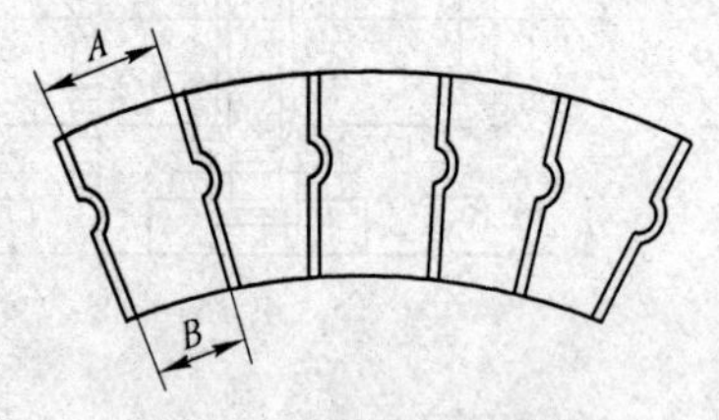

图10-23　耐火砖示意图

10-34　回转窑滚圈和支承装置的用途是什么？

答：回转窑头部与尾部各有一道滚圈。滚圈安放在两组托轮上，托轮通过轴承安装在机座上。两组托轮中心与窑体中心之间的连线成60°夹角，当托轮转动时通过滚圈而将回转窑带动。

滚圈用硬质钢铸造或压延而成。托轮用比滚圈稍软或同样硬度的钢铸造或锻造而成。

由于工艺上的要求，托轮在基础上的安装应保证回转窑沿排料端有微微的倾斜，一般为3%～5%。

为了防止窑体在运转中产生轴向窜动，常在每一托轮的轴承座外侧设有一油压器。

回转窑的支承装置由托轮、托轮轴承和轴组成。

10-35　回转窑的传动装置是怎样构成的？

答：由于回转窑的转速较低，一般为 0.3 ~ 1.0r/min，需要选择大功率，大速比的减速机，这样的减速机制造困难较多，因此大型回转窑都采用双边传动。这种传动除了能解决大型电动机、减速机的选型外，还有一系列优点：减轻齿轮的重量；一侧传动装置发生故障时，可降低产量用另一侧继续传动运转；大小齿轮的啮合对数增多，传动更加平稳。

确定双边传动或单边传动主要看电动机功率的大小而定。电动机功率在 150kW 以下时为单传动，250kW 以上时为双传动，而功率在 150 ~ 250kW 时则依具体情况决定。图 10-24 为加古川球团厂一号回转窑的双边传动装置，它采用两台各 260kW 的直流电动机。

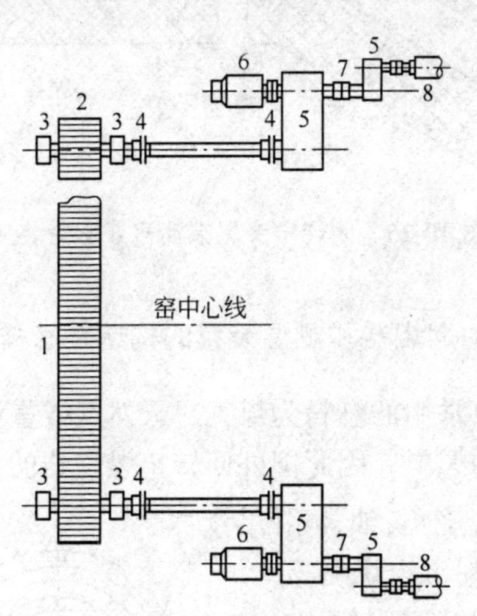

图 10-24　传动装置

1—大齿轮；2—小齿轮；3—轴承座；4—挠性联轴节；5—减速机；6—直流电动机；7—离合器；8—鼠笼电机

10-36　回转窑密封装置的作用及结构是怎样的？

答：回转窑是负压操作，为了减少冷空气渗入而造成温度波动，在窑头窑尾处均设有密封装置。常用的有迷宫式密封和接触式密封。

迷宫式密封结构简单，没有接触面，不存在磨损问题。迷宫圈的间隙一般为20～40mm，间隙过大，密封效果变差。

接触式密封是靠固定环和转动环之间的端面接触而起密封作用，在回转窑的径向变形和轴向窜动不大时，密封效果较好。

日本加古川球团厂1号回转窑头尾密封采用迷宫式密封装置，见图10-25。

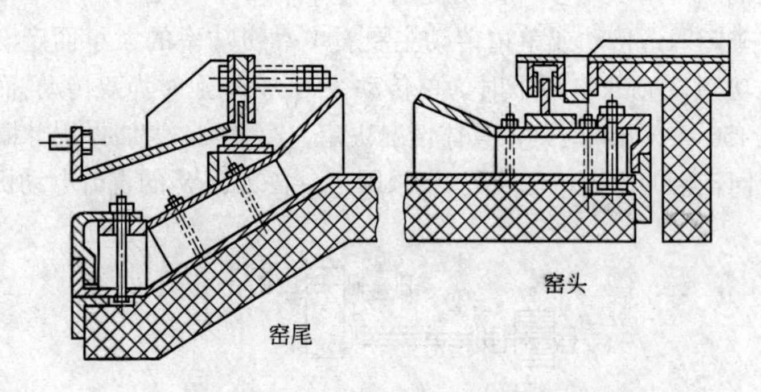

图10-25 回转窑头尾端迷宫式密封装置

10-37 回转窑的燃烧器和测温装置的构造是怎样的？

答：回转窑常用的燃料为煤气、天然气或重油，近些年有的厂又采用煤粉为燃料。因此国外回转窑燃烧器的形式较多，有烧油的烧嘴，煤气烧嘴，油、气混合烧嘴以及气、煤粉混合烧嘴等。

日本加古川球团厂使用的烧嘴是油、气混合烧嘴（见图10-26）。这种烧嘴的特点是既可单用重油或煤气，也可以两者同时混合使用。

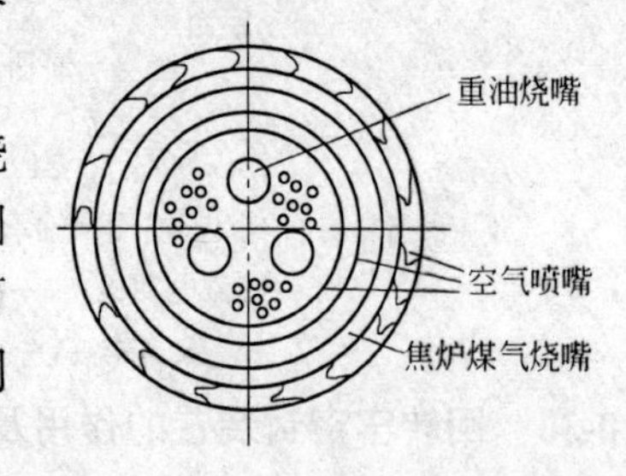

图10-26 油、气混合烧嘴示意图

美国A-C公司设计的煤、重

油、煤气混合式燃烧器的示意图如图10-27所示。

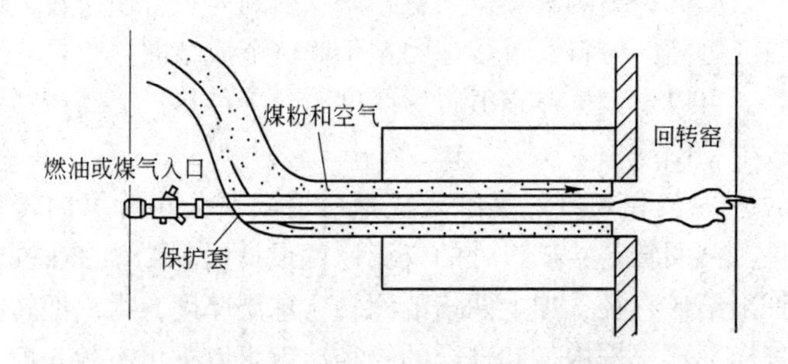

图10-27　燃油或煤气与煤粉的混合燃烧方式

对于回转窑内温度测量，一般是采用热电偶插入窑体内部，利用电刷滑环将温度转变为电信号而显示出来。这种方法是窑体不同长度处有热电偶插入口，将热电偶固定在窑体上。此法的缺点是：炉料在窑内翻滚、易砸坏热电偶，或由于窑内结圈、结瘤而将热电偶埋住，测出的温度缺乏真实性。

随着自动控制技术的提高，有些厂已采用辐射高温计——计算机的测温自动控制系统。用辐射高温计通过窑头烧嘴下面的测试孔，测定高温处球团的温度。辐射高温计把测到的温度转换成电信号，传递给电子计算机，计算机发出电信号调节燃料闸门，以保证规定的燃烧温度。

10-38　回转窑的主要参数有哪些？

答：回转窑的主要参数有长径比、长度、直径、斜度、转速、物料在窑内停留时间、填充率等。

(1) 长径比。长径比(L/D)是回转窑长度与直径的比值，是一个很重要的参数。长径比的选择要考虑到原料性质、产量、质量、热耗及整个工艺要求，应保证热耗低，供热能力大，能顺利完成一系列物理化学过程，此外还应提供足够的窑尾废气流量并符合规定的温度要求，以保证预热和电除尘器的顺利操作。目前生产氧化球团时，常用的长径比为6.4～7.7，早期曾用过12，近几年来，长径比减少到 6.4 ~ 6.9。长径比过大的缺点是：窑尾废气温度低，影响预热；热量容易辐射到筒壁，使回转窑筒壁局部温度过高，粉料及过熔球团粘于筒壁造成结圈。长径比适当小一些，可以增大气体辐射料层厚度，改善传热，提高产量、质量和减少结圈现象。

（2）内径和长度。美国爱立斯—恰默斯公司计算回转窑的方法是：在回转窑给矿口处的气流速度设计时取 28 ~ 38m/s，按此计算出给矿直径，加上两倍的回转窑球层厚度，得出回转窑的有效直径，再根据内径和选定的长径比就可以求出有效长度。大型回转窑的料层厚度取 762mm。

（3）倾斜度、转速及物料在窑内的停留时间。回转窑的倾斜度和转速的确定主要是保证窑的生产能力和物料的翻滚程度。根据试验及生产实践经验，倾斜度一般为 3% ~5%，转速 0.3 ~ 1.0r/min，有的选 0.3 ~ 0.7r/min。转速高可强化物料与气流间传热，但粉料带出多。物料在窑内的停留时间必须保证反应过程的完成和提高产量的要求，当窑长一定时，物料在窑内的停留时间取决于料流的移动速度，而料流的移动速度又与物料粒度、黏度、自然堆角及窑的倾斜度、转速等有关。根据生产经验，物料在窑内停留时间一般为 30 ~ 40min。

（4）填充率和利用系数。窑的平均充填率等于窑内物料体积与窑的有效容积之比。国外窑的填充率为 6% ~8%。回转窑的利用系数与原料性质有关。磁铁矿热耗低，单位产量高。但是，由于窑的大小、回转窑内料层厚度都差不多，大窑填充率低，因此长度须相应取长些，以便保持适当的焙烧时间。爱立斯—恰默斯公司认为回转窑的利用系数应以回转窑内径 1.5 次方乘窑长再除回转窑的产量来表示更有代表性。

10-39　回转窑中球的移动速度、停留时间和生产能力怎样计算？

答：回转窑中球的移动速度 v(m/min)，停留时间 t(h) 和生产能力 Q(t/h) 可按以下各式进行计算：

（1）球在回转窑中的停留时间 t 按下式计算：

$$t = \frac{0.000517L\theta^{1/2}}{nD\beta} \tag{10-5}$$

（2）球在回转窑中的移动速度 v 按下式计算：

$$v = \frac{L}{t} \tag{10-6}$$

（3）回转窑的生产能力 Q 按下式计算：

$$Q = \frac{60\pi R^2 L\gamma\varphi}{100t} \tag{10-7}$$

以上各式中　D——回转窑内径，m；
L——回转窑长度，m；
β——回转窑斜率，%；
φ——填充率，%；
R——回转窑半径，m；
n——回转窑转速，r/min；
θ——球团矿的休止角，(°)；
γ——球团的堆密度，t/m^3。

10-40　链箅机—回转窑球团法球团矿冷却的简况如何，冷却方法有几种？

答：在链箅机—回转窑球团法中，球团矿的冷却是在配套的单独的冷却机上进行的，故将这个系统叫做“链箅机—回转窑—冷却机”机组。

焙烧好的球团矿从窑头排出，经设在窑头罩下的格筛筛除脱落的结圈块之后给到冷却机上进行冷却，在冷却过程中球团内剩余的磁铁矿（约35%）全部氧化为赤铁矿。

由回转窑排出1250～1300℃球团矿，铺到冷却机上进行冷却，球团矿最终温度降至100℃左右，以便胶带运输机运输和回收球团矿的显热。

目前，世界上链箅机—回转窑球团厂，普遍使用环式冷却机，也有个别厂使用带式冷却机，如国外仅比利时的克拉伯克球团厂采用带式冷却机。为了提高冷却效果，也有的厂在环冷机之后还增加一台简易带式抽风冷却机，如日本的神户和加古川球团厂。还有少数厂使用竖式冷却器作链箅机—回转窑球团矿的冷却设备，如我国的承钢。

环式冷却机分为高温冷却段（第一冷却段）和低温冷却段（第二冷却段），中间用隔墙分开。高温段排出的废气温度较高，一般为1000～1100℃，作为二次空气给入回转窑。低温段排出的废气温度较低，一般为400～600℃，采用回热系统供给链箅机，作为干燥球团热源。

环冷机上的料层厚度500～760mm，为了提高冷却效果要求铺料时料层要保持均匀、稳定、透气性好。为此，焙烧球团不应有较多的碎粉，否则不仅降低料层透气性，而且还会因碎粉熔融而使球团黏结成块。

图10-28为鼓风环式冷却机和铺料方式示意图。

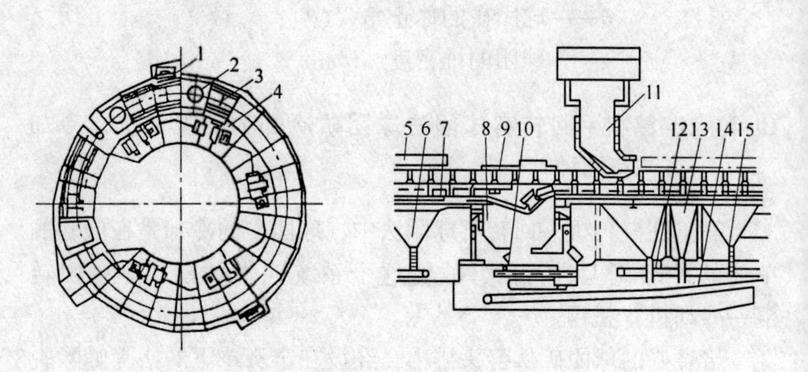

图10-28　鼓风环式冷却机和铺料方式示意图

1—传动装置；2—烟囱；3—回转框架；4—鼓风机；5—排气罩；6—风箱；7—台车；8—卸料槽；9—卸料曲轨；10—板式给矿机；11—给料溜槽；12—环式刮板运输机；13—散料斗；14—皮带运输机；15—双层漏灰阀

10-41　环式冷却机由哪几部分组成，结构配置情况怎样？

答：环式冷却机由支架、台车、导轨、风机、机罩及传动装置等组成，图 10-29 为环式冷却机结构配置示意图。

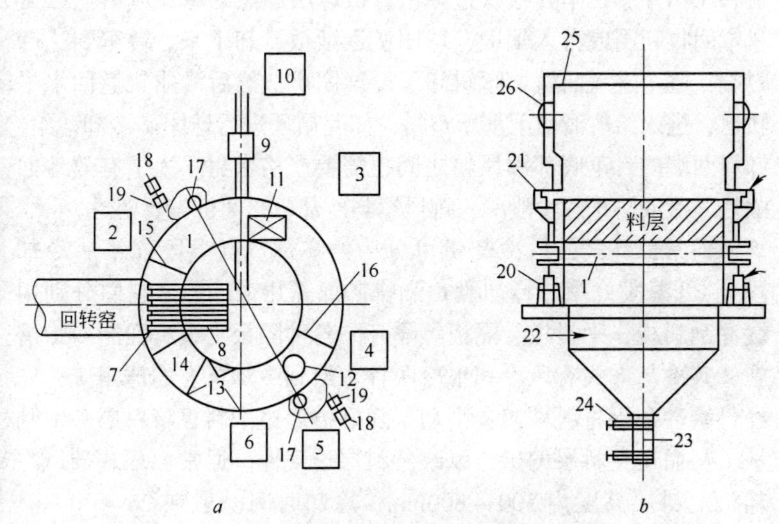

图 10-29　环式冷却机结构配置示意图

a—平面配置；*b*—断面结构

1—冷却机台车；2—冷却风机 1 号；3—冷却风机 2 号；4—冷却风机 3 号；5—冷却风机 4 号；6—格筛冷却风机；7—格筛；8—结圈块排出溜槽；9—结圈块外运小车；10—结圈块冷却堆；11—高温段排气（回转窑二次用风）管道；12—低温段排气管道；13—排矿槽；14—给料部缓冲板；15—平料板；16—高、低温段隔板；17—传动齿圈；18—传动电机；19—减速机；20—托辊；21—砂封装置；22—风箱；23—风箱撒料漏斗；24—双层阀；25—耐火衬里；26—检修孔

环式冷却机是一个环状槽形结构，它是由众多可翻转的底部为箅板的独立扇形台车组成环形工作表面，扇形台车首尾相接在一个水平配制的环形框架内，该框架由传动装置驱动而回转，台车在环形水平轨道上被框架牵引行走，构成一个围绕固定中心转

动的环形冷却容器，见图 10-29。台车内壁和外壁均衬有耐火材料。台车上方设有排风罩，台车下设置风箱和冷却风分配管道，风箱与台车之间需要密封，防止漏风。烧成的球团矿由给矿溜槽布于行走的台车上，分别由数台鼓风机供给冷风，经气体分配管道和风箱穿过台车箅板吹过球层，被球层加热的冷却风由上方排风罩回收利用或排入烟囱，球团矿逐渐被冷却下来。台车到达卸料端，逐个进入曲轨，倾斜卸下冷球团矿，然后沿曲轨返回水平轨道，进入给料溜槽下重新布料，如此循环进行球团矿冷却。给、卸料两端的台车底部和风箱之间也需要严格密封。为了有效地回收热气流或防止灰尘泄漏，排风罩与冷却机之间也需要密封。

通常，环式鼓风冷却机可分为给矿部、高温段（第一冷却段）、低温段（第二冷却段）和排矿部等几个部分。它们分别用缓冲刮料板、平料板、隔板等隔开。各种隔板常设有强制冷却措施，其冷却方式有风冷和水冷两种。给到冷却机上的球团矿，先经过缓冲刮板将料堆初步刮动，随后再通过平料板将料层基本刮平，从而避免料层偏析，以改善料层透气性。通常，环式鼓风冷却机上料层高度为 500 ~ 800mm，冷却时间一般在 26 ~ 30min，每吨成品球团矿冷却风用量约为 2000m^3（标态），高温段排出热风的温度可达 1000 ~ 1100℃左右。

环冷机回转体由环形导轨和若干个托辊支承，由传动电机、减速机、小齿轮和大齿轮组成的传动系统拖动。环体回转速度可以调节，以便料层保持厚度均匀。转速范围一般为 0.5 ~ 2r/h。为了应急事故停电，环式冷却机常配有备用传动装置，由备用电源启动。

由回转窑排矿端下部的格筛筛出的结圈块经溜槽排出，用车辆运至结圈料冷却料堆进行处理。

10-42 环式冷却机常用的卸矿方式有几种？

答： 环式冷却机常用的卸矿有两种方式：

第一种是环式冷却机的卸矿是台车运行至卸矿曲轨，即台车行车的导轨成向下弯曲的曲线段时，台车尾部向下倾斜 60°角，边走边卸，卸完后又走到水平轨道上，台车恢复到水平位置后又重新装球，图 10-30 是环冷机卸矿过程示意图。

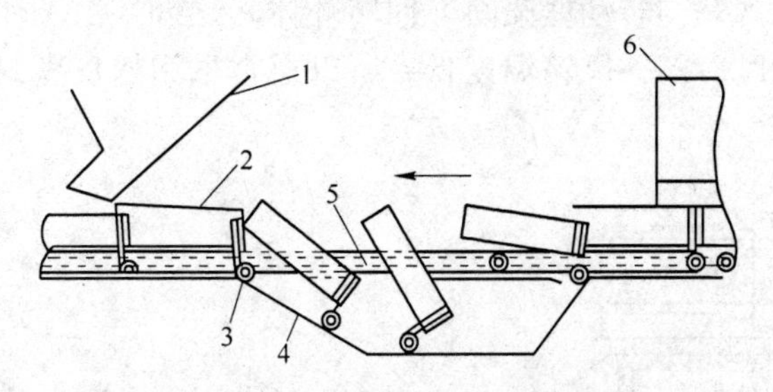

图 10-30　环冷机卸矿示意图之一

1—给料装置；2—台车；3—台车车轮；4—卸矿曲轨；5—托轨；6—烟罩

第二种环冷机常用的卸矿方式如图 10-31 所示，在台车内侧装有一摇臂和辊轮，辊轮上有压轨。在卸矿区，压轨向上弯曲，当台车摇臂辊轮到达 *A* 处时，辊轮脱离压轨，因台车偏重向下翻转，台车边卸矿边随环形框架前进，当遇到下部导轮时，即将台车托平辊轮导入压轨，台车复位后又重新装矿。

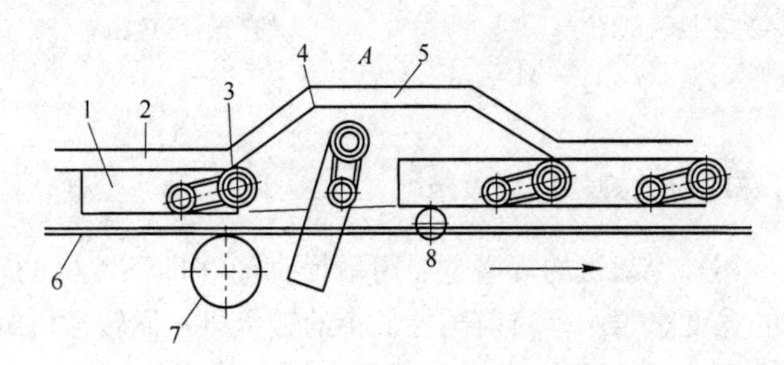

图 10-31　环冷机卸矿示意图之二

1—台车；2—压轨；3—摇臂辊轮；4—压轨 *A* 处；
5—上拱弯轨；6—旋转托轨；7—固定托辊；8—导轮

10-43　环冷机设有密封装置的有几处，密封方法怎样？

答：环冷机设有密封装置的地方有两处：

(1) 回转环体与固定机罩之间：常采用的有砂封（如图10-32）和耐热橡皮密封；

(2) 风箱与转动框架间（回转环体）之间：由于环冷机一般采用鼓风冷却，风箱温度低，所以通常采用橡皮密封，如图10-33。

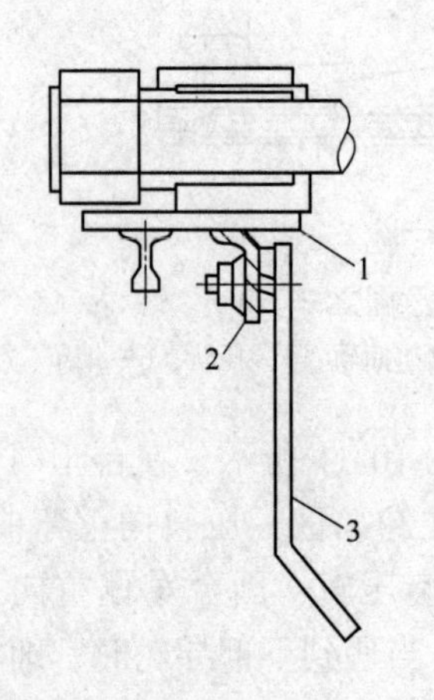

图 10-32 风箱与转动框架间的密封示意图

1—环形框架；2—橡皮；3—风箱

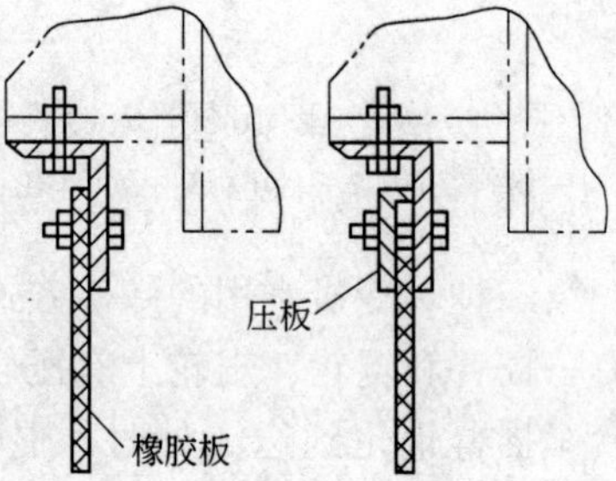

图 10-33 风罩与转动框架间的密封示意图

10-44 环冷机的规格怎样表示？

答：环式冷却机的规格主要用平均直径（即环冷机的直径）和台车的宽度来表示。目前国外最小的链箅机—回转窑机组球团厂中最小环冷机（美国亨博尔特厂）平均直径为7.72m，台车宽度为1.3m；最大的环冷机（美国蒂尔登厂）平均直径为20.10m，台车宽度为3.10m。国内鞍钢弓长岭矿业公司为直径6.1m回转窑配套的环冷机的直径为22m，台车宽度2.5m，有效冷却面积为150m^2，正常冷却时间48min。设4台鼓风冷却风机和2台结构冷却风机。新兴铸管厂ϕ3.0m×30m回转窑球团环式冷却机ϕ12.5m，冷却面积40m^2，可满足年产70万t球团矿冷却需要。沙钢240万t/a球团矿的ϕ6.1m×45m回转窑的球团采用环冷机的直径为22m，有效冷却面积为150m²。

10-45 环式冷却机生产能力、台车速度、有效面积和转速怎样计算？

答：环冷机生产能力、台车速度、转速和有效面积计算方法如下：

（1）环冷机生产能力通常按下式计算：

$$Q = 60BH\gamma v \qquad (10\text{-}8)$$

式中 Q——环冷机的处理能力，t/h；

B——台车宽度，m；

H——料层厚度，m；

v——环冷机台车移动的平均线速度，m/min；

γ——球团堆比重，t/m^3。

（2）环冷机台车速度按下式计算：

$$v = \frac{\pi d\alpha}{t} = \frac{A}{tB} \qquad (10\text{-}9)$$

式中 d——环冷机平均直径，m；

α——台车面积利用系数，一般取0.74；

π——圆周率，3.1416；

t——球团在台车上的停留时间，min；

A——环冷机台车有效面积，m^2。

（3）环冷机的有效面积按下式计算：

$$A = \pi dB\alpha \qquad (10\text{-}10)$$

（4）环冷机的转速按下式计算：

$$n = 60\frac{v}{\pi d} \qquad (10\text{-}11)$$

将$v = \frac{nd\alpha}{t} = \frac{A}{tB}$代入

即　　　$$n=60\frac{d}{t}$$

或　　　$$n=60\frac{A\alpha}{\pi d}$$

式中　A——环冷机的有效面积，m^2；

n——环冷机转速，r/min；

d——环冷机平均直径，m；

t——球团在台车上的停留时间，min；

v——环冷机台车移动的平均线速度，m/min；

α——台车面积利用系数，一般取0.74。

10-46　带式鼓风冷却机的结构怎样，在链箅机—回转窑法中怎样应用？

答：带式鼓风冷却机是一种链带型冷却设备，如图10-34所示，它是在头部和尾部链轮组之间，由封闭链条拖动的、首尾相连的众多台车组成的链的链带。在链带上行道上，底部是箅板的台车构成一个条状冷却器，热球团矿由溜槽布于其上。台车下设

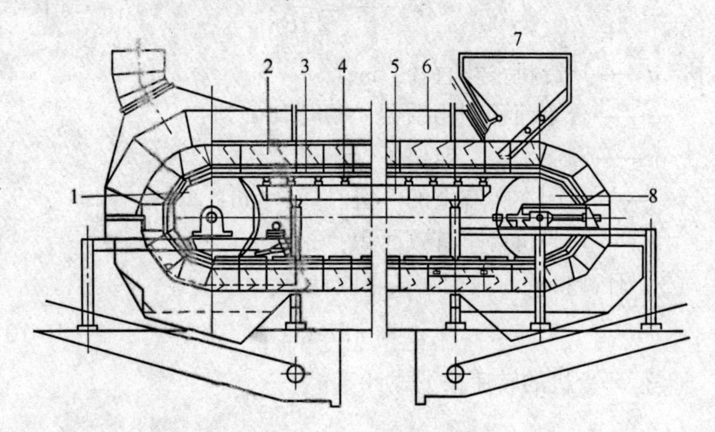

图10-34　鼓风带式冷却机

1—头部链轮机；2—台车；3—链条；4—托辊；5—风箱；6—排风罩；7—布料溜槽；8—尾部链轮组

置风箱和冷风分配管道，鼓风机由此送入冷却风，通过行走台车下的箅板吹过球层，球团矿被冷却，冷却风被加热。热风由设在台车上方的排风罩回收利用或排入烟囱进入大气。台车在头部链轮翻转返回时，卸下冷球团矿。台车和风箱之间要严格密封，台车与排风罩之间也需要密封。

带式鼓风冷却机在链箅机—回转窑球团上的应用有两种情况：

（1）单独使用。单独将鼓风带式鼓风冷却机作为链箅机—回转窑的配套冷却设备，如比利时的克拉伯克球团厂就是采用鼓风带式冷却机与回转窑配套。

（2）联合使用。某些球团厂为了提高冷却效果，在环冷机后还设有二次冷却。二次冷却一般采用简易带式冷却机，其受风方式均为抽风。这种二次冷却用带式冷却机的使用情况见图 10-35。

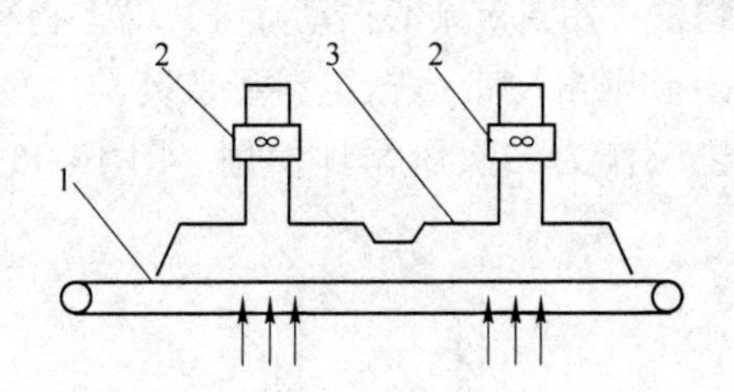

图 10-35　链箅机—回转窑系统中二次冷却用带式冷却机示意图

1—带式冷却机；2—抽风机；3—炉罩

10-47　竖式冷却器在链箅机—回转窑球团法中应用概况如何？

答：从目前国内外球团生产情况看，与链箅机—回转窑—冷却机机组配套的冷却设备大多数为环式冷却机，少数采用带式冷却机，也有个别球团厂采用竖式冷却器与链箅机—回转窑配套，用来冷却球团矿。

竖式冷却器简称竖冷器，它的工作原理是借助于高度差，利用重力对料层做功，使物料沿着规定的工作区从上而下流动，形成动料层，为空气与球团的热交换创造了良好条件，故换热率高，冷却效果好。竖冷器具有设备简单、投资省、操作方便和便于维修及利用余热等优点。竖式冷却器在国内外球团生产中都有先例，如美国伯利恒竖炉、加拿大的穆斯山竖炉都设有单独的竖式冷却器；在国内早期建设的沈阳立新铁矿链箅机—回转窑、南京钢铁公司的链箅机—回转窑球团也先后采用了竖式冷却器，球团矿温度从1100℃以上降至100℃左右。1987年投产的本钢 $16m^2$ 球团竖炉也采用了竖冷器。

承钢的链箅机—回转窑球团也采用了竖式冷却器作球团矿冷却设备。回转窑直径为3m，长度为30m。焙烧好的球团矿，排入竖冷器内进行冷却。竖冷器的有效容积为 $47m^3$，冷却带总高度5240mm。冷却后的球团矿经电振给料器间歇排入料车，由料车送到成品受料槽，用自定中心振动筛分，筛下物经细磨后返回造球，成品球团矿则由皮带运输至料场或高炉。竖冷器高温段500～600℃的热风作为二次风循环使用。图10-36为承钢链箅

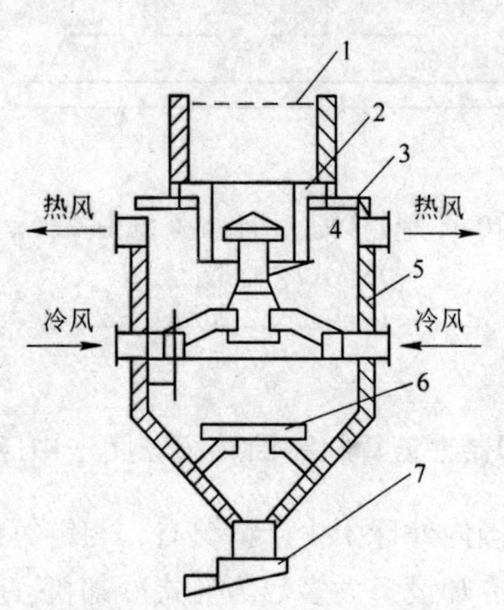

图10-36　竖冷窑外壳构造示意图

1—箅条；2—冷却圆筒；3—上盖板；4—冷风筒；
5—冷风梁；6—托料盘；7—电振机

机—回转窑竖冷器的外壳构造示意图。

第四节　链箅机—回转窑球团工艺操作及控制

10-48　链箅机—回转窑球团法开始生产要做好哪些工作?

答：与竖炉球团法和带式焙烧机球团法一样，链箅机—回转窑球团法在开始生产时应做好以下工作：

（1）试车。不论新建或大修后链箅机—回转窑机组都要进行全面的试车，尤其是新建的机组做好全面试车更重要。有关试车的目的、要求及试车方法，在本书第 8 章和第 9 章中都已做了介绍，这里不再叙述，请读者自行参阅。

（2）烘炉。回转窑是用耐火砖砌筑而成，因此，不论新砌筑的炉子或已经使用的炉子，在正式投料之前都必须先经过升温、预热，在达到正常生产所需温度之后再投料进入正常状态。这个过程称为烘炉。烘炉的根本目的是保护炉子在升温过程中不受或尽量少受各种损坏，提高炉体的使用寿命。这对于新砌筑的窑炉尤为重要。

（3）验收。在设备试车之后要进行验收。各主要工艺设备及配套设施都按规定项目和规定时间试车，合乎规定后才能验收。

10-49　回转窑的开炉点火与烘炉操作怎样进行?

答：回转窑的点火烘炉操作可按以下步骤进行：

（1）制定烘炉曲线。烘炉曲线是根据窑炉使用耐火砖性质而制定的。关于烘炉曲线制定的要求及其原理，本书第 8 章已做了介绍，请参阅，这里就不再叙述。图 10-37 为某球团厂回转窑的烘炉曲线，可在编制烘炉曲线时参考。

（2）点火与烘炉操作。回转窑烘炉所用热源一般无特殊要求，如煤气、热风、木柴、煤、重油和电热均可，其中棉纱废油点火最为方便，但必须能够控制升温速度，避免局部过热。采用

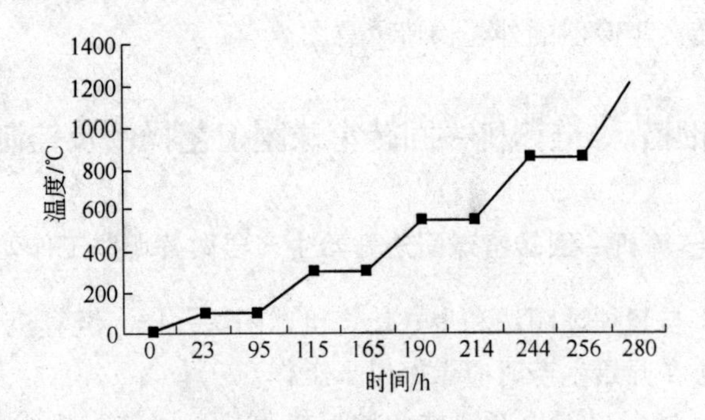

图 10-37 某球团厂回转窑烘炉曲线

（点火升温曲线的零点是木材烘炉后的开始时间）

木柴烘烤，必须注意炉内温度的均匀性。

点火后即送入易燃燃料（柴油或煤气、天然气）并打开第一道烟囱。当窑炉温度达到 300℃（若回转窑是烧重油时温度应为 500～600℃）左右开加热风机，若回转窑是烧煤粉，此时则可送入煤粉并同时关掉气体燃料或液体燃料的供应。随着窑温的缓慢上升，要经常地使回转窑作一定角度的转动，直至正常连续运转。

至于升温速度的快慢，应根据窑内使用的耐火材料特性及耐火材料层的厚度而定。也就是说各回转窑应有自己的合理烘炉曲线，各厂应按本厂回转窑的烘炉曲线控制烘炉速度。

在烘炉过程中，应有烘炉记录并仔细观察耐火混凝土的排水情况，必要时对烘炉曲线作适当的调整，以保证烘炉质量。烘炉曲线是依据胶结剂种类以及是否添加外加剂、成型方法、砌体厚度和炉内排气条件等情况指定的。某球团厂回转窑烘炉曲线见图 10-37，回转窑升温制度见表 10-3，酸性球团加料制度见表 10-4。

回转窑新窑烘炉时，测温点以窑中热电偶为准，为保证窑衬质量，根据窑衬材质的特性和检修工期的要求，除去回转窑窑衬自然养生外，一般规定烘炉时间为 12 天左右。

表 10-3　回转窑升温制度

烘炉范围/℃	升温速度/℃·h^{-1}	需用时间/h	累计时间/h
自然养生		48	48（已完成）
木柴烘炉		24	24
常温~100	6	23	23
100~150	保　温	72	95
约 300	10	20	115
300~350	保　温	50	165
约 550	10	25	190
550~600	保　温	24	214
约 850	10	30	244
850~900	保　温	12	256
约 1250	15	24	280
重　试		72	352

表 10-4　酸性球团加料制度

项　目	布料	重试	开机	24h 后	72h 后	120h 后	20d 后	60d 后
烟罩温度/℃	350	850	950~1000	950~1050	900~1050	900~1050	900~1050	900~1050
料厚(±5)/mm	175	175	175	175	175	180	195	220
机速/m·min^{-1}	0.7	0.7	1.0	1.2	1.5	1.7	1.7	1.7
窑速/r·min^{-1}	0.3	0.6	0.9	0.9	0.9	0.9	0.9	0.9
抽干风量/m^3·h^{-1}	不限	30	35	35	40	40	45	正常
抽、鼓干风机/台	2	2	2	2	2	2	2	2
回热鼓风	停	停	停	开	开	开	开	开
助燃风量/m^3	10000	10000						
罗茨风量/m^3	不限	4500	4500	4500	4500	4500	4500	4500
日产量/t·d^{-1}		1400	1800	2000	2200	2600	3000	3600

10-50　链箅机—回转窑烘炉结束后装料怎样操作？

答：开始生产时，回转窑应先进行空负荷运转，而后进行轻负荷运转，然后方可进入正常负荷运转。一般经验是窑体进入正常连续运转后第一天装生料 70%，第二天装生料 80%、第三天装生料 90%，第四天正常装料。

表 10-4 为某回转窑生产酸性球团矿开窑的装料制度，可以供开窑后装料的参考。

10-51　什么是回转窑的窑皮，窑皮的作用有哪些？

答：为了使回转窑内耐火材料不过早的被烧坏，延长其使用寿命，以及减轻对筒体的钢壳强度的制约，除了精心操作，稳定生产过程以外，最有效的措施是需要在衬里耐火材料的表面形成一层保护层——窑皮。

窑皮是在生产过程中，由液相或半液相转变成的固体熟料和粉料颗粒在窑壁上形成的一种黏附层。这对衬料具有很强的保护作用，图 10-38 为回转窑衬料内部温度分布情况。从图 10-38 可看出窑皮对衬料的保护作用有以下几个方面：

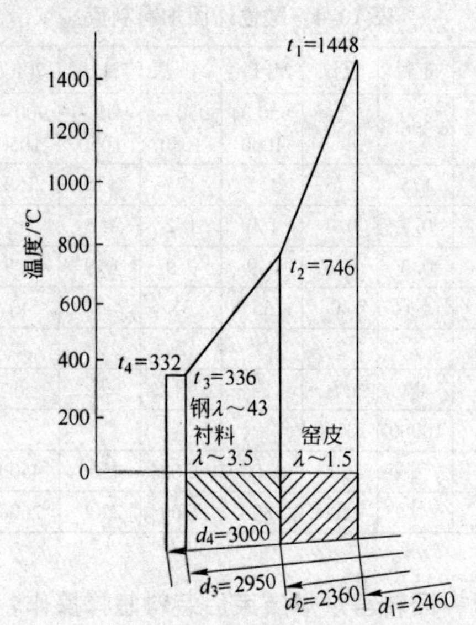

图 10-38　回转窑衬料内部温度分布

（1）窑皮形成以后衬料就可以受到窑皮的保护，从而避免高温的作用和回转窑每转一周所引起温度变化的影响；

（2）可以防止衬料耐火材料直接接触焙烧高温，减轻衬料的烧蚀作用，根据测定，在窑温为1448℃时，衬料皮层温度为746℃；

（3）可以保护衬料不受球团的摩擦损坏和化学反应的侵蚀；

（4）减少窑体热量的损失。

10-52　回转窑窑皮生成的条件是什么，怎样保护窑皮？

答：生成窑皮的条件及保护措施分别介绍如下：

（1）生成窑皮的条件如下：

1）必要的温度水平是窑皮生成的必要条件，而且在不同的温度水平下窑皮的生成和存在状况是不一样的。因此，在生产过程中要有一定的窑温，而且要稳定在一定温度范围内。图10-39

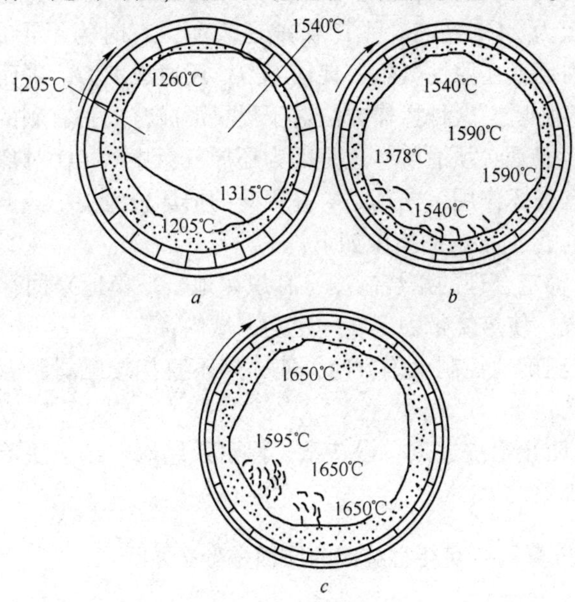

图10-39　窑皮的几种情况

a—低温火焰，窑皮处于困难中；*b*—正常火焰，窑皮正常；

c—高温火焰，窑皮严重破坏

是在不同温度水平下窑皮生成的状态。

低窑温情况(图 10-39*a*)，此时由于窑皮的表面和物料温度都较低，以致不能产生必要数量的液体物质来形成完整的窑皮。

窑温正常的情况(图 10-39*b*)，此时存在着形成窑皮的足够液相，当窑皮从料层中露出来与物料接触时，在它的表面就会粘上一层生料，只要窑皮的表面温度保持在熔化温度范围，颗粒将不断地黏附在其上面，从而使窑皮加厚。这一过程直至窑壁达到固结温度时，窑皮才处于平衡状态。

窑温较高时窑皮的情况(图 10-39*c*)，由于液相过多，窑皮又从固态转变为液态，因而发生窑皮脱落，这种情况对耐火材料特别有害。

2）具有一定的低熔点的物质。实践证明，生成合适的窑皮的液相量为 24% 左右。生产实践还表明，有时为了形成窑皮，先在窑内创造还原性气氛，促使 Fe_2O_3 还原成 FeO，进而生成低熔点共熔物质。这种操作方法对于提早形成窑皮是有利的和行之有效的。但是必须适度，这是因为还原气氛中的 CO 对部分耐火材料，有破坏作用，尤其是对高铝砖的损坏较大。

(2) 保护窑皮的措施如下：

1）稳定合理的焙烧制度，有规律地、平稳地来回移动燃烧带的位置，使焙烧带稳定在一定的区域内；

2）正确地控制火焰方向，使火焰不直接接触材料，对保护窑皮有利；

3）防止窑皮过热、慢转窑、停窑及结圈、结大块等对窑皮有害的现象发生。

10-53　链箅机—回转窑结圈的原因是什么？

答：链箅机—回转窑球团法具有很多优点，所以该法出现以后便得到较快的发展。但是该工艺的最大问题是回转窑内容易结圈，特别是以煤作燃料的回转窑比燃烧气体或液体燃料的回转窑更容易结圈。据资料介绍，国外一些链箅机—回转窑都发生过结圈问题，我国近年来投产的链箅机—回转窑几乎都发生过结圈现象，有的还比较严重，影响正常生产。

窑内结圈是回转窑生产中常见的事故。这是由细粒物料在液相的黏结作用下，在窑内壁的圆周上结成一圈厚厚的物料。结圈多出现在高温带。

造成链箅机—回转窑结圈的原因很多。很多球团工作者都在研究探讨结圈的原因及预防结圈的措施，发表很多论文，其中《链箅机—回转窑结圈机理研究》一文对影响结圈的因素作了细致分析，可供参考，具体见图10-40。

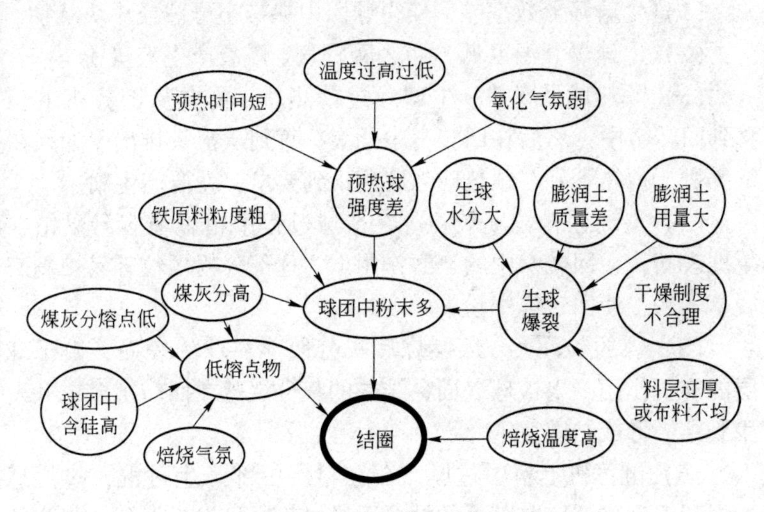

图10-40 影响回转窑结圈的因素

从图10-40可以看出，引起回转窑结圈的原因很多，影响因素很复杂，归纳起来主要有以下四个方面：

（1）回转窑内粉状物料太多；

（2）回转窑气氛控制不好；

（3）回转窑温度控制不当；

（4）原料的 SiO_2 含量高。

10-54 回转窑内粉状物料多易结圈的原因是什么，引起粉末多的原因有哪些？

答：球团中的粉末多，是造成回转窑内结圈的常见原因。为什么粉末易引起结圈？原因是根据物理化学原理，大颗粒液化的蒸汽压力大，小颗粒液化的蒸汽压力低，因此小颗粒在较低的温度下就可以发生软化，而大颗粒需要在较高的温度下才发生软化。由于大小颗粒软熔化性能差别，导致球团中的粉末易熔化，当粉末过多时就易形成结圈。

而在回转窑内球团中粉末过多的原因有以下几个：

（1）生球筛分效率差，使得球团中夹带小母球或小块状物。

（2）生球爆裂温度低，遇热后易发生爆裂产生大量粉末。

（3）预热球强度差。生球经过预热后，需要从链箅机上转移到回转窑中，然后在回转窑中翻滚，直到从窑头排出。如果在链箅机上预热不好，预热球强度达不到要求，就要产生粉末。

（4）造球原料粒度较粗。在造球过程中粗颗粒容易黏结在生球表面，在回转窑中的自磨作用下，这部分粗颗粒容易被剥磨脱落下来，使回转窑中粉末增多。

（5）煤的灰分大。煤燃烧后灰分散落在球的表面，由于球层的离析作用，未被球表面黏结住的灰分沉落在回转窑壁上并发生黏结，形成结圈。

（6）链箅机上料层过厚，会在料层中部产生过湿，过湿球的爆裂温度降低，在随后的抽风干燥过程中易发生爆裂，产生粉末。链箅机的料层高度最好控制在180～200mm的范围内。

10-55 球团中存在低熔点物质的原因有哪些？

答：球团生产与烧结不同，球团矿是靠固相固结，液相量很少。就球团生产本身来讲，液相量应尽可能少。还是因为球团中液相量多时竖炉球团易结块，回转窑球团会结圈。带式焙烧机球团料层透气性变差。球团中的低熔点物质主要来自以下几个方面：

（1）球团中 SiO_2 含量高。球团矿本身的 SiO_2 来自铁精矿粉、富铁矿粉和膨润土。SiO_2 与 FeO 作用生成低熔点硅酸盐化合物或共熔混合物。球团中 SiO_2 含量越高，越容易形成低熔点化合物，而低熔点物质越多，回转窑结圈的可能性越大，我国有的回转窑结圈物中玻璃体达20%以上。

球团中易产生低熔点物质有如下几种：

$SiO_2 + FeO \longrightarrow 2FeO \cdot SiO_2$ 熔点1205℃

$2FeO \cdot SiO_2$—— SiO_2 共熔混合物 熔点1178℃

$2FeO \cdot SiO_2$—— FeO 共熔混合物 熔点1177℃

（2）钾钠高。一般含钾钠高的矿物其熔点都较低，而且易形成玻璃体。有的回转窑的结圈物玻璃体中的氧化钾含量高达6.53%。

（3）煤的灰分含量高且软熔温度低。因为煤喷射到窑内，燃烧后灰分就黏结在球的表面，当灰分软熔温度较低时，就易引起回转窑结圈。

（4）氧化性气氛不强，使预热球中存在着大量的FeO，FeO与 SiO_2 反应生成低熔点物质而引起回转窑结圈。磁铁矿本身FeO含量高，如果氧化气氛不强，磁铁矿在预热阶段未能在宏观上氧化完全，那么在高温焙烧阶段，就会产生大量的液相。对赤铁矿焙烧同样需要氧化气氛，否则 Fe_2O_3 分解成FeO，也会形成低熔点物质引起结圈。

10-56 焙烧温度控制不当引起回转窑结圈的原因是什么？

答：球团矿都存在着一个焙烧温度区间，适宜的焙烧温度应确定焙烧温度区间的中间值。如果操作中焙烧温度低于焙烧温度的下限值，球团欠烧就会产生粉末，易引起结圈；当焙烧温度超过焙烧温度上限时，就会使球团产生过多液相，或熔融而造成结圈。过高的焙烧温度也会导致 Fe_2O_3 分解生成FeO，FeO与 SiO_2 反应生成低熔点物质。

原料种类不同，黏结剂、添加剂种类和配比不同，球团矿适宜的焙烧温度和焙烧温度区间都不相同，磁铁矿球团的焙烧温度低于赤铁矿球团。脉石种类和数量也会影响球团的焙烧温度，含 SiO_2 高的球团矿的焙烧温度要低一些，含 MgO 高的球团矿焙烧温度就要高一些。适宜的焙烧温度和焙烧温度区间要经试验确定。在生产过程中把焙烧温度控制在适宜的焙烧温度区间范围内，以减少或避免结圈。

10-57　回转窑结圈的处理方法有哪些？

答：结圈对于回转窑生产的影响很大，所以链箅机—回转窑球团厂应严格控制原、燃料质量，并建立严格焙烧操作制度，来防止结圈。一旦发生结圈要立即采取有效措施清除结圈。

处理结圈的方法有很多种，归纳起来有以下几类：

（1）烧圈法。调节火焰长度和位置，往复移动燃烧带，用高温将结圈烧掉。

（2）急冷法。用高压空气或水对结圈进行骤冷，使其收缩不均而自行脱落。

（3）人工打圈。停窑冷却后采用人工打圈，这种方法停窑时间长，劳动强度大，对炉衬耐火材料损害也大。

（4）采用机械方法清除结圈。采用刮圈机除圈，这种机械的头部设有合金刮刀，机架固定在车轮上，使用时，开启电动机将刮刀伸入窑内结圈处除圈，这种方法的优点是不用停窑。

（5）炮打法。有些球团厂设有处理结圈的炮，用炮对准结圈物开炮，将其打碎。也有的资料介绍，有的球团厂用猎枪、机枪射击窑内结圈物，也可将其打碎。

10-58　怎样预防回转窑结圈？

答：结圈是链箅机—回转窑球团生产中常见的故障，处理结圈又很困难，对球团矿产量、质量和机械设备的影响很大，因此预防结圈做到少结圈或不结圈有着重要意义。

回转窑结圈的原因很多，各球团厂结圈的原因又有所不同，因此预防结圈措施也不尽一致，归纳起来大致有以下几个方面：

（1）严格控制进厂原材料、燃料质量，为提高生球质量创造有利条件。减少生球在干燥、预热和焙烧过程粉末的产生量，是防止回转窑结圈的首要措施。

（2）选择好造球用膨润土。在确保生球质量前提下，尽量减少膨润土的配比，减少 SiO_2 带入量和硅酸铁等低熔点物质的生成，是防止回转窑结圈的重要措施。我国已于 2007 年发布了膨润土国家标准（详见本书第 3 章），应按新标准选用膨润土，不要再只用胶质价来评价膨润土质量。

（3）严格控制热工制度，为使窑内温度过渡不要过快，高温区不要过于集中或太短。

（4）控制窑内气氛为氧化性，避免窑内出现还原性气氛，尽量不生成引起结圈的低熔点物质。

（5）控制链箅机的各段温度处于规定的控制范围内，保证干燥和预热作业正常进行。保证干球和预热球强度，以减少物料中粉末量。目前对干球和预热球强度尚无统一规定，可参考有关资料确定。

我国某球团厂要求，干球预热球强度 >500N/个；AC—转鼓 -5mm <10%，FeO 含量不高于 10%。日本某球团厂要求预热球强度≥45kg/个（441N/个）。

（6）控制好窑内焙烧温度，使焙烧温度处于球团焙烧温度区间范围内，防止欠烧或过熔引起结圈。

（7）使用固体燃料时，应选择灰分少且灰分熔点高于球团矿焙烧温度的燃料。

（8）加强焙烧操作，通过计器仪表和目力对窑内焙烧状况和成品球质量细心观察，认真分析，全面判断窑况。发现问题及时采取相应的措施进行处理，把窑况波动消灭在萌芽期，使窑况迅速恢复正常。如因操作失误引起大量的粉末入窑，应立即降低窑温，以避免粉末引起结圈，或大量排入冷却设备。

10-59　回转窑停窑时怎样进行操作？

答：在回转窑生产过程中发生停窑时，其操作与开炉时的要求大致相同，即要求缓慢地改变窑内温度，以免由于温度急剧变化而影响衬料的寿命。实践证明，衬料损坏程度与窑内温度下降速度直接有关，当急剧冷却时，损坏很大。因此在生产过程中应采取各种方法，尽量减少停窑。停窑时要确保窑温缓慢地下降。冷却时间最好保持在 8h 以上。停窑时要用大闸门封闭出气端（窑尾），以保持窑内热量和缓慢冷却。有些回转窑在停窑时保留小火来达到类似的作用。

为了确保窑体的均匀冷却，还必须有计划地严格地进行盘车（窑）。盘车（窑）时间的长短与转动的次数应根据窑大小、长短及衬料的特性予以合理制订。以下为国外某厂的盘窑操作计划，可作参考。

转窑的次数及时间分配如下：

（1）连续转窑 30min。

（2）每 10min 转 1/3 转，1h。

（3）每 15min 转 1/3 转，1h。

（4）每 30min 转 1/3 转，4h。

（5）每 1h 转 1/2 转，4h。

（6）每 2h 转 1/2 转，12h。

（7）不管停多长时间，每 24h 转 1/2 转。

10-60　回转窑窑体窜动的原因是什么，调整操作方法如何？

答：回转窑在生产过程中有时会出现窑体窜动，其原因及调整操作方法如下：

（1）窑体窜动的原因。出现窑体窜动的根本原因在于窑的中心线不在一条直线上或窑的中心与转轴不重合。而引起上述现象的主要原因为：

1）托轮磨损不均；

2）回转窑运转不平稳而产生振动。

（2）调整方法。对于现代化的大型回转窑常安装有推力挡轮或液压挡轮，这种窑体的窜动一般都能靠其挡轮本身的特性自行调整。对于只安装普通挡轮的回转窑，当窑体发生窜动时则需靠人工调整。调整的方法按其窜动的程度不同而不同。

1）对于小范围的窜动，可用改变托轮与滚圈之间的摩擦系数（摩擦力）来实现，具体作法是：

当窑体向上窜动（即靠近窑尾的挡轮转动加剧）时，可在托轮表面涂以黏度较大的润滑油（如甘油或二硫化钼等）减少托轮与滚圈之间的摩擦系数，以便窑体下滑。

当窑体向下窜动（即靠近窑头的挡轮转动加剧）时，可在托轮表面施以黏度小的润滑油（如稀油）；如果托轮是浸入水中的，也可将其靠近窑尾的托轮水槽中的水暂时放掉，以增加托轮与滚圈之间的摩擦系数，使窑体向上窜动。有些厂家向托轮表面撒灰（沙子或木屑等），效果虽然很好，但这会加剧托轮与滚圈之间的磨损，因而不宜采用。

2）对于比较厉害的窜动，仅用上述方法往往不能得到有效的调整，此时可采用调整托轮歪斜角的方法。

10-61　回转窑窑体变形的原因是什么，怎样预防与处理？

答：窑体变形主要是窑体的弯曲，俗称“塌腰”，窑体弯曲变形属恶性事故，它对窑体和衬料寿命有不利影响。

（1）回转窑发生弯曲变形的原因：

1）操作方面的原因是不按操作规程运转或不按规定盘车；

2）制造、安装、调整方面的原因是制造、安装误差过大，托辊调整不当等；

3）突发事故造成。如突然停电，窑体不能运转，由于自重和窑体温度不均，炽热的球团集中在下部，因上下温差大造成窑体下塌弯曲。

（2）预防与处理方法。预防回转窑弯曲变形的根本措施是必须严格按停窑操作规程进行停窑操作。为了防止突发停电事故所引起的塌腰变形，在工艺装备上都应设有备用电源，一旦发生停电窑体停转时，应立即利用备用电源接通事故电动机拖动回转窑慢速运转，一般为正常速度的1/10～1/20。

如果塌腰已经发生，其矫直处理的方法，通常是设法采用运转或盘车将下塌方转运至上方，然后逐步升温，就可以慢烘直。

10-62 什么是回转窑红窑，怎样处理？

答：回转窑调火岗位除经常观察窑内焙烧状况外，每小时要检查窑体表面温度一次，窑体表面温度为300℃左右时，没有危险；如果超过400℃，调火工必须密切关注，当温度达到400～600℃时，在夜间可看出窑体颜色变化，若出现暗红色，即为红窑。当温度超过650℃时，窑体变为亮红色，窑体钢壳可能翘曲变形。

红窑的原因：

（1）窑皮脱落。耐火砖有裂缝产生，火焰穿过缝与钢壳接触，使钢壳变色。

（2）局部有耐火砖或浇注料脱落，炽热的球团矿与火焰将钢壳烧红变色。

处理方法：

（1）当出现大面积红窑，一般超过$\frac{1}{3}$圈时就要立即降温排料，准备观察及采取措施处理，如灌浆处理等。

（2）窑体局部（如一两块的面积）发红，判断为掉耐火砖或掉浇注料时，必须立即停窑，然后根据具体破损情况采取措施进行处理。

10-63 回转窑的操作要点及操作注意事项有哪些？

答：回转窑操作要点和注意事项如下：

（1）回转窑的操作要点：

1）每半小时观察记录一次火焰情况，及时通过燃烧器内、外风调整火焰形状和位置，确保火焰长度，确保窑内高温带分布均匀；

2）即时观察窑内煤粉燃烧情况，并向主控室汇报，当煤粉燃烧不完全时，及时调整喷煤量；

3）应密切观察排料情况，对固定筛上未排下的大块黏结料，及时扒出冷却处理，避免大块物料堵塞隔筛或进入环冷机。

（2）回转窑操作注意事项。为保证主体设备及仪表的正常运行，针对生产过程中的不正当操作和误处理情况，提出以下要求：

1）启动程序：主控室计算机上没有收到动力站发出的任何轻、重故障信号后，方可启动动力站主电机，延时 10s 或观察系统补油压力正常后，再启动液压马达。

2）停机程序：先停止液压马达，延时 10s 或观察回转窑的速度下降为零后，再停止主电机。

如果回转窑停机的工作时间间隔不是太长，可不必停止动力站主电机，只需停止液压马达。

10-64　链箅机—回转窑球团焙烧热工过程怎样，主要热工参数有哪些？

答：链箅机—回转窑机组球团焙烧过程的不同工艺阶段分别在各自的单独设备进行。为了确保各工艺阶段的顺利进行，要求各自都有合理的热工制度。同时为了减少能源消耗和环境污染及便于操作，并将三个主体设备——链箅机—回转窑—冷却机由一个工艺风流系统联系起来，完成整个球团焙烧热工过程。

现以前苏联对年产 300 万 t A—C 式机组进行热工测定结果介绍各阶段的热工参数。

（1）干燥、预热阶段在链箅机上进行，机速 6m/min，料层厚度 180 ~ 200mm。

第一干燥段（鼓风）：时间 3.5 ~ 4.5min，脱除水分 90% ~

95%，球团终了温度220～250℃，给入空气量（气流温度380～400℃）1100～1250m^3/t。

第二干燥段（抽风）：过滤速度1.25～1.50m/s，完成干燥，即100%脱水。给入风量为120～130m^3/t，过滤速度0.77～0.85m/s，球团矿最终温度260～290℃。

预热段：时间3～4min，目的是尽可能高程度地进行磁铁矿氧化和碳酸盐分解。给入风量为650～700m^3/t，温度为1050～1150℃，过滤速度0.93～1.00m/s，最终温度1000℃。

（2）焙烧阶段在回转窑内进行。填充率7%～9%，升温速度6.0～6.5℃/m（窑长），或9.0～10.0℃/min，烟气流量800～850m^3/t球，窑尾排气速度≤17m/s，球团（ϕ13～14mm）在窑内停留时间25～27min（其中高温焙烧段为5～6min）。

（3）冷却阶段在环冷机上进行：

冷却速度≤15℃/min，球团矿最终温度≤120℃

气体流量　No.1：800～850m^3/t球

　　　　　No.2：250～290m^3/t球

排气温度　No.1：950～1050℃

　　　　　No.2：250～290℃

过滤速度　No.1：0.89～0.93m/s

　　　　　No.2：1.13～1.14m/s

二次风温（给入回转窑）950～1050℃

低温段风温（给入链箅机—有回热系统时），250～290℃。

按上述操作条件焙烧磁铁矿球团热耗分别为50万～63万kJ/t球（无旁路回热）和42万～46万kJ/t球（有旁路回热）。

10-65　简介一下链箅机—回转窑法球团在各阶段物理化学过程有哪些？

答：在链箅机—回转窑法中铁矿球团焙烧固结过程中各阶段除经受热处理外，还同时伴随着各种物理、化学反应，其简要基本情况见表10-5。

表 10-5 链箅机—回转窑法各阶段物理化学过程

工艺阶段		物理化学反应			
		脱除水分/%	磁铁矿氧化/%	碳酸盐分解/%	硫分燃烧/%
链箅机	干燥Ⅰ	90~95	—	—	
	干燥Ⅱ	5~10	—	—	
	预 热		60~70	85~90	20
回转窑			约10	10~15	70
环冷机			20~25	—	
合 计		100	95~100	100	90

很显然，随着处理矿石原料特性的不同，其物理化学反应的过程和程度也不尽相同。

10-66 什么是链箅机—回转窑机组的工艺风机和非工艺风机？

答：在链箅机—回转窑机组中工艺风流是靠风机来输送的。但是，在整个机组生产过程中除了工艺气流而外，为了某些需要还有非工艺风流存在，它同样需要风机来输送。配置在机组工艺气流系统内的风机一般称为工艺风机。配置在机组工艺气流以外的风机一般称为非工艺风机。也就是说前者参与工艺风流循环，后者不参与工艺风流循环。

（1）链箅机—回转窑机组内的工艺风机一般包括：

1）球团冷却风机（通用代号“3”）：通常冷却机的高温段与低温段分别各配一台，代号分别为“3A”和“3B”。

2）冷却机的低温回热风机代号为“3C”，用于将环冷机的低温段排气经回热管道给入链箅机。

3）链箅机回热风机（通用代号“1”）：用于将回转窑尾气（有的还有一部分回热气流）抽过预热段料层后给入干燥段，一般设置两台，每侧各一台，代号分别为“1A”和“1B”。也有采用3台的，代号分别为“1A”、“1B”、“1C”。

4）干燥段排气风机（一般简称“排气风机”或“废气风机”）：用于将干燥段废气排入大气。代号为“2”，设两台时则分别为“2A”、“2B”。

5）预热段热风炉风机：代号为“AH”。

6）调温风机：代号为1T。

图10-41为瑞典斯瓦帕瓦拉球团厂工艺气流与风机配置方式示意图。

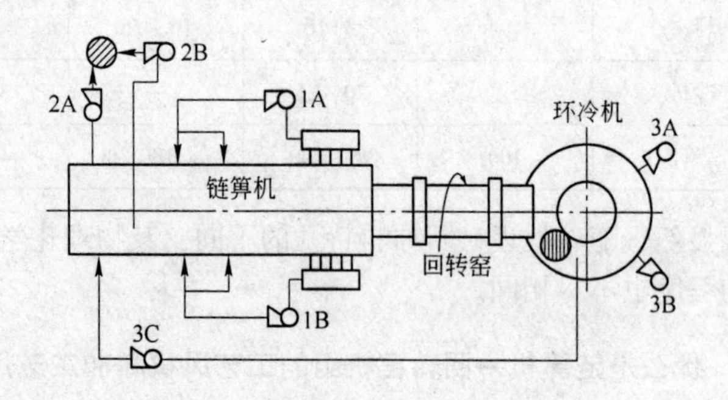

图10-41 瑞典斯瓦帕瓦拉厂改造后工艺气流与工艺风机配置方式

（2）非工艺风机一般包括以下几类：

1）链箅机机身冷却风机；

2）链箅机机尾冷却风机；

3）回转窑窑尾冷却风机；

4）回转窑窑头冷却风机；

5）环冷机各段隔墙冷却风机；

6）辅助烧嘴风机；

7）环境除尘风机等。

10-67 什么是链箅机—回转窑球团法的热平衡计算，其作用是什么，怎样计算？

答：热平衡计算是球团工艺计算的重要组成部分。通过链箅机—回转窑中焙烧球团过程在热量收入与支出情况的计算，能够了解链箅机—回转窑内热量消耗状况，分析焙烧过程的优劣，探讨进一步改善能源利用，降低燃料消耗的途径。在大力倡导节省减排的今天，搞好链箅机—回转窑热平衡测定的计算是具有极其重要意义的。

目前，球团厂在生产中燃料消耗量的波动是比较大的，例如，在处理典型天然磁铁精矿时，热耗在414895～726090 kJ/t（99212～173622kcal/t）；原料不同，燃料消耗差别更大，有时甚至差达2.5倍。下面以一个处理天然磁铁矿254万t/a的链箅机—回转窑球团厂为例，计算一下热平衡。

（1）平衡条件。在计算热平衡时，设该链箅机—回转窑球团厂的生产条件是：

1）球团原料是天然磁铁精矿，水分10%，不含碳化物和硫化物等。

2）精矿粒度组成良好，造球时既不需加水，也不须预先干燥；

3）球团焙烧温度为1260～1316℃，计算以最高温度为基准；

4）磁铁矿氧化放热为422436kJ/t(100897大卡/t)；

5）可燃气体是甲烷（CH_4），发热值37626.7716kJ/m^3（8987大卡/m^3）；

6）最终球团产品温度为93℃；

7）其他条件，如氧化发生位置、气流和球团在不同位置的温度以及在不同工艺段的气流量和温度等（如图10-42）。

（2）计算结果。链箅机—回转窑的热平衡计算分成五个段落进行，即干燥、预热、回转窑焙烧、冷却和最终冷却等。按计算结果绘出的热平衡流程图（如图10-42）和热平衡表（如表10-6）。

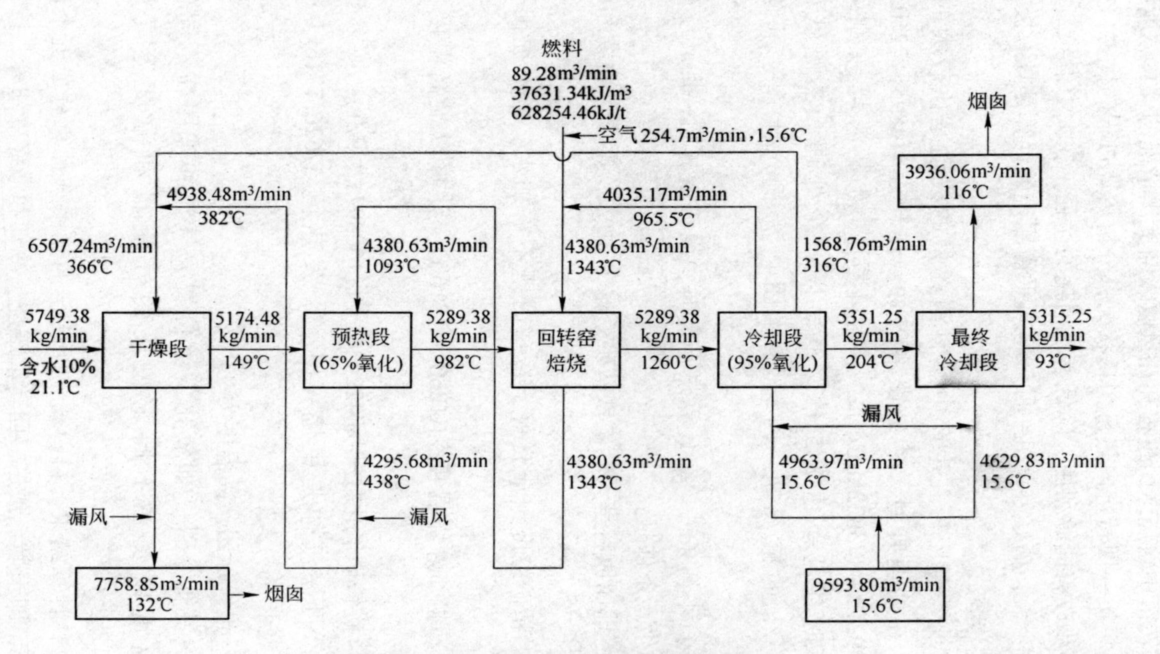

图 10-42 链算机—回转窑热平衡流程图
（图中气体体积均为标准状态下）

表 10-6　链箅机—回转窑热平衡表

输　入	kJ/t	%	输　出	kJ/t	%
氧化放热	421607.33	34.0	辐射热	182765.75	14.7
燃　料	628257.27	50.7	成品球团带走热	425761.09	34.4
生球带入热	188996.38	15.3	抽风冷却废气	107091.60	7.3
			抽风干燥废气	539989.72	43.6
合　计	1238860.98	100	合　计	1255608.16	100

注：单位燃料消耗为 628257.27kJ/t。

10-68　什么是链箅机—回转窑的物料平衡，作用是什么？

答：物料平衡计算是球团工艺计算的重要组成部分，它是在配料计算的基础上进行的。物料平衡计算主要计算物料的收支情况。物料平衡计算，有助于对球团焙烧过程进行全面定量的分析和深入研究，寻找降低原燃料消耗的途径，并为热平衡计算作准备。

（1）进行物料平衡计算应具备以下资料：

1）各种物料的全部分析成分；

2）各种物料的实际用量；

3）生球、预热球、成品球和返矿数量等。

（2）计算结果

图 10-43 是国外某链箅机—回转窑法球团厂生产自熔性球团矿时物料平衡结构示意图。计算时的原料条件为：磁铁矿 20%、赤铁矿 + 石灰石 + 返矿 80%，外加膨润土 0.7%。

计算时要注意以下两个指标的计算方法：

$$\text{烧成率} = \frac{\text{成品球团产量}}{\text{生球产量}} \times 100\%$$

$$\text{成品率} = \frac{\text{成品球团矿产量}}{\text{铁矿石} + \text{石灰石} + \text{膨润土}} \times 100\%$$

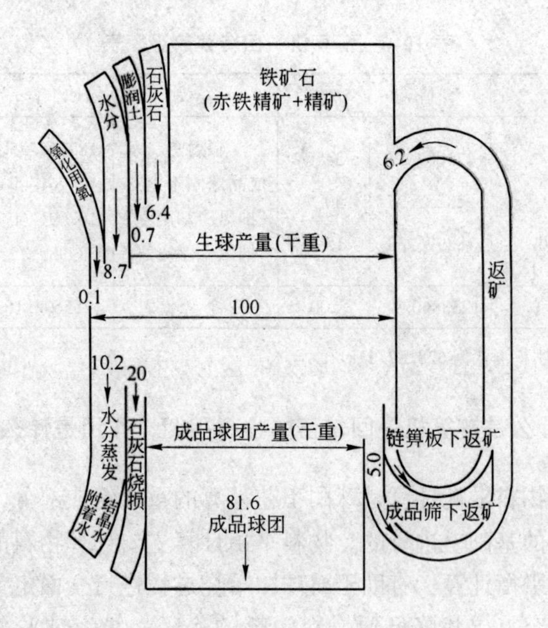

图 10-43　国外某厂链箅机—回转窑生产自熔性球团矿物料平衡结构示意图

第十一章　成品球团矿的处理及质量检验

第一节　成品球团矿的处理

11-1　成品球团矿处理的特点是什么？

答：由于球团生产工艺的特点，焙烧固结后的球团矿粒度一般都很均匀。因此，在无特殊要求的情况下，球团矿不需要像烧结矿那样进行整粒处理（一般为一次破碎三次或四次筛分，有的更复杂一些）也就是说与烧结矿相比球团生产的成品处理要简单得很多。一般球团矿只需要一次筛分，筛分出返矿粉后即可当作成品球团矿直接送到炼铁厂（车间）高炉冶炼或以商品球团矿运给用户的码头、车站。但对几种不同的球团焙烧法，成品球团矿的处理也不尽相同。

11-2　竖炉球团焙烧法的成品球团矿怎样处理？

答：球团竖炉结构的特点是竖炉下部设置有辊式卸料器，在正常生产时球团矿顺利通过齿辊间隙排出。而当生产过程中操作不当焙烧温度过高超过焙烧温度上限时，就会产生一些黏结块或熔融块，这时齿辊也会将其破碎成小块（小于齿辊间隙）排出。因此，排出的球团矿也不会有大块。因此在竖炉球团法一般不再另设置处理大块工序。而只设置一般的筛分工序。

我国竖炉球团的筛分有以下两种情况：

（1）早期建设的球团竖炉大多数采用电振给矿机将球团给入中间矿槽内，再由矿槽下设置的卷扬矿车将球团矿卸入矿车并提升一定高度后卸到固定筛上进行筛分，筛下返矿由汽车或皮带运输机运至烧结机配用或送至磨矿系统细磨后配用，如济钢、凌钢，见图 11-1。

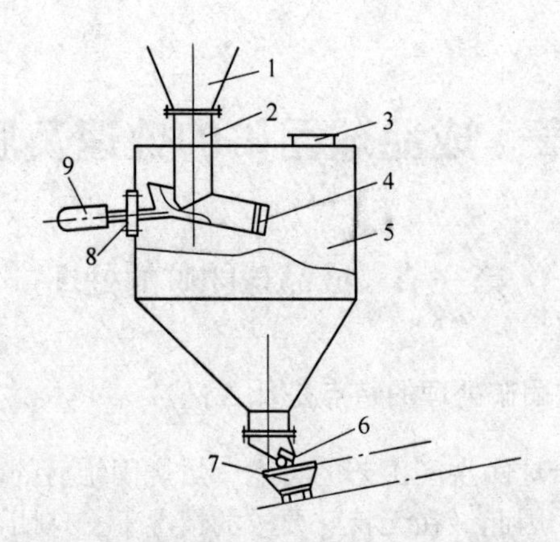

图 11-1 电磁振动给料机—中间矿槽—卷扬机排矿法

1—竖炉下部漏斗；2—直溜槽；3—检修孔；4—挡料链条；5—中间矿槽；6—扇形阀门；7—卷扬矿车；8—迷宫密封装置；9—电磁振动给料机

（2）采用电磁振动给料机—链板运输机排矿法时，通过电振给矿机将球团矿排到链板机上，再经链板机输送到热振筛去筛分，如河北省遵化建龙钢铁总厂的 $10m^2$ 球团竖炉，见图 11-2。

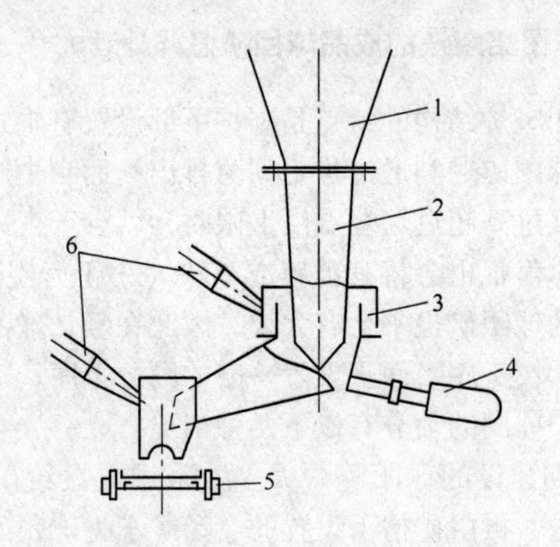

图 11-2 电磁振动给料机—链板运输机排矿法

1—竖炉下部漏斗；2—直溜槽；3—气封装置；4—电磁振动给料机；5—链板机；6—除尘风管

11-3　带式焙烧机球团法的成品球团矿怎样处理?

答: 对于带式法焙烧球团，只要焙烧温度控制合理，几乎不产生“烧结”大块。因此一般不设置专门的大块处理装置，即没有球团矿破碎机和供剔除大块用的棒条（或格）筛。但在带式机尾卸料矿槽的上部装有固定（孔隙在 150 ~ 200mm）格板，以阻止偶然操作失误而产生的球团结大块掉入下部筛分运输系统，待这种大块达到一定数量时由人工用大锤打碎后再进入下部运输（筛分）系统，目的是防止大块堵塞运输系统。其他（正常焙烧的球团矿）由运输机械运往振动筛筛分。由于带式机设有铺底边料，因此带式机焙烧球团的筛分除了筛分出返矿而外，还必须分出铺底铺边料。为了确保铺底铺边料系统的正常工作（防止堵塞），一般铺底铺边料的粒度应严格控制在一定粒度（如≤20 mm）以下。上述两种功能一般在同一筛分机上进行，方法是筛面分段布置不同的筛板，筛面下的漏斗分开成三个小漏斗：如某钢厂的 $162m^2$ 带式机的筛分机筛分过程就是如此，见图 11-3。

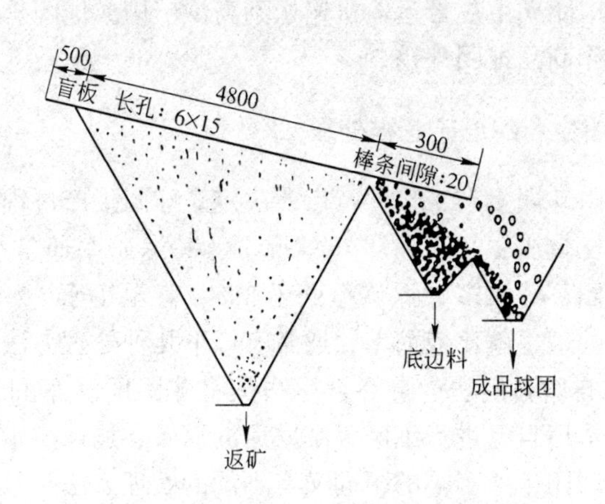

图 11-3　带式球团法筛分工序作业示意图

由图可见，经这样筛面筛分工艺之后，不但把返矿与成品球分开，而且也保证了大块（≥20mm），或杂物不能进入铺底铺边料之中，从而也就防止了底边料供给系统的堵塞。由于球团产品粒度绝大多数是小于20mm的，因而底边料在数量上是可以绝对足够的。至于底边料的实际用量则由底边料漏斗上的皮带速度（可调）予以控制，当底边料漏斗贮量超过其上沿时，（小于20mm颗粒的球团矿）则流入成品球团矿漏斗随成品球团矿皮带送往用户。

11-4　链箅机—回转窑球团法成品球团矿怎样处理？

答：由于链箅机—回转窑球团法在焙烧过程中操作不当往往多少会有一些结圈或粉末烧结而产生的大块，因此要将其剔除。剔除的方法有两种：

（1）在回转窑向冷却机卸料时由棒条筛（格筛）剔除。

（2）由冷却机排出后经振动筛筛分出大于一定粒度（如50mm）的大块，并同时筛分出小于5mm的返矿。

上述两种方法剔除的大块送往大块堆置场或送往大块破碎处理装置进行处理。

成品球团矿由皮带运输机输送到高炉矿槽或球团矿贮料场贮存备用或作商品球团外销。

11-5　球团生产的返矿怎样处理？

答：由球团生产工艺的特点所决定。球团生产过程中所产生的返矿量比较少，在正常生产情况下，其返矿率通常小于5%，在现代球团厂绝大多数返矿率低于3%，甚至小于1%。因此球团返矿的处理也就比较简单，通常有以下几种处理方法：

（1）自磨自用法。自磨自用法是将球团厂（车间）产出的返矿，在本厂自己进行细磨，细磨后的返矿参加球团生产配料。

根据球团生产工艺的不同又有不同的处理方法：

1）在没有精矿或富铁矿粉再磨工序的球团厂，一般是在厂内设置一个专门返矿磨矿系统，返矿经细磨后送往配料矿槽，参加含铁原料的配料。磨矿方法有干磨、湿磨以及润磨，例如我国的凌钢和河北省邯郸市炼铁厂均在厂内设润磨工序，细磨 $8m^2$ 竖炉的球团返矿，细磨后的球团返矿粉送到配料矿槽，参加含铁原料的配料。

2）在设有精矿和富铁矿粉再磨工序的球团厂则是将返矿运往再磨车间，配加在含铁原料中，一起经磨矿作业磨细。也有的厂先将返矿集中在返矿料场堆存，待贮存到一定数量后，再集中进行磨矿处理。

（2）返矿不磨供烧结生产使用。当一个企业既建有烧结厂（车间）又有球团厂时，可将球团厂（车间）所产生的返矿运往烧结厂（车间）直接加入烧结混合料中使用。这样既可以减少球团返矿磨矿处理，又可以改善烧结混合料的粒度特性，提高烧结料层透气性，此法已被国内外很多钢铁企业采用。

关于球团返矿运往烧结厂（车间）的方法有两种：

1）将球团返矿直接运到烧结厂（车间）配料矿槽参加烧结配料。

2）先将球团返矿在贮料场堆存起来，待贮存一定量后再运到烧结厂（车间）去参加烧结配料。

（3）不作处理。由于现代化球团厂所产生的返矿量极少，为了减少球团厂内的工艺设备，减少球团厂的造价，近年来有的球团厂不设球团矿筛分设备（带式焙烧机只分出底边料），将焙烧好的球团矿直接运往用户，在高炉槽下进行筛分，如果外销时则在轮船码头集中进行筛分。如美国的很多球团厂就采用这种方法。我国太钢峨口铁矿有两座 $8m^2$ 球团竖炉，所产球团矿供给太钢炼铁厂高炉作含铁原料，该矿所产球团矿不进行筛分，而是全部装火车运往太钢炼铁厂，然后在太钢炼铁厂高炉槽下进行筛分。

11-6　什么是物料的筛分，成品球团矿的筛分方式有几种？

答：将颗粒大小不同的混合物料，通过单层或多层筛子按粒度分成若干个不同级别的过程称为筛分。筛分实际上就是使混合物料与筛子的筛面做相对运动，小于筛孔的颗粒从筛孔漏下，成为筛下产品；而大于筛孔的颗粒从筛面一端排出，称为筛上产品；这样使物料按粒度分级。故筛分过程与物料的粒度和形状等因素有关，而与密度无关。

筛分作业通常用于粒度为300～1mm物料的分级。但是，近些年细筛已成功用于小于1mm物料的分级，工业应用中，最小筛孔达0.05mm。

成品球团矿筛分的目的是筛除成品球团矿中粒度不合乎生产要求的小颗粒和粉末。

成品球团矿筛分的方式由于球团生产工艺流程的不同，所使用的筛分设备和筛分次数也不尽相同。但归纳起来，成品球团矿的筛分次数有一次筛分和两次筛分两种：筛分设备有固定筛和振动筛两类。

从三种主要球团生产方法来看，链箅机—回转窑球团法的成品球团矿采用两次筛分，第一次筛分是在回转窑向环冷机上卸料时，用棒条筛或格筛剔除生产中产生的大块；第二次筛分是在环冷机之后，目的是筛分出球团矿的碎块和粉末，常用的设备是惯性振动筛。但有的球团厂在环冷机之后已不设筛分系统，成品球团矿不再筛分。对于带式焙烧机球团法和竖炉球团法生产的球团矿，则只有最后一种筛分，常用的筛分是振动筛。我国少数竖炉球团厂采用固定筛来筛分成品球团矿。

11-7 固定筛的结构怎样，主要技术参数有哪些？

答：固定筛又称棒条筛、条筛、格筛。固定筛的结构比较简单，它是由钢制筛框和一组平行的钢制筛板（条）或钢轨构成，筛框与筛板用螺栓连接而成，或用焊接而成。图11-4为固定棒条筛的结构示意图。固定筛安装位置固定不动，筛子与水平呈35°～75°倾角。角度的大小由筛分物料的性质而定。

固定筛通常采用两端刚性格条固定如图11-4所示。也有少数采用格条半固定的悬臂条筛，如图11-5所示。

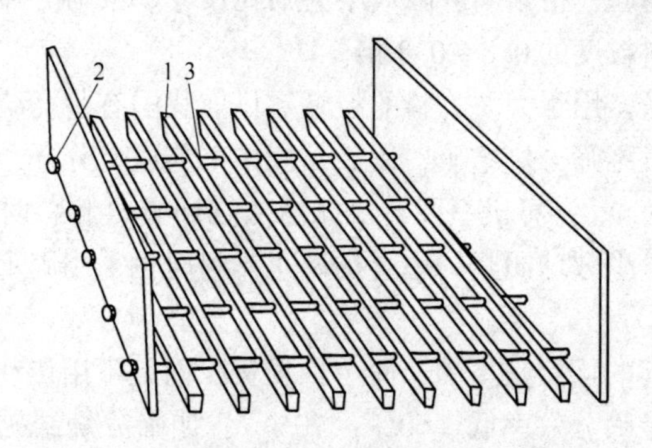

图 11-4　固定棒条筛

1—棒条；2—拉紧螺栓；3—支隔横管

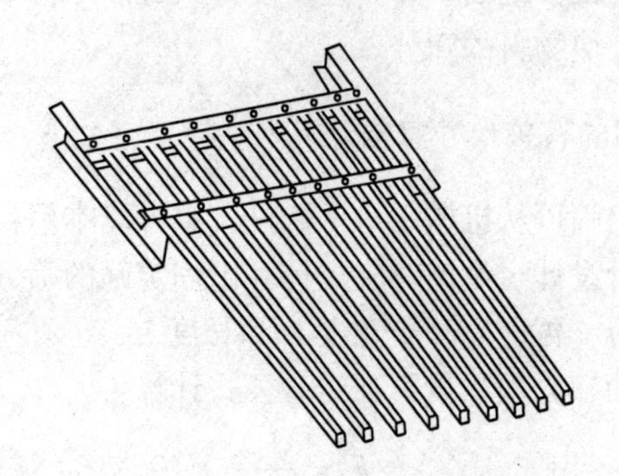

图 11-5　悬臂条筛

固定筛是由平行排列的钢棒、钢条或钢轨组成，钢棒、钢条或钢轨称为格条，格条的断面形状如图 11-6 所示。格条凭借横

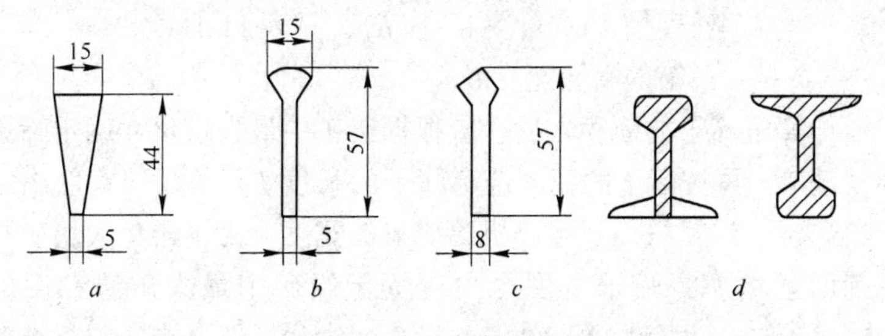

图 11-6　格条断面形状

杆连接在一起，格条间缝隙大小为筛孔尺寸。条筛的筛孔约为要求筛下物料粒度的0.8～0.9倍。

固定筛多用于大块物料的粗筛。目前我国有些烧结厂仍使用固定筛在机尾筛分烧结矿，使成品烧结矿与返矿分开，筛缝一般为18～25mm。链箅机—回转窑球团法在回转窑卸料时用固定筛剔除大块。少数球团竖炉用卷扬矿车排料时也采用固定筛筛分成品球团矿。

固定筛的优点是坚固、简单、投资少而且不用传动设备和动力。缺点是筛分效率低（60%～70%），如筛分烧结矿时在成品中夹杂着大量粉末，筛下返矿中含有一定数量大颗粒烧结矿，条筛易堵塞；设备占地面积和净空高度都大等。尽管如此，它仍然广泛地用于大块物料的筛分。

11-8　固定筛的有关尺寸怎样计算？

答：固定筛可从机械制造厂购进，也可以本厂自己制造。制造前应先进行设计。设计时应先计算出固定筛的筛分面积，算出筛子面积之后，再计算筛子宽度 B 和长度 L。

固定筛的筛分面积按下列经验公式计算：

$$F = \frac{Q_d}{qa} \tag{11-1}$$

式中　F——固定条筛的筛分面积，m^2；

Q_d——按设计流程计算的给入条筛的矿量，t/h；

q——按给矿计算的1mm筛孔宽的固定条筛的单位面积的处理量，$t/(m^2 \cdot h \cdot mm)$，见表11-1；

a——条筛的筛孔宽，mm。

计算出筛子的面积之后，应根据给矿中最大块尺寸确定筛子的宽度 B，再按筛子的宽度选定筛子的长度 L。条筛的宽度决定于给矿机、运输机以及破碎机给矿口的宽度，为了避免大块矿石在筛面上堵塞，筛子宽度至少应等于给矿中最大矿块粒度的2.5～3倍，长度应为宽度的2～3倍。对于一些用卷扬矿车排矿的球团竖炉。固定筛的宽度应为矿车卸料口宽度的1.5倍左右。

表 11-1　1mm 筛孔宽的固定筛单位面积处理量 q 值（$t/(m^2 \cdot h \cdot mm)$）

筛分效率 E /%	筛孔间隙/mm						
	25	50	75	100	125	150	200
	$q/t \cdot (m^2 \cdot h \cdot mm)^{-1}$						
70～75	0.53	0.51	0.46	0.40	0.37	0.34	0.27
55～60	1.16	1.02	0.92	0.80	0.74	0.68	0.54

注：1. 单位面积处理量是按矿石松散密度为 $1.6t/m^3$ 计算出来的；
2. 固定筛适用于块度大的矿石筛分，当处理粒度较小的球团矿时，q 值应作适当调整。

表11-2为固定筛的技术参数。

表 11-2　固定筛技术参数

项　目	固定筛规格				
	2×5.5	2×6	1.5×3	2×4	SICS 2.5×6
筛子长度/mm	5500	6000	3000	4000	6000（6000）
筛子宽度/mm	2000	2000	1500	2000	2500（2500）
筛子倾角/(°)	38	37		40	40（37）
筛条间隙/mm	50	50	35	50	50
筛前物料粒度/mm	0～150		0～150	0～150	0～150
处理能力/$t \cdot h^{-1}$	440				550
适用烧结机规格/m^2	130	180	24	90	300（265）
已使用单位	攀钢烧结厂		广钢烧结厂	邯钢烧结厂	马钢新烧结厂

注：括号内数据为原冶金工业部鞍山黑色冶金矿山设计研究院设计数据。

11-9　什么是振动筛，它有哪些优点？

答： 振动筛是工业生产上使用最广泛的筛子，多用于筛分细碎物料。它是利用筛网的振动来进行筛分的。筛网振动的次数为900～1500次/min，也有达到3000次/min的。振幅的范围在0.5～12mm，振幅越小，振动次数越多。筛子的倾斜角在0～40°之间。

振动筛是工业生产上应用广泛的筛子，这是因为它具有以下突出的优点：

（1）筛体以低振幅、高振动次数作强烈振动，加速物料在筛面上的分层和通过筛孔的速度，使筛子有很高的生产率和筛分效率。

（2）由于筛面的强烈振动，筛孔较少堵塞，在筛分黏性或潮湿矿石时，工作指标明显优于其他类型的筛子。

（3）所需的筛网面积比其他筛子小，可以节省厂房的面积和高度。而且动力消耗少，操作、维修比较方便。

（4）应用范围广，既可适用于中、细碎前的预先筛分和检查筛分；还可以用于洗矿、脱水与脱泥等作业及磨矿循环中的筛分。

11-10　振动筛怎样进行分类？

答：现有的振动筛种类繁多，分类方法也较多。以下介绍几种惯用的振动筛分类方法：

（1）按激振器驱动轴的根数来分类，可分为单轴式与双轴式两种：

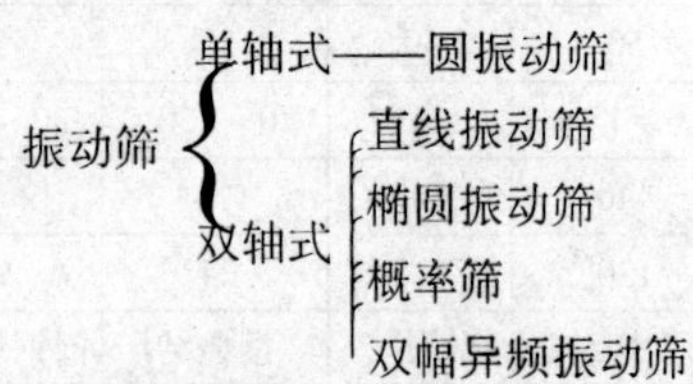

（2）按振动的频率比来分，可分为近共振点工作和远离共振点工作的振动筛，即：

频率比（Z）
- 近共振点工作（$Z=0.8\sim0.9$）——共振筛
- 远离共振点工作（$Z=4\sim6$）——惯性筛

（3）按筛框运动轨迹不同，又可分为圆运动振动筛和直线运动振动筛两类。

圆运动振动筛包括惯性振动筛、自定中心振动筛和重型振动筛。

直线运动振动筛包括直线振动筛和共振筛。

目前大部分振动筛均属惯性振动筛，因为它有较为稳定的工作振幅，不受其他因素的影响。缺点是激振器尺寸较大，消耗功率也较大。

由于各种振动筛的构造和运动方式有别，因此其性能也各异。市场上的振动筛种类繁多，规格型号也很多，在振动筛型号与规格项目中英文字母代表的含义如下：

A——偏心轴；B——双机同步；H——重型；G——共振；

K——块偏心激振器；S——筛、双轴、滚轴筛；X——箱式激振器；Y——圆运动，筛盘异型；Z——中心、振动、直线运动、座式。

数字代表筛子的宽度和长度，如 1545 表示筛子宽度 1500mm，筛子长度 4500mm。

11-11　惯性振动筛的结构怎样，简要的动作原理是什么？

答：惯性筛是目前球团厂和烧结厂使用最广泛的筛子。国产惯性振动筛有单层、双层、座式和吊挂式几种。图 11-7 为 SZ 型（座式）惯性振动筛外结构示意图。图 11-8 为惯性振动筛动作原理示意图。它是由筛箱、筛网、板弹簧组、振动器和传动电动机等组成。筛网工固定在筛箱上，筛箱安装在两椭圆形板弹簧组 8 上，板弹簧组底座与倾斜度为 15° ~ 25°的基础固定。筛箱是依

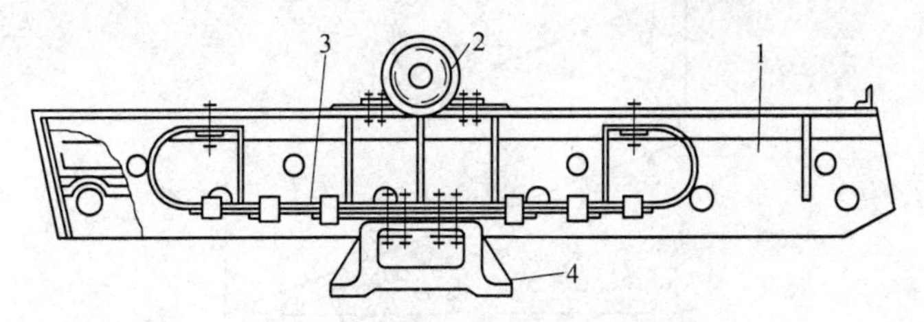

图 11-7　惯性振动筛外结构示意图

1—筛框；2—主轴；3—减振弹簧；4—底座

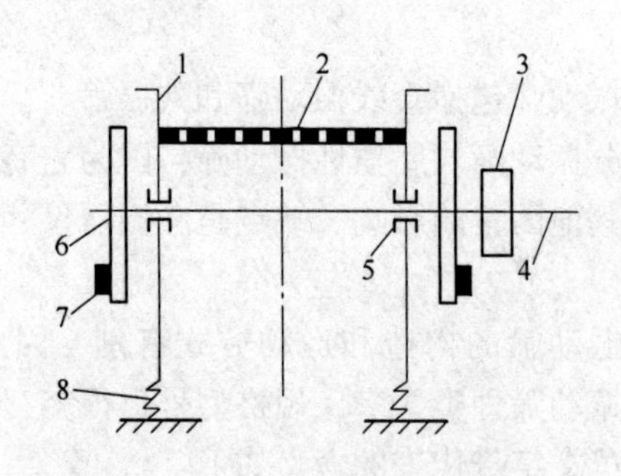

图 11-8 惯性振动筛原理示意图

1—筛箱；2—筛网；3—皮带轮；4—主轴；5—轴承；
6—偏重轮；7—重块；8—板弹簧

靠固定在中部的单轴惯性振动器（纯振动器）产生振动。振动器的两个滚动轴承5固定在筛箱中部，振动器主轴4的两端装有偏重轮6，调节重块7在偏重轮上不同位置，可以得到不同的惯性力，从而调整筛子的振幅。安装在固定机座上的电动机，通过三角皮带轮3带动主轴旋转，因此使筛子产生振动。筛子中部的运动轨迹为圆；因板弹簧的作用使筛子的两端运动轨迹为椭圆，在给料端附近的椭圆形轨迹方向朝前，促使物料前进速度增加；根据生产量和筛分效率的不同要求，筛子可安装成不同的坡度（15°～25°），见图11-9。在排料端附近的椭圆形轨迹方向朝后，以使物料前进速度减慢，以利于提高筛分效率。

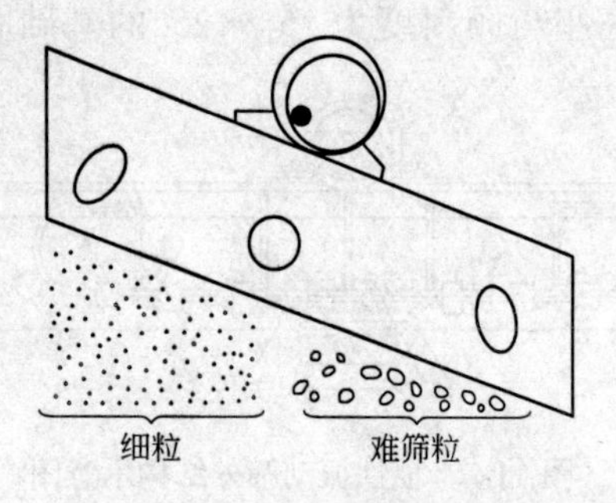

图 11-9 椭圆形运动轨迹

惯性振动筛的基本工作原理为：

惯性振动筛由于偏重轮的回转运动产生惯性力（称为激振力）传给筛箱，激起筛子振动，筛面上的物料受筛面向上运动的作用力而被抛起，前进一段距离后，再落回筛面直至透过筛孔。

如图 11-10 所示，当主轴以一定的转速 n(r/min)转动，偏心重块的向心加速度为 a_n

$$a_n = R\omega^2$$

式中　R——偏心重块的重心回转半径，m；

ω——偏心重块的角速度，rad/s，$\omega = \frac{\pi n}{30}$。

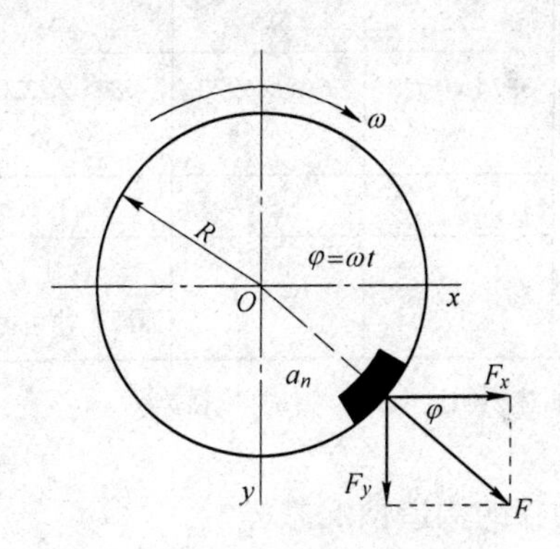

图 11-10　惯性振动筛激振力

于是，有离心力 F 作用于筛箱上

$$F = ma_n = \frac{q}{g}R\omega^2$$

式中，q 为偏心重块的重量；m 为偏心重块的质量；g 为重力加速度。

这个离心力 F 就称为激振力，它的方向随偏心重块所在位置而改变，指向永远背离转动中心。

表 11-3 为惯性振动筛规格及性能。

表 11-3　惯性振动筛规格及性能

型号与规格	SZ1250 × 2500	$SZ_2$1250 × 2500	SZ1500 × 3000	$SZ_2$1500 × 3000
筛分面积/m^2	3.1	3.1	4.5	4.5
筛网层数	1	2	1	2
最大给料粒度/mm	100	100	（<100）100	（<100）100
处理量/$t \cdot h^{-1}$	70	70 ~ 200	（125）70 ~ 200	（125）100 ~ 300
筛孔尺寸/mm	6 ~ 40	6 ~ 40	6 ~ 40	6 ~ 40
双振幅/mm	4	4.8	4.8	6
振次/min^{-1}	（1440）1450	1300	1300	1000
筛面倾角/(°)	15 ~ 25	15 ~ 25	15 ~ 25	15 ~ 25
电机型号	YB132S-4	YB132S-4	YB132S-4	YB132S-4
功率/kW	5.5	5.5	5.5	5.5
外形尺寸(长×宽×高)/mm×mm×mm	3325 × 1970 × 950	3395 × 1970 × 1115	3865 × 2220 × 950	3935 × 2220 × 1115
重量/t	（1.02）1.092	1.387	（1.308）1.388	1.797
制造厂	鞍矿、南矿	鞍　矿	鞍矿 淄博生建机械厂	鞍矿、南矿 淄博生建机械厂

注：处理量系以矿石体积质量 1t/m^3 为计算依据。

11-12　双轴振动筛的构造情况怎样？

答： 双轴惯性振动筛又称为自相（身）平衡振动筛。这种筛子是由带一个筛面或几个筛面（多层筛分）的筛框组成。筛框装在弹性支架上（或用减震器吊在支架结构上）。在筛框上（或下）装有使筛框产生振动的自身平衡振动器。双轴惯性振动筛有吊挂式和卧式两种。图 11-11 为吊挂式双轴惯性振动筛示意图。图 11-12 为带式球团用卧式双轴惯性振动筛简图，振动器装在筛框下面。

自身平衡振动器（参见图 11-13）为两个构造相同不平轮构成，分别安装在两根平行的轴上，其中一根轴由电动机经挠性传

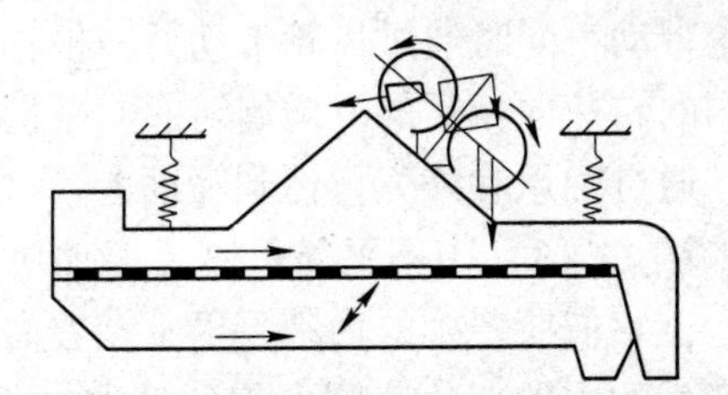

图 11-11　吊挂式双轴惯性振动筛示意图

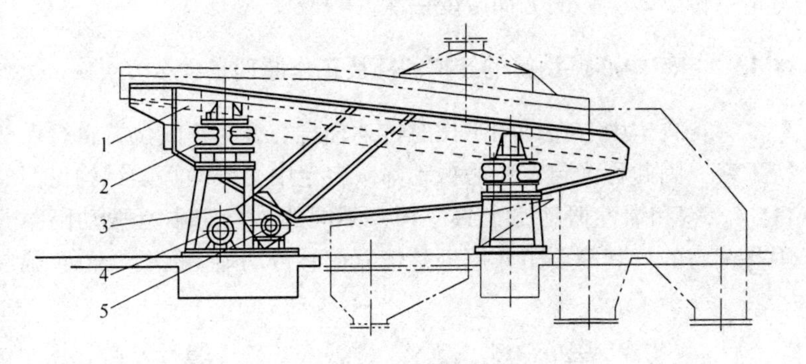

图 11-12　卧式双轴惯性振动筛

1—筛框；2—气垫弹簧；3—振动器；4—电机；5—传动皮带轮

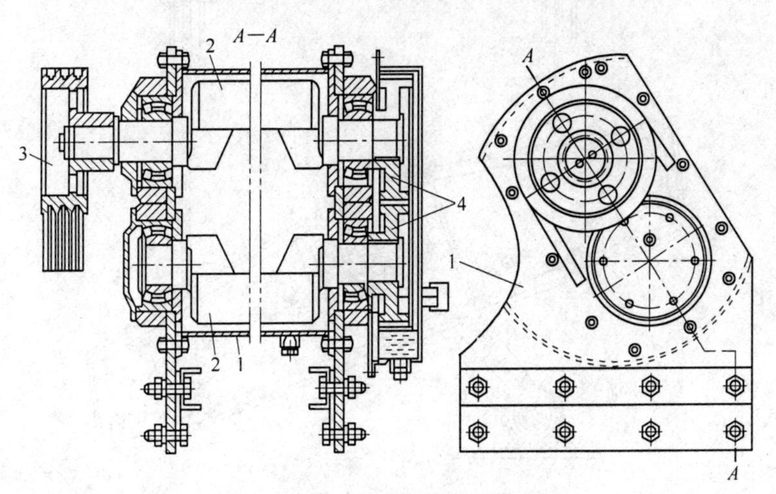

图 11-13　自身平衡振动器结构简图

1—壳体；2—不平轮；3—皮带轮；4—齿轮

动装置和皮带轮带动，同时通过齿轮带动另一根轴旋转，即两个不平衡轮以相同的转速向相反的方向旋转。不平衡的惯性离心力首先传到轴上、通过轴承和外壳再传到筛框上。

振动器（如图 11-13）中不平衡重块（振动块）A 和 A'，不论在什么位置上，它们所产生的力都是沿 x 轴方向。通过计算得出，振动器所产生的力的变化范围由零到最大（额定值），不平衡轮每转半转，力的方向改变一次。

11-13 自定中心振动筛的结构和简要工作原理是什么?

答： 自定中心振动筛工作时传动轴自心线的空间位置自行保持不变，因此称为自定中心振动筛。自定中心振动筛的结构见图 11-14。它和惯性振动筛大致一样，不同的是自定中心振动筛主轴是偏心的，其简要工作原理是依靠偏心传动 轴 的 旋 转 使 筛

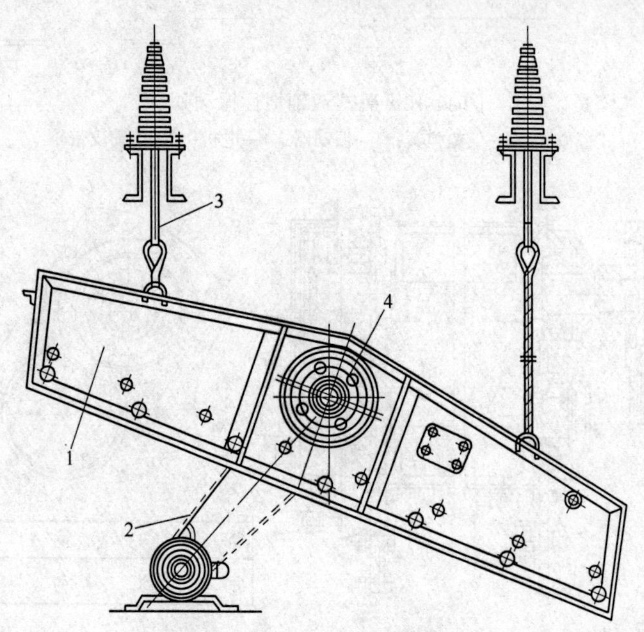

图 11-14 自定中心振动筛

1—筛框；2—三角皮筛轮；3—吊架；4—主轴

子产生上下振动，偏重物随轴一起旋转而产生的惯性力平衡筛子上下振动所产生的惯性力，使该振动筛偏心传动轴中心线的空间位置自行保持不变，其动作原理见图 11-15。由于克服了偏心振动筛和惯性振动筛的缺点，在工业生产中得到了广泛的应用。

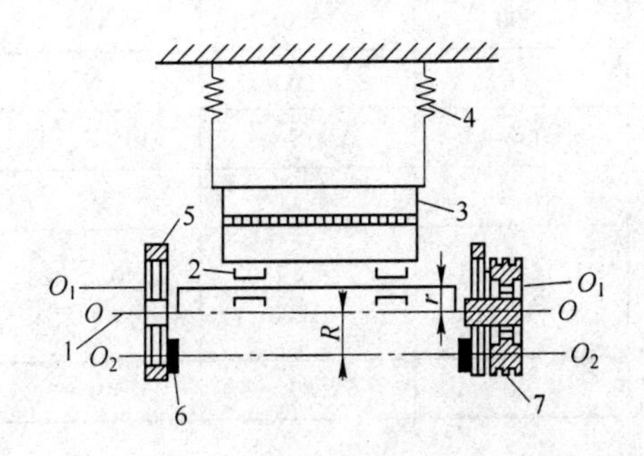

图 11-15　自定中心振动筛动作原理

1—主轴；2—轴承；3—筛框；4—弹簧；
5—偏重轮；6—配重；7—皮带轮

自定中心振动筛的优点是在电机的稳定方面有很大的改善，所以筛子的振幅可以比惯性振动筛稍大一些，可以根据生产要求调节振幅的大小。但是，在操作中筛子的振幅受负荷影响而变化，当筛子负荷过大时，它的振幅变小，不能使筛网上的矿石全部抖动起来，因而筛分效率下降；反之当筛子负荷过大时，矿石在筛面上筛分时间过短，也导致筛分效率下降。因此，给矿量不宜波动太大。所以这种筛子只适用于中、细粒物料的筛分。表 11-4 为自定中心振动筛规格及性能。

表 11-4　自定中心振动筛规格及性能

型号与规格	SZZ400×800	$SZZ_2$400×800	SZZ800×1600	$SZZ_2$800×1600
筛网层数	1	9	1	2
筛分面积/m^2	0. 29	0. 29	1. 3	1. 3
倾角/(°)	15～25	15～25	15	15
筛孔尺寸/mm	1～25	1～16	3～40	3～40

续表 11-4

型号与规格	SZZ400×800	$SZZ_2$400×800	SZZ800×1600	$SZZ_2$800×1600
给料粒度/mm	≤50	≤50	≤100	≤100
处理量/t·h⁻¹	12	12	20~25	20~25
振次/min⁻¹	1500	1500	1430	1430
双振幅/mm	3（6）	3（6）	6	6
电机型号	Y90S-4	Y90S-4	$Y100L_1$-4	$Y100L_2$-4
功率/kW	1.1	1.1	2.2	3
外形尺寸（长×宽×高）/mm×mm×mm	1275×780×1200	1275×780×1200	2140×1328×475	1880×1328×673
设备重量/kg	120	149	498	822
制造厂	鞍山矿山机械总厂			

型号与规格	SZZ1250×2500	$SZZ_2$1250×2500	$SZZ_2$1250×4000	SZZ1500×3000
筛网层数	1	2	2	1
筛分面积/m^2	3.1	3.1	5	4.5
倾角/(°)	15~20	15~20	15	20~25
筛孔尺寸/mm	6~40	6~60	3~60	6~16
给料粒度/mm	≤100	≤150	≤150	≤100
处理量/t·h⁻¹	150	100	120	245
振次/min⁻¹	850	1200	900	800
双振幅/mm	1~35	2~6	2~6	8
电机型号	Y132S-4	$Y132M_2$-6	Y132M-4	Y132M-4
功率/kW	5.5	5.5	7.5	7.5
外形尺寸（长×宽×高）/mm×mm×mm	2672×1714×680	2635×1997×1450	4100×2076×2050	3320×1638×787
设备重量/kg	1021	1260	2500	2234
制造厂	鞍矿、南矿、株矿 淄博生建机械厂		鞍矿	鞍矿、南矿、株矿

续表 11-4

型号与规格	SZZ1500×4000	$SZZ_2$1500×3000	$SZZ_2$1500×4000	SZZ1800×3600
筛网层数	1	2	2	1
筛分面积/m^2	6	4.5	6	(6.5), 6.48
倾角/(°)	15	20～25	20	25±2
筛孔尺寸/mm	1～13	6～40	6～50	6～50
给料粒度/mm	(≤100), ≤75	≤100	≤100	≤150
处理量/$t \cdot h^{-1}$	250	245	250	300
振次/min^{-1}	810	840	(840), 800	750
双振幅/mm	8	(8), 2.5～5	5～10	8
电机型号	Y160L-4	Y132M-4	Y132M-4	Y180M-4
功率/kW	15	7.5	7.5	18.5
外形尺寸（长×宽×高）/mm×mm×mm	4350×1975×1000	2866×2342×1572	3951×2375×1941	3750×3060×2541
设备重量/kg	2582	2511	4022	4626
制造厂	南矿、株矿、鞍山矿山机械总厂			淄博生建机械厂 鞍山矿山机械总厂

11-14　耐热振动筛的构造和使用情况怎样？

答：耐热振动筛又称热矿振动筛、热矿筛、耐热筛。耐热振动筛用于800～1000℃热烧矿的筛分，筛分的热烧结矿送到冷却机冷却。表11-5为国内耐热振动筛与烧结机配套情况，表11-6为日本耐热振动筛与烧结机配套情况。

表 11-5　国内热振筛与烧结机配套情况

名称、型号及规格		质量/kg	配套烧结机面积/m^2	生产厂家
耐热振动筛	SZR1500×4500	10600	18、24、36	上海冶金矿山机械厂
	SZR2500×7500	25300	50、75	
	SZR3100×7500	26500	90、130	

表 11-6 日本热振筛与烧结机配套情况

厂 名	鹿岛 2 号	大分 1 号	水岛 1 号	加古川	水岛 1 号	釜 石
烧结机面积/m^2	500	400	300	262	183	170
热振筛筛分面积/m^2	4×8=32	4×9.5=38	3.8×8.4=31.92	3.66×8.4=28.2	3×6=18	2.4×5.3=12.5
热振筛面积/烧结面积	0.064	0.095	0.106	0.11	0.10	0.074

近年来我国新建的球团竖炉也增设了球团矿炉外冷却设施，一般的工艺流程是由热链板输送机将从竖炉排出的热球团矿输送到耐热振动筛进行筛分，筛分后的球团矿送到鼓风带冷机进行冷却，冷却后的球团矿用皮带运输机输送到球团中间料仓储存，然后再转运到高炉矿槽。如河北遵化建龙钢铁总厂 2001 年投产的 $10m^2$ 球团竖炉就采用 SZR1500×4500 热振筛筛分竖炉排出的热球团矿，筛分后的球团矿送到有效冷却面积为 $30m^2$ 的鼓风带冷机去冷却。

耐热振动筛由振动器、筛箱、弹簧等组成。筛箱是筛子的运动部件，由筛框、筛板、横梁、侧板组成。筛子的基本工作原理是，振动器上两块偏心块在电动机带动下，作高速相反方向旋转，产生定向惯性力传给筛箱，与筛箱振动时产生的惯性力相平衡，从而使筛箱产生具有一定振幅的直线往复运动。筛面上的物料，在筛面的抛掷作用下，以抛物线运动轨迹向前移动，从而达到筛分的目的。

耐热振动筛筛分效率高，设备结构简单，由于采用了二次减震梁，对基础的动负荷较小。但是筛子长期处于高温粉尘条件下工作，遭受连续运动的冲击和振动，筛子本体容易变形，振裂、助振器轴承容易损坏，筛子易于过度磨损。所以国产的耐热振动筛筛板选用铬锰氮耐热铸钢，筛框为 14 锰钼钒硼加稀土低合金钢，性能较好，能满足生产要求，而造价比镍铬耐热钢降低 70% 以上。

由于耐热振动筛在使用中难以避免一些故障影响烧结机的生产率，国外有些烧结厂已取消了耐热振动筛。经单辊破碎机破碎后的烧结矿直接进入冷却机，只要把冷却机的风量增加15% ~ 20%，即可获得与有热振筛时同样的冷却效果，这一工艺改革值得研究。据悉国内有的烧结厂也取消了耐热振动筛。

11-15 成品球团矿的贮存和运输方式有哪几种？

答：成品球团矿的贮存和运输方式主要决定于成品球团矿的用途和球团厂的建设位置。实际生产上成品球团矿的贮存和运输方法是多种多样的，但归纳起来可分为以下3种类型：

（1）球团厂（车间）建设在钢铁厂（公司）内。这种情况下是球团矿经过冷却、筛分后一般都是直接用皮带运输机（绝大多数厂）或用钢网带运输机（如杭钢）等运输系统设备运送到高炉的矿槽、料栈，有的在炼铁厂的料栈、矿槽之前再设置有缓冲贮矿槽，以解决在高炉因故不能全部用球团矿时焙烧设备的正常生产，或因故焙烧设备生产不正常时满足高炉用料，以提高高炉和球团焙烧设备的作业率（如包钢）。早期建设的用卷扬矿车排矿的竖炉，是装有球团矿矿车提升到高位固定筛进行前，筛分后的球团矿溜到安装有桥式抓斗吊车的露天料场内贮存冷却，然后再用抓斗将球团矿装入矿槽，通过皮带机送给炼铁车间矿槽（如凌钢）。图11-16为某钢铁厂成品球团矿贮运示意图。

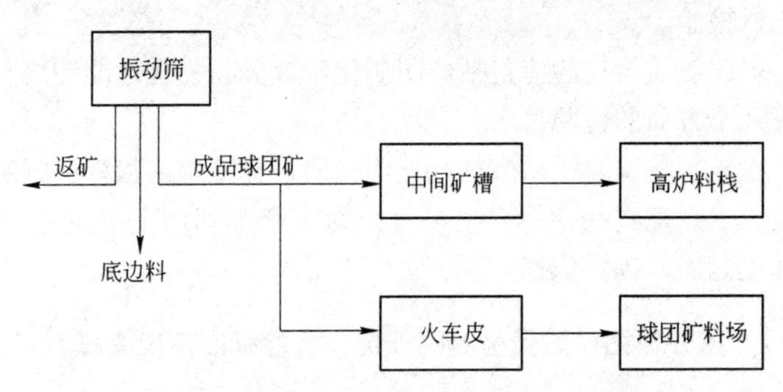

图11-16 某钢铁厂成品球团矿贮运示意图

（2）球团厂（车间）建设在钢铁厂（公司）外或建设在矿山时。这种情况下是球团矿经冷却、筛分后一般由皮带运输机运到铁路矿槽装火车皮外运，或者送到成品堆料场堆贮。在国外（北美的很多球团厂）采用这种方式较为普遍。因为这些地区冬季湖面冻结不能通航，这个时期生产的球团矿要堆存起来，待湖面通航后再外运。在国内太钢的竖炉球团就建设在峨口铁矿，该矿的两座 8m² 球团竖炉年产约 50 多万吨球团矿，就是采用竖炉不筛分，直接装火车运送到太钢炼铁厂的贮运方式。又如首钢密云铁矿的球团竖炉和迁安铁矿的链箅机—回转窑球团也都采用装火车运往首钢的贮运方式。

（3）根据球团矿外销的贮运方式。在国外有些球团厂生产的球团矿主要是为了出口，因此这样的球团厂就必须设置有专门的球团矿外运系统，一般在码头设置有机械化堆栈和装船设施，这些设施主要有堆料机、取料机、皮带运输机等。

第二节　成品球团矿的质量检验

11-16　为什么要对成品球团矿进行质量检验，包括哪几个方面？

答：为了判定从焙烧设备中生产的成品球团矿的质量是否能满足高炉冶炼的要求，在生产过程中需要随时对成品球团矿的质量进行检验。

球团矿质量检验应包括球团矿化学成分、物理性能和冶金性能等几个方面的检验。

检验后将检验结果数据与球团矿质量标准中的指标进行对照比较，以判定哪些指标合格与否，为生产车间（厂）改善生产管理和工艺操作提供依据。

11-17　国外球团矿质量检验的概况，检验标准情况怎样？

答：目前，世界各国在球团矿的质量要求方面尚无完全统一的规定标准，尚是各个国家或各生产企业根据自己的原料特性、产品生产方法和产品用途规定出了相应的球团矿的质量标准及检验方法。目前国外使用的球团矿质量标准：国际标准化组织(ISO)标准；各个国家的标准有：美国材料试验协会的(ASTM)标准、日本工业标准(JIS)、德国钢铁研究协会(VDE)标准、英国标准协会(BSI)标准、比利时国家冶金研究中心(CRM)标准、前苏联的全苏标准(OCT)和全苏国家标准(ГОСТ)以及中国国家标准(GB)等。

表 11-7 ~ 表 11-11 列出了几个代表性国家的球团矿质量标准。

表 11-7　日本球团矿质量标准

项　目	指　标	项　目	指　标
单球抗压强度/N	平均 2450	JIS 膨胀指数/%	最大 14
单球最小抗压强度(<784N)/%	最大 5	还原后抗压强度/N	单球平均 441
JIS 转鼓指数(<1mm)/%	最大 4.5	还原度/%	最小 60
粒度范围(9 ~ 15mm)/%	最小 85		

表 11-8　德国球团矿质量标准

项　目	指　标	项　目	指　标
粒度(10 ~ 16mm)/%	最小 85	还原度 40% (950℃)/min	最小 0.5%
粒度(<5mm)/%	最大 1	ISO 膨胀指数(1000℃)/%	最大 20
单球冷抗压强度/N	最小 1960	荷重还原压降(1000℃)/Pa	最大 196
ISO 转鼓指数(<0.5mm)/%	最大 5		

表 11-9　加拿大球团矿质量标准

项　目	指　标	项　目	指　标
粒度(9.5 ~ 15.9mm)/%	>95	单球抗压强度/N	>1999
粒度(<6.35mm)/%	<1	碱金属(K_2O 和 Na_2O)/%	<0.13
转鼓指数 ASTM(>6.35mm)/%	>95		

表 11-10 我国某球团厂球团矿质量标准

项 目	指 标	项 目	指 标
还原膨胀率/%	<14	荷重软化开始温度/℃	1152
单球抗压强度/N	>2000	低温还原粉化率/%	<14
转鼓指数(>5mm)/%	96	900℃还原度/%	>70

表 11-11 前苏联铁矿石球团矿质量标准

项 目	球团厂标准	高炉要求最佳指标
(1) 物理特性/%		
转鼓指数>5mm	92~94	≥95
转鼓指数<0.5mm	5~7	≤3~5
5~0mm 粒级	3~5	≤3
28~8mm 粒级	90	≥95
(2) 化学特性/%		
含铁量波动	±0.5	±0.25
碱度波动	±0.05~0.1	±0.0025
(3) 还原性		
还原强度(+5mm)/%	70	≥80
还原粉化率(0.5~0mm)/%	10	≤5
料层负荷还原压力降/mm 水柱①	50	≤20
膨胀率/%	7~20	≤12

① 1mm 水柱≈9.8Pa。

11-18 我国球团矿质量检验和球团矿质量标准概况如何？

答：我国球团生产发展起步较晚，标准制定更晚一些。最初各厂生产的球团矿质量检验都按各厂制定的技术条件进行检验判定。表 11-12 为鞍钢球团矿的技术条件。

表 11-12　鞍钢球团矿技术条件

TFe/%	w(FeO)/%	CaO/SiO_2	w(S)/%	转鼓指数(0~5mm)/%	筛分指数(0~5mm)/%
≥52	≤10	0.80±0.1	≤0.08	≤15	≤10

1978 年 11 月在安阳钢铁厂水冶炼铁分厂召开的《全国竖炉球团现场会》上通过了《竖炉球团矿质量考核暂行标准》，见表 11-13。

表 11-13　竖炉球团矿质量考核暂行标准

指标	化学成分						物理性能		
	w(Fe)/%			w(FeO)/%	碱度波动范围	w(S)/%	转鼓指数(≥5mm)/%	筛分指数(≤5mm)/%	抗压强度/N·个$^{-1}$
	一等	二等	三等						
	>60	57~60	>57						
合格品	≤±1.0			≤2.0	≤±0.10	≤0.10	84	6	1471(150kg/个)

暂行标准规定：

（1）含铁量的考核，应扣除 CaO、MgO 含量的含铁量，计算公式：

$$w(\mathrm{Fe})/\% = \frac{\mathrm{TFe}}{100-(\mathrm{CaO}+\mathrm{MgO})} \times 100\%$$

式中　TFe——化学分析得到的全铁含量，%；

CaO，MgO——化学分析得到的氧化钙和氧化镁的质量分数，%。

（2）铁和碱度的考核基数自定。

我国现行的球团矿的质量标准是由包头钢铁公司起草的黑色冶金行业标准。第一部是于 1992 年 1 月 1 日实施的黑色冶金行业标准 YB/T 005—1991《铁球团矿》。铁矿球团的技术指标见表 11-14。

上述标准执行一段时间后又进行了修改。2005 年 7 月 26 日中华人民共和国国家发展与改革委员会发布了 YB/T 005—2005《酸性铁球团矿》代替 YB/T 005—1991《铁球团矿》标准，并于 2005 年 12 月 1 日实施。表 11-15 为 YB/T 005—2005 的技术要求。

表 11-14　铁球团矿技术指标（YB/T 005—1991）

项目名称	品级	化学成分				物理性能				冶金性能		粒度
		TFe/%	w（FeO）/%	碱度 R = CaO/SiO_2	w（S）/%	抗压强度 /N·个$^{-1}$	转鼓指数（+6.3mm）/%	抗磨指数（−0.5mm）/%	筛分指数（−5mm）/%	膨胀率 /%	还原度指数 RI /%	（10~16mm）/%
指标	一级品	—	<1	—	<0.05	≥2000	≥90	<6	<5	<15	≥65	≥90
	二级品	—	<2	—	<0.08	≥1500	≥86	<8	<5	<20	≥65	≥80
允许波动范围	一级品	±0.5	—	±0.05	—	—	—	—	—	—	—	—
	二级品	±1.0	—	±0.1	—	—	—	—	—	—	—	—

表 11-15　酸性铁球团矿的技术要求（YB/T 005—2005）

项目名称	品级	化学成分（质量分数）/%				物理性能					冶金性能		
		TFe	FeO	SiO_2	S	抗压强度 /N·个$^{-1}$	转鼓指数（+6.3mm）/%	抗磨指数（−0.5mm）/%	筛分指数（−5mm）/%	粒度（8~16mm）/%	膨胀率 /%	还原度指数（RI）/%	低温还原粉化指数（RDI）（+3.15mm）/%
指标	一级品	≥64.00	≤1.00	≤5.50	≤0.02	≥2000	≥90.00	≤6.00	≤3.00	≥85.00	≤15.00	≥70.00	≥70.00
	二级品	≥62.00	≤2.00	≤7.00	≤0.06	≥1800	≥86.00	≤8.00	≤5.00	≥80.00	≤20.00	≥65.00	≥65.00
允许波动范围	一级品	±0.40	—	—	—	—	—	—	—	—	—	—	—
	二级品	±0.80	—	—	—	—	—	—	—	—	—	—	—

注：抗磨指数、冶金性能指标应报出检验数据，暂不作考核指标，其检验周期由各厂自定。

YB/T 005—2005 与 YB/T 005—1991 比较，主要作了以下修改：

（1）适用范围中“供高炉冶炼用的氧化球团矿”修改为“供高炉冶炼用酸性球团矿”；

（2）增加了 TFe 含量、SiO_2 含量、低温还原粉化指数指标；

（3）取消碱度波动范围考核指标，以及原铁球团矿技术指标；

（4）将 TFe 波动范围、FeO 含量、硫含量、抗压强度、抗磨指数、筛分指数、膨胀率、还原度指数指标进行了调整；

（5）将 3.1 和 3.2 进行了合并，也将粒级范围及其一级品粒度范围进行了调整；

（6）对试验方法、检验规则中依据的标准进行了调整。

11-19　球团矿化学成分检验项目及检验方法是什么？

答：成品球团矿质量检验项目有以下 3 种情况：

（1）按《酸性铁球团矿》YB/T 005—2005 的技术要求规定，酸性铁球团矿的化学成分有 TFe、$w(FeO)$、$w(SiO_2)$和$w(S)$4 项，因此在日常生产过程中可只检验上述 4 项作为铁球团矿的质量判定指标。

（2）为了全面了解球团矿的化学成分，应对铁球团矿做全面分析，主要检验为：TFe、$w(FeO)$、$w(CaO \cdot SiO_2)$、$w(MgO)$、$w(Al_2O_3)$、$w(MnO)$、$w(TiO_2)$、$w(S)$、$w(P)$等项目。检验次数可由企业自行决定，按旬、月进行也可以。

（3）生产含 MgO 球团矿时，应对其中 MgO 含量进行检验，以判定含 MgO 物料的配加量是否准确。

（4）对含 Cu、Pb、Zn、As、F 及碱土金属的数量较多的球团矿也应对其进行检验，以判定这些特殊元素含量是否超过规定值。检验项目和检验次数以及检验时间，可由企业根据这些特殊元素的实际含量情况确定。

球团矿的化学分析方法，按 YB/T 005—2005 中规范性引用文件进行。

11-20 球团矿物理性能检验的目的是什么，检验指标有哪些？

答： 球团矿的物理性能又称球团矿常温性能、球团矿冷强度等。检验目的是为判定焙烧设备生产的球团矿是否达到规定的质量指标，通过几项指标的检验，确定其强度和粉末含量入炉后能否保证高炉料柱具有良好的透气性。球团矿作为合理的高炉炉料结构之一，物理性能是评价其质量的重要指标之一。球团矿物理性能检验指标包括有抗压强度、转鼓指数、抗磨指数、筛分指数、落下强度和孔隙度等。YB/T 005—2005 中球团矿的物理性能指标有抗压强度、转鼓指数、耐磨指数、筛分指数、粒度等 5 项。

11-21 球团矿抗压强度怎样测定？

答： 抗压强度是检验球团矿的抗压能力的指标。一般采用压力机测定。我国现执行的检验方法是按照 ISO 4700 标准制订的 GB/T 14201—93 标准。方法是：随机取样 1kg，每一次试验应取直径 10.0 ~ 12.5mm 成品球团矿 60 个，逐个在压力机上加压，压力机的荷重能力不小于 10kN，压下速度恒定在 10 ~ 20mm/min 之间（推荐 15 ± 1mm/min），以 60 个球破裂时最大压力值的算术平均值作为抗压强度。其计算公式为：

$$\text{球团矿抗压强度(N/个)} = \frac{\text{各球测定的抗压强度之和}}{\text{测定个数(球)}} \quad (11\text{-}2)$$

球团矿的抗压强度（直径 10 ~ 12.5mm 时），对于大于 $1000m^3$ 的高炉，应不小于 2000N/个球；小于 $1000m^3$ 的高炉，应不小于 1500N/个球。

我国球团矿的标准 YB/T 005—2005 中规定，球团矿抗压强度一级品为≥2000N/个球；二级品≥1800N/个球。

11-22　球团矿转鼓指数和抗磨指数怎样测定？

答：转鼓强度是评价球团矿抗冲击和耐磨性能的一项重要指标。目前，世界上各国的测定方法不统一。表 11-16 列出了各主要国家的转鼓强度测定方法。其中以国际标准 ISO 3271—1975 获得广泛使用。我国的测定方法是根据这一国际标准制订的国家标准，编号为 GB 8209—1987。

表 11-16　各国转鼓强度的测定方法

项目 \ 标准			中国 GB 8209—1987	国际标准 ISO 3271—1975	日本 JIS-M3712—77	前苏联 ГОСТ—15137—77
转鼓	尺寸/mm × mm		ϕ1000 × 500	ϕ1000 × 500	ϕ914 × 457	ϕ1000 × 600
	挡板/mm × mm		500 × 50，两块，180°	500 × 50，两块，180°	457 × 50，两块，180°	600 × 50，两块，180°
	转速/r · min⁻¹		25 ± 1	25 ± 1	25 ± 1	25 ± 1
	转数/r		200	200	200	200
试样	球团矿粒度/mm		6.3 ~ 40	10 ~ 40	>5	5 ~ 25
	质量/kg		15 ± 0.15	15 ± 0.15	23 ± 0.23	15
结果表示	鼓后筛/mm		6.3，0.5	6.3，0.5	10，5	5，0.5
	转鼓指数 T/%		>6.3	>6.3	>10	>5
	抗磨指数 A/%		<0.5	<0.5	<5	<0.5
	双样允许误差	ΔT/%	≤1.4	≤3.8 + 0.03T	6.6，0.8	2，3
		ΔA/%	≤0.8	≤0.8 + 0.03T	6.2	2，2

GB 8209—1987 规定了转鼓试验机的尺寸和试验方法。

（1）转鼓试验机。转鼓结构和尺寸见图 11-17，转鼓用 5mm 厚钢板焊接而成，转鼓内径 ϕ1000mm，内宽 500mm，内有两个对称布置的提升板，用 50mm × 50mm × 5mm，长 500mm 的等边角钢焊接在内壁上，两者平行转鼓轴线相间 180°，分别焊在卸料口盖板内侧和鼓内侧上。

（2）试验方法。按标准规定，取粒度为 6.3 ~ 40mm 球团矿

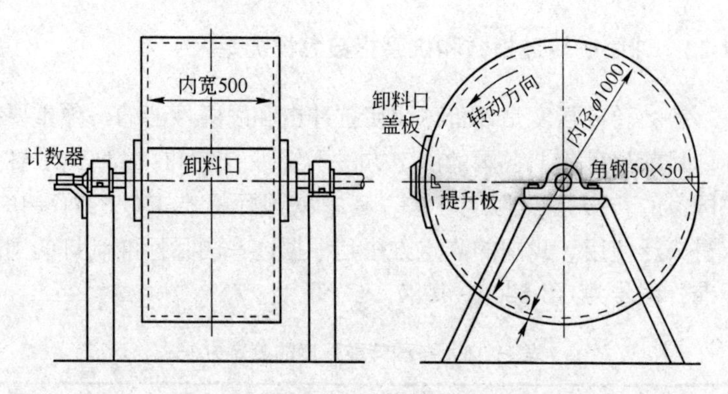

图 11-17 转鼓试验机基本尺寸示意图

15kg(±0.15kg)放入转鼓内，在转鼓内转速为25r/min，转200r；然后从鼓内卸出试样，用机械摇筛分级。机械摇筛为800mm×500mm，筛框高150mm；筛孔为6.3mm×6.3mm，往复次数为20次/min，筛分时间1.5min共往复30次。如果使用人工筛，所有参数与机械筛相同，其往复行程规定为100~150mm。对各粒级质量进行称量，并按下式计算出转鼓指数和抗磨指数：

转鼓指数： $$T=\frac{m_1}{m_0}\times 100\% \tag{11-3}$$

抗磨指数： $$A=\frac{m_0-(m_1+m_2)}{m_0}\times 100\% \tag{11-4}$$

式中 m_0——入鼓试样质量，kg；

m_1——转鼓后，>6.3mm粒级部分的质量，kg；

m_2——转鼓后，6.3~0.5mm粒级部分的质量，kg；

m_3——转鼓后，-0.5mm粒级的质量，kg。

T、A均取两位小数，T值越高，A值越低，球团矿的强度越高。

《酸性铁球团矿》YB/T 005—2005中规定球团矿转鼓指数一级品≥90.00%，二级品≥86.00%；抗磨指数一级品≤6.00%，二级品≤8.00%。

11-23　球团矿筛分指数怎样测定？

答：球团矿筛分指数是指球团矿中粒度小于标准规定部分的质量分数，即含粉率。该指标对高炉冶炼的透气性影响很大，要求越低越好。

筛分指数的测定方法：取100kg试样，分成5份，每份20kg，用5mm×5mm的筛子筛分，手筛往复10次，称量大于5mm筛上物出量A，以小于5mm占试样的质量分数作筛分指数（%）。筛分指数以下式计算：

$$\text{筛分指数} = \frac{100 - A}{100} \times 100\% \tag{11-5}$$

或

$$\text{球团筛分指数}(\%) = \frac{\text{试样筛分后小于标准规定的质量总和(kg)}}{\text{试样质量总和(kg)}} \times 100\% \tag{11-6}$$

我国要求球团矿的筛分指数不大于5%。

酸性铁球团矿YB/T 005—2005中规定，筛分指数一级品≤3.00%；二级品≤5.00%。

11-24　球团矿粒度组成怎样测定和计算？

答：球团矿粒度组成是指球团矿中各粒级所占的百分比例，即试样用各粒级筛子筛分后，各粒级的出量与试验重量的比，用百分数表示。

GB 8209—87附录B中，铁矿石、烧结矿、球团矿检验用筛孔有方孔和圆孔两种。方孔是生产检验用，圆孔可供球团试验研究用。筛孔尺寸如下：

方孔筛（mm）：（100.0）、（80.0）、40.0、25.0、16.0、12.5、10.0、6.3、5.0、3.15、2.0、1.0、0.5。

圆孔筛（mm）：40.0、25.0、（20.0）、16.0、12.5、10.0、6.3、（5.0）、3.15、2.0、（1.0）、0.5。

凡带（ ）者不是必备筛，可自由决定是否置备。

YB/T 005—2005 中规定球团矿粒度为 8 ~ 16mm 粒级的百分数，一级品≥85%，二级品≥80%。8mm 筛孔不在规定范围内，因检测球团矿粒度组成时应增加 8mm 筛孔的筛子，检验时可用 20.0、16.0、12.5、10.0、8.0、6.0mm 筛子进行筛分，筛分得出 8 ~ 16mm 粒级的出量与试样总重量之比，即球团矿中 8 ~ 16mm 粒级的百分数。

粒度组成的测定方法：按取样规定取试样 100kg，分成 5 份，每份 20kg，用 20.0 ~ 6.0mm 筛子进行筛分，手筛往复 10 次，称出 8 ~ 16mm 球团矿粒级重量之和，与试样重量之比即是球团矿粒度，用百分数表示。

$$\text{球团矿粒度}(8 \sim 16\text{mm}) = \frac{\text{筛分后 } 8 \sim 16\text{mm 粒级球团矿质量}}{100} \times 100\% \tag{11-7}$$

有关筛子结构、筛孔形状、筛框、筛板的尺寸请参阅 GB 8209—87。

据悉 GB 8209—87，已调整为 YB/T 5166—1993（2005 年确认），请查阅时注意。

11-25 什么是球团矿的平均粒径，怎样计算？

答：球团矿平均粒径是指筛除粉末（<5mm）后的成品球团矿粒度平均值。球团矿的平均粒径是由取样测定球径后（取样球团矿数量至少 60 个或 60 个以上）得出的平均值。

球团矿平均粒径的计算公式为：

$$\text{球团矿平均粒径(mm)} = \frac{\text{各次测得的球团矿粒径之和(mm)}}{\text{测定次数}} \tag{11-8}$$

11-26 球团矿孔隙度测试有什么意义，怎样进行测定？

答：实践证明，球团孔隙率高，有利于还原气体向内渗透，有利于还原反应的进行。孔隙率通常受熔化程度的影响。当熔化程度大时，则气孔生成量较少且小，并且 FeO 含量增加；在正常温度下球团矿则多生成微细气孔非常发达的结构，FeO 含量也较低。在部分过熔而熔化程度不大时，则易生成封闭性大气孔的产品，这种气孔对还原气体的渗透并无大的作用。因此，对于球团矿而言应保证不发生过熔并呈微孔结构。

孔隙率的测定通常用石蜡法进行。其堆密度测定的操作过程见图 11-18。

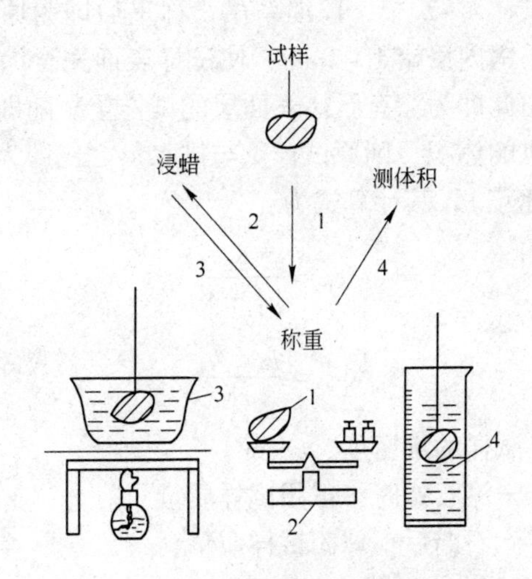

图 11-18　堆密度测定程序

1—试样；2—天平称重；3—石蜡浴锅；4—1000mL 量筒

孔隙率计算式如下：

$$\rho = \frac{r_0 - r_1}{r_0} \times 100\% = \left(1 - \frac{r_1}{r_0}\right) \times 100\% \qquad (11\text{-}9)$$

式中　ρ——试样孔隙率，%；

r_0——试样真密度（磨细小于 0.1mm 的粉末），g/cm^3；

r_1——试样块状时的视密度，g/cm^3。

试样的真密度（r_0）的测定，是将试样磨细成粒度小于

0.1mm，取重50g，并放入盛水的比重瓶中（用酒精代替水更易润湿物粒）。试样的质量与排出水量之比即为试样的真密度。其计算式为：

$$r_0 = \frac{q}{V} \tag{11-10}$$

式中 q——试样细粉（小于0.1mm）质量，g；

V——试样排除水的体积，cm^3。

试样的堆密度（r_1）的测定，按图11-18中程序操作即可。即取球团矿试样4～5个，以绳系吊，称重后即为原试样重。然后放入石蜡浴锅内浸蜡1～2min，使试样表面完全涂上一层薄蜡后再行称量，此即为涂有石蜡表面层的试样重。随即置于量筒内测定所排出水的体积，则原试样重与排水量之比即为球团试样的堆密度（假密度）。其计算式为：

$$r_1 = \frac{q_1}{V_0 - V_n} \tag{11-11}$$

$$V_n = \frac{q_2 - q_1}{r_n} \tag{11-12}$$

式中 r_1——试样的堆密度，g/cm^3；

q_1——未涂石蜡时，球团试样质量，g；

q_2——涂石蜡后，球团试样质量，g；

r_n——石蜡比重取0.85～0.93，g/cm^3；

V_0——涂石蜡后球团试样体积，cm^3；

V_n——石蜡涂层占有的体积，cm^3。

获得试样的真密度和堆密度之后，即可计算试样的孔隙率。这里计算出的气孔包括与外界相通的气孔和包含在试样内部的闭口气孔。显然，有利于还原的是开口气孔，它越多则越利于还原。

11-27 测定落下强度的意义是什么，怎样测定？

答： 球团矿冷强度（物理性能）是其入炉前的一项重要指标。落下试验与抗压强度、转鼓试验都是检验球团矿物理性能

(冷强度）的重要方法。虽然目前落下试验不在 YB/T 005—2005 的考核指标之内，但企业也应该定期或不定期进行试验，以考查球团矿耐转运能力及其稳定性。

落下强度反映球团矿的抗冲击能力，即产品的耐转运能力。落下试验装置见图 11-19。

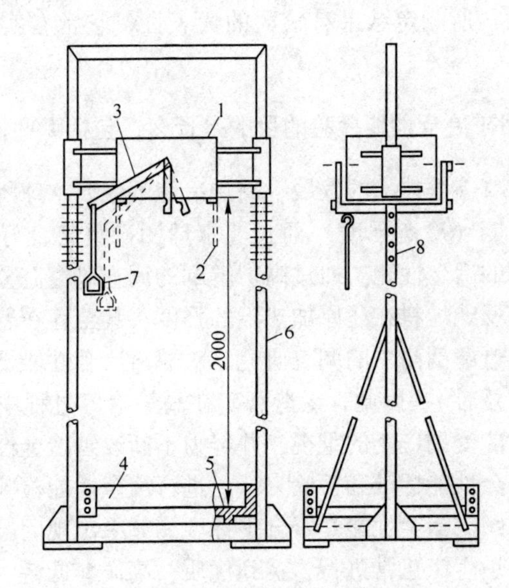

图 11-19　落下试验装置

1—可上下移动的装料箱；2—放出试料的底门；3—控制底门的杠杆；4—无底围箱；5—生铁板；6—支架；7—拉弓；8—调节装料箱高度的小孔

装料箱可在支架上移动，调节的最高点可使箱底离生铁板达 2m，最低高度 1.5m。装料箱的尺寸为 400mm × 400mm × 400mm，生铁板的尺寸为 650mm × 650mm × 25mm，水平放置在支架基础上，其上放有一可移动的无底围箱以防碎矿溅散。测定时将装料箱放在规定高度后装入需测定的试样，通过拉弓将底门打开，试样随即直落到生铁板上。

试样从规定高度落下的方式，在目前生产和研究中有两种。一种为干涉降落，即数量较多的试样，以同一瞬间落至生铁板上，使得单个试样在互相干涉的情况下不能得到同样的冲击能量，部分试验的破坏程度受到抑制，测定结果因而偏低，但符合生产实际。另一种为自由降落，这多用于数量较少的试样，即从一定高度使单个球团矿落至铁板上，每个球团矿的冲击能量相同，所测定结果有较大的代表性，它常在实验室的研究中采用。

11-28　球团矿冶金性能检验的目的是什么，包括哪些检验项目？

答： 随着炼铁技术的发展，高炉冶炼不仅要求球团矿具有良好的物理性能（冷态强度）而且要求球团矿具备良好的热态性能，即所谓的冶金性能。通过高炉解剖的调查研究充分说明，冷态强度不能反映炉料在还原加热下的强度，甚至存在着相互矛盾的情况，通过解剖高炉的调查研究，对原料冶金性能提出了新的要求（如软熔性），因此，人造富矿在高炉冶炼过程中的行为及高温冶金性能受到广泛的重视，并努力不断改善冶金性能。各国都制定了冶金性能标准和检验方法。进行冶金性能检验的目的是为了了解球团矿冶金性能是否合乎标准，如果出现问题要及时改善，确保高炉生产正常进行，达到优质、高产、低耗。主要检验内容包括：还原性、低温还原粉化性能、还原膨胀性、高温软熔特性等。我国酸性铁球团矿标准 YB/T 005—2005 中规定我国酸性铁球团的冶金性能有：膨胀率、还原度指数（*RI*）和低温还原粉化指数（*RDI*）3 项指标。

11-29　球团矿还原膨胀性怎样测定？

答： 球团矿的还原膨胀性能以其相对自由膨胀指数（简称还原膨胀指数）表示。所谓还原膨胀指数，是指球团矿在 900℃等温还原过程中自由膨胀，还原前后体积增长的相对值，用体积百分数表示。我国酸性铁球团矿 YB/T 005—2005 标准中规定球团矿冶金性能膨胀率。一级品≤15.00%，二级品≤20.00%。

世界各国对球团矿自由膨胀率的测定都很重视，都制定了本国的球团膨胀率指标和检验方法。我国国标 GB/T 13241—91 是参照国际标准 ISO 4698 拟定的。

GB/T 13241—91 标准规定：通过筛分得到粒度为 10 ~ 12.5mm 的球团矿 1kg，从中随机取出 18 个无裂纹的球作为试样，用水浸法先在球团矿表面上形成疏水的油酸钠水溶液薄膜，测定试样的总体积，然后烘干进行还原膨胀试验。试验装置如图 11-20 所示。

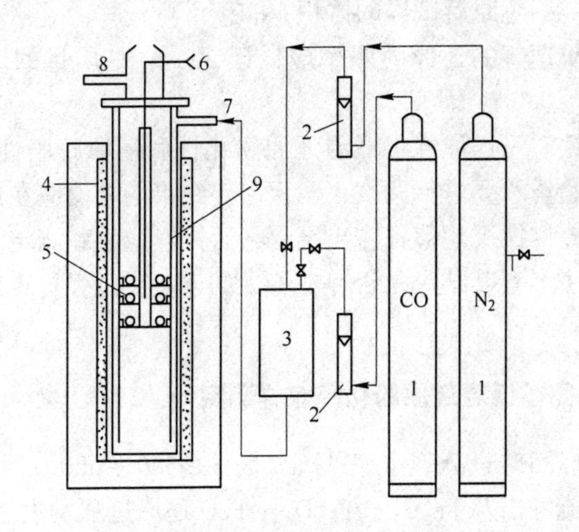

图 11-20　还原膨胀试验装置示意图

1—气体瓶；2—流量计；3—混合器；4—还原炉；5—试样；6—热电偶；7—煤气进口；8—煤气出口；9—试样容器

球团矿分三层放置在容器中，每层 6 个，再将容器放入还原管（$\phi_{内}$ 75mm）内，关闭还原管顶部。将惰性气体按标态流量 5L/min 通入还原管，接着将还原管放入电炉中（炉内温度不高于 200℃）。然后以不大于 10℃/min 的升温速度加热。当试样温度接近 900℃ 时，增大惰性气体的标态流量到 15L/min。在 900 ± 10℃ 下恒温 30min。然后以等流量的还原气体（成分要求与还原性测定标准相同：30% CO 和 70% N_2）代替惰性气体，连续还原1h。切断还原气，向还原管内通入标态流量为5L/min的惰性气体，而后将还原管连接同试样一起提出炉外冷却至100℃以下。再把试样从还原管中取出，用水浸法测定其总体积。用还原前后体积变化计算出还原膨胀指数 RSI，用体积百分数表示（精确到小数点后一位）：

$$RSI = \frac{V_1 - V_0}{V_0} \times 100\% \tag{11-13}$$

式中 V_0——还原前试样的体积，mL；

V_1——还原后试样的体积，mL。

球团矿理想的还原膨胀率应低于20%，高质量的球团不大于12%。

对于铁矿石还原性、低温还原粉化性和还原膨胀性的测定，每一次试验至少要进行两次。两次测定结果的差值应在规定的范围内，才允许按平均值报告出结果，否则，应重新测定。因为单一试验无法考察其结果是否存在着大的误差或过失，难以保证检验信息的可靠性。

11-30 球团矿低温还原粉化率怎样测定？

答：球团矿进入高炉炉身上部，在500~600℃温度区间，由于受气流冲击及 $Fe_2O_3 \rightarrow Fe_3O_4 \rightarrow FeO$ 还原过程发生晶形变化，导致其粉化，直接影响炉内气流分布和炉料顺行，低温还原粉化性能测定，就是模拟高炉上部条件进行的。低温还原粉化性能测定有静态法和动态法两种。测定还原粉化的方法，根据还原温度，分低温（500℃）和高温（900~1000℃）两种。根据还原时物料的状态又有动态和静态之分。

世界各国对球团矿的低温还原粉化率的测定都很重视，都制定了本国球团还原粉化率指标及其测定方法。而且还有国际标准（ISO 4696）。我国的国家标准GB/T 13242是参照国际标准ISO 4096制定的。其基本原理是：把一定粒度范围的试样置于固定床中，在500℃温度下，用CO、CO_2 和 N_2 组成的还原气体进行静态还原。恒温还原1h后，将试样冷却至100℃以下，在室温下转入小转鼓（ϕ130mm×200mm）转300r后取出，用6.3mm、3.15mm和0.5mm的方孔筛分级，测定各筛上物的质量，用还原粉化指数（*RDI*）表示铁矿石的粉化性。具体测定步骤如下：

（1）试验条件。

还原试验：

还原管：双壁$\phi_{内}$75mm，如图11-22所示；

试样粒度：10.0～12.5mm，质量500g；

还原气体：CO和CO_2各为20±0.5%，$N_2$60±0.5%；
H_2<0.2%或2.0±0.5%，H_2O<0.2%，
O_2<0.1%；

还原温度：500±10℃；

还原气体流量：15±1L/min（标态）；

还原时间：60min。

转鼓试验：

转鼓：ϕ130mm×200mm，鼓内壁有两块沿轴向对称配置的钢质提料板，如图11-21所示；

转速：30±1r/min；

时间：10min。

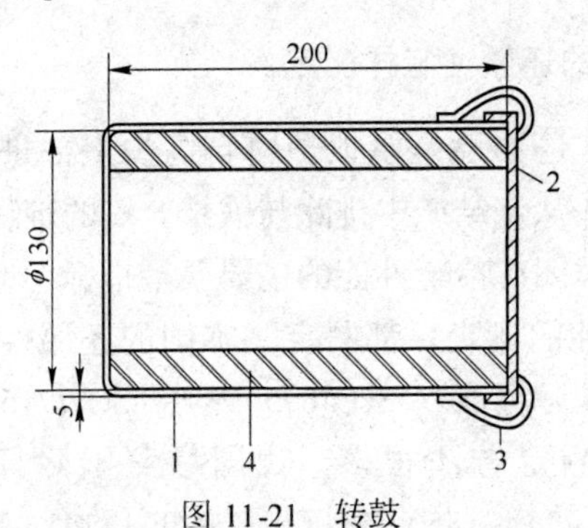

图11-21　转鼓

1—转鼓圆筒；2—密封盖；3—固定卡子；
4—提料板（200mm×20mm×2mm）

（2）试验结果表示。试验结果用还原粉化指数（RDI）表示还原和转鼓试验后的粉化程度。分别用转鼓后筛上得到的大于6.3mm、大于3.15mm和小于0.5mm的物料质量与还原后转鼓前试样总质量之比的百分数表示，其指标为还原强度指数（$RDI_{+6.3}$）、还原粉化指数（$RDI_{+3.15}$）和磨损指数（$RDI_{-0.5}$）。计算公式如下：

$$RDI_{+6.3}=\frac{m_{D_1}}{m_{D_0}}\times 100\% \tag{11-14}$$

$$RDI_{+3.15}=\frac{m_{D_1}+m_{D_2}}{m_{D_0}}\times 100\% \tag{11-15}$$

$$RDI_{-0.5}=\frac{m_{D_0}-(m_{D_1}+m_{D_2}+m_{D_3})}{m_{D_0}}\times 100\% \tag{11-16}$$

式中 m_{D_0}——还原后转鼓前的试样质量，g；

m_{D_1}——留在6.3mm筛上的试样质量，g；

m_{D_2}——留在3.15mm筛上的试样质量，g；

m_{D_3}——留在0.5mm筛上的试样质量，g。

计算精确到小数点后一位数。

标准规定，试验结果评定以$RDI_{+3.15}$为考核指标，$RDI_{+6.3}$和$RDI_{-0.5}$只作参考指标。

11-31 球团矿的还原性怎样测定？

答：球团矿还原性是模拟炉料自高炉上部进入高温区的条件，用还原气体从烧结矿中排除与铁结合氧的难易程度的一种度量，它是评价球团矿冶金性能的主要质量指标。世界各国都很重视球团矿还原性的测定，都制定了本国的还原性标准及测定方法，而且还有国际标准（ISO 4695—84、ISO 7215—85）。

还原性的测定方法很多，我国参照国际标准方法（ISO 4695—84、ISO 7215—85）制订出GB/T 13241—91国家标准试验方法。其测定的基本原理是：将一定粒度范围的铁矿石试样置于固定床中，用由 CO 和 N_2 组成的混合气体，在 900℃下等温还原，每隔一定时间称量试样质量，以三价铁状态为基准，计算还原 3h 后的还原度和原子比 O/Fe 等于 0.9 时的还原速率。其方法规定如下。

（1）试验条件。还原管：双壁 $\phi_{内}$ 75mm，由耐热不起皮的金属板（如 GH44 镍基合金板）焊接而成，能耐 900℃以上的高温，为了放置试样，在还原管中装有多孔板，还原管的结构、尺寸和与还原炉的配置示意如图 11-22 和图 11-23 所示；

试样：粒度 10.0 ~ 12.5mm，质量 500g；

还原气体成分：CO 30 ± 0.5%，N_2 70 ± 0.5%；

H_2、CO_2、H_2O 不超过 0.2%，O_2 不超过 0.1%；

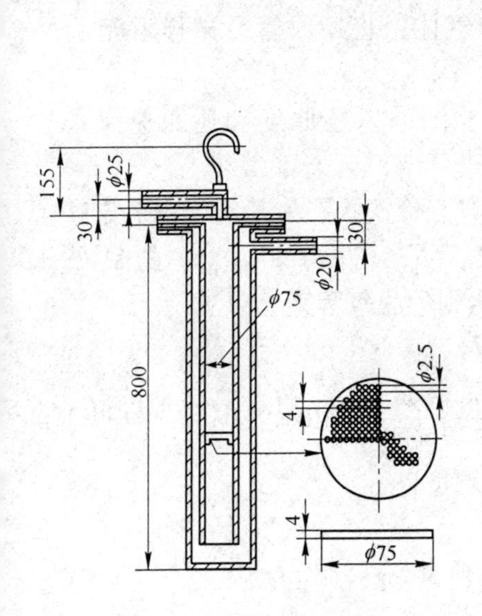

图 11-22　还原管示意图
（多孔板：孔径 2.5mm；孔距 4mm；孔数 241；总孔面积 1180mm²；板厚 4mm）

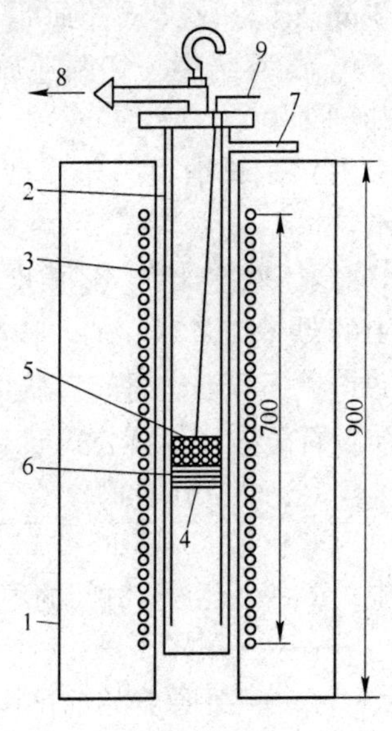

图 11-23　还原管与还原炉的配置示意图
1—还原炉；2—还原管；3—电热元件；4—多孔板；5—试样；6—高 Al_2O_3 球；7—煤气入口；8—煤气出口；9—热电偶

还原温度：900±10℃；

还原气体流量：15±1L/min（标态）；

还原时间：180min。

（2）试验程序要点。称取500g 10.0～12.5mm经过干燥的矿石试样，放到还原管中铺平；封闭还原管顶部，将惰性气体按标态流量15L/min通入还原管中，接着将还原管放入还原炉内（还原管与还原炉的配置如图11-23所示），并将其悬挂在称量装置的中心（此时炉内温度不得高于200℃）；按不大于10℃/min的升温速度加热。在900℃时恒温30min，使试样的质量m_1达到恒量。再以标态流量为15L/min的还原气体代替惰性气体，持续180min。在开始的15min内，至少每3min记录一次试样质量，以后每10min记录一次。还原3h后，试验结束，切断还原气体，将还原管及试样取至炉外冷却到100℃以下。

（3）试验结果表示。试验结果以还原度和还原速率指数表示：

1）还原度计算。还原度以三价铁状态为基准（即假定铁矿石中的铁全部以Fe_2O_3形态存在，并将Fe_2O_3中的氧当作100%），还原一定时间后所达到的脱氧程度，以R_t表示，单位为质量百分数。计算公式如下：

$$R_t = \left(\frac{0.11W_1}{0.430W_2} + \frac{m_1 - m_t}{m_0 \times 0.430W_2} \times 100\right) \times 100\% \qquad (11\text{-}17)$$

式中 R_t——还原t时间的还原度；

m_0——试样质量，g；

m_1——还原开始前试样质量，g；

m_t——还原t时间后试样质量，g；

W_1——试验前试样中FeO含量，%；

W_2——试验前试样的全铁含量，%；

0.11——使FeO氧化到Fe_2O_3时所需的相应氧量的换算系数；

0.430——TFe 全部氧化成 Fe_2O_3 时需氧量的换算系数。

标准规定，以 180min 的还原度指数作为考核指标，用 *RI* 表示。

2）还原速率指数计算。根据试验数据作出还原度 R_t(%)与还原时间 t(min)的关系曲线，如图 11-24 所示。从曲线读出还原达到 30% 和 60% 时相对应的还原时间。

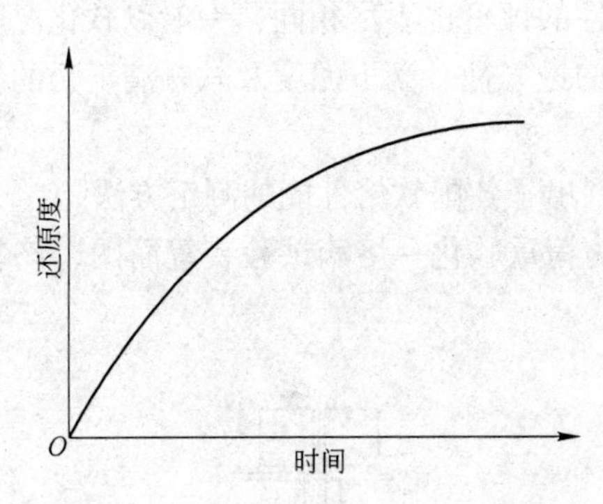

图 11-24　铁矿石还原度—时间曲线

以三价铁为基准，用原子比 O/Fe 为 0.9（相当于还原度 40%）时的还原速率作为还原速率指数，以 *RVI* 表示，单位为%/min。计算公式如下：

$$RVI = \left(\frac{dR_t}{dt}\right)_{40} = \frac{33.6}{t_{60} - t_{30}} \tag{11-18}$$

式中　t_{30}——还原度达到 30% 时所需时间，min；

t_{60}——还原度达到 60% 时所需时间，min；

33.6——常数。

标准规定还原速率指数 *RVI* 作为参考指标。

11-32　球团矿高温还原及软融性测定的意义是什么，测定装置怎样？

答： 球团矿和其他炉料降至炉身下部受到下部煤气的还原、温度升高直至熔化。高炉内软化熔融带的形成及其位置，主要取决于高炉操作条件和炉料的高温性能。而软化熔融带的特性对炉料还原过程和炉内料柱透气性将产生明显的影响。为了避免黏稠的熔化带扩大，造成煤气分布恶化及降低料柱透气性，应尽可能避免使用软化温度区间特别宽及熔点低的球团矿及其他炉料。因此，目前很多国家对铁矿石的软熔性进行了广泛深入的研究，相继出台了一些有关软熔性的测试方法。但目前为止都没有统一的标准，对软熔性的评价也不尽相同，一般以软化温度及软化温度区间、软融带的透气性、滴下温度及软融滴下物的性状作为评价指标。

表 11-17 列出了各国软熔性能的测定方法。

图 11-25 为荷重软化—熔滴试验装置简图。该装置包括如下组成部分：

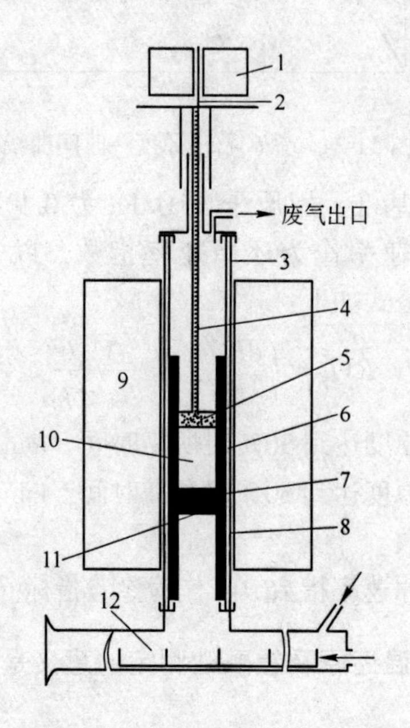

图 11-25 铁矿石熔融特性测定的试验装置

1—荷重块；2—热电偶；3—氧化铝管；4—石墨棒；5—石墨盘；6—石墨坩埚，ϕ48mm；7—焦炭（10～15mm）；8—石墨架；9—塔墁炉；10—试样；11—孔(ϕ8mm×5mm)；12—试样盒

表 11-17　几种铁矿石荷重软化及熔滴特性测定方法

项　目		国际标准 ISO/DP7992	中　国 马钢钢研所	日　本 神户制钢所	德　国 亚琛大学	英　国 钢铁协会	北京科技大学 推荐
试样容器/mm		ϕ125 耐热炉管	ϕ48 带孔 石墨坩埚	ϕ75 带孔 石墨坩埚	ϕ60 带孔 石墨坩埚	ϕ90 带孔 石墨坩埚	$\phi48\times300$ （石墨质）
试样	预处理	不预还原	预还原度 60%	不预还原	不预还原	预还原度 60%	
	质量/g	1200	130	500	400	料高 70mm	65 ±5mm
	粒度/mm	10. 0 ~ 12. 5	10 ~ 15	10. 0 ~ 12. 5	7 ~ 15	10. 0 ~ 12. 5	10 ~ 12. 5
加热	升温制度	1000℃恒温 30min >1000℃，3℃/min	1000℃恒温 30min >1000℃，3℃/min	1000℃恒温 60min >1000℃，6℃/min	900℃恒温 >900℃，4℃/min	950℃恒温 >950℃	
	最高温度/℃	1100	1600	1500	1600	1350	
还原气体	组成（体积分数）/% CO/N_2	40/60	30/70	30/70	30/70	40/60	30/70
	流量/$L\cdot min^{-1}$	85	1、4、6	20	30	60	12
荷重/98kPa		0. 5	0. 5 ~ 1. 0	0. 5	0. 6 ~ 1. 1	0. 5	50 ~ 100
测定项目		ΔH、Δp、T	ΔH、Δp、T	ΔH、Δp、T	ΔH、Δp、T	ΔH、Δp、T	ΔH、Δp、T
评定标准		$R=80\%$ 时 Δp $R=80\%$ 时 ΔH	$T_{1\%,4\%,10\%,40\%}$ T_s、T_m、ΔT	$T_{10\%}$ T_s、T_m、ΔT	T_s、T_m、ΔT	Δp-T 曲线 T_s、T_m、ΔT	$T_{1\%,4\%,10\%,40\%}$ T_s、T_m、ΔT

注：$T_{10\%,40\%}$—收缩率 10%、40% 时的温度；T_s、T_m—压差陡升温度及熔融开始温度；ΔT—软熔区；Δp—压差；ΔH—形变量；R—还原度。

（1）反应管为高纯 Al_2O_3 管，试样容器为石墨坩埚，其底部有小孔，坩埚尺寸取决于试样质量，从 ϕ48 ~ 120mm，推荐尺寸 ϕ70mm。装料高度 70mm；

（2）加热炉使用硅化钼或碳化硅等高温发热元件，要求最高加热温度可达 1600℃，并采用程序升温自动控制系统；

（3）上部设有荷重器及荷重传感器记录仪；

（4）底部设有集样箱，用于接受熔滴物；

（5）设有温度、收缩率及气体通过料层时的压力损失等自动记录仪。

11-33　球团矿软熔性测定有哪几部分，怎样用测定结果评价球团矿质量？

答： 球团矿（其他铁矿石、烧结矿）软熔性测定有以下两方面内容：

（1）荷重软化——透气性测定。本试验方法模拟炉内的高温熔融带，在一定荷重和还原气氛下，按一定升温制度，以试样在加热过程中的某一收缩值的温度表示起始的软化温度、终了温度和软化区间，以气体通过料层的压差变化，表示熔融带对透气性的影响。

（2）荷重软化——熔滴特性测定。当炉料从软化带进入熔融状态时，试验温度仅为 1050℃（或 1100℃），已不能真正反映高炉下部炉料的特性。要求在更高温度（1500 ~ 1600℃）下，把测定熔化特性与熔融滴落特性结合起来考虑。

一般实验测定的程序如下：

（1）将粒度合格的 1000g 试样放在烘箱内于（105 ± 5）℃ 烘 120min 后放入干燥器备用。

（2）先将焦炭装入石墨坩埚（高 15mm），称 200g 矿样装入石墨坩埚（高 50mm）。再装一层焦炭（高 25mm）在矿样上。下焦层的目的是防止滴下孔被堵，便于铁水渗透；上焦层的作用是使荷重均匀分布，防止石墨压块上的出气孔被堵。将石墨坩埚放在石墨底座上。装好石墨塞压杆，压块，调整至石墨压块能顺利地在石墨坩埚内上下移动，装好滴落报警器。封好窥视孔。

（3）装上压杆及砝码。安装电感位移计并将电感位移计的输出毫伏调整到零（用数字万用表）。

（4）接通气体管路及密封环圈的冷却水。检查空压机，煤气发生炉洗气系统，流量计，气体出口等是否正常，各部位密封是否良好。

（5）开电源，开计算机，调32段可编程温度控制仪升温，500℃时开始通 N_2（5L/min），900℃时通还原气体并点燃出口煤气。

（6）计算机自动记录压缩量为10%，40%，ΔH_s 时相对应的温度及压差值。注意记下试样开始滴下时对应的温度及压差值。

（7）听到滴落报警器报警后，将熔滴炉的电源切断。将压杆上提40mm并加以固定。换气时先通 N_2（3L/min），后停还原气体。冷却后旋转取样盘盖，收集滴落物。

（8）取出压杆及石墨坩埚，观察滴落物的情况，记下观察结果。用磁铁将滴落物的渣、铁分离。

（9）取出取样盘，观察滴落物情况，记下观察结果。用磁铁将渣铁分离并分别称重。

熔融滴落特性一般用熔融过程中物料形变量、气体压差变化及滴落温度来表示。暂时用下列指标来评价熔滴实验结果：

T_a：试样线收缩率达到4%时对应的温度（℃）称为矿石软化开始温度。

T_s：试样线收缩率达到40%时对应的温度（℃）称为矿石软化结束温度。

T_m：试样渣铁开始滴落时的温度（℃）称为矿石滴落温度。

Δt_{sa}：矿石软化温度区间，$\Delta t_{sa} = T_s - T_a$

ΔT_{ma}：矿石软熔温度区间，$\Delta T_{ma} = T_m - T_a$

Δp_{max}：实验过程中出现的最大压差。

这样便可根据温度的高低，相对比较各种矿石在高炉内形成软熔带的部位及各种矿石形成软熔带的厚度，从而比较各种矿石软熔性能的好坏。由此分析出各种矿石对高炉软熔带透气性的影响。

在上述实验结果中，矿石软化开始温度（T_a）越高，矿石软化结束温度（T_s）越高，矿石滴落温度（T_m）越高，矿石软化温度区间（Δt_{sa}）越小，矿石软熔温度区间（ΔT_{ma}）越小、压差（Δp_{max}）越低，则矿石软熔性越好。反之则相反。

附　录

附表 1　矿石原料常见矿物表

矿物名称	化学成分	晶系	矿物名称	化学成分	晶系
磁铁矿	Fe_3O_4 (FeO、Fe_2O_3)	等轴	硫锰矿	MnS	等轴
			方锰矿	MnO	等轴
磁赤铁矿	γ-Fe_2O_3	等轴	方解石	$CaCO_3$	三方
赤铁矿	Fe_2O_3	三方	游离石灰	CaO	等轴
褐铁矿	$Fe_2O_3 \cdot nH_2O$	非晶质	白云石	$CaMg(CO_3)_2$	三方
菱铁矿	$FeCO_3$	六方	石　英	SiO_2	六方
菱铁矿	$FeCO_3$（可含 Mn、Mg、Ca）	六方	β-石英（低温石英）	β-SiO_2	三方
			α-石英（高温石英）	α-SiO_2	六方
富氏体	Fe_xO	等轴	石　墨	C	六方
铁板钛矿	$TiO_2 \cdot Fe_2O_3$	斜方			
			三氧化二钛	Ti_2O_3	
钙钛矿	$CaO \cdot TiO_2$	假等轴（斜方，单斜）	萤　石	CaF_2	等轴
钛铁矿	$FeO \cdot TiO_2$	六方	褐硫钙石	CaS	等轴
六方硫铁矿	FeS	六方	氧化钙（石灰）	CaO	等轴
纤维矿	$FeO \cdot OH$	斜方	闪锌矿	ZnS	
针铁矿	α-$FeO \cdot OH$	斜方	方铅矿	PbS（可全 Fe、Se、Ag）	等轴
黄铜矿	$CuFeS_2$	四方			
黄铁矿	FeS_2	等轴	褐硫钙石	CaS	等轴

附表 2 烧结矿、球团矿常见矿物表

矿物名称	化学成分	晶系
铁橄榄石	$2FeO \cdot SiO_2$	斜方
钙铁橄榄石	$CaO \cdot FeO \cdot SiO_2$ 即 $(CaO)_x \cdot (FeO)_{2-x} \cdot SiO_2$（当 $x=1$ 时）	斜方
钙镁橄榄石	$CaO \cdot MgO \cdot SiO_2$	斜方
铁酸一钙	$CaO \cdot Fe_2O_3$	四方或六方
铁酸二钙	$2CaO \cdot Fe_2O_3$	单斜
二铁酸钙	$CaO \cdot 2Fe_2O_3$	斜方
铁酸三钙	$3CaO \cdot Fe_2O_3$	单斜
铁铝酸四钙	$4CaO \cdot Al_2O_3 \cdot Fe_2O_3$	斜方
磷酸三钙	$3CaO \cdot P_2O_5$	六方
三钙硅（硅酸三钙）	$3CaO \cdot SiO_2$ (C_3S)	六方
α′-二钙硅①	α'-$2CaO \cdot SiO_2$ (α'-C_2S)	斜方（假六方）
β-二钙硅①	β-$2CaO \cdot SiO_2$ (β-C_2S)	单斜
γ-二钙硅①	γ-$2CaO \cdot SiO_2$ (γ-C_2S)	斜方
假硅灰石	α-$CaO \cdot SiO_2$（高温型）	三斜（假斜方）

矿物名称	化学成分	晶系
硅灰石	β-$CaO \cdot SiO_2$（低温型）	单斜
硅钙石	$3CaO \cdot 2SiO_2$	单斜
磷硅灰石	$5CaO \cdot P_2O_5 \cdot SiO_2$	单斜（假六方）
尖晶石	$MgO \cdot Al_2O_3$	等轴
单铝酸盐	$CaO \cdot Al_2O_3$	三斜
含锰黄长石固溶体	$2CaO \cdot Al_2O_3 \cdot SiO_2$-$2CaO(Mg \cdot Mn)O \cdot 2SiO_2$	四方
含锰橄榄石固溶体	γ-$2CaO \cdot SiO_2 \cdot 2MnO \cdot SiO_2$	斜方
含锰镁铝尖晶石固溶体	$(Mg、Mn)O \cdot Al_2O_3$	等轴
钙铝黄长石	$2CaO \cdot Al_2O_3 \cdot SiO_2$	四方
钙镁黄长石	$2CaO \cdot MgO \cdot 2SiO_2$	四方
铁黄长石	$2CaO \cdot Fe_2O_3 \cdot SiO_2$	四方
普通辉石	$Ca(Mg,Fe,Al)[(Si,Al)_2O_6]$	单斜

续附表 2

矿物名称	化学成分	晶系	矿物名称	化学成分	晶系
钙铁辉石	$CaO \cdot FeO \cdot 2SiO_2$	单斜	钙铝黄长石	$2CaO \cdot Al_2O_3 \cdot SiO_2$	四方
镁蔷薇辉石	$3CaO \cdot MgO \cdot 2SiO_2$	单斜	复杂尖晶石固溶体	$(Mg、Mn)O \cdot (Fe、Mn、Al)_2O_3$	等轴
枪晶石	$3CaO \cdot 2SiO_2 \cdot CaF_2$	单斜	白榴石	$K_2O \cdot Al_2O_3 \cdot 4SiO_2$	斜方
钙铁榴石	$3CaO \cdot Fe_2O_3 \cdot 3SiO_2$	等轴	透辉石	$CaO \cdot MgO \cdot 2SiO_2$	单斜
碳化钛	TiC	均质	蔷薇辉石	$MnO \cdot SiO_2$	三斜
氮化钛	TiN	等轴	锰橄榄石	$2MnO \cdot SiO_2$	斜方
假硅灰石	α-$CaO \cdot SiO_2$	三斜(假斜方)	钛辉石	$CaO \cdot 2(Mg、Fe)O \cdot (Al、Fe、Ti)_2O_3 \cdot 3(Si、Ti)O_2$	单斜
硅灰石	β-$CaO \cdot SiO_2$	单斜	霞　石	$K_2O \cdot Al_2O_3 \cdot 2SiO_2$	六方
橄榄石	$2(Ca、Mg、Fe)O \cdot SiO_2$	斜方	α-硅酸二钙①	α-$2CaO \cdot SiO_2$	假六方
铁橄榄石	$2FeO \cdot SiO_2$	斜方	β-硅酸二钙①	β-$2CaO \cdot SiO_2$	单斜
钙铁橄榄石	$CaO \cdot FeO \cdot SiO_2$	斜方	γ-硅酸二钙①	γ-$2CaO \cdot SiO_2$	斜方
镁橄榄石	$2MgO \cdot SiO_2$	斜方			
钙镁橄榄石	$CaO \cdot MgO \cdot SiO_2$	斜方			
普通辉石	$CaO \cdot 2(Mg、Fe)O \cdot (Al、Fe)_2O_3 \cdot 3SiO_2$	单斜			
钙铁辉石	$CaO \cdot FeO \cdot 2SiO_2$	单斜			

①同一化学成分的两个矿物名称。

附表3 各种物料的堆密度和堆角

物料名称	堆密度 $/t\cdot m^{-3}$	动堆角 /(°)	静堆角 /(°)
磁铁块矿，含 Fe 45%以上	2.0～3.2	30～35	40～45
赤铁块矿，含 Fe 45%以上	2.0～3.2	30～35	40～45
褐铁矿，含 Fe 40%以上	1.6～2.7	30～35	40～45
菱铁矿，含 Fe 35%以上	1.5～2.3	30～35	40～45
烧结矿	1.5～2.0	34～36.5	
球团矿	1.5～2.0		
钒钛铁矿，含 Fe 40%～45%	2.3	37～38	
富锰矿	2.4～2.6		
贫锰矿	1.4～2.2		
氧化锰矿，含 Mn 35%	2.1	37	
堆积锰矿	1.4	32	
次生氧化锰矿	1.65		
松软锰矿	1.10	29～35	
铁精矿，含 Fe 60%左右	1.6～2.5	33～35	
黄铁矿球团矿	1.2～1.4		
烧结矿返矿	1.4～1.6	35	
烧结混合料	1.6	35～40	
黄铁矿烧渣	1.7～1.8		
高炉灰	1.4～2.0	25	
轧钢皮	1.9～2.5	35	
碎 铁	1.8～2.5		
型 铁，大块残铁	2.8～4.5		
焦 炭，40mm 以上	0.45～0.5	35	
碎 焦，40mm 以下	0.6～0.7		

物料名称	堆密度 $/t\cdot m^{-3}$	动堆角 /(°)	静堆角 /(°)
木 炭	0.12～0.25		
烟 煤	0.8～1.0	30	35～45
无烟煤	0.7～1.0	27～30（干）	27～45
石灰石	1.5～1.75	30～35	40～45
生石灰	1.0～1.1		45～50
生石灰（粉状）	0.55～1.10	25	
熟石灰（粉状）	0.55	30～35	
白云石	1.5～1.75	35	
碎白云石	1.6	35	
均热炉渣	2.0～2.2		
平炉渣	1.6～1.8		
高炉内炉料	1.05～1.1		
高炉渣碎块	1.6		
水 渣（含水 10%）	1.0～1.3		
矿渣棉	0.17～0.3		
干 砂	疏松 1.55～1.7 1.65～1.85	细砂 30	
湿 砂	疏松 1.25～1.6 1.4～1.7		
萤 石	1.5～1.7		
耐火泥	1.5～2.0		
石 棉	0.4～0.8		
硅藻土	松散 0.25～0.35 0.4～0.5		
砾 石	1.5～2.0		

附表4　燃料在空气中的着火温度

固体燃料		液体燃料		气体燃料		
名　称	温度/℃	名　称	温度/℃	名　称	温度/℃	体积浓度/%
褐　煤	250~450	石　油	531~590	高炉煤气	650~700	35.0~73.5
泥　煤	225~280	煤　油	604~609	焦炉煤气	550~650	5.6~30.8
木　材	250~300	$C_{14}H_{10}$	540	天然气	482~632	5.1~13.9
煤	400~500			乙炔(C_2H_2)	335	2.5~8.1
木　炭	350			甲烷(CH_4)	537	5.0~15.0
焦　炭	700			氢	530~585	4.0~74.2

附表5　常用燃料发热值

燃料名称	Q_{DW}^{Y}/kJ·kg^{-1}	燃料名称	Q_{DW}^{Y}/kJ·m^{-3}
标准煤	29310	石　油	41870~46050
烟　煤	29310~35170	高炉煤气	3150~4190
褐　煤	20930~30140	发生炉煤气(混合煤气)	5020~6700
无烟煤	29310~34330	水煤气	10050~11300
焦　炭	29310~33910	焦炉煤气	16330~17580
重　油	40610~41870	天然气	33490~41870

附表6 气体平均比定压热容 c_p（101325Pa，t = 0 ~ 3000℃） （kJ/(m³·K)）

t/℃	N_2	O_2	H_2O	CO_2	空气	H_2	CO	SO_2	CH_4	C_2H_2	C_2H_4	C_2H_6	NH_3	H_2S	C_3H_3	C_4H_{10}	C_6H_6
0	1.298	1.306	1.482	1.599	1.302	1.298	1.302	1.779	1.545	1.909	1.888	2.244	1.591	1.557	2.960	3.710	3.266
100	1.302	1.315	1.499	1.700	1.306	1.298	1.302	1.863	1.620	2.072	2.123	2.479	1.645	1.566	3.358	4.233	3.977
200	1.302	1.336	1.516	1.796	1.310	1.302	1.310	1.943	1.758	2.198	2.345	2.763	1.700	1.583	3.760	4.752	4.605
300	1.310	1.357	1.537	1.876	1.319	1.302	1.319	2.010	1.892	2.307	2.550	2.973	1.779	1.608	4.157	5.275	5.192
400	1.319	1.377	1.557	1.943	1.331	1.306	1.331	2.072	2.018	2.374	2.742	3.308	1.838	1.641	4.559	5.795	5.694
500	1.331	1.394	1.583	2.001	1.344	1.306	1.344	2.123	2.135	2.445	2.914	3.492	1.897	1.683	4.957	6.318	6.155
600	1.344	1.411	1.608	2.056	1.357	1.310	1.361	2.169	2.252	2.516	3.056		1.964	1.721	5.359	6.837	6.531
700	1.357	1.428	1.633	2.102	1.369	1.310	1.373	2.206	2.361	2.575	3.190		2.026	1.754	5.757	7.360	6.908
800	1.369	1.440	1.658	2.144	1.382	1.319	1.394	2.240	2.466	2.638	3.349		2.089	1.792	6.159	7.880	7.201
900	1.382	1.457	1.683	2.181	1.394	1.323	1.403	2.273	2.562	2.680	3.446		2.152	1.825	6.557	8.403	7.494
1000	1.394	1.465	1.712	2.219	1.407	1.327	1.415	2.294	2.654	2.742	3.559		2.219	1.859	6.958	8.922	7.787
1100	1.407	1.478	1.738	2.248	1.419	1.336	1.428	2.319									
1200	1.415	1.486	1.763	2.273	1.428	1.344	1.440	2.340									
1300	1.424	1.495	1.788	2.294	1.436	1.352	1.449	2.357									
1400	1.436	1.503	1.809	2.315	1.449	1.361	1.461	2.374									
1500	1.444	1.511	1.834	2.336	1.457	1.365	1.465	2.386									

续附表6

t/℃	N_2	O_2	H_2O	CO_2	空气	H_2	CO	SO_2	CH_4	C_2H_2	C_2H_4	C_2H_6	NH_3	H_2S	C_3H_3	C_4H_{10}	C_6H_6
1600	1.453	1.520	1.855	2.357	1.465	1.373	1.478	2.399									
1700	1.461	1.524	1.876	2.378	1.474	1.382	1.482	2.412									
1800	1.470	1.532	1.897	2.395	1.482	1.390	1.491	2.424									
1900	1.474	1.537	1.918	2.412	1.486	1.398	1.499	2.428									
2000	1.482	1.541	1.934	2.424	1.495	1.407	1.503	2.441									
2100	1.486	1.545	1.951	2.437	1.499												
2200	1.491	1.549	1.968	2.449	1.503												
2300	1.499	1.553	1.985	2.462	1.511												
2400	1.503	1.557	2.001	2.470	1.516												
2500	1.507	1.562	2.018	2.483	1.520												
2600	1.511	1.566	2.031	2.491	1.524												
2700	1.516	1.570	2.043	2.500	1.528												
2800	1.520	1.574	2.056	2.504	1.532												
2900	1.524	1.578	2.068	2.508	1.537												
3000	1.528	1.583	2.081	2.512	1.541												

附表7 常用计量单位对照表

量	法定计量单位符号	应淘汰的单位符号	换算关系
长度	m，米	M，公尺	
	km，千米，公里	KM，KMS	1km = 10^3m
	dm，分米	DM，公寸	1dm = 0.1m
	cm，厘米	CM，公分	1cm = 0.01m
	mm，毫米	MM，M/M，m/m，公厘	1mm = 0.001m
	μm，微米	μ	1μm = 10^{-6}m
	nm，纳米	mμm，毫微米	1nm = 1mμm = 10^{-9}m
面积 体积 容积	m^2，$米^2$	M^2，平米，平方，平，平方米	平方米、立方米是单位名称
	m^3，$米^3$	M^3，立米，立方，立，立方米	不能记为符号
		cμm	
	L，l，升	立升，公升	升本身是容积单位，
	mL，ml，毫升	cc，c. c.	不应加“立”、“公”等
质量	kg，千克，公斤	磅 lb	吨，千克，克的国际符号
	t，吨	盎司 oz	均为小写字母
	g，克	短吨 shton	1斤 = 500g 1市两 = 50g
		英吨 ton	1g = 0.02市两 1旧市两 = 31.25g
			1g = 0.032旧市两 1oz = 31.1035g
			1g = 0.03215 oz
力	N，牛［顿］	kgf，千克力	1kgf = 9.80665N 1N = 0.101972kgf
		dyn，达因	1dyn = 10^{-5}N 1N = 10^5dyn
压力 压强 应力	Pa，帕［斯卡］	kgf/cm^2	1kgf/cm^2 = 98.0665kPa
	kPa，千帕	kgf/mm^2	1kPa = 0.010197kgf/cm^2
	MPa，兆帕	bar，b，巴	1kgf/mm^2 = 9.80665MPa
		mmHg，毫米汞柱	1MPa = 0.101972kgf/mm^2
		mmH_2O，毫米水柱	1bar = 0.1MPa
			1MPa = 10bar
			1mmHg = 133.322Pa
			1Pa = 0.007501mmHg
			1mmH_2O = 9.80665Pa
			1Pa = 0.101972mmH_2O

续附表 7

量	法定计量单位符号	应淘汰的单位符号	换算关系
功能热	J，焦［耳］ kJ，千焦 MJ，兆焦 GJ，吉焦 kW·h，千瓦·时	erg，尔格 cal，卡（20℃卡） kcal，大卡（20℃卡） 百万大卡（20℃卡） （电能）度	1erg = 10^{-7}J 1J = 10^{7}erg 1cal = 4.1868J 1J = 0.239126cal 1kcal = 4.1868kJ 1kJ = 0.239126kcal 1 百万大卡 = 4.1819GJ 1GJ = 0.239126 百万大卡 1 度 = 1 千瓦·时 = 3.6MJ 1MJ = 0.277778 度
功率	W，瓦［特］ kW，千瓦	HP，PS，马力 瓩	1 马力 = 735.499W 1kW = 1.359621 马力 1 瓩 = 1 千瓦　1 千瓦 = 1 瓩
时间	s，秒 min，分 h，［小］时 d，日 a，年	S（″），Sec （′） hr y，yr	1min = 60s　1h = 60min 1h = 3600s 1d = 24h　1d = 86400s
温度	K，开［尔文］ ℃，摄氏度	deg，度 °K 摄氏××度 ℉，华氏度	1℃ = 1.8℉　1K = 1℃ 1℉ = 0.555556K　1K = 1.8℉
物质的量	mol，摩尔	克分子，克原子 克当量	
力矩	N·m，牛·米	kgf-m，公斤米	1kgf·m = 9.80665N·m 1N·m = 0.101972kgf·m
冲击功	J，焦［耳］	kgf-m，公斤米	1kgf·m = 9.80665N·m 1N·m = 0.101972kgf·m
线膨胀系数	K^{-1}	mm/(mm·℃)	1mm/(mm·℃) = 1K^{-1}

续附表 7

量	法定计量单位符号	应淘汰的单位符号	换算关系
热导率	W/(m · K)	cal/(cm · s · ℃)	1cal/(cm · s · ℃) = 418.68W/(m · K) 1W/(m · K) = 2.3884×10^{-3}cal/(cm · s · ℃)
热容	J/K	cal/℃	1cal/℃ = 4.1868J/K 1J/K = 0.23884cal/℃
比热容	J/(kg · K)	cal/(kg · ℃)	1cal/(kg · ℃) = 4.1868J/(kg · K) 1J/(kg · K) = 0.23884cal/(kg · ℃)
动力黏度	Pa · s	kgf · s/m^2	1kgf · s/m^2 = 9.80665Pa · s 1Pa · s = 0.101972kgf · s/m^2
运动黏度 热扩散率	m^2/s	st，斯托克斯 m^2/h	1st = 1cm^2/s = 14^{-4} m^2/s 1m^2/h = 2.77778×10^{-1} m^2/s

参 考 文 献

[1] 冶金工业部生产技术司. 球团矿[M]. 北京: 冶金工业出版社, 1958.
[2] Ц Г 秋连科夫. 团矿学[M]. 冶金部有色局编译科译. 北京: 冶金工业出版社, 1958.
[3] 中南矿冶学院团矿教研室. 铁矿球团[M]. 北京: 冶金工业出版社, 1960.
[4] 潘宝巨. 钢铁工艺岩相[M]. 北京: 冶金工业出版社, 1977.
[5] 中南矿冶学院. 铁矿粉造块[M]. 北京: 冶金工业出版社, 1978.
[6] 范广权. 凌源钢铁厂圆盘造球机盘底料衬的实践[J]. 矿山技术, 1978, (3).
[7] 中南矿冶学院团矿教研室. 团矿学[M]. 1980.
[8] 范广权. 圆盘造球机耐磨刮刀[J]. 矿山技术, 1980, (6).
[9] 北京经济学院劳动保护系. 工业通风与除尘技术[M]. 1980.
[10] 任允芙. 冶金工艺岩相与矿相学[M]. 北京钢铁学院, 1981.
[11] 《国外铁矿粉造块》编写组. 国外铁矿粉造块[M]. 北京: 冶金工业出版社, 1987.
[12] 杨兆祥. 铁矿球团生产. 辽宁省金属学会. 1981.
[13] 隋鹏程. 劳动保护学. 辽宁省劳动局等. 1982.
[14] 李兴凯. 竖炉球团[M]. 北京: 冶金工业出版社, 1982.
[15] 徐和源. 安全技术问答[M]. 北京: 海洋出版社, 1983.
[16] 任文堂, 祝存钦. 厂矿企业噪声和环境噪声[M]. 北京: 冶金工业出版社, 1983.
[17] 金昆, 等. 燃气生产工人读本[M]. 北京: 中国建筑工业出版社, 1984.
[18] 田济民. 球团竖炉中的流化[J]. 鞍山钢铁学院学报, 1984, (4).
[19] 冶金工业部劳动工资司. 铁矿球团生产(中级本)上、下册. 冶金工业部, 1985.
[20] P C 别尔什金. 提高烧结效率的途径[M]. 薛培增译. 北京: 冶金工业出版社, 1985.
[21] 田济民. 导风墙孔堵塞原因及防止措施[J]. 矿山技术, 1985, (6).
[22] 范广权. 对球团竖炉结块原因的分析[J]. 辽宁冶金, 1985, (6).
[23] 《烧结球团工厂读本》编写组. 烧结工人读本(上中册)[M]. 冶金工业部《烧结球团》编辑部, 1986.
[24] 范广权. 对预防球团竖炉结块措施的探讨[J]. 辽宁冶金, 1980, (5).
[25] K 梅耶尔. 铁矿球团法[M]. 杉木译. 北京: 冶金工业出版社, 1986.
[26] 连京华. 氧化球团分厂从日本"光和法"引进大混料专利介绍[J]. 南钢科技, 1986, (2).
[27] 刘秉铎, 等. 竖炉加硼碱性球团矿性能研究, 第一届中澳双边技术交流会论文集[C]. 1987.

[28] 王锡禧，诸王梅．日制 ϕ5.5 米造球圆盘旋转刮刀器的转数匹配问题[J]．南钢科技，1987，(3).
[29] 周取定，孔令坛．铁矿石造块理论及工艺[M]．北京：冶金工业出版社，1989.
[30] 张惠宁．烧结设计手册[M]．北京：冶金工业出版社，1990.
[31] 雷季纯．粉碎工程[M]．北京：冶金工业出版社，1990.
[32] 朱家骥．铁氧化球团．东北大学，1991.
[33] 董一诚，等．高炉生产知识问答[M]．北京：冶金工业出版社，1991.
[34] 王忱．高炉炉长技术管理300问．鞍钢炼铁厂．1991.
[35] 滕吉琴．球团焙烧操作的关键是控制带温度[J]．矿山技术，1991，(5).
[36] 赵易成，实用燃烧技术[M]．北京：冶金工业出版社，1992.
[37] 王洪昌．AI 型铁精矿固体防冻剂工业试验[J]．烧结球团，1992，(1).
[38] 范广权．润磨机及其在细磨硫酸渣和球团返矿中的应用．河北小钢铁通讯，1992，(2)、(3).
[39] 梁德兰．硼泥对球团质量影响的分析[C]．全国球团技术交流会论文集，1992.
[40] 颜国庆．大型贮矿槽粘料清除技术[J]．烧结球团，1993，(5).
[41] 吴琼，杨淑艺．料仓清堵助流装置——空气炮[J]．凌钢技术，1994，(1).
[42] J P 摩根．竖炉生产优质熔剂性球团矿[J]．孙东译．国外钢铁，1994，(1).
[43] 刘来发．萍钢球团竖炉结块原因及预防措施初探[J]．江西冶金，1995，(6).
[44] 郭长林．承钢链箅机—回转窑主体工艺设备改进[J]．烧结球团，1996，(3).
[45] 张一敏．球团理论与工艺[M]．北京：冶金工业出版社，1997.
[46] 李兴凯．竖炉法焙烧球团矿[J]．球团技术，1999，(2)、(3).
[47] 梁景晟．太钢峨口竖炉球团配加菱铁矿的试验研究[J]．球团技术，1999，(2).
[48] 王志强．带式焙烧机法焙烧球团矿[J]．球团技术，1999，(4).
[49] 李兴凯．链箅机—回转窑法焙烧球团矿[J]．球团技术，2000，(1)、(2).
[50] 陈耀明．人造矿矿相的概述[J]．球团技术，2000，(3).
[51] 陈耀明．人造矿矿物的光学性质[J]．球团技术，2000，(4).
[52] 乔志海．矿山建设竖炉球团厂对燃料的选择[J]．球团技术，2000，(4).
[53] 陈耀明．人造矿显微结构及其改善[J]．球团技术，2001，(1).
[54] 席玉明，乔志海．球团竖炉用 ϕ3M-13 型煤气发生炉的改进[J]．烧结球团，2001，(4).
[55] 薛俊虎．烧结生产技能知识问答[M]．北京：冶金工业出版社，2003.
[56] 中国钢铁工业协会．中国钢铁工业生产统计指标体系指标目录[M]．北京：冶金工业出版社，2003.
[57] 中国钢铁工业协会．中国钢铁工业生产统计指标体系指标解释[M]．北京：冶金工业出版社，2003.

[58] 张殿印．环保知识400问[M]．北京：冶金工业出版社，2004.
[59] 傅菊英，白国华．链箅机—回转窑结圈机理研究[C]．全国球团技术交流年会论文集，2004.
[60] 张汉泉．回转窑结圈结块的原因分析及预防[C]．全国烧结球团技术交流年会，2004.
[61] 董宝华，刘华．润磨技术在济钢球团生产中的应用[J]．球团技术，2004(4).
[62] 严允建．炼铁机械．第2版．2004.
[63] 刘全兴．高炉热风炉操作与煤气知识问答[M]．北京：冶金工业出版社，2005.
[64] 张一敏．球团生产知识问答[M]．北京：冶金工业出版社，2005.
[65] 汪琦．铁矿含碳球团[M]．北京：冶金工业出版社，2006.
[66] 王筱留．高炉炼铁生产知识[M]．修订版．北京：冶金工业出版社，2006.
[67] 王悦祥．烧结矿与球团矿生产[M]．北京：冶金工业出版社，2006.
[68] 潘立慧，魏松波．炼焦新技术[M]．北京：冶金工业出版社，2008.
[69] 潘立慧，魏松波．炼焦技术问答[M]．北京：冶金工业出版社，2008.
[70] 张一敏．球团矿生产技术[M]．北京：冶金工业出版社，2008.
[71] 范广权．高炉炼铁操作[M]．北京：冶金工业出版社，2008.
[72] 孔令坛．试论导风墙的水梁[J]．球团技术，2008，(1).
[73] 陈美俊，郭长正．凌钢球团竖炉纵向温度压力和气氛测定[J]．烧结球团，1990(3).